"十四五"职业教育国家规划教材

（慕课版）

GAO
DENG
SHU
XUE

高等数学

（第二版）

主　编：张天德　赵树欣
副主编：王　岳　安学保　郑希锋　朱振华
编　者：董艳慧　王伟伟　吕　昆

$$F(n)=\begin{cases}0 &, n=0\\1 &, n=1\\F(n-1)+F(n-2) &, n>1\end{cases}$$

哈尔滨工业大学出版社
HARBIN INSTITUTE OF TECHNOLOGY PRESS

图书在版编目(CIP)数据

高等数学 / 张天德,赵树欣主编. —2 版.—哈尔滨：哈尔滨工业大学出版社，2024.4(2024.8 重印)
ISBN 978－7－5767－1362－6

Ⅰ.①高… Ⅱ.①张… ②赵… Ⅲ.①高等数学－高等学校－教材 Ⅳ.①O13

中国国家版本馆 CIP 数据核字(2024)第 077193 号

策划编辑	李艳文　范业婷
责任编辑	李佳莹　付中英
出版发行	哈尔滨工业大学出版社
社　　址	哈尔滨市南岗区复华四道街 10 号　邮编 150006
传　　真	0451-86414749
网　　址	http://hitpress.hit.edu.cn
印　　刷	天津市蓟县宏图印务有限公司
开　　本	787 毫米×1 092 毫米　1/16　印张 15　字数 315 千字
版　　次	2020 年 11 月第 1 版　2024 年 4 月第 2 版　2024 年 8 月第 2 次印刷
书　　号	ISBN 978－7－5767－1362－6
定　　价	49.80 元

(如因印装质量问题影响阅读,我社负责调换)

前　言

2019年,《教育部关于职业院校专业人才培养方案制订与实施工作的指导意见》中强调,在三年高职总学时中,公共基础课学时一般不少于总学时的1/4,可见教育部充分肯定了公共基础课在学生发展和终生素质培养中的重要作用,在此背景下,编者编写了高等数学云教材。

本教材主要面向职业院校的教学,有效结合课程思政,充分体现高等数学为专业课服务的性质,突出了数学的实用性和易学性,能够适应国家对职业教育的新要求,能满足线上、线下教学的需求。本教材的编写宗旨为:让人人都能学会高等数学。重新设计思路,在定义定理的表述上使用朴素的语言描述,让学生易于与实践相联系,案例更贴近专业实际问题,从而使学生更容易理解、更能感受数学的真实价值所在。

本教材的结构特色如下。

1. 认真落实课程思政

积极响应党的二十大报告中指出的"育人的根本在于立德",全面贯彻党的教育方针,落实立德树人根本任务。本教材每章都设有思政教学目标、拓展阅读模块,内容为成就介绍或者定理产生的历史渊源,同时在每章学习方法介绍中,穿插形象的比喻、实际问题的解决、数学中的人生哲学等内容,有助于课程思政教学的开展。

2. 思维导图呈现知识脉络

通过思维导图的形式总结每章知识点,学生容易将知识点对比、类比着联系学习,同时在此基础上形成自己的个性学习思维导图。

3. 丰富的案例

每章或每节都有实际案例引入,让学生带着实际问题去学习,能调动学生的主观能动性,使其体会数学的实用性。

4. 习题有梯度

每节后面的习题都分梯度设置,以进一步提高学生的学习信心和增加学生的成就感。

5. 支持线上线下教学

在每一章节都配备典型例题、经典习题的讲解视频,以满足线上线下混合教学模式的需求。

6. 便于学生自学

本教材从教学目标到教学方法、从学习方法建议到内容视频讲解的内容编排，能够满足学生独立学习要求。

7. 在线资源丰富有趣

数学对培养学生逻辑思维能力、全面发展理性思维等起着不可替代的作用，为学生可持续性发展奠定基础，让学生终生受用。本教材配有云教材，可下载"沃米云"APP在线学习。

本教材由山东大学张天德教授设计整体框架和编写思路。在编写过程中，本教材得到山东大学数学学院的大力支持，以及德州职业技术学院、济南职业学院、济南市教育教学研究院、山东城市建设职业学院、山东经贸职业学院、山东职业学院的帮助，在此一并表示感谢。本教材积极响应党的二十大报告指出的"深化教育领域综合改革，加强教材建设和管理""优化职业教育类型定位""加强基础学科、新兴学科、交叉学科建设""推进教育数字化"。同时本教材将教育理念创新、教学方式方法创新、信息技术创新结合在一起，旨在顺应时代特征，应用性更强、针对性更强，以实现"人人都能学会高等数学"的初衷。

由于时间仓促，编者水平有限，书中难免有不当之处，望各位同仁随时交流探讨，共同推进数学教学改革！

编 者

目 录

第1章 函数、极限与连续 (1)
  1.1 函数 (3)
  1.2 极限 (13)
  1.3 极限的运算 (22)
  1.4 两个重要极限与无穷小的比较 (25)
  1.5 函数的连续性 (31)

第2章 导数与微分 (40)
  2.1 导数的概念 (42)
  2.2 初等函数的导数 (49)
  2.3 隐函数和由参数方程确定的函数求导 (55)
  2.4 函数的微分及其应用 (59)

第3章 微分中值定理与导数的应用 (66)
  3.1 微分中值定理 (68)
  3.2 导数的应用 (71)
  3.3 利用导数求极限——洛必达法则 (80)

第4章 不定积分 (87)
  4.1 不定积分的概念与性质 (89)
  4.2 换元积分法 (93)
  4.3 分部积分法 (97)
  *4.4 几种特殊类型函数的积分 (100)

第5章 定积分及其应用 (109)
  5.1 定积分 (111)
  5.2 微积分基本公式 (118)
  5.3 定积分的换元积分法与分部积分法 (121)
  5.4 定积分的应用 (124)
  *5.5 广义积分 (130)

第6章 常微分方程 (139)
  6.1 一阶微分方程 (141)

6.2　二阶常系数线性微分方程 …………………………………… (146)

第7章　向量代数与解析几何 ……………………………………… (151)
7.1　向量及其线性运算 ……………………………………………… (153)
7.2　数量积与向量积 ………………………………………………… (157)
7.3　平面及其方程 …………………………………………………… (160)
7.4　空间直线及其方程 ……………………………………………… (163)

第8章　多元函数微积分 …………………………………………… (168)
8.1　多元函数的极限与连续 ………………………………………… (170)
8.2　偏导数 …………………………………………………………… (175)
8.3　全微分 …………………………………………………………… (179)
8.4　复合函数与隐函数的微分法 …………………………………… (183)
8.5　多元函数的极值及其应用 ……………………………………… (187)
8.6　二重积分的概念与性质 ………………………………………… (193)
8.7　直角坐标系下二重积分的计算 ………………………………… (196)
8.8　极坐标下二重积分的计算 ……………………………………… (200)

第9章　无穷级数 …………………………………………………… (207)
9.1　常数项级数的概念和性质 ……………………………………… (209)
9.2　常数项级数的审敛法 …………………………………………… (214)
9.3　幂级数 …………………………………………………………… (220)

资源索引目录　　课中小测验答案

第 1 章 函数、极限与连续

学习目标与要求

学习目标与要求

○ 理解初等函数的概念,掌握基本初等函数的图像及性质,会求函数的定义域,会判别函数的奇偶性,能用函数及其图像性质解决简单的实际问题;

○ 了解反函数的求法及几种常见的数学模型;

○ 理解极限、连续的概念,会分析判断函数的极限是否存在,会讨论函数的连续性;

○ 掌握极限运算方法,会求各种类型的极限;

○ 能够应用马克思主义哲学观点与唯物辩证法理解有限与无限间的关系.

学前引入

回忆中学学过的函数的基本概念、基本初等函数的定义、图像及性质.

函数是指从一个非空数集到另一个非空数集的对应关系.中学时主要学习了常数函数、幂函数、指数函数、对数函数及三角函数五大类基本初等函数.它们都有哪些性质、它们的极限如何求、连续性如何判定等问题又是怎么解决的.让我们从函数的基本知识开始学起吧.

知识导图

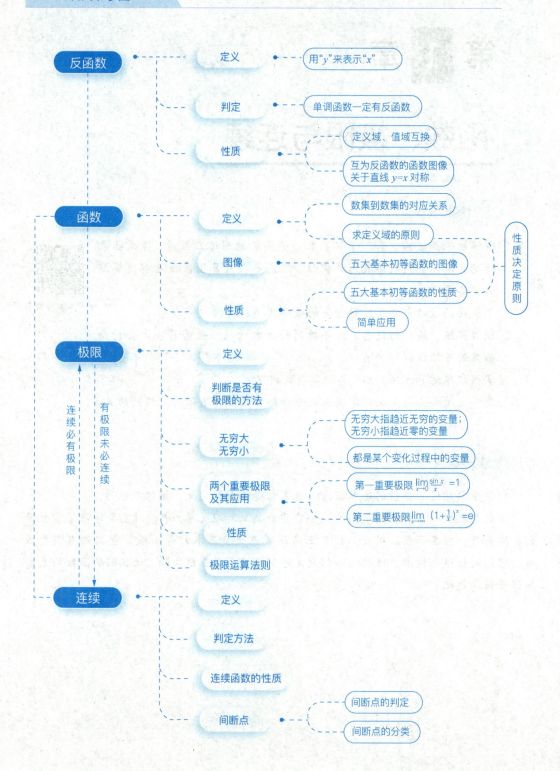

1.1 函 数

1.1.1 集合

集合的概念

1. 集合及运算

(1)集合.

定义1.1

我们常常研究某些事物组成的全体,如一个班的学生、一批产品、全体正整数等,这些事物组成的全体都是集合,或者说,某些指定的对象集在一起就成为一个**集合**,简称集.通常用大写的拉丁字母表示,如 A,B,C,…构成集合的每个事物或者对象叫作这个集合的元素,通常用小写的拉丁字母表示,如 a,b,c,…

(2)常用数集及记法.

非负整数集(自然数集):全体非负整数的集合,记作 $\mathbf{N}=\{0,1,2,\cdots\}$.

正整数集:非负整数集内排除 0 的集合,记作 $\mathbf{N}^*=\{1,2,3,\cdots\}$.

整数集:全体整数的集合,记作 $\mathbf{Z}=\{0,\pm 1,\pm 2,\cdots\}$.

有理数集:全体有理数的集合,记作 $\mathbf{Q}=\{$整数与分数$\}$.

实数集:全体实数的集合,记作 $\mathbf{R}=\{$数轴上所有点所对应的数$\}$.

(3)元素对于集合的隶属关系.

属于:如果 a 是集合 A 的元素,则称 a 属于 A,记作 $a\in A$.

不属于:如果 a 不是集合 A 的元素,则称 a 不属于 A,记作 $a\notin A$.

(4)集合中元素的特性.

确定性:按照明确的判断标准,给定一个元素,它或者在这个集合里,或者不在这个集合里,不能模棱两可.

互异性:集合中的元素没有重复.

无序性:集合中的元素没有一定的顺序(通常用正常的顺序写出).

(5)集合运算.

子集:如果集合 A 的任意一个元素都是集合 B 的元素,则称集合 A 为集合 B 的子集,记为 $A\subseteq B$ 或 $B\supseteq A$;如果 $A\subseteq B$,并且 $A\neq B$,则称集合 A 为集合 B 的真子集,记为 $A\subsetneqq B$ 或 $B\supsetneqq A$.

集合的相等:如果集合 A、B 同时满足 $A\subseteq B$,$B\supseteq A$,则 $A=B$.

补集:设 $A\subseteq S$,由 S 中不属于 A 的所有元素组成的集合称为集合 A 相对于全集 S 的补集,记为 $\complement_S A$.

交集：一般地，由所有属于集合 A 且属于 B 的元素构成的集合，称为 A 与 B 的交集，记作 $A \cap B$.

并集：一般地，由所有属于集合 A 或者属于 B 的元素构成的集合，称为 A 与 B 的并集，记作 $A \cup B$.

例 1 设 $A=\{1, 2, 3, 4\}$，$B=\{3, 4, 5, 6\}$，则 $A \cup B=\{1, 2, 3, 4, 5, 6\}$，$A \cap B=\{3, 4\}$.

例 2 设 A 为某单位会英语的人的集合，B 为会日语的人的集合，则 $A \cup B$ 表示会英语或会日语的人的集合，$A \cap B$ 表示既会英语又会日语的人的集合.

> **课中小测验**
>
> 设 $A=\{x \mid -1<x<2\}$，$B=\{x \mid 1<x<3\}$，求 $A \cup B$，$A \cap B$.

课中小测验

2. 区间与邻域

(1) 区间.

区间是常用的实数集. 设 a 和 b 都是实数，且 $a<b$. 数集 $\{x \mid a<x<b\}$ 称为开区间，记作 (a, b)，即 $(a, b)=\{x \mid a<x<b\}$，a 和 b 称为开区间 (a, b) 的端点.

数集 $\{x \mid a \leqslant x \leqslant b\}$ 称为闭区间，记作 $[a, b]$，即 $[a, b]=\{x \mid a \leqslant x \leqslant b\}$. a 和 b 称为闭区间 $[a, b]$ 的端点.

类似地定义：$[a, b)=\{x \mid a \leqslant x<b\}$，$(a, b]=\{x \mid a<x \leqslant b\}$，$[a, b)$ 和 $(a, b]$ 都称为半开半闭区间.

数 $b-a$ 称为以上区间的区间长度. 长度有限的区间称为有限区间.

同样定义无限区间：$[a, +\infty)=\{x \mid x \geqslant a\}$，$(a, +\infty)=\{x \mid x>a\}$，$(-\infty, b)=\{x \mid x<b\}$，$(-\infty, b]=\{x \mid x \leqslant b\}$，$(-\infty, +\infty)=\{x \mid -\infty<x<+\infty\}=\mathbf{R}$ (实数集).

(2) 邻域.

点 a 的某邻域，通常是指数轴上以 a 为中心的开区间. 可做如下定义：

设 a，δ 为两个实数，$\delta>0$，则不等式 $|x-a|<\delta$ 的解集称为点 a 的 δ 邻域. 点 a 称为该邻域的中心，δ 称为该邻域的半径，即点 a 的 δ 邻域就是以 a 为中心、以 δ 为半径的开区间 $(a-\delta, a+\delta)$.

若把邻域 $(a-\delta, a+\delta)$ 的中心点 a 去掉，则称它为点 a 的去心 δ 邻域，可表示为 $(a-\delta, a) \cup (a, a+\delta)$，或 $0<|x-a|<\delta$.

1.1.2 函数

专业案例 地球环境亟须改善，构建人类命运共同体，节约资源成了整个人类的重要任务. 某市自来水公司为鼓励企业节约用水，按以下规定收取水费：若每户每月用水不超过 40 吨，则每吨水按 1 元收费，若每户用水超过 40 吨，则超过部分按每吨 1.5 元收费. 另外，每吨用水加收 0.2 元的城市污水处理费. 自来水公司收费处规定用户每两个月交一次用水费用（注：用水费用＝水费＋城市污水处理费）.

某企业每月用水都超过 40 吨，已知 2022 年三、四两个月一共交水费 640 元，试解决以下问题：

(1)该企业三、四两个月共用水多少吨？

(2)这两个月用水费用平均每吨多少元？

【思考】 利用数学知识，你会怎样解决这个问题？

【分析】 经济问题的实际应用.

(1)根据相等关系："三、四两个月用水费用＝80＋(三、四两个月共用水的吨数－80)×1.5＋城市污水处理费"列方程求解即可.

(2)这两个月用水费用平均每吨的钱数＝三、四两个月一共交的水费÷三、四两个月共用水的吨数.

解：(1)设该企业三、四两个月共用水 x 吨，

根据题意得 $80+1.5(x-80)+0.2x=640$，

解得 $x=400$.

(2)$640\div400=1.6$(元).

答：该企业三、四两个月共用水 400 吨. 这两个月用水费用平均每吨 1.6 元.

1. 函数的概念

定义 1.2

设 x，y 是两个变量，D 是一个给定的非空数集，若对于每一个数 $x\in D$，按照某一确定的对应法则 f，都有唯一确定的变量 y 与之对应，那么，我们就说 y 是 x 的函数，记作

$$y=f(x), x\in D$$

其中，x 称为自变量，y 称为因变量；自变量 x 的取值范围 D 称为函数的定义域，而因变量 y 的所有对应值的集合称为函数的值域.

【思考】 1. 以函数的实质为"关系"出发点，通过联系自己周边各种关系对比函数的概念.

2. 结合自身经历，勾勒自己的人生曲线，并分析其中的"自变量"和"因变量".

函数的定义域和对应法则称为函数的两个要素. 判断两个函数是否相同，即看两个

函数定义域和对应法则是否相同,而与其变量用什么字母表示无关,如 $y=x^2$,$s=t^2$ 为同一个函数;而 $y=\ln x^2$,$y=2\ln x$ 不是同一个函数.

若一个函数用数学式给出,定义域是指使表达式有意义的一切实数组成的集合. 如:若函数表达式中有分式,则分母一定不等于零;若函数表达式中有偶次方根,则根号内的变量不能为负值;若函数表达式中有对数,则真数只能为正值,等等.

例如,函数 $f(x)=\sqrt{x-2}$ 的定义域是 $D=\{x\mid x-2\geqslant 0\}=\{x\mid x\geqslant 2\}=[2,+\infty)$.

在解决实际问题时,还应结合实际意义来确定函数的定义域,如正方形的面积 S 是边长 x 的函数:$S=x^2$,边长值应为正值,所以其定义域为 $D=\{x\mid x>0\}=(0,+\infty)$.

函数的表示方法有:解析法、图像法、列表法,其中最常用的是解析法.

课中小测验

求 $y=\sqrt{x-3}+\ln(5-x)$ 的定义域.

课中小测验

2. 函数的特性

(1)单调性:设函数 $y=f(x)$,$x\in I$,若对任意两点 $x_1,x_2\in I$,当 $x_1<x_2$ 时,总有

① $f(x_1)<f(x_2)$,则称函数 $f(x)$ 在 I 上是单调增加的,区间 I 称为单调增加区间;

② $f(x_1)>f(x_2)$,则称函数 $f(x)$ 在 I 上是单调减少的,区间 I 称为单调减少区间.

单调增加的函数和单调减少的函数统称为单调函数,单调增加区间和单调减少区间统称为单调区间. 单调增加函数的图像是沿 x 轴正向逐渐上升的,如图 1.1 所示;单调减少函数的图像是沿 x 轴正向逐渐下降的,如图 1.2 所示.

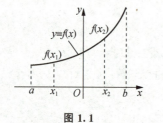

图 1.1　　　　　图 1.2

(2)奇偶性:设函数 $y=f(x)$ 的定义域关于原点对称,如果对于定义域内的 x 都有

① $f(-x)=f(x)$,则称函数 $f(x)$ 为偶函数;

② $f(-x)=-f(x)$,则称函数 $f(x)$ 为奇函数.

奇偶性定义

偶函数的函数图像关于 y 轴对称,如图 1.3 所示;奇函数的函数图像关于原点对称,如图 1.4 所示. 如果函数 $f(x)$ 既不是奇函数也不是偶函数,称为非奇非偶函数.

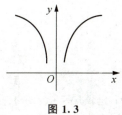

图 1.3

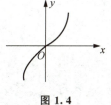

图 1.4

奇偶性

例如 $f(x)=x$，$f(x)=x^3$，$f(x)=\sin x$ 为奇函数；$f(x)=x^2$，$f(x)=\cos x$ 为偶函数.

例 3 判别函数 $f(x)=\ln\dfrac{1-x}{1+x}$ 的奇偶性.

解 函数的定义域为 $\dfrac{1-x}{1+x}>0$，即 $-1<x<1$，

又因为 $f(-x)=\ln\dfrac{1-(-x)}{1+(-x)}=\ln\dfrac{1+x}{1-x}=\ln\left(\dfrac{1-x}{1+x}\right)^{-1}=-\ln\dfrac{1-x}{1+x}=-f(x)$，

所以函数 $f(x)=\ln\dfrac{1-x}{1+x}$ 为奇函数.

课中小测验

函数 $f(x)=\dfrac{\sin x}{\sqrt{1-x^2}}$ 的奇偶性为 _____.

(3) 有界性：设函数 $y=f(x)$，$x\in D$，如果存在一个正数 M，使得对任意 $x\in D$，均有 $|f(x)|\leqslant M$ 成立，则称函数 $f(x)$ 在 D 上是有界的；如果这样的 M 不存在，则称函数 $f(x)$ 在 D 上是无界的，即有界函数 $y=f(x)$ 的图像夹在 $y=-M$ 和 $y=M$ 两条直线之间.

例如，函数 $y=\sin x$ 对任意的 $x\in(-\infty,+\infty)$，存在正数 $M=1$，恒有 $|\sin x|\leqslant 1$ 成立，所以函数 $y=\sin x$ 在 $(-\infty,+\infty)$ 内是有界的；而函数 $y=x^2$ 对任意的 $x\in(-\infty,+\infty)$ 不存在一个这样的正数 M，使 $|x^2|\leqslant M$ 恒成立，所以函数 $y=x^2$ 在 $(-\infty,+\infty)$ 内是无界的.

(4) 周期性：设函数 $y=f(x)$，$x\in D$，如果存在常数 $T\neq 0$，对任意 $x\in D$，且 $x+T\in D$，$f(x+T)=f(x)$ 恒成立，则称函数 $y=f(x)$ 为周期函数，称 T 是它的一个周期，通常函数的周期是指其最小正周期. 例如，$y=\sin x$，$y=\cos x$，周期 $T=2\pi$；$y=\tan x$，周期 $T=\pi$.

3. 反函数

(1) 反函数的概念.

定义 1.3

设函数 $y = f(x)$，$x \in D$，$y \in M$（D 是定义域，M 是值域）. 若对于任意一个 $y \in M$，D 中都有唯一确定的 x 与之对应，这时 x 是以 M 为定义域的 y 的函数，称它为 $y = f(x)$ 的反函数，记作 $x = f^{-1}(y)$，$y \in M$.

习惯上往往用 x 表示自变量，y 表示函数. 为了与习惯一致，将反函数 $x = f^{-1}(y)$，$y \in M$ 的变量对调字母 x，y，用 $y = f^{-1}(x)$，$x \in M$ 表示.

在同一直角坐标系下，$y = f(x)$，$x \in D$，与反函数 $y = f^{-1}(x)$，$x \in M$ 的图像关于直线 $y = x$ 对称.

(2) 反函数存在性及求法.

定理 1.1 单调函数必有反函数，且单调增加（减少）的函数的反函数也是单调增加（减少）的.

例如，函数 $y = x^2$ 在定义域 $(-\infty, +\infty)$ 上没有反函数（它不是单调函数），但在 $[0, +\infty)$ 上存在反函数. 由 $y = x^2$，$x \in [0, +\infty)$，求得 $x = \sqrt{y}$，$y \in [0, +\infty)$，再对调字母 x，y，得其反函数为 $y = \sqrt{x}$，$x \in [0, +\infty)$. 它们的图像关于直线 $y = x$ 对称. 如图 1.5 所示.

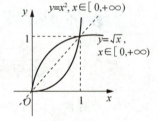

图 1.5

求函数 $y = f(x)$ 的反函数可以按以下步骤进行：

① 从方程 $y = f(x)$ 中解出唯一的 x，并用 $x = f^{-1}(y)$ 表示.

② 将 $x = f^{-1}(y)$ 中的字母 x，y 对调，得到函数 $y = f^{-1}(x)$，这就是所求函数的反函数.

4. 复合函数

在实际问题中，有时两个变量间的联系不是直接的，而是通过另一个变量联系起来的. 例如，一个家庭贷款购房的能力 y 是其偿还能力 u 的平方，即 $y = u^2$，而这个家庭的偿还能力 u 是月收入 x 的 50%，则这个家庭的贷款购房能力 y 与月收入 x 的关系可由两个函数：$y = f(u) = u^2$ 与 $u = g(x) = x \times 50\% = \dfrac{x}{2}$，经过代入运算而得到，即

$$y = f[g(x)] = f\left(\dfrac{x}{2}\right) = \left(\dfrac{x}{2}\right)^2.$$

这就是复合函数，这种代入运算又称为复合运算. 一般地，有如下定义.

定义 1.4

设两个函数 $y=f(u)$，$u=\varphi(x)$，与 x 对应的 u 值能使 $y=f(u)$ 有定义，将 $u=\varphi(x)$ 代入 $y=f(u)$，得到函数 $y=f[\varphi(x)]$。这个新函数 $y=f[\varphi(x)]$ 称为由 $y=f(u)$ 和 $u=\varphi(x)$ 复合而成的复合函数。$u=\varphi(x)$ 称为内层函数，$y=f(u)$ 称为外层函数，u 称为中间变量。

例如，函数 $y=\sin u$ 与 $u=x^2+1$ 可以复合成复合函数 $y=\sin(x^2+1)$。

复合函数不仅可以由两个函数复合而成，也可以由多个函数相继进行复合而成。如函数 $y=u^2$，$u=\ln v$，$v=2x$ 可以复合成复合函数 $y=\ln^2(2x)$。

注意 不是任何两个函数都能复合成复合函数。由定义可知，只有当内层函数 $u=\varphi(x)$ 的值域与外层函数 $y=f(u)$ 的定义域的交集非空时，这两个函数才能复合成复合函数。例如函数 $y=\ln u$ 和 $u=-x^2$ 就不能复合成一个复合函数。因为内层函数 $u=-x^2$ 的值域是 $(-\infty, 0]$，而外层函数 $y=\ln u$ 的定义域是 $(0, +\infty)$，显然，$(0, +\infty) \cap (-\infty, 0] = \varnothing$，函数 $y=\ln(-x^2)$ 无意义。

例 4 指出下列复合函数的复合过程。

(1) $y=\sin e^x$；　　　　(2) $y=\ln \ln x$；　　　　(3) $y=\tan^2 \dfrac{x}{2}$。

解 (1) 令 $u=e^x$，则 $y=\sin u$。所以 $y=\sin e^x$ 是由 $y=\sin u$ 与 $u=e^x$ 复合而成。

(2) 令 $u=\ln x$，则 $y=\ln u$。所以 $y=\ln \ln x$ 是由 $y=\ln u$ 与 $u=\ln x$ 复合而成。

(3) 令 $v=\dfrac{x}{2}$，$u=\tan v$，则 $y=u^2$。所以 $y=\tan^2 \dfrac{x}{2}$ 是由 $y=u^2$，$u=\tan v$，$v=\dfrac{x}{2}$ 复合而成。

5. 初等函数

(1) 基本初等函数。

幂函数、指数函数、对数函数、三角函数及反三角函数统称为基本初等函数。

为了便于应用，下面就其图像和性质做简要的复习，参见表 1.1。

表 1.1 基本初等函数及图像性质

序号	函数	图像	性质
1	幂函数 $y=x^a (a \in \mathbf{R})$		在第一象限，$a>0$ 时函数单增；$a<0$ 时函数单减 共性：都过点 $(1, 1)$

续表

序 号	函 数	图 像	性 质
2	指数函数 $y=a^x$ ($a>0$ 且 $a\neq 1$)		$a>1$ 时函数单增；$0<a<1$ 时函数单减 共性：过点 $(0,1)$，以 x 轴为渐近线
3	对数函数 $y=\log_a x$ ($a>0$ 且 $a\neq 1$)		$a>1$ 时函数单增；$0<a<1$ 时函数单减 共性：过点 $(1,0)$，以 y 轴为渐近线
4	三角函数 正弦函数 $y=\sin x$		奇函数，周期 $T=2\pi$，有界，$|\sin x|\leqslant 1$
	余弦函数 $y=\cos x$		偶函数，周期 $T=2\pi$，有界，$|\cos x|\leqslant 1$
	正切函数 $y=\tan x$		奇函数，周期 $T=\pi$，无界
	余切函数 $y=\cot x$		奇函数，周期 $T=\pi$，无界

续表

序号	函数		图像	性质
5	反三角函数	反正弦函数 $y=\arcsin x$		$x\in[-1,1]$，$y\in\left[-\dfrac{\pi}{2},\dfrac{\pi}{2}\right]$，奇函数，单调增加，有界
		反余弦函数 $y=\arccos x$		$x\in[-1,1]$，$y\in[0,\pi]$，单调减少，有界
		反正切函数 $y=\arctan x$		$x\in(-\infty,+\infty)$，$y\in\left(-\dfrac{\pi}{2},\dfrac{\pi}{2}\right)$，奇函数，单调增加，有界，$y=\pm\dfrac{\pi}{2}$ 为两条水平渐近线
		反余切函数 $y=\text{arccot}\, x$		$x\in(-\infty,+\infty)$，$y\in(0,\pi)$，单调减少，有界，$y=0$，$y=\pi$ 为两条水平渐近线

（2）初等函数.

定义 1.5

由基本初等函数经过有限次四则运算和有限次复合运算所构成的并能用一个式子表示的函数，称为初等函数.

例如，函数 $f(x)=2^{\sqrt{x}}\ln(2x+5)$，$g(x)=\sqrt{\sin 2x}+e^{\arctan 3x}$ 等都是初等函数.

6. 分段函数与隐函数

分段函数：函数用解析法表示时，两变量间的对应法则有时候不能用一个解析式给出，可能会出现对于自变量的某一部分数值，对应法则用某一解析式，对于另一部分数值用另一解析式,这种函数称为分段函数.分段函数的定义域是各段函数取值范围的并集.

$$f(x)=\begin{cases} x+1, & -1<x<1 \\ 3x^2-2, & 1\leqslant x\leqslant 2 \end{cases}$$ 是分段函数,其定义域为 $D=(-1,1)\cup[1,2]=(-1,2]$.

显函数与隐函数:一个函数如果能用 x 的具体表达式表示,则称此函数为显函数,如 $y=2x+3$,$y=\mathrm{e}^{3x}$ 等是显函数;如果函数是通过方程来确定的,即函数 $y=f(x)$ 隐藏在方程 $F(x,y)=0$ 中,则称此函数为隐函数,如由方程 $x+y^3=1$,$x^2+y^3-\mathrm{e}^{x+y}=3\sin y$ 等确定的函数为隐函数.

习题 1.1

1. 求下列函数的定义域.

(1) $y=\sqrt{2x+4}$;

(2) $y=\dfrac{1}{x-3}+\sqrt{16-x^2}$;

(3) $y=\ln(x^2-2x-3)$.

习题 1.1 答案

2. 求下列函数的反函数.

(1) $y=x^3-1$;

(2) $y=\sqrt{x+1}$.

第 1(2) 小题

3. 写出下列函数的复合过程.

(1) $y=\sin^2(x^3+1)$;

(2) $y=\arctan(2x+3)$.

4. 某省公布的居民用电阶梯电价听证方案如下:

第一档	第二档	第三档
月用电量 210 度以下,每度电价格为 0.52 元	月用电量 210 度至 350 度,每度电价格比第一档提价 0.05 元	月用电量 350 度以上,每度电价格比第一档提价 0.30 元

若某户月用电量 400 度,则需交电费多少元?

【学海拾贝】

第三次数学危机——"理发师悖论"

理发师悖论

1.2 极 限

1.2.1 数列的极限

引例 我国战国时代(前475—前221)哲学家庄周所著的《庄子·天下》里有这样的记载:"一尺之棰,日取其半,万世不竭。"此话的意思是:一根一尺长的棍子,第一天取一半,第二天取剩下部分的一半,以后每天都取剩下部分的一半,这个过程可以无限地进行下去。用数学语言来描述,就是第一天剩下 $\frac{1}{2}$,第二天剩下 $\frac{1}{2} \times \frac{1}{2} = \frac{1}{2^2}$,第三天剩下 $\frac{1}{2^2} \times \frac{1}{2} = \frac{1}{2^3}$,……,第 n 天剩下 $\frac{1}{2^{n-1}} \times \frac{1}{2} = \frac{1}{2^n}$,……。很显然,每一天剩下的长度构成一个数列:

$$\frac{1}{2}, \frac{1}{2^2}, \frac{1}{2^3}, \cdots, \frac{1}{2^n}, \cdots$$

数列的极限

进一步观察,当天数 n 无限增大时,一尺长的棍子所剩无几了,即所剩下的长度 $\frac{1}{2^n}$ 无限趋近于零。把天数 n 无限增大时,长度 $\frac{1}{2^n}$ 无限趋近于零,记为 $n \to \infty$(读作 n 趋于无穷大)时,$\frac{1}{2^n} \to 0$(读作 $\frac{1}{2^n}$ 趋近于零)。

【典故】

刘徽:"割之弥细,所失弥少,割之又割,以至于不可割,则与圆周合体而无所失矣。"

【思考】 学习以上典故,根据所学知识,写下上述典故中涉及的数学知识及自己对典故的理解。

类似地,观察下列数列的变化趋势。

(1) $\left\{\frac{1}{n}\right\}$:$1, \frac{1}{2}, \frac{1}{3}, \cdots, \frac{1}{n}, \cdots$。

(2) $\{3\}$:$3, 3, 3, \cdots, 3, \cdots$。

(3) $\{(-1)^n\}$:$-1, 1, -1, 1, \cdots, (-1)^n, \cdots$。

(4) $\left\{\frac{1+(-1)^n}{n}\right\}$:$0, 1, 0, \frac{1}{2}, 0, \frac{1}{3}, \cdots$。

(5) $\{n^2\}$:$1, 4, 9, \cdots, n^2, \cdots$。

通过分析可以得知,数列(1)、(4)无限地趋近于0;数列(2)无限地趋近于3;数列(3)总是在-1和1之间跳动;数列(5),当 n 逐渐增大时,$y_n = n^2$ 也越来越大,变化趋势是趋于无穷大。

对数列的这一现象,给出如下定义。

定义 1.6

对于数列$\{y_n\}$，当n无限增大（$n\to\infty$）时，y_n无限趋近于一个确定的常数A，则称A为n趋于无穷大时数列$\{y_n\}$的极限（或称数列收敛于A），记作

$$\lim_{n\to\infty} y_n = A \quad \text{或} \quad y_n \to A(n\to\infty).$$

此时，也称数列$\{y_n\}$的极限存在；否则，称数列$\{y_n\}$的极限不存在（或称数列是发散的）.

根据定义，上面引例中给出的数列$\left\{\dfrac{1}{2^n}\right\}$，它的极限是 0，记作$\lim\limits_{n\to\infty}\dfrac{1}{2^n}=0$. $y_n=n^2$ 的变化趋势是趋于无穷大，这时也说数列$\{n^2\}$的极限是无穷大，记为$\lim\limits_{n\to\infty} n^2=\infty$.

课中小测验

讨论数列$\left\{\left(-\dfrac{1}{2}\right)^n\right\},\{(-3)^n\}$的极限，并总结规律.

课中小测验

例1 讨论数列$y_n=q^n$的极限情况.

解 当$q=1$时，$y_n=1$，所以$\lim\limits_{n\to\infty} y_n=1$；

当$q=-1$时，由上述数列(3)知，$\lim\limits_{n\to\infty} y_n=\lim\limits_{n\to\infty}(-1)^n$不存在；

当$|q|<1$，$n\to\infty$时，$y_n=q^n\to 0$，所以$\lim\limits_{n\to\infty} y_n=\lim\limits_{n\to\infty} q^n=0$；

当$|q|>1$，$n\to\infty$时，$y_n=q^n$的绝对值是趋于无穷大的，所以$\lim\limits_{n\to\infty} y_n=\lim\limits_{n\to\infty} q^n=\infty$（不存在）.

综上讨论，$\lim\limits_{n\to\infty} q^n = \begin{cases} 0, & |q|<1 \\ 1, & q=1 \\ \text{不存在}, & q=-1 \\ \infty, & |q|>1 \end{cases}$.

1.2.2 函数的极限

专业案例 游戏销售

当推出一种新的电子游戏程序时，短期内销售量会迅速增加，然后开始下降，销量的函数为$s(t)=\dfrac{200t}{t^2+100}$，$t$为月份.

函数的极限

(1) 请计算游戏推出后第 6 个月、第 12 个月和第三年的销售量；
(2) 如果要对该产品的长期销售做出预测，请建立相应的表达式.

解 (1)

$$s(6) = \frac{200 \times 6}{6^2 + 100} = \frac{1200}{136} \approx 8.8235,$$

$$s(12) = \frac{200 \times 12}{12^2 + 100} = \frac{2400}{244} \approx 9.8361,$$

$$s(36) = \frac{200 \times 36}{36^2 + 100} = \frac{7200}{1396} \approx 5.1576.$$

(2) 从上面的数据可以看出，随着时间的推移，该产品的长期销售应为时间 $t \to \infty$ 时的销售量，即

$$\lim_{t \to \infty} \frac{200t}{t^2 + 100} = \lim_{t \to \infty} \frac{\frac{200t}{t^2}}{\frac{t^2 + 100}{t^2}} = \lim_{t \to \infty} \frac{\frac{200}{t}}{1 + \frac{100}{t^2}} = 0.$$

上式说明当时间 $t \to +\infty$ 时，销售量的极限为 0，即人们购买此游戏会越来越少，从而转向购买新的游戏.

通过以上分析，可以看出，销售极限是一个动态的过程，主要体现在以下几个方面：

1. 当 x 的绝对值无限增大（记为 $x \to \infty$）时，函数 $f(x)$ 的极限

数列是一种特殊形式的函数，把数列极限的定义推广，可以给出函数极限的定义.

例如，函数 $f(x) = \frac{1}{x} + 1$，当 $x \to \infty$ 时，$f(x)$ 无限趋近于常数 1，如图 1.6 所示.

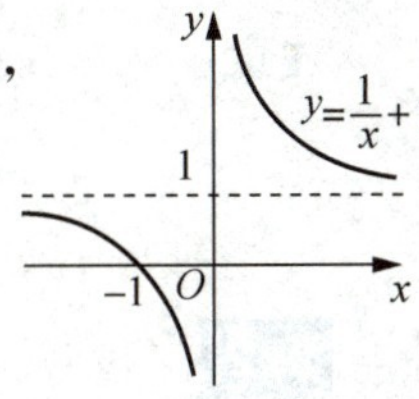

当 $x \to \infty$ 时，$f(x) = \frac{1}{x} + 1 \to 1$，则称常数 1 为 $x \to \infty$ 时函数 $f(x) = \frac{1}{x} + 1$ 的极限，记为

$$\lim_{x \to \infty} \left(\frac{1}{x} + 1\right) = 1.$$

图 1.6

一般地，有如下定义.

定义 1.7

设函数 $y=f(x)$，当 x 的绝对值无限增大（$x\to\infty$）时，函数 $f(x)$ 无限趋近于一个确定的常数 A，则称常数 A 为 $x\to\infty$ 时函数 $f(x)$ 的极限，记作

$$\lim_{x\to\infty}f(x)=A \quad 或 \quad f(x)\to A(x\to\infty).$$

此时也称极限 $\lim\limits_{x\to\infty}f(x)$ 存在；否则，称极限 $\lim\limits_{x\to\infty}f(x)$ 不存在.

需要说明的是，这里的 $x\to\infty$，指的是 x 沿着 x 轴向正负两个方向趋于无穷大. x 取正值且无限增大，记为 $x\to+\infty$，读作 x 趋于正的无穷大；x 取负值且绝对值无限增大，记为 $x\to-\infty$，读作 x 趋于负的无穷大，即 $x\to\infty$ 同时包含 $x\to+\infty$ 和 $x\to-\infty$.

根据定义 1.7，不难得出下列极限：

(1) $\lim\limits_{x\to\infty}\dfrac{1}{x}=0$；

(2) $\lim\limits_{x\to\infty}c=c$（$c$ 为常数）.

在研究实际问题的过程中，有时只需考查 $x\to+\infty$ 或 $x\to-\infty$ 时函数 $f(x)$ 的极限情形，因此，只需将定义 1.7 中的 $x\to\infty$ 分别换成 $x\to+\infty$ 或 $x\to-\infty$，即可得到 $x\to+\infty$ 或 $x\to-\infty$ 时函数 $f(x)$ 的极限的定义，分别记作

$$\lim_{x\to+\infty}f(x)=A \quad 或 \quad \lim_{x\to-\infty}f(x)=A.$$

注意 极限 $\lim\limits_{x\to\infty}f(x)$ 存在的充分必要条件是 $\lim\limits_{x\to+\infty}f(x)$ 与 $\lim\limits_{x\to-\infty}f(x)$ 都存在且相等，即

$$\lim_{x\to\infty}f(x)=A \Leftrightarrow \lim_{x\to+\infty}f(x)=A=\lim_{x\to-\infty}f(x).$$

例 2 极限 $\lim\limits_{x\to\infty}\arctan x$ 与 $\lim\limits_{x\to\infty}e^x$ 是否存在？

解 由表 1.1 可知 $\lim\limits_{x\to+\infty}\arctan x=\dfrac{\pi}{2}$，$\lim\limits_{x\to-\infty}\arctan x=-\dfrac{\pi}{2}$，因为 $\lim\limits_{x\to+\infty}\arctan x\neq \lim\limits_{x\to-\infty}\arctan x$，所以 $\lim\limits_{x\to\infty}\arctan x$ 不存在；

同理，因为 $\lim\limits_{x\to-\infty}e^x=0$，$\lim\limits_{x\to+\infty}e^x=+\infty$，所以 $\lim\limits_{x\to\infty}e^x$ 不存在.

极限 $\lim\limits_{x\to\infty}f(x)=A$ 的几何意义：若极限 $\lim\limits_{x\to\infty}f(x)=A$（$\lim\limits_{x\to+\infty}f(x)=A$ 或 $\lim\limits_{x\to-\infty}f(x)=A$）存在，则称直线 $y=A$ 为曲线 $y=f(x)$ 的水平渐近线. 例如，如图 1.6 所示，因为极限 $\lim\limits_{x\to\infty}\left(\dfrac{1}{x}+1\right)=1$，所以直线 $y=1$ 是曲线 $y=\dfrac{1}{x}+1$ 的水平渐近线. 又如，$\lim\limits_{x\to+\infty}\arctan x=\dfrac{\pi}{2}$，$\lim\limits_{x\to-\infty}\arctan x=-\dfrac{\pi}{2}$，所以直线 $y=-\dfrac{\pi}{2}$ 与 $y=\dfrac{\pi}{2}$ 是曲线 $y=\arctan x$ 的两条水平渐近线.

2. 当 $x \to x_0$（读作 x 趋近于 x_0）时，函数 $f(x)$ 的极限

首先考查当 x 无限趋近于 1 时，函数 $f(x) = 2x + 1$ 的变化趋势.

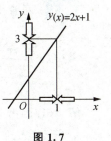

图 1.7

如图 1.7 所示，可以直观地看出，当 x 从左右两侧无限地趋近于 1 时，函数 y 从下上两侧无限地趋近于 3，即当 $x \to 1$ 时，$f(x) = 2x + 1 \to 3$，则称 3 为 $x \to 1$ 时函数 $f(x) = 2x + 1$ 的极限，记作
$$\lim_{x \to 1}(2x + 1) = 3.$$
一般地，有如下定义：

定义 1.8

设函数 $y = f(x)$，当 x 无限地趋近于 x_0（但 $x \neq x_0$）时，函数 $f(x)$ 无限地趋近于一个确定的常数 A，则称 A 为当 $x \to x_0$ 时函数 $f(x)$ 的极限，记作
$$\lim_{x \to x_0} f(x) = A \quad \text{或} \quad f(x) \to A (x \to x_0).$$
这时也称极限 $\lim_{x \to x_0} f(x)$ 存在，否则称极限 $\lim_{x \to x_0} f(x)$ 不存在.

由定义 1.8，易得下列函数的极限：
(1) $\lim_{x \to x_0} x = x_0$；
(2) $\lim_{x \to x_0} c = c$（c 为常数）.

由于 $x \to x_0$，同时包含了 $\begin{cases} x \to x_0^- & \text{（从 } x_0 \text{ 的左侧趋近于 } x_0\text{）} \\ x \to x_0^+ & \text{（从 } x_0 \text{ 的右侧趋近于 } x_0\text{）} \end{cases}$ 两种情况，则把 $\lim_{x \to x_0^-} f(x)$ 称为 $x \to x_0$ 时的左极限，$\lim_{x \to x_0^+} f(x)$ 称为 $x \to x_0$ 时的右极限.

定义 1.9

如果自变量 x 仅从小于（或大于）x_0 的一侧趋近于 x_0 时，函数 $f(x)$ 无限趋近于一个确定的常数 A，则称 A 为当 $x \to x_0$ 时函数 $f(x)$ 的左（右）极限，记作
$$\lim_{\substack{x \to x_0^- \\ (x \to x_0^+)}} f(x) = A.$$

根据定义 1.8 和定义 1.9，极限 $\lim_{x \to x_0} f(x)$ 与它的左右极限 $\lim_{\substack{x \to x_0^- \\ (x \to x_0^+)}} f(x) = A$ 有如下关系：

极限 $\lim_{x \to x_0} f(x)$ 存在且等于 A 的充分必要条件是左极限 $\lim_{x \to x_0^-} f(x)$ 与右极限 $\lim_{x \to x_0^+} f(x)$ 都存在且等于 A，即

$$\lim_{x\to x_0}f(x)=A \Leftrightarrow \lim_{x\to x_0^-}f(x)=\lim_{x\to x_0^+}f(x)=A.$$

例 3 考查下列函数当 $x\to 1$ 时，极限 $\lim\limits_{x\to 1}f(x)$ 是否存在？

(1) $f(x)=\dfrac{x^2-1}{x-1}$；　　(2) $f(x)=\begin{cases}x, & x\leqslant 1 \\ 2x-1, & x>1\end{cases}$；　　(3) $f(x)=\begin{cases}2x, & x<1 \\ 0, & x=1 \\ x^2, & x>1\end{cases}$

解 (1) 因为 $f(x)=\dfrac{x^2-1}{x-1}=x+1$（当 $x\neq 1$ 时），

所以 $\lim\limits_{x\to 1}f(x)=\lim\limits_{x\to 1}\dfrac{x^2-1}{x-1}=\lim\limits_{x\to 1}(x+1)=2.$

(2) 该函数为分段函数，$x=1$ 为分段点，因为在 $x=1$ 的两侧函数的解析式不一样，所以考查极限 $\lim\limits_{x\to 1}f(x)$ 时，必须分别考查它的左右极限.

左极限 $\lim\limits_{x\to 1^-}f(x)=\lim\limits_{x\to 1^-}x=1$

右极限 $\lim\limits_{x\to 1^+}f(x)=\lim\limits_{x\to 1^+}(2x-1)=1$ $\Bigg\}\Rightarrow \lim\limits_{x\to 1^-}f(x)=\lim\limits_{x\to 1^+}f(x)=1,$

所以

$$\lim_{x\to 1}f(x)=1.$$

(3) 该函数也为分段函数，$x=1$ 是分段点.

因为左极限 $\lim\limits_{x\to 1^-}f(x)=\lim\limits_{x\to 1^-}2x=2$，右极限 $\lim\limits_{x\to 1^+}f(x)=\lim\limits_{x\to 1^+}x^2=1$，左右极限都存在但不相等，即 $\lim\limits_{x\to 1^-}f(x)\neq\lim\limits_{x\to 1^+}f(x)$，所以极限 $\lim\limits_{x\to 1}f(x)$ 不存在.

说明 ① 极限 $\lim\limits_{x\to x_0}f(x)$ 是否存在，与函数 $f(x)$ 在 $x=x_0$ 处是否有定义无关.

② 函数 $f(x)$ 在 $x=x_0$ 点处的左右两侧解析式不相同时，考查极限 $\lim\limits_{x\to x_0}f(x)$，必须先考查它的左右极限. 如分段函数在分段点处的极限问题.

> **课中小测验**
>
> 已知分段函数 $f(x)=\begin{cases}x^2, & x<-1 \\ -x, & x>-1\end{cases}$，讨论极限 $\lim\limits_{x\to -1}f(x)$.

课中小测验

1.2.3　无穷小与无穷大

【古诗】

送孟浩然之广陵

李白

故人西辞黄鹤楼，

烟花三月下扬州。

孤帆远影碧空尽，

唯见长江天际流。

【思考】 1. 请有感情地朗读以上古诗，感受当时的意境，并将小船在越走越远过程中大小的变化描述出来.

2. 你知道类似的场景或例子吗？和同学们分享一下吧！

1. 无穷小与无穷大的概念

定义 1.10

极限为零的变量称为无穷小量，简称无穷小. 也可以这样描述：在自变量的某种变化过程中，变量 $f(x)$ 的极限值是零，则称变量 $f(x)$ 为在该变化过程中的无穷小. 例如：

因为极限 $\lim\limits_{x\to\infty}\dfrac{1}{x}=0$，所以变量 $\dfrac{1}{x}$ 是 $x\to\infty$ 时的无穷小；因为极限 $\lim\limits_{x\to 0}\sin x=0$，所以变量 $\sin x$ 是 $x\to 0$ 时的无穷小；因为极限 $\lim\limits_{x\to 1}(x-1)=0$，所以变量 $x-1$ 是 $x\to 1$ 时的无穷小.

值得注意的是：

(1) 判断一个变量是否为无穷小，除了与变量本身有关外，还与自变量的变化趋势有关. 如上例，变量 $y=x-1$，当 $x\to 1$ 时为无穷小；而当 $x\to 2$ 时，$y\to 1$，极限是一个非零常数. 因而，不能笼统地称某一变量为无穷小，必须明确指出变量在何种变化过程中是无穷小.

(2) 在实数中，因为 0 的极限是 0，所以数 0 是无穷小，除此之外，即使绝对值很小很小的常数也不是无穷小.

有了无穷小的概念，自然会联想到无穷大的概念，什么是无穷大呢？

定义 1.11

绝对值无限增大的变量称为无穷大量，简称无穷大，即若 $\lim f(x)=\infty$，则称 $f(x)$ 为该变化趋势下的无穷大.

例如，如图 1.8 所示，当 $x\to 1$ 时，$f(x)=\dfrac{1}{x-1}$ 是无穷大，即

$$\lim_{x\to 1}\dfrac{1}{x-1}=\infty.$$

从图像上看，当 $x\to 1$ 时，曲线 $y=\dfrac{1}{x-1}$ 向上向下都无限延伸且越来越接近直线 $x=1$，通常称 $x=1$ 是函数 $f(x)=\dfrac{1}{x-1}$ 的无穷间断点，直线 $x=1$ 是曲线 $f(x)=\dfrac{1}{x-1}$

的垂直(直线 $x=1$ 垂直于 x 轴)渐近线.

再如,因为 $\lim\limits_{x\to\infty} x^2 = \infty$,所以当 $x\to\infty$ 时变量 x^2 是无穷大.

与无穷小类似,一个变量是否为无穷大,与自变量的变化过程有关. 不能笼统地说某一变量为无穷大,必须明确指出变量在何种变化过程中是无穷大,也不能把一个绝对值很大的常数说成无穷大.

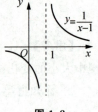

图 1.8

由上例不难看出,**在同一变化过程中,无穷大的倒数是无穷小,非零的无穷小的倒数是无穷大**.

2. 无穷小与函数极限的关系

定理 1.2 $\lim\limits_{x\to x_0} f(x) = A \Leftrightarrow f(x) = A + \alpha$,其中 $\lim\limits_{x\to x_0} \alpha = 0$.

即具有极限的函数与它的极限值之间相差的仅仅是一个无穷小量.

在此,不予以证明. 另外该定理对 $x\to\infty$ 时也是成立的.

3. 无穷小的性质

对同一变化过程中的无穷小与有界函数,它们具有下列性质:

性质 1 有限个无穷小的代数和是无穷小.

性质 2 有限个无穷小的乘积是无穷小.

性质 3 有界函数与无穷小的乘积是无穷小.

推论 常数与无穷小的乘积是无穷小.

例 4 求极限 $\lim\limits_{x\to 0} x\sin\dfrac{1}{x}$.

解 当 $x\to 0$ 时,x 是无穷小,而 $\left|\sin\dfrac{1}{x}\right| \leqslant 1$,因此,$x\sin\dfrac{1}{x}$ 仍为无穷小,故 $\lim\limits_{x\to 0} x\sin\dfrac{1}{x} = 0$.

课中小测验

求极限 $\lim\limits_{x\to\infty} \dfrac{\cos x}{x}$.

习题 1.2

习题1.2答案

1. 填空题.

(1) $\lim\limits_{n\to\infty}\dfrac{(-1)^n}{n}=$ _____ ， $\lim\limits_{n\to\infty}\dfrac{1}{3^n}=$ _____ ， $\lim\limits_{n\to\infty}\mathrm{e}^{\frac{1}{n}}=$ _____ ；

(2) $\lim\limits_{n\to\infty}\left(\dfrac{3}{2}\right)^n=$ _____ ， $\lim\limits_{n\to\infty}\dfrac{n+1}{n}=$ _____ ， $\lim\limits_{n\to\infty}\pi=$ _____ ；

(3) $\lim\limits_{x\to 0}\dfrac{x}{x}=$ _____ ， $\lim\limits_{x\to 0}\dfrac{|x|}{x}=$ _____ ， $\lim\limits_{x\to\infty}\dfrac{x^2}{x^2+1}=$ _____ .

2. 设函数 $f(x)=\begin{cases}|x|, & x<0\\ \dfrac{x}{2}, & 0\leqslant x<1,\\ x^2, & x\geqslant 1\end{cases}$

第2题

试讨论在 $x=0$ 处和 $x=1$ 处函数 $f(x)$ 的极限是否存在？

3. 在传播学中有这样一个规律：在一定条件下，谣言的传播可以用下面的函数关系来表示

$$p(t)=\dfrac{1}{1+a\mathrm{e}^{-kt}},$$

$p(t)$ 表示的是 t 时刻人群中知道这个谣言的人数比例，其中 a 与 k 都是正数.

求 $\lim\limits_{t\to +\infty}p(t)$.

📖【学海拾贝】

兔子能追上乌龟吗？

兔子能追上乌龟吗

1.3 极限的运算

1.3.1 极限的四则运算法则

定理 1.3（四则运算法则） 设在同一变化过程中，$\lim f(x) = A$，$\lim g(x) = B$，则

(1) $\lim [f(x) \pm g(x)] = \lim f(x) \pm \lim g(x) = A \pm B$.

(2) $\lim [f(x) \cdot g(x)] = \lim f(x) \cdot \lim g(x) = AB$，

特别有，

(ⅰ) $\lim [Cf(x)] = C \lim f(x) = CA$（$C$ 为常数）；

(ⅱ) $\lim [f(x)]^n = [\lim f(x)]^n = A^n$（$n$ 为正整数）.

(3) $\lim \dfrac{f(x)}{g(x)} = \dfrac{\lim f(x)}{\lim g(x)} = \dfrac{A}{B}$（其中 $B \neq 0$）.

极限符号 lim 的下边不标明自变量的变化过程，意思是说对 $x \to x_0$ 或 $x \to \infty$ 所建立的结论都成立.

说明 ① 运用法则求极限时，参与运算的函数必须有极限，否则将会得到错误的结论.

② 法则(1)和(2)均可以推广到有限个函数的情形.

例 1 求 $\lim\limits_{x \to 2}(x^2 - 2x + 3)$.

解 根据法则(1)和(2)

$$\lim_{x \to 2}(x^2 - 2x + 3) = \lim_{x \to 2} x^2 - \lim_{x \to 2} 2x + \lim_{x \to 2} 3 = \lim_{x \to 2} x^2 - 2\lim_{x \to 2} x + 3$$
$$= (\lim_{x \to 2} x)^2 - 2 \times 2 + 3 = 2^2 - 2 \times 2 + 3 = 3.$$

由此例可知，当 $x \to x_0$ 时，多项式 $a_0 x^n + a_1 x^{n-1} + \cdots + a_{n-1} x + a_n$ 的极限值就是这个多项式在点 x_0 处的函数值，即

$$\lim_{x \to x_0}(a_0 x^n + a_1 x^{n-1} + \cdots + a_{n-1} x + a_n) = a_0 x_0^n + a_1 x_0^{n-1} + \cdots + a_{n-1} x_0 + a_n.$$

例 2 求 $\lim\limits_{x \to 2} \dfrac{2x+1}{x^2+5}$.

解 $\lim\limits_{x \to 2} \dfrac{2x+1}{x^2+5} = \dfrac{\lim\limits_{x \to 2}(2x+1)}{\lim\limits_{x \to 2}(x^2+5)} = \dfrac{2 \times 2 + 1}{2^2 + 5} = \dfrac{5}{9}$.

对于有理分式函数 $F(x) = \dfrac{p(x)}{q(x)}$，其中 $p(x)$，$q(x)$ 均为 x 的多项式，并且 $\lim\limits_{x \to x_0} q(x) \neq 0$ 时，要求 $\lim\limits_{x \to x_0} F(x) = \lim\limits_{x \to x_0} \dfrac{p(x)}{q(x)}$，只需将 $x = x_0$ 代入即可.

以上例题在进行极限运算时，都直接使用了极限的运算法则. 但有些函数做极限运算时，不能直接使用法则.

例 3 求 $\lim\limits_{x\to 2}\dfrac{2x+1}{x^2-4}$.

解 因为 $\lim\limits_{x\to 2}(2x+1)=5\neq 0$，故 $\lim\limits_{x\to 2}\dfrac{x^2-4}{2x+1}=0$，由无穷小与无穷大的关系得

$$\lim\limits_{x\to 2}\dfrac{2x+1}{x^2-4}=\infty.$$

当 $x\to 2$ 时，分母的极限为零，在这里不能直接运用商的极限法则.

例 4 求 $\lim\limits_{x\to 2}\dfrac{x-2}{x^2-4}$.

例 4

解 $\lim\limits_{x\to 2}\dfrac{x-2}{x^2-4}=\lim\limits_{x\to 2}\dfrac{x-2}{(x+2)(x-2)}=\lim\limits_{x\to 2}\dfrac{1}{x+2}=\dfrac{1}{4}.$

例 5 求 $\lim\limits_{x\to 0}\dfrac{\sqrt{x+9}-3}{x}$.

解 $\lim\limits_{x\to 0}\dfrac{\sqrt{x+9}-3}{x}=\lim\limits_{x\to 0}\dfrac{(x+9)-9}{x(\sqrt{x+9}+3)}=\lim\limits_{x\to 0}\dfrac{1}{\sqrt{x+9}+3}=\dfrac{1}{6}.$

当分子分母的极限均为零时，这类极限称为"$\dfrac{0}{0}$"型未定式，不能直接运用商的极限法则. 先要对函数进行变形整理(分解因式或者有理化)，当 $x\to a$ 时，必有 $x\neq a$，所以可以先约去零因式 $x-a$(极限为零的因式称为零因式)，化为非"$\dfrac{0}{0}$"型未定式再求极限.

例 6 求 $\lim\limits_{x\to\infty}\dfrac{4x^2+1}{3x^2+5x-2}$.

解 $\lim\limits_{x\to\infty}\dfrac{4x^2+1}{3x^2+5x-2}=\lim\limits_{x\to\infty}\dfrac{4+\dfrac{1}{x^2}}{3+\dfrac{5}{x}-\dfrac{2}{x^2}}=\dfrac{4+0}{3+0-0}=\dfrac{4}{3}.$

例 7 求 $\lim\limits_{x\to\infty}\dfrac{4x+1}{3x^2+5x-2}$.

解 $\lim\limits_{x\to\infty}\dfrac{4x+1}{3x^2+5x-2}=\lim\limits_{x\to\infty}\dfrac{\dfrac{4}{x}+\dfrac{1}{x^2}}{3+\dfrac{5}{x}-\dfrac{2}{x^2}}=\dfrac{0+0}{3+0-0}=0.$

例 8 求 $\lim\limits_{x\to\infty}\dfrac{2x^3+3x}{3x^2+5}$.

解 $\lim\limits_{x\to\infty}\dfrac{2x^3+3x}{3x^2+5}=\lim\limits_{x\to\infty}\dfrac{2x+\dfrac{3}{x}}{3+\dfrac{5}{x^2}}=\infty.$

当分子分母的极限均为∞时，这类极限称为"$\frac{\infty}{\infty}$"型未定式．一般采用分子分母同除以分母中变化最快的量（即分母的最高方幂）的方法来转化，使分母的极限存在，并且不为零，然后运用法则运算．

综上可得结论：

$$\lim_{x\to\infty}\frac{a_0 x^n + a_1 x^{n-1} + \cdots + a_n}{b_0 x^m + b_1 x^{m-1} + \cdots + b_m} = \begin{cases} \dfrac{a_0}{b_0}, & n=m \\ 0, & n<m \\ \infty, & n>m \end{cases} \quad (n, m \in \mathbf{N}, a_0 \neq 0, b_0 \neq 0).$$

课中小测验

根据上面的结论求下列极限：$\lim\limits_{x\to\infty}\dfrac{x^3+3}{x^2+5}$；$\lim\limits_{x\to\infty}\dfrac{x^3+3}{2x^3+5}$；$\lim\limits_{x\to\infty}\dfrac{x^3+3}{x^4+5x-2}$．

例 9 求 $\lim\limits_{x\to 1}\left(\dfrac{1}{1-x} - \dfrac{2}{1-x^2}\right)$．

解 $\lim\limits_{x\to 1}\left(\dfrac{1}{1-x} - \dfrac{2}{1-x^2}\right) = \lim\limits_{x\to 1}\dfrac{1+x-2}{1-x^2} = -\lim\limits_{x\to 1}\dfrac{1}{1+x} = -\dfrac{1}{2}$．

此类极限称为"$\infty - \infty$"型未定式，不能直接运用和差的极限法则，需要将函数变形．

例 10 求 $\lim\limits_{x\to+\infty} x(\sqrt{1+x^2} - x)$．

解 $\lim\limits_{x\to+\infty} x(\sqrt{1+x^2} - x) = \lim\limits_{x\to+\infty} \dfrac{x(\sqrt{1+x^2} - x)(\sqrt{1+x^2} + x)}{\sqrt{1+x^2} + x}$

$= \lim\limits_{x\to+\infty} \dfrac{x}{\sqrt{1+x^2} + x} = \lim\limits_{x\to+\infty} \dfrac{1}{\sqrt{\dfrac{1}{x^2}+1} + 1} = \dfrac{1}{2}$．

此题属于"$0 \cdot \infty$"型未定式，需要将函数变形．

例 11 求 $\lim\limits_{x\to\infty}\dfrac{\sin x}{x}$．

解 把 $\dfrac{\sin x}{x}$ 看作 $\sin x$ 与 $\dfrac{1}{x}$ 的乘积．当 $x\to\infty$ 时 $\dfrac{1}{x}$ 为无穷小，而 $|\sin x| \leqslant 1$，根据无穷小与有界量的乘积仍为无穷小，得

$$\lim_{x\to\infty}\frac{\sin x}{x} = 0.$$

1.3.2 复合函数的极限

定理 1.4（复合函数的极限） 设函数 $y = f[\varphi(x)]$ 是 $y = f(u)$ 与 $u = \varphi(x)$ 复合而

成的复合函数. 若 $\lim\limits_{u \to u_0} f(u) = A$, $\lim\limits_{x \to x_0} \varphi(x) = u_0$, 则 $\lim\limits_{x \to x_0} f[\varphi(x)] = A$.

特别地, 当 $\lim\limits_{u \to u_0} f(u) = f(u_0)$, $\lim\limits_{x \to x_0} \varphi(x) = u_0$ 时, 则极限 $\lim\limits_{x \to x_0} f[\varphi(x)] = f(u_0)$, 此时又可写为 $\lim\limits_{x \to x_0} f[\varphi(x)] = f[\lim\limits_{x \to x_0} \varphi(x)]$, 即在一定条件下可以交换函数与极限的运算次序.

例 12 求 $\lim\limits_{x \to 0} e^{\sin x}$.

解 因为 $\lim\limits_{x \to 0} \sin x = 0$, $\lim\limits_{u \to 0} e^u = e^0 = 1$, 所以

$$\lim\limits_{x \to 0} e^{\sin x} = e^{\lim\limits_{x \to 0} \sin x} = e^0 = 1.$$

习题 1.3

习题 1.3 答案

求下列极限.

(1) $\lim\limits_{x \to 2} \dfrac{x^2 - 4}{x - 2}$;

(2) $\lim\limits_{x \to 0} \dfrac{x}{\sqrt{x+4} - 2}$;

(3) $\lim\limits_{x \to \infty} \dfrac{3x^3 - 2x^2 + 5}{2x^3 + 3x}$;

(4) $\lim\limits_{x \to \infty} \dfrac{2x + 1}{x^2 - 3}$;

(5) $\lim\limits_{x \to 2} \left(\dfrac{1}{x - 2} - \dfrac{4}{x^2 - 4} \right)$.

第(5)小题

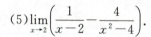 两个重要极限与无穷小的比较

1.4.1 两个重要极限

1. 第一重要极限

极限 $\lim\limits_{x \to 0} \dfrac{\sin x}{x} = 1$ 称为第一重要极限.

因为 $\dfrac{\sin x}{x}$ 是偶函数, 即 $\dfrac{\sin(-x)}{-x} = \dfrac{\sin x}{x}$, 所以, 只需讨论 $x \to 0^+$ 时的情形.

计算 $\dfrac{\sin x}{x}$ 得表 1.2.

表 1.2 $\dfrac{\sin x}{x}$ 数值表

x	$\dfrac{\sin x}{x}$
1	0.841 471
0.3	0.985 067
0.2	0.993 347
0.1	0.998 334
0.05	0.999 583
0.02	0.999 933
0.01	0.999 983
0.009	0.999 986
0.000 5	0.999 999

由表 1.2 可知，当 $x(x>0)$ 取值越趋近于 0 时，则相应的 $\dfrac{\sin x}{x}$ 的取值越趋近于 1，直观上可以得到 $\lim\limits_{x\to 0}\dfrac{\sin x}{x}=1$.

例 1 求 $\lim\limits_{x\to 0}\dfrac{\sin 3x}{x}$.

解 令 $3x=u$，则当 $x\to 0$ 时，$u\to 0$，所以

$$\lim_{x\to 0}\dfrac{\sin 3x}{x}=\lim_{x\to 0}\left(\dfrac{\sin 3x}{3x}\times 3\right)=3\lim_{u\to 0}\dfrac{\sin u}{u}=3\times 1=3.$$

在这里有必要强调一下，第一重要极限具有两个特征：

(1) 它是"$\dfrac{0}{0}$"型.

(2) 分子中记号 sin 后面的表达式与分母的表达式形式上完全相同.

今后只要遇到符合上述两个特征的极限，可以不引入中间变量，直接使用下面的公式即可. 也就是说，将极限 $\lim\limits_{x\to 0}\dfrac{\sin x}{x}=1$ 中的自变量 x 换成 x 的函数 $\varphi(x)$，公式仍然成立，即

$$\lim_{x\to a}\dfrac{\sin\varphi(x)}{\varphi(x)}=1,\ x\to a\ 时，\varphi(x)\to 0.$$

例 2 求 $\lim\limits_{x\to 0}\dfrac{\tan x}{x}$.

解 $\lim\limits_{x\to 0}\dfrac{\tan x}{x}=\lim\limits_{x\to 0}\left(\dfrac{\sin x}{x}\cdot\dfrac{1}{\cos x}\right)=1\times 1=1.$

例 3 求 $\lim\limits_{x\to 0}\dfrac{1-\cos x}{x^2}$.

解 $\lim\limits_{x\to 0}\dfrac{1-\cos x}{x^2}=\lim\limits_{x\to 0}\dfrac{2\sin^2\dfrac{x}{2}}{x^2}=\lim\limits_{x\to 0}\dfrac{2\sin^2\dfrac{x}{2}}{4\left(\dfrac{x}{2}\right)^2}=\dfrac{1}{2}$.

例 4 求 $\lim\limits_{x\to 1}\dfrac{\sin(x^2-1)}{x-1}$.

解 $\lim\limits_{x\to 1}\dfrac{\sin(x^2-1)}{x-1}=\lim\limits_{x\to 1}\left[\dfrac{\sin(x^2-1)}{x^2-1}\cdot(x+1)\right]$
$=\lim\limits_{x\to 1}\dfrac{\sin(x^2-1)}{x^2-1}\cdot\lim\limits_{x\to 1}(x+1)=1\times 2=2.$

例 5 求 $\lim\limits_{x\to 0}\dfrac{\sin 3x}{\tan 5x}$.

解 $\lim\limits_{x\to 0}\dfrac{\sin 3x}{\tan 5x}=\lim\limits_{x\to 0}\left(\dfrac{\sin 3x}{3x}\cdot\dfrac{5x}{\tan 5x}\cdot\dfrac{3}{5}\right)=1\times 1\times\dfrac{3}{5}=\dfrac{3}{5}$.

课中小测验

求 $\lim\limits_{x\to 0}\dfrac{\sin 2x}{\sin 5x}$.

2. 第二重要极限

极限 $\lim\limits_{n\to\infty}\left(1+\dfrac{1}{n}\right)^n=e$ 称为第二重要极限.

数 e 是一个无理数，e = 2.718 281 828 459 …，它是一个十分重要的常数，无论在科学技术中，还是在经济领域都有许多应用. 例如，树木的增长规律、人口增长的模型、物品的衰减模型，以及复利问题等.

首先，将数列 $\left(1+\dfrac{1}{n}\right)^n$ 的值列成表 1.3，观察其变化规律.

表 1.3 $\left(1+\dfrac{1}{n}\right)^n$ 数值表

n	1	2	3	4	5	10	100	1 000	10^4	10^5	10^6	…
$\left(1+\dfrac{1}{n}\right)^n$	2	2.250	2.370	2.441	2.488	2.594	2.705	2.717	2.718	2.718 268	2.718 280	…

由表 1.3 可知，这个数列是单调递增的，其增加速度越来越慢，趋于稳定. 即极限 $\lim\limits_{n\to\infty}\left(1+\dfrac{1}{n}\right)^n$ 是存在的（理论上不再给予证明），通常用字母 e 表示这个极限值，即

$$\lim\limits_{n\to\infty}\left(1+\dfrac{1}{n}\right)^n=e.$$

第二重要极限具有两个特征:

(1)当 n 无限增大时,函数 $\left(1+\dfrac{1}{n}\right)^n$ 呈"1^∞"型.

(2)括号内是 1 加一个极限为零的变量,第一项是 1,第二项是括号外指数的倒数.

例 6 求 $\lim\limits_{n\to\infty}\left(1+\dfrac{2}{n}\right)^n$.

解 因为 $n\to\infty$ 时,$\dfrac{2}{n}\to 0$,所以

$$\lim_{n\to\infty}\left(1+\dfrac{2}{n}\right)^n=\lim_{n\to\infty}\left(1+\dfrac{2}{n}\right)^{\frac{n}{2}\times 2}=\lim_{n\to\infty}\left[\left(1+\dfrac{2}{n}\right)^{\frac{n}{2}}\right]^2=\left[\lim_{n\to\infty}\left(1+\dfrac{2}{n}\right)^{\frac{n}{2}}\right]^2=\mathrm{e}^2.$$

通常使用第二重要极限公式求极限时,不需要引入中间变量,只需将指数的变量凑成底数中第二项的倒数与一个常数(或极限存在的变量)的乘积.

实际上,极限 $\lim\limits_{n\to\infty}\left(1+\dfrac{1}{n}\right)^n=\mathrm{e}$ 可以推广到函数 $\left(1+\dfrac{1}{x}\right)^x$,即

$$\lim_{x\to\infty}\left(1+\dfrac{1}{x}\right)^x=\mathrm{e}.$$

如果令 $t=\dfrac{1}{x}$,当 $x\to\infty$ 时,$t\to 0$,则有公式

$$\lim_{t\to 0}(1+t)^{\frac{1}{t}}=\mathrm{e}.$$

综上所述,符合上述两个特征的极限均为 e,即

$$\lim_{x\to a}\left(1+\dfrac{1}{\varphi(x)}\right)^{\varphi(x)}=\mathrm{e},\ \lim_{x\to a}\varphi(x)=\infty,$$

或

$$\lim_{x\to a}(1+\varphi(x))^{\frac{1}{\varphi(x)}}=\mathrm{e},\ \lim_{x\to a}\varphi(x)=0.$$

例 7 求 $\lim\limits_{x\to\infty}\left(1-\dfrac{1}{x}\right)^x$.

解 $\lim\limits_{x\to\infty}\left(1-\dfrac{1}{x}\right)^x=\lim\limits_{x\to\infty}\left(1-\dfrac{1}{x}\right)^{-x\times(-1)}=\lim\limits_{x\to\infty}\left[\left(1-\dfrac{1}{x}\right)^{-x}\right]^{-1}=\mathrm{e}^{-1}.$

例 8 求 $\lim\limits_{x\to 0}(1+3x)^{\frac{1}{x}}$.

解 $\lim\limits_{x\to 0}(1+3x)^{\frac{1}{x}}=\lim\limits_{x\to 0}(1+3x)^{\frac{1}{3x}\times 3}=\lim\limits_{x\to 0}\left[(1+3x)^{\frac{1}{3x}}\right]^3=\mathrm{e}^3.$

例 9 求 $\lim\limits_{x\to\infty}\left(\dfrac{x+1}{x-3}\right)^x$.

解 $\lim\limits_{x\to\infty}\left(\dfrac{x+1}{x-3}\right)^x=\lim\limits_{x\to\infty}\left(\dfrac{1+\dfrac{1}{x}}{1-\dfrac{3}{x}}\right)^x=\dfrac{\lim\limits_{x\to\infty}\left(1+\dfrac{1}{x}\right)^x}{\lim\limits_{x\to\infty}\left(1-\dfrac{3}{x}\right)^{-\frac{x}{3}\times(-3)}}=\dfrac{\mathrm{e}}{\mathrm{e}^{-3}}=\mathrm{e}^4.$

课中小测验

求 $\lim\limits_{x\to\infty}\left(\dfrac{x-2}{x+3}\right)^x$.

1.4.2 无穷小的比较

极限为零的变量为无穷小量,而不同的无穷小趋近于零的"快慢"是不同的. 例如,当 $x\to 0$ 时,x^2,x^3 都是无穷小,很显然 $x^3\to 0$ 比 $x^2\to 0$ 快. 为了刻画这种快慢程度,引入无穷小阶的概念.

无穷小的比较

定义 1.12

设 α 和 β 是同一变化过程中的两个无穷小,即 $\lim\alpha=0$,$\lim\beta=0$,且 $\alpha\neq 0$.

(1) 若 $\lim\dfrac{\beta}{\alpha}=0$,则称 β 是 α 的高阶无穷小,记为 $\beta=o(\alpha)$;

(2) 若 $\lim\dfrac{\beta}{\alpha}=\infty$,则称 β 是 α 的低阶无穷小;

(3) 若 $\lim\dfrac{\beta}{\alpha}=C\neq 0$,则称 β 与 α 是同阶无穷小.

特别地,当 $C=1$,即 $\lim\dfrac{\beta}{\alpha}=1$ 时,称 β 与 α 是等价无穷小,记为 $\alpha\sim\beta$,读作 α 等价于 β.

例 10 当 $x\to 0$ 时,比较下列各组无穷小.

(1) $1-\cos 2x$ 与 x^2; (2) $\ln(1+x)$ 与 x.

解 (1) 因为 $\lim\limits_{x\to 0}\dfrac{1-\cos 2x}{x^2}=\lim\limits_{x\to 0}\dfrac{2\sin^2 x}{x^2}=2$,所以,当 $x\to 0$ 时,$1-\cos 2x$ 与 x^2 是同阶无穷小.

(2) 因为 $\lim\limits_{x\to 0}\dfrac{\ln(1+x)}{x}=\lim\limits_{x\to 0}\ln(1+x)^{\frac{1}{x}}=\ln e=1$,所以,当 $x\to 0$ 时,$\ln(1+x)\sim x$.

等价无穷小具有一条很重要的性质:

定理 1.5(等价无穷小的替换性质) 在自变量的同一变化过程中,若 α,α',β,β' 均为无穷小,且 $\alpha\sim\alpha'$,$\beta\sim\beta'$,则 $\lim\dfrac{\alpha}{\beta}=\lim\dfrac{\alpha'}{\beta'}$.

在极限的运算中,可以使用该定理简化计算.

为了使读者尽快掌握和使用这一性质,下面给出一些常用的等价无穷小:

当 $x \to 0$ 时,

(1) $\sin x \sim x$；　　　　(2) $\tan x \sim x$；　　　　(3) $\arcsin x \sim x$；

(4) $1-\cos x \sim \dfrac{1}{2}x^2$；　(5) $\ln(1+x) \sim x$；　(6) $e^x - 1 \sim x$；

(7) $\sqrt[n]{1+x} - 1 \sim \dfrac{1}{n} \cdot x$.

例 11 求 $\lim\limits_{x \to 0} \dfrac{e^{\sin x}-1}{\ln(1+2x)}$.

解 当 $x \to 0$ 时，$\sin x \to 0$，$e^{\sin x}-1 \sim \sin x \sim x$，$\ln(1+2x) \sim 2x$，所以

$$\lim_{x \to 0} \dfrac{e^{\sin x}-1}{\ln(1+2x)} = \lim_{x \to 0} \dfrac{\sin x}{2x} = \lim_{x \to 0} \dfrac{x}{2x} = \dfrac{1}{2}.$$

例 12 求 $\lim\limits_{x \to 0} \dfrac{\tan x - \sin x}{\sin^3 x}$.

解 因为当 $x \to 0$ 时，$\sin x \sim x$，$\tan x \sim x$，$1-\cos x \sim \dfrac{1}{2}x^2$，所以

$$\lim_{x \to 0} \dfrac{\tan x - \sin x}{\sin^3 x} = \lim_{x \to 0} \dfrac{\tan x(1-\cos x)}{\sin^3 x} = \lim_{x \to 0} \dfrac{x \cdot \dfrac{x^2}{2}}{x^3} = \dfrac{1}{2}.$$

一般地，等价无穷小代换不能用于和差运算．例如：

$$\lim_{x \to 0} \dfrac{\tan x - \sin x}{\sin^3 x} = \lim_{x \to 0} \dfrac{x-x}{x^3} = 0,$$ 显然，这种解法是错误的.

习题 1.4

习题1.4答案

求下列极限．

(1) $\lim\limits_{x \to 0} \dfrac{\sin 5x}{3x}$；

(2) $\lim\limits_{x \to 0} \dfrac{3x}{\tan 2x}$；

(3) $\lim\limits_{x \to 0} \dfrac{\tan 3x}{\sin 2x}$；

(4) $\lim\limits_{x \to 0} (1+3x)^{\frac{2}{x}}$；

(5) $\lim\limits_{x \to \infty} \left(1-\dfrac{1}{2x}\right)^x$；

(6) $\lim\limits_{x \to \infty} \left(\dfrac{x+2}{x-1}\right)^x$；

(7) $\lim\limits_{x \to 0} \dfrac{\ln(1-2x)}{\sin 3x}$；

(8) $\lim\limits_{x \to 0} \dfrac{(e^{3x}-1)\tan x}{1-\cos 2x}$.

第(8)小题

1.5 函数的连续性

1.5.1 连续性

连续性

【故事】

从前有一个农夫,嫌自己田里的秧苗长得太慢,因此整天忧心忡忡.有一天,他又荷着锄头下田了,他觉得秧苗似乎一点也没长大,于是苦苦思索有什么办法可以使秧苗长高一点.忽然,他灵机一动,毫不犹豫地卷起裤管就往水田里跳,开始把每一棵秧苗拉高一点.

傍晚,农夫完成他自以为聪明的"杰作",得意扬扬地跑回家,迫不及待地告诉他妻子:"告诉你一件了不起的事,我今天想到一个好点子,让咱们田里的秧苗长高了不少."农夫妻子半信半疑,就叫儿子到田里去看究竟是怎么回事.儿子听到家里的秧苗长高了,就跑到田里去看.这时,他发现秧苗是长高了,但是却都低垂着头,已经枯萎了……

【思考】 1. 读完以上故事,你有什么感悟?和同学们分享一下吧!

2. 根据所学知识,指出该故事和函数的联系.

1. 函数连续性的概念

如图 1.9 所示,曲线 $y=f(x)$ 在区间 $[a,b]$ 上由点 A 到点 B 能一笔画出来,则称这条曲线为连续曲线.

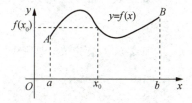

图 1.9

设变量 u 从它的初值 u_0 改变到终值 u_1,终值与初值之差 u_1-u_0 称为变量 u 在 u_0 点处的增量(或改变量),记作

$$\Delta u = u_1 - u_0.$$

注意 增量 Δu 可以为正值、负值,也可以为零.

对函数 $y=f(x)$,当自变量 x 在 x_0 处有增量 Δx,即 x 是由 x_0 变到 $x_0+\Delta x$ 时,此时函数 $f(x)$ 相应的从 $f(x_0)$ 变到 $f(x_0+\Delta x)$,则 $f(x_0+\Delta x)-f(x_0)$ 称为函数 $f(x)$ 在 x_0 处的相应增量,记作 Δy,即

$$\Delta y = f(x_0+\Delta x) - f(x_0).$$

定义 1.13

（点连续）设函数 $y=f(x)$ 在点 x_0 的某邻域内有定义，若当自变量 x 在点 x_0 处的增量 $\Delta x \to 0$ 时，相应的函数增量 $\Delta y \to 0$，即 $\lim\limits_{\Delta x \to 0} \Delta y = 0$，则称函数 $y=f(x)$ 在点 x_0 处连续．如图 1.10 所示．

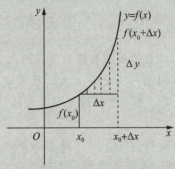

图 1.10

若记 $x = x_0 + \Delta x$，则 $\Delta x = x - x_0$，显然，当 $\Delta x \to 0$ 时，$x \to x_0$，所以极限

$$\lim_{\Delta x \to 0} \Delta y = \lim_{\Delta x \to 0} [f(x_0 + \Delta x) - f(x_0)] = 0$$

可以改写为

$$\lim_{x \to x_0} [f(x) - f(x_0)] = 0,$$

即

$$\lim_{x \to x_0} f(x) = f(x_0).$$

因此，函数 $y=f(x)$ 在点 x_0 处连续有等价于定义 1.13 的另一定义．

连续性的定义

定义 1.14

设函数 $y=f(x)$ 在点 x_0 的某邻域内有定义，若极限 $\lim\limits_{x \to x_0} f(x) = f(x_0)$，则称函数 $y=f(x)$ 在点 x_0 处连续．如图 1.11 所示．

由定义 1.14 可知，函数 $y=f(x)$ 在点 x_0 处连续必须满足三个条件：

(1) 函数值 $f(x_0)$ 存在．
(2) 极限 $\lim\limits_{x \to x_0} f(x)$ 存在．
(3) $\lim\limits_{x \to x_0} f(x) = f(x_0)$．

连续性的三个条件

例 1 设函数 $f(x) = \begin{cases} \dfrac{x^2-1}{x-1}, & x \neq 1 \\ 3, & x = 1 \end{cases}$．试讨论 $f(x)$ 在点 $x=1$ 处是否连续？

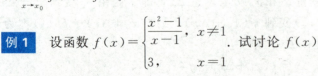

图 1.11

解 由题设知,$f(1)=3$,又 $\lim\limits_{x\to 1}f(x)=\lim\limits_{x\to 1}\dfrac{x^2-1}{x-1}=\lim\limits_{x\to 1}(x+1)=2$,
但 $\lim\limits_{x\to 1}f(x)=2\neq f(1)$,所以函数 $f(x)$ 在点 $x=1$ 处不连续.

有时需要讨论函数 $y=f(x)$ 在点 x_0 处的左极限与右极限情形. 如果左极限 $\lim\limits_{x\to x_0^-}f(x)=f(x_0)$,就称函数 $y=f(x)$ 在点 x_0 处左连续;如果右极限 $\lim\limits_{x\to x_0^+}f(x)=f(x_0)$,就称函数 $y=f(x)$ 在点 x_0 处右连续.

根据定义 1.14 不难推导出,函数 $y=f(x)$ 在点 x_0 处连续的充要条件是函数 $y=f(x)$ 在点 x_0 处既左连续也右连续.

例 2 讨论函数 $f(x)=\begin{cases}2x+1,& x\leqslant 1\\ x^2+2,& x>1\end{cases}$ 在 $x=1$ 处的连续性.

例 2

解 因为 $f(1)=2\times 1+1=3$,又 $\lim\limits_{x\to 1^-}f(x)=\lim\limits_{x\to 1^-}(2x+1)=3=f(1)$,函数 $f(x)$ 在 $x=1$ 处左连续;又 $\lim\limits_{x\to 1^+}f(x)=\lim\limits_{x\to 1^+}(x^2+2)=3=f(1)$,函数 $f(x)$ 在 $x=1$ 处右连续. 所以函数 $f(x)$ 在 $x=1$ 处连续.

如果函数 $y=f(x)$ 在开区间 (a,b) 上的每一点都连续,则称函数 $f(x)$ 在区间 (a,b) 上连续;如果函数 $y=f(x)$ 在开区间 (a,b) 上连续,且在左端点 a 处右连续,右端点 b 处左连续,则称函数 $f(x)$ 在闭区间 $[a,b]$ 上连续. 此时称函数 $f(x)$ 为区间 (a,b)(或 $[a,b]$)上的连续函数,区间 (a,b)(或 $[a,b]$)称为函数的连续区间.

1.5.2 函数的间断点

定义 1.15

(间断点)如果曲线 $y=f(x)$ 不能一笔画出来,在 x_0 点处断开,则称这条曲线不连续,$x=x_0$ 点为曲线 $y=f(x)$ 的间断点. 即定义 1.14 中的三个条件至少有一条不满足的点称为间断点.

间断点主要分为两类:

(1) x_0 左右极限都存在,即 $\lim\limits_{x\to x_0^-}f(x)$,$\lim\limits_{x\to x_0^+}f(x)$ 都存在,称 x_0 为第一类间断点.

① 若 $\lim\limits_{x\to x_0^-}f(x)=\lim\limits_{x\to x_0^+}f(x)$,即极限 $\lim\limits_{x\to x_0}f(x)$ 存在,但 $\lim\limits_{x\to x_0}f(x)\neq f(x_0)$,或者 $f(x)$ 在 x_0 处无定义,则称点 x_0 为函数 $f(x)$ 的可去间断点.

② 若 $\lim\limits_{x\to x_0^-}f(x)\neq\lim\limits_{x\to x_0^+}f(x)$,则称点 x_0 为函数 $f(x)$ 的跳跃间断点.

(2) $\lim\limits_{x\to x_0^-}f(x)$,$\lim\limits_{x\to x_0^+}f(x)$ 至少有一个不存在,称 x_0 为第二类间断点.

第二类间断点中,若 $\lim\limits_{x\to x_0^-}f(x)=\infty$(或 $\lim\limits_{x\to x_0^+}f(x)=\infty$),则称点 x_0 为 $f(x)$ 的无穷间断点. 此时直线 $x=x_0$ 为曲线 $y=f(x)$ 的垂直渐近线.

例 1 中，$\lim\limits_{x \to 1} f(x) = 2 \neq f(1) = 3$，所以 $x=1$ 为函数 $f(x)$ 的可去间断点．此时只要改变 $f(x)$ 在 $x=1$ 处的函数值，令 $f(1) = \lim\limits_{x \to 1} f(x) = 2$，则 $f(x)$ 在 $x=1$ 处就连续了．

再如，函数 $f(x) = \dfrac{x^2-1}{x-1}$，在 $x=1$ 处没有定义，所以 $x=1$ 为间断点．而

$$\lim_{x \to 1} \frac{x^2-1}{x-1} = \lim_{x \to 1}(x+1) = 2,$$

故 $x=1$ 是 $f(x) = \dfrac{x^2-1}{x-1}$ 的可去间断点．

此时，只要补充定义 $f(1) = 2$，则它就在 $x=1$ 处连续了．

实际上，若 x_0 为函数 $f(x)$ 的可去间断点，只要补充定义或者改变定义，即令 $f(x_0) = \lim\limits_{x \to x_0} f(x)$，就可使 $f(x)$ 在 x_0 处由间断变为连续，这也正是"可去"的含义．

例 3 设函数 $f(x) = \begin{cases} 0, & x \leqslant 0 \\ x+1, & x > 0 \end{cases}$，求间断点，并说明其类型．

解 这里 $\lim\limits_{x \to 0^-} f(x) = 0$，$\lim\limits_{x \to 0^+} f(x) = \lim\limits_{x \to 0^+}(x+1) = 1$，显然

$$\lim_{x \to 0^-} f(x) \neq \lim_{x \to 0^+} f(x).$$

所以 $x=0$ 是跳跃间断点，如图 1.12 所示．

例如，函数 $f(x) = \sin\dfrac{1}{x}$，因为 $\lim\limits_{x \to 0} \sin\dfrac{1}{x}$ 不存在，所以 $x=0$ 是它的第二类间断点．

图 1.12

例 4 设函数 $f(x) = \dfrac{x^2+x-2}{x^2-1}$，求函数间断点，并说明其类型．

解 因为 $x = \pm 1$ 时函数没有意义，所以 $x = \pm 1$ 为它的间断点；

又因为

$$\lim_{x \to 1} f(x) = \lim_{x \to 1} \frac{x^2+x-2}{x^2-1} = \lim_{x \to 1} \frac{x+2}{x+1} = \frac{3}{2},$$

$$\lim_{x \to -1} f(x) = \lim_{x \to -1} \frac{x^2+x-2}{x^2-1} = \lim_{x \to -1} \frac{x+2}{x+1} = \infty,$$

所以，$x=1$ 是 $f(x)$ 的可去间断点，$x=-1$ 是 $f(x)$ 的无穷间断点．

1.5.3 初等函数的连续性

可以证明，基本初等函数在其定义域内都是连续的.

定理 1.6(四则运算法则) 如果函数 $f(x)$，$g(x)$ 在点 x_0 处连续，则 $f(x)\pm g(x)$，$f(x)\cdot g(x)$，$\dfrac{f(x)}{g(x)}(g(x_0)\neq 0)$ 在点 x_0 处也连续.

定理 1.7(复合函数的连续性) 如果函数 $u=g(x)$ 在点 x_0 处连续，$g(x_0)=u_0$，而且函数 $y=f(u)$ 在点 u_0 处连续，则复合函数 $y=f[g(x)]$ 在点 x_0 处连续，即

$$\lim_{x\to x_0} f[g(x)] = f[g(x_0)].$$

定理 1.8(反函数的连续性) 设函数 $y=f(x)$ 在某区间上连续，且单调增加(减少)，则它的反函数 $y=f^{-1}(x)$ 在对应的区间上连续且单调增加(减少).

定理 1.9(初等函数的连续性) 初等函数在其定义区间上连续.

该结论为求初等函数的极限提供了一个简便的方法，只要 x_0 是初等函数 $f(x)$ 定义区间内的一点，则

$$\lim_{x\to x_0} f(x) = f(x_0),$$

即将函数的极限运算转化为求函数值的问题.

例如，极限 $\lim\limits_{x\to 1} e^{x^2+1}$，因为 $x=1\in D=(-\infty,+\infty)$，所以

$$\lim_{x\to 1} e^{x^2+1} = e^{1^2+1} = e^2.$$

1.5.4 闭区间上连续函数的性质

闭区间上连续函数具有下列性质：

定理 1.10(最值定理) 若函数 $f(x)$ 在闭区间 $[a,b]$ 上连续，则 $f(x)$ 在 $[a,b]$ 上必能取得最大值和最小值，也就是说存在 x_1，$x_2\in[a,b]$ 使 $f(x_1)=M$，$f(x_2)=m$，且对任意的 $x\in[a,b]$，都有 $m\leqslant f(x)\leqslant M$，如图 1.13 所示.

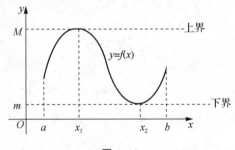

图 1.13

需要强调的是，函数在闭区间 $[a,b]$ 上连续是其具有最大最小值的充分条件，但不必要；另外，开区间上的连续函数不一定有最大值和最小值．如 $y=x$ 在区间 $(0,1)$ 上就没有最大值和最小值.

定理 1.11(有界定理) 若函数 $f(x)$ 在闭区间 $[a,b]$ 上连续，则 $f(x)$ 在 $[a,b]$ 上

有界.

与上述性质一样,函数在闭区间$[a,b]$上连续是其有界的充分而不必要条件. 开区间上的连续函数不一定有界.

定理 1.12(介值定理) 若函数 $f(x)$ 在闭区间 $[a,b]$ 上连续,M 和 m 分别为 $f(x)$ 在 $[a,b]$ 上的最大值和最小值,则对于任何介于 m 和 M 之间的常数 c,$[a,b]$ 内至少存在一点 ξ,使得 $f(\xi)=c$,如图 1.14 所示.

推论(零点定理) 若函数 $f(x)$ 在闭区间 $[a,b]$ 上连续,$f(a) \cdot f(b) < 0$,则在 (a,b) 内至少存在一点 ξ,使得 $f(\xi)=0$. 如图 1.15 所示.

零点定理

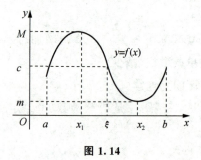

图 1.14

图 1.15

例 5 证明方程 $e^{2x}-x-2=0$ 至少有一个小于 1 的正实根.

证 设 $f(x)=e^{2x}-x-2$,区间 $[a,b]=[0,1]$,显然函数 $f(x)$ 在闭区间 $[0,1]$ 上连续.

又因为 $f(0)=-1<0$,$f(1)=e^2-3>0$,$f(0) \cdot f(1)<0$,根据零点定理,则至少存在一点 $\xi \in (0,1)$,使 $f(\xi)=0$,故方程 $e^{2x}-x-2=0$ 至少有一个小于 1 的正实根.

基于零点定理,得到求函数零点近似解的一种计算方法——二分法,即对于在区间 $[a,b]$ 上连续,且满足 $f(a) \cdot f(b)<0$ 的函数 $f(x)$,通过不断地把函数 $f(x)$ 的零点所在的区间二等分,使区间的两个端点逐步逼近零点,进而得到零点近似值的方法.

习题 1.5

习题 1.5 答案

1. 填空题.

(1) 设函数 $f(x)$ 在点 x_0 处连续,且 $f(x_0)=2$,则 $\lim\limits_{x \to x_0}[3f(x)+2]=$ _____.

(2) 函数 $f(x)=\dfrac{x+5}{x^2+4x-5}$ 的连续区间是 _____,其间断点是 _____,其中可去间断点是 _____,无穷间断点是 _____.

2. 设函数 $f(x)=\begin{cases}\dfrac{\sin kx}{2x}, & x<0 \\ (2x+3)^2, & x\geq 0\end{cases}$，则常数 k 为何值时该函数为连续函数.

第 2 题

【本章小结】

一、主要知识点

函数、基本初等函数、初等函数、极限、无穷小与无穷大、无穷小的比较、函数连续性与间断点.

二、主要数学思想和方法

1. 函数的思想.

函数思想是用运动和变化的观点、集合与对应的思想，去分析和研究数学问题中的数量关系，建立函数关系或构造函数，去分析问题、转化问题，从而使问题获得解决.

2. 极限思想.

极限思想是指用极限概念分析问题和解决问题的一种数学思想，是近代数学的一种重要思想. 简单地说极限思想即是用无限逼近的方式从有限中认识无限，用无限去探求有限，从近似中认识精确，用极限去逼近准确，从量变中认识质变的思想.

三、主要题型及解法

1. 求函数定义域.

2. 求复合函数的复合过程.

3. 求极限.

四则运算法则："$\dfrac{0}{0}$"型，先消去分子分母中共同的零因子；"$\dfrac{\infty}{\infty}$"型，同除以分母中变化最快的量. 复合函数的极限，两个重要极限，有界量与无穷小的乘积仍为无穷小，等价无穷小的替换，函数的连续性定义.

4. 求函数在一点处的连续性：利用连续定义的三个条件，逐一验证.

5. 求函数的间断点及间断点类型：初等函数的间断点处在使得函数无意义的点；分段函数的间断点可能在分段点处. 根据间断点处左右极限的情况对间断点进行分类.

复习题 1

1. 选择题.

(1) 下列函数中不能复合成复合函数的一组是( ).

A. $y=u^2$ 与 $u=-3x^2+2$
B. $y=\sqrt{u}$ 与 $u=-3x^2+2$
C. $y=\ln u$ 与 $u=-2-x^2$
D. $y=\sin u$ 与 $u=-3x^2-2$

(2) 设 $y=\dfrac{\sqrt{9-x^2}}{\ln(x+2)}$,则函数 y 的定义域为( ).

A. $(-2, 3]$
B. $(-2, -1)\cup(-1, 3]$
C. $[-3, 3]$
D. $(-2, 1)\cup(1, 3]$

(3) 函数 $f(x)=x^2\sin x$ 是( ).

A. 奇函数
B. 偶函数
C. 有界函数
D. 周期函数

(4) 函数 $y=\dfrac{x-1}{x+1}$ 的反函数为( ).

A. $y=\dfrac{x-1}{x+1}$
B. $y=\dfrac{1-x}{1+x}$
C. $y=\dfrac{x+1}{x-1}$
D. $y=\dfrac{1+x}{1-x}$

(5) 设 $f(x)=\dfrac{|x-1|}{x-1}$,则 $\lim\limits_{x\to 1} f(x)=$( ).

A. 0
B. 1
C. -1
D. 不存在

(6) 下列式子中错误的是( ).

A. $\lim\limits_{x\to 0} x\sin\dfrac{1}{x}=0$
B. $\lim\limits_{x\to \infty} x\sin\dfrac{1}{x}=0$
C. $\lim\limits_{x\to \infty} \dfrac{\sin x}{x}=0$
D. $\lim\limits_{x\to 0} \dfrac{\sin x}{x}=1$

2. 填空题.

(1) 函数 $y=e^{\sin 2x}$ 是由 _____,_____,_____ 复合而成的.

(2) 函数 $y=\ln(1-x^2)$ 的定义域是 _____(用区间表示).

(3) 函数 $y=x^2-\cos x$ 是 _____(填"奇""偶""非奇非偶")函数.

(4) 极限 $\lim\limits_{x\to 0}(1-3x)^{\frac{1}{x}+5}=$ _____.

(5) 设函数 $f(x)=\begin{cases}\dfrac{\sin ax}{3x}, & x<0 \\ b, & x=0 \\ \dfrac{3\ln(1+x)}{x}, & x>0\end{cases}$，在 $x=0$ 处连续，则常数 $a=$ _____，$b=$ _____．

(6) 函数 $f(x)=\dfrac{x^2-1}{x^2-2x-3}$ 的间断点有 _____，其中，_____ 是可去间断点，_____ 是无穷间断点．

(7) 若 $x\to 0$ 时，无穷小 $\alpha=e^{Ax}-1$ 与 $\beta=\sin 2x$ 等价，则 $A=$ _____．

3. 计算题．

(1) $\lim\limits_{x\to\infty}\left(\dfrac{x-3}{x+2}\right)^x$；

(2) $\lim\limits_{x\to -3}\dfrac{x^2+x-6}{x^2-9}$；

(3) $\lim\limits_{x\to 3}\left(\dfrac{6}{x^2-9}-\dfrac{1}{x-3}\right)$；

(4) $\lim\limits_{x\to 0}\dfrac{(e^{3x}-1)\sin 2x}{\ln(1+x^2)}$．

复习题1答案

专升本真题演练

第 2 章 导数与微分

学习目标与要求

○ 理解导数的概念及其几何意义，了解可导与连续的关系，会用定义求函数在一点处的导数；
○ 会求曲线上一点处的切线方程与法线方程；
○ 熟练掌握导数的基本公式、四则运算法则及复合函数的求导方法；
○ 掌握隐函数的求导法、对数求导法及由参数方程所确定的函数的求导方法，会求分段函数的导数；
○ 理解高阶导数的概念，会求简单函数的 n 阶导数；
○ 理解函数的微分概念，了解可微与可导的关系，会求函数的一阶微分；
○ 能够应用对立统一的哲学思想理解微分的本质，理解曲线与直线之间的唯物辩证关系.

学前引入

研究导数理论，求函数的导数与微分的方法及其应用的科学称为微分学.

本章将从实际问题出发，引入导数与微分的概念，讨论其计算方法，并介绍导数的应用模型.

学前引入

知识导图

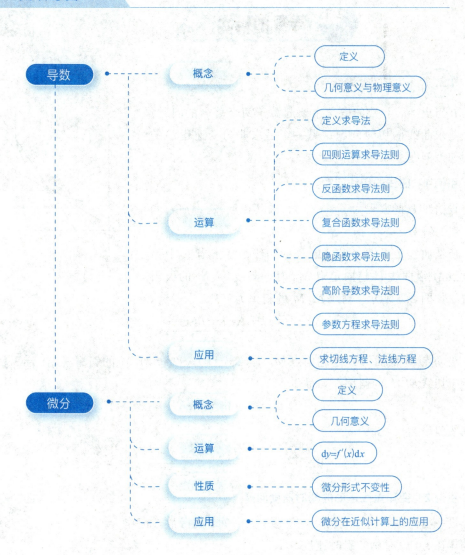

2.1 导数的概念

2.1.1 引例

导数的概念

在历史上,导数的概念主要起源于两个著名的问题:一个是求曲线的切线问题;另一个是求非匀变速运动的瞬时速度问题.

引例 1　曲线的切线问题

设曲线 L 的方程为 $y=f(x)$,求其在点 $(x_0,f(x_0))$ 处切线的斜率.

所谓曲线 L 在其上点 M_0 处的切线,是指当 L 上另一动点 M 沿曲线 L 趋向定点 M_0 时,割线 M_0M 的极限位置,如图 2.1 所示. 割线 M_0M 的斜率为

$$\tan\varphi=\frac{\Delta y}{\Delta x}=\frac{f(x_0+\Delta x)-f(x_0)}{\Delta x}.$$

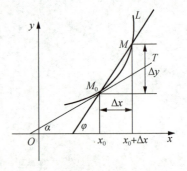

图 2.1

当动点 M 沿曲线 L 越趋向点 M_0 时($\Delta x\to 0$),割线 M_0M 的斜率就越接近于切线 M_0T 的斜率,从而有

$$\tan\alpha=\lim_{\Delta x\to 0}\tan\varphi,$$

引例 1

即切线斜率为

$$k=\lim_{\Delta x\to 0}\frac{\Delta y}{\Delta x}=\lim_{\Delta x\to 0}\frac{f(x_0+\Delta x)-f(x_0)}{\Delta x}.$$

引例 2　变速直线运动的瞬时速度问题

设一物体做变速直线运动,位移 s 是时间 t 的函数,记作 $s=s(t)$,求该物体在 $t=t_0$ 时刻的瞬时速度 $v(t_0)$.

在时刻 $t=t_0$ 到 $t=t_0+\Delta t$ 这一段时间内的平均速度

$$\bar{v}=\frac{\Delta s}{\Delta t}=\frac{s(t_0+\Delta t)-s(t_0)}{\Delta t}.$$

引例 2

Δt 越小,$\bar{v}$ 就越接近 t_0 的瞬时速度 $v(t_0)$,即

$$v(t_0)=\lim_{\Delta t\to 0}\frac{\Delta s}{\Delta t}=\lim_{\Delta t\to 0}\frac{s(t_0+\Delta t)-s(t_0)}{\Delta t}.$$

上述两个引例,虽然分属几何和物理问题,但得出了相同形式的结果,即都要计算当自变量的改变量趋于零时,函数的改变量与自变量的改变量之比的极限. 在实际应用中,凡是考查一个变量随着另一个变量变化的变化率问题,如加速度、电流强度、角速度、线密度等,都可以归结为这种形式的极限. 抛开这些实际问题的具体背景,

抓住它们在数学上的共性——求增量比的极限，由此抽象出导数的概念.

2.1.2 导数的概念

1. 导数的定义

定义 2.1

设函数 $y=f(x)$ 在 $U(x_0)$ 内有定义，当自变量 x 在 x_0 处有增量 Δx 时，相应函数的增量为 $\Delta y = f(x_0 + \Delta x) - f(x_0)$. 如果当 $\Delta x \to 0$ 时，极限 $\lim\limits_{\Delta x \to 0} \dfrac{\Delta y}{\Delta x}$ 存在，则称函数 $y=f(x)$ 在 x_0 处可导，并把这个极限值称为函数 $y=f(x)$ 在 x_0 处的导数，记作

$$f'(x_0),\quad y'|_{x=x_0},\quad \left.\dfrac{\mathrm{d}f}{\mathrm{d}x}\right|_{x=x_0},\quad \left.\dfrac{\mathrm{d}y}{\mathrm{d}x}\right|_{x=x_0},$$

即

$$f'(x_0) = \lim_{\Delta x \to 0} \dfrac{\Delta y}{\Delta x} = \lim_{\Delta x \to 0} \dfrac{f(x_0 + \Delta x) - f(x_0)}{\Delta x}. \tag{2.1}$$

如果当 $\Delta x \to 0$（或 $x \to x_0$）时，这个比值的极限不存在，则称函数 $y=f(x)$ 在 x_0 处不可导或没有导数.

式(2.1)中的自变量的增量 Δx 也常用 h 来表示，因此式(2.1)也可以写作

$$f'(x_0) = \lim_{h \to 0} \dfrac{f(x_0 + h) - f(x_0)}{h}. \tag{2.2}$$

在式(2.1)中，若 $x = x_0 + \Delta x$，则上式又可写作

$$f'(x_0) = \lim_{x \to x_0} \dfrac{f(x) - f(x_0)}{x - x_0}. \tag{2.3}$$

由定义可得，引例 1 中，曲线在某一点的切线斜率正是该曲线的函数在这一点的导数；而引例 2 中，变速直线运动在某一时刻的瞬时速度正是位移函数在该时刻对时间的导数.

导数的定义

如函数 $y=f(x)$ 在 (a,b) 内每一点都可导，即在 (a,b) 内每一点的导数都存在，则称 $y=f(x)$ 在 (a,b) 内可导. 此时对区间内的任一点 x，都对应着 $f(x)$ 的一个确定的导数值，于是就构成了一个新的函数，这个函数称为原来函数 $f(x)$ 的**导函数**（简称为**导数**），记为

$$f'(x),\quad y'(x),\quad \dfrac{\mathrm{d}f(x)}{\mathrm{d}x} \text{ 或 } \dfrac{\mathrm{d}y}{\mathrm{d}x},$$

即

$$f'(x) = \lim_{\Delta x \to 0} \dfrac{f(x + \Delta x) - f(x)}{\Delta x}.$$

或
$$f'(x)=\lim_{h\to 0}\frac{f(x+h)-f(x)}{h}.$$

显然，$f'(x_0)$ 是导函数 $f'(x)$ 在 x_0 点的函数值，即 $f'(x_0)=f'(x)|_{x=x_0}$.

例 1 求函数 $f(x)=C$ 的导数（其中 C 为常数）.

解 $f'(x)=\lim\limits_{\Delta x\to 0}\dfrac{f(x+\Delta x)-f(x)}{\Delta x}=\lim\limits_{\Delta x\to 0}\dfrac{C-C}{\Delta x}=0$,

即 $(C)'=0$.

例 2 求 $f(x)=x^2$ 的导数.

解 $f'(x)=\lim\limits_{\Delta x\to 0}\dfrac{f(x+\Delta x)-f(x)}{\Delta x}=\lim\limits_{\Delta x\to 0}\dfrac{(x+\Delta x)^2-x^2}{\Delta x}$
$=\lim\limits_{\Delta x\to 0}(2x+\Delta x)=2x$,

即 $(x^2)'=2x$.

> **课中小测验**
>
> 求函数 $f(x)=x^3$ 的导数.

可以证明，对任意的实数 α，有 $(x^\alpha)'=\alpha x^{\alpha-1}$.

例 3 求函数 $f(x)=\sin x$ 的导数及它在 $x=\dfrac{\pi}{2}$ 处的导数.

解 $f'(x)=\lim\limits_{\Delta x\to 0}\dfrac{f(x+\Delta x)-f(x)}{\Delta x}=\lim\limits_{\Delta x\to 0}\dfrac{\sin(x+\Delta x)-\sin x}{\Delta x}$
$=\lim\limits_{\Delta x\to 0}\dfrac{2\cos\left(x+\dfrac{\Delta x}{2}\right)\sin\dfrac{\Delta x}{2}}{\Delta x}=\lim\limits_{\Delta x\to 0}\cos\left(x+\dfrac{\Delta x}{2}\right)\cdot\lim\limits_{\Delta x\to 0}\dfrac{\sin\dfrac{\Delta x}{2}}{\dfrac{\Delta x}{2}}=\cos x$,

$f'\left(\dfrac{\pi}{2}\right)=\cos x|_{x=\frac{\pi}{2}}=0$,

所以，$(\sin x)'=\cos x$；同理可得 $(\cos x)'=-\sin x$.

例 4 已知 $f'(x_0)=A$，求：

(1) $\lim\limits_{h\to 0}\dfrac{f(x_0+3h)-f(x_0)}{h}$；

(2) $\lim\limits_{h\to 0}\dfrac{f(x_0+h)-f(x_0-h)}{h}$.

例 4

解 (1) $\lim\limits_{h\to 0}\dfrac{f(x_0+3h)-f(x_0)}{h}=3\lim\limits_{h\to 0}\dfrac{f(x_0+3h)-f(x_0)}{3h}=3f'(x_0)=3A$.

$$(2) \lim_{h \to 0} \frac{f(x_0+h)-f(x_0-h)}{h} = \lim_{h \to 0} \left[\frac{f(x_0+h)-f(x_0)}{h} - \frac{f(x_0-h)-f(x_0)}{h} \right]$$

$$= \lim_{h \to 0} \frac{f(x_0+h)-f(x_0)}{h} + \lim_{h \to 0} \frac{f(x_0-h)-f(x_0)}{-h}$$

$$= 2f'(x_0) = 2A.$$

> **课中小测验**
>
> 已知 $f'(x_0)=A$，求 $\lim\limits_{h \to 0} \dfrac{f(x_0-2h)-f(x_0)}{h}$.

由极限定义知道，函数在一点处极限存在的充要条件是函数在该点的左右极限都存在且相等．导数是用极限来定义的，所以类似地有如下的定理．

定理 2.1 函数 $y=f(x)$ 在点 x_0 处导数 $f'(x_0)$ 存在的充要条件是

$$\lim_{\Delta x \to 0^-} \frac{f(x_0+\Delta x)-f(x_0)}{\Delta x} \text{ 和 } \lim_{\Delta x \to 0^+} \frac{f(x_0+\Delta x)-f(x_0)}{\Delta x} \text{ 都存在且相等.}$$

上述两个极限分别称为函数 $f(x)$ 在 x_0 处的**左导数**和**右导数**，分别记作 $f'_-(x_0)$ 和 $f'_+(x_0)$，即

$$f'_-(x_0) = \lim_{\Delta x \to 0^-} \frac{f(x_0+\Delta x)-f(x_0)}{\Delta x} = \lim_{x \to x_0^-} \frac{f(x)-f(x_0)}{x-x_0};$$

$$f'_+(x_0) = \lim_{\Delta x \to 0^+} \frac{f(x_0+\Delta x)-f(x_0)}{\Delta x} = \lim_{x \to x_0^+} \frac{f(x)-f(x_0)}{x-x_0}.$$

从而上述充要条件又可描述为：函数 $f(x)$ 在 x_0 处可导的充要条件是左右导数都存在且相等.

若 $f(x)$ 在 (a,b) 内的每一点都可导，则 $f(x)$ 在开区间 (a,b) 内可导.

若 $f(x)$ 在 (a,b) 内可导，且在 $x=a$ 处右导数存在，在 $x=b$ 处左导数存在，则称 $f(x)$ 在 $[a,b]$ 上可导.

2. 函数的改变量、平均变化率与瞬时变化率的关系

由上一章知，对于函数 $y=f(x)$，$\Delta y = f(x_0+\Delta x)-f(x_0)$ 称为**函数的改变量**（增量），在研究和比较变量的数量变化时，只考虑变量的改变量是不够的．如有 A、B 两个城市，若某年 A 市第一季度出生了 30 人，B 市前两个月出生了 30 人，虽然人口的改变量是相同的，但显然，按这样的出生速度计算，一年后，A 市的出生人数比 B 市少，因为 A 市的平均出生率(单位时间的出生人数)低于 B 市.

函数的改变量
平均变化率与瞬时
变化率的关系

$\dfrac{\Delta y}{\Delta x} = \dfrac{f(x_0+\Delta x)-f(x)}{\Delta x}$ 称为函数 $y=f(x)$ 在区间 $[x_0, x_0+\Delta x]$ 上的**平均变化率**，它描述了函数 $y=f(x)$ 在区间 $[x_0, x_0+\Delta x]$ 上变化的快慢程度.

$\lim\limits_{\Delta x \to 0} \dfrac{\Delta y}{\Delta x} = \lim\limits_{\Delta x \to 0} \dfrac{f(x_0+\Delta x)-f(x)}{\Delta x}$ 称为函数 $y=f(x)$ 在 x_0 处的**瞬时变化率(导数)**．它描述了函数 $y=f(x)$ 在 x_0 点变化的快慢程度.

一般情况下，无特殊说明，变化率是指瞬时变化率．

3．用导数表示实际量——变化率模型

为了更深刻地理解变化率，掌握用导数表示变化率的方法，下面给出几个应用模型．

用导数表示实际量——变化率模型

应用模型 1(加速度) 由引例知，若物体的运动方程为 $s=s(t)$，则物体在时刻 t 的瞬时速度为 $v=s'(t)$．因为加速度是速度关于时间的变化率，而物体在 t 到 $t+\Delta t$ 时间段的平均加速度为 $\bar{a}=\dfrac{\Delta v}{\Delta t}$，于是物体在时刻 t 的加速度为 $a=\lim\limits_{\Delta t \to 0}\dfrac{\Delta v}{\Delta t}=v'(t)$．

应用模型 2(电流强度) 带电粒子(如电子、离子等)的有序运动形成电流，它通过某处的电荷量与所需时间之比称为**电流强度**，简称**电流**．若在 $[0,t]$ 时间段内通过导线横截面的电荷量为 $Q=Q(t)$，则在 $[t,t+\Delta t]$ 时间段内的平均电流为 $\bar{I}=\dfrac{\Delta Q(t)}{\Delta t}$，时刻 t 的电流为 $I=\lim\limits_{\Delta t \to 0}\dfrac{\Delta Q(t)}{\Delta t}=Q'(t)=\dfrac{\mathrm{d}Q}{\mathrm{d}t}$．

从以上例子的分析，归纳出建立函数 $y=f(x)$ 的变化率(导数)模型的方法如下：

(1)取自变量的改变量 Δx 和函数的改变量 Δy．

(2)求平均变化率 $\dfrac{\Delta y}{\Delta x}$．

(3)取极限，得瞬时变化率 $\lim\limits_{\Delta x \to 0}\dfrac{\Delta y}{\Delta x}$．

用导数表示变化率的例子还很多，如出生率、角速度、线密度、传染病的传染率等，这里不再一一列举．

2.1.3 导数的几何意义

由前面引例 1 可知，$f'(x_0)$ 就是**曲线 $y=f(x)$ 在点 $(x_0,f(x_0))$ 处切线的斜率**，这就是导数的**几何意义**．

设函数 $f(x)$ 的导函数连续，若曲线 $y=f(x)$ 在 $(x_0,f(x_0))$ 处的切线倾角为 α，则 $f'(x_0)=\tan \alpha$．

(1)若 $f'(x_0)>0$，由 $\tan \alpha>0$ 知，倾角 α 为锐角，在 x_0 的某邻域内，曲线是上升的，函数 $f(x)$ 随 x 的增加而增加．

(2)若 $f'(x_0)<0$，由 $\tan \alpha<0$ 知，倾角 α 为钝角，在 x_0 的某邻域内，曲线是下降的，函数 $f(x)$ 随 x 的增加而减少．

(3)若 $f'(x_0)=0$，由 $\tan \alpha=0$ 知，切线与 x 轴平行，这样的点 x_0 称为函数 $f(x)$ 的驻点或稳定点．

根据导数的几何意义及直线的点斜式方程，若函数 $f(x)$ 在 $x=x_0$ 处可导，则曲线

$y=f(x)$ 在点 $(x_0, f(x_0))$ 处的

切线方程为
$$y-f(x_0)=f'(x_0)(x-x_0);$$

法线方程为
$$y-f(x_0)=-\frac{1}{f'(x_0)}(x-x_0)[f'(x_0)\neq 0].$$

例 5 求曲线 $y=x^2$ 在点 $P(1,1)$ 处的切线方程和法线方程.

解 由导数的几何意义知，曲线 $y=x^2$ 在点 $P(1,1)$ 处的切线斜率为
$$y'\big|_{x=1}=2x\big|_{x=1}=2.$$
于是所求切线方程为 $y-1=2(x-1)$，即 $y=2x-1$.

所以法线方程为 $y-1=-\dfrac{1}{2}(x-1)$，即 $2y+x-3=0$.

2.1.4 可导与连续的关系

若函数 $f(x)$ 在 x_0 处可导，由导数定义可得
$$f'(x_0)=\lim_{x\to x_0}\frac{f(x)-f(x_0)}{x-x_0}.$$

可以看出，在上述极限存在的条件下，由于分母有 $\lim\limits_{x\to x_0}(x-x_0)=0$，必然有

$$\lim_{x\to x_0}[f(x)-f(x_0)]=0 \text{ 或 } \lim_{x\to x_0}f(x)=f(x_0).$$

可导与连续的关系

因此，有下述结论：

定理 2.2 如果函数 $y=f(x)$ 在 x_0 处可导，则 $y=f(x)$ 在 x_0 处连续.

定理 2.2

需要指出，定理 2.2 的逆命题却不一定成立，即若函数在某点连续，不一定在该点可导. 连续是可导的必要条件，不是充分条件. 但是定理 2.2 的逆否命题成立，即若 $y=f(x)$ 在 x_0 处不连续，则它在 x_0 处一定不可导.

例如，函数 $f(x)=|x|$ 在 $x=0$ 处连续，但在 $x=0$ 处不可导(图 2.2).

$$f'_-(0)=\lim_{\Delta x\to 0^-}\frac{|\Delta x|-0}{\Delta x}=\lim_{\Delta x\to 0^-}\frac{-\Delta x}{\Delta x}=-1;$$

$$f'_+(0)=\lim_{\Delta x\to 0^+}\frac{|\Delta x|-0}{\Delta x}=\lim_{\Delta x\to 0^+}\frac{\Delta x}{\Delta x}=1.$$

因此，$f'_-(0)\neq f'_+(0)$.

由定理 2.1 可知，$f(x)=|x|$ 在 $x=0$ 处导数不存在.

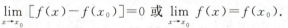

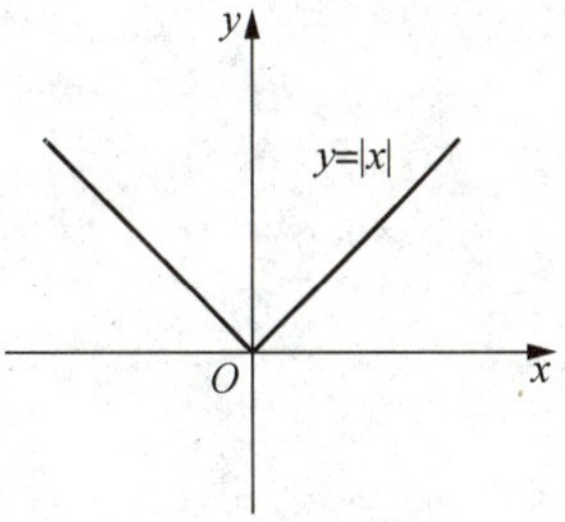

图 2.2

通俗地讲，如果函数 $y=f(x)$ 的图形在 x_0 处出现"**尖点**"(在 x_0 处不光滑)，则它在 x_0 处不可导，此时曲线 $y=f(x)$ 在点 (x_0,y_0) 处的切线不存在. 另外，如果函数 $y=f(x)$ 在 x_0 处的切线垂直于 x 轴，则它在 x_0 处也不可导.

习题 2.1

习题 2.1 答案

1. 选择题.

(1) 设 $f(x)$ 在 $x=x_0$ 处可导，则 $f'(x_0)=$ (   ).

A. $\lim\limits_{\Delta x \to 0} \dfrac{f(x_0-\Delta x)-f(x_0)}{\Delta x}$
B. $\lim\limits_{h \to 0} \dfrac{f(x_0+h)-f(x_0-h)}{2h}$

C. $\lim\limits_{x \to 0} \dfrac{f(x_0)-f(x_0+2x)}{2x}$
D. $\lim\limits_{x \to 0} \dfrac{f(x)-f(0)}{x}$

(2) 函数 $f(x)$ 在 $x=x_0$ 处连续是 $f(x)$ 在 $x=x_0$ 处可导的 (   ) 条件.

A. 必要不充分 B. 充分不必要
C. 充分必要 D. 既不充分也不必要

(3) 若 $f(x)$ 在 $x=x_0$ 处可导，则 $|f(x)|$ 在 $x=x_0$ 处 (   ).

A. 可导 B. 不可导
C. 连续但未必可导 D. 不连续

(4) 曲线 $y=\ln x$ 在点 (   ) 处的切线平行于直线 $y=2x-3$.

A. $\left(\dfrac{1}{2}, -\ln 2\right)$ B. $\left(\dfrac{1}{2}, -\ln \dfrac{1}{2}\right)$
C. $(2, \ln 2)$ D. $(2, -\ln 2)$

(5) 设函数 $f(x)$ 在 $x=0$ 处可导，则 $\lim\limits_{h \to 0} \dfrac{f(2h)-f(-3h)}{h}=$ (   ).

A. $-f'(0)$ B. $f'(0)$ C. $5f'(0)$ D. $2f'(0)$

2. 指出图 2.3 中的函数图形在 a, b, c 点是否连续，是否可导？

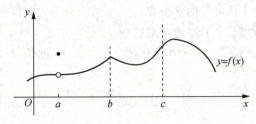

图 2.3

3. 已知函数 $f(x)=\begin{cases} x\sin\dfrac{1}{x}, & 0<x<1 \\ 0, & x\leqslant 0 \end{cases}$，判断 $f(x)$ 在 $x=0$ 处的连续性和可导性.

第 3 题

4. **(自由落体运动)** 设一物体做自由落体运动,只考虑重力,不考虑阻力等因素,求:

(1) 物体在 $2 \leqslant t \leqslant 3$ 时间内的平均速度;

(2) 物体在 $t = 2.5 \text{ s}$ 时的瞬时速度;

(3) 什么时候物体的瞬时速度达到 100 m/s.

2.2 初等函数的导数

上一节学习了函数的导数定义,由导数定义可知,计算函数 $f(x)$ 的导数只要计算极限 $f'(x) = \lim\limits_{\Delta x \to 0} \dfrac{f(x + \Delta x) - f(x)}{\Delta x}$ 即可. 但直接计算上述极限却不是一件容易的事,特别是当 $f(x)$ 是较复杂的函数时,计算上述极限就更加困难. 上节中,已经通过导数定义推得了常数函数、幂函数、正弦函数的求导公式,为了方便计算,本节中将学习所有基本初等函数的求导公式和导数的四则运算法则及复合函数的求导法则.

2.2.1 导数公式与四则运算求导法则

1. 基本初等函数的求导公式(表 2.1)

导数公式与四则运算法则

表 2.1 基本初等函数的求导公式

常函数的导数	1. $c' = 0$
幂函数的导数	2. $(x^\mu)' = \mu x^{\mu - 1}$ 常用的:$\left(\dfrac{1}{x}\right)' = -\dfrac{1}{x^2}$;$(\sqrt{x})' = \dfrac{1}{2\sqrt{x}}$
指数函数的导数	3. $(a^x)' = a^x \ln a$ 4. $(\mathrm{e}^x)' = \mathrm{e}^x$
对数函数的导数	5. $(\log_a x)' = \dfrac{1}{x \ln a}$ 6. $(\ln x)' = \dfrac{1}{x}$
三角函数的导数	7. $(\sin x)' = \cos x$ 8. $(\cos x)' = -\sin x$ 9. $(\tan x)' = \sec^2 x$ 10. $(\cot x)' = -\csc^2 x$ 11. $(\sec x)' = \sec x \tan x$ 12. $(\csc x)' = -\csc x \cot x$
反三角函数的导数	13. $(\arcsin x)' = \dfrac{1}{\sqrt{1 - x^2}}$ 14. $(\arccos x)' = -\dfrac{1}{\sqrt{1 - x^2}}$ 15. $(\arctan x)' = \dfrac{1}{1 + x^2}$ 16. $(\operatorname{arccot} x)' = -\dfrac{1}{1 + x^2}$

2. 函数的四则运算求导法则

定理 2.3 设函数 $u(x)$，$v(x)$ 在点 x 处可导，则函数

$$u(x) \pm v(x), \quad u(x) \cdot v(x), \quad \frac{u(x)}{v(x)} (v(x) \neq 0)$$

在 x 处也可导，且

(1) $[u(x) \pm v(x)]' = u'(x) \pm v'(x)$；

(2) $[u(x) \cdot v(x)]' = u'(x) \cdot v(x) + u(x) \cdot v'(x)$，

特别地，有 $[Cu(x)]' = Cu'(x)$（C 为常数）；

(3) $\left[\dfrac{u(x)}{v(x)}\right]' = \dfrac{u'(x) \cdot v(x) - u(x) \cdot v'(x)}{v^2(x)}$，

特别地，有 $\left[\dfrac{1}{v(x)}\right]' = -\dfrac{v'(x)}{v^2(x)}$。

注 法则 (1)(2) 可以推广到任意有限个可导函数相加减和相乘的情形。

例如，$(u \pm v \pm w)' = u' \pm v' \pm w'$，$(uvw)' = u'vw + v'uw + w'uv$。

例 1 设 $y = \cos x + \ln x - x^3 + 3^x$，求 y'。

解 $y' = (\cos x + \ln x - x^3 + 3^x)'$

$= (\cos x)' + (\ln x)' - (x^3)' + (3^x)'$

$= -\sin x + \dfrac{1}{x} - 3x^2 + 3^x \ln 3$。

例 2 设 $y = \sqrt{x} \log_3 x + 2^x \sin x$，求 y'。

解 $y' = (\sqrt{x} \log_3 x)' + (2^x \sin x)'$

$= (\sqrt{x})' \log_3 x + \sqrt{x} (\log_3 x)' + (2^x)' \sin x + 2^x (\sin x)'$

$= \dfrac{1}{2\sqrt{x}} \log_3 x + \sqrt{x} \cdot \dfrac{1}{x \ln 3} + 2^x \ln 2 \cdot \sin x + 2^x \cos x$。

例 3 设 $y = \tan x$，求 y'。

解 $y' = (\tan x)' = \left(\dfrac{\sin x}{\cos x}\right)' = \dfrac{(\sin x)' \cos x - \sin x (\cos x)'}{\cos^2 x}$

$= \dfrac{\cos^2 x + \sin^2 x}{\cos^2 x} = \dfrac{1}{\cos^2 x} = \sec^2 x$，

即 $(\tan x)' = \sec^2 x$。

课中小测验

设 $y = \cot x$，求 y'。

例 4 设 $y = \sec x$,求 y'.

解 $y' = (\sec x)' = \left(\dfrac{1}{\cos x}\right)' = -\dfrac{(\cos x)'}{\cos^2 x}$

$= \dfrac{\sin x}{\cos^2 x} = \sec x \tan x$,

即 $(\sec x)' = \sec x \tan x$.

> **课中小测验**
>
> 设 $y = \csc x$,求 y'.

2.2.2 复合函数求导法则

定理 2.4 如果函数 $u = \varphi(x)$ 在点 x 处可导,函数 $y = f(u)$ 在对应点 $u = \varphi(x)$ 可导,则复合函数 $y = f[\varphi(x)]$ 在点 x 处也可导,且

$$\{f[\varphi(x)]\}' = f'(u) \cdot \varphi'(x) = f'[\varphi(x)] \cdot \varphi'(x)$$

或写作

$$\dfrac{\mathrm{d}y}{\mathrm{d}x} = \dfrac{\mathrm{d}y}{\mathrm{d}u} \cdot \dfrac{\mathrm{d}u}{\mathrm{d}x}.$$

即复合函数对自变量的导数等于函数对中间变量的导数乘以中间变量对自变量的导数,此法则又称为复合函数的**链式求导法则**.

复合函数求导引入

定理 2.4

例 5 求下列函数的导数.

(1) $y = \cos^3 x$;   (2) $y = \mathrm{e}^{\frac{1}{x}}$;   (3) $y = \sqrt{4 - 3x^2}$.

解 (1) 设 $y = u^3$,$u = \cos x$,

则 $y' = (u^3)'(\cos x)' = 3u^2(-\sin x) = -3\cos^2 x \cdot \sin x$.

(2) 设 $y = \mathrm{e}^u$,$u = \dfrac{1}{x}$,

则 $y' = (\mathrm{e}^u)'\left(\dfrac{1}{x}\right)' = \mathrm{e}^u \cdot \left(-\dfrac{1}{x^2}\right) = -\dfrac{1}{x^2}\mathrm{e}^{\frac{1}{x}}$.

在熟练掌握复合函数的求导公式后,求导时将不必写出中间过程和中间变量.

(3) $y' = \dfrac{1}{2\sqrt{4-3x^2}} \cdot (-6x) = \dfrac{-3x}{\sqrt{4-3x^2}}$.

> **课中小测验**
>
> 设 $y = \arcsin \sqrt{x}$,求 y'.

例 6 求下列函数的导数.

(1) $y = \ln \sin x^3$; (2) $y = 2^{\tan \frac{1}{x}}$; (3) $y = \sin^2(2-3x)$.

解 (1) 设 $y = \ln u, u = \sin v, v = x^3$, 则

$$y' = (\ln u)'(\sin v)'(x^3)' = \frac{1}{u} \cdot (\cos v) \cdot 3x^2 = \frac{3x^2 \cos x^3}{\sin x^3} = 3x^2 \cot x^3.$$

(2) $y' = 2^{\tan \frac{1}{x}} \ln 2 \cdot \sec^2 \frac{1}{x} \cdot \left(-\frac{1}{x^2}\right) = -\frac{2^{\tan \frac{1}{x}} \ln 2}{x^2 \cos^2 \frac{1}{x}}$.

(3) $y' = 2\sin(2-3x) \cdot \cos(2-3x) \cdot (-3) = -3\sin(4-6x)$.

例 6

例 7 (钢棒长度的变化率) 假设某钢棒的长度 L(单位:cm)取决于气温 H(单位:℃), 而气温 H 又取决于时间 t(单位:h), 如果气温每升高 1 ℃, 钢棒长度增加 2 cm, 每隔 1 h, 气温上升 3 ℃, 问钢棒长度关于时间的增长率是多少?

解 由题意得, 长度对气温的变化率为 $\dfrac{\mathrm{d}L}{\mathrm{d}H} = 2$ cm/℃, 气温对时间的变化率为 $\dfrac{\mathrm{d}H}{\mathrm{d}t} = 3$ ℃/h, 要求长度对时间的变化率, 即求 $\dfrac{\mathrm{d}L}{\mathrm{d}t}$.

将 L 看作 H 的函数, H 看作 t 的函数, 由复合函数求导的链式法则得

$$\frac{\mathrm{d}L}{\mathrm{d}t} = \frac{\mathrm{d}L}{\mathrm{d}H} \cdot \frac{\mathrm{d}H}{\mathrm{d}t} = 2 \times 3 = 6 (\text{cm/h}).$$

所以, 钢棒长度关于时间的增长率为 6 cm/h.

例 8 (供应商服务范围的增速) 某餐饮供应商在一个圆形区域内提供服务, 并且在其服务半径达到 5 千米时, 其服务半径 r 以每年 2 千米的速度在扩展, 问此时该供应商的服务范围以多快的速度在增长?

解 由题意知 $\dfrac{\mathrm{d}r}{\mathrm{d}t} = 2, r = 5$, 且服务面积与服务半径的函数关系为

$$A = \pi r^2,$$

则 $\dfrac{\mathrm{d}A}{\mathrm{d}r} = 2\pi r$, 因此由复合函数求导法则得

$$\frac{\mathrm{d}A}{\mathrm{d}t} = \frac{\mathrm{d}A}{\mathrm{d}r} \cdot \frac{\mathrm{d}r}{\mathrm{d}t} = 2\pi r \cdot \frac{\mathrm{d}r}{\mathrm{d}t}.$$

将 $\dfrac{\mathrm{d}r}{\mathrm{d}t} = 2, r = 5$ 代入上式, 得 $\dfrac{\mathrm{d}A}{\mathrm{d}t} = 2\pi \times 5 \times 2 = 20\pi \approx 62.8 (\text{平方千米/年})$.

2.2.3 高阶导数

一般地说，函数 $y=f(x)$ 的导数 $y=f'(x)$ 仍然是关于 x 的函数，因此可以继续对 $y=f'(x)$ 求导，把 $y=f'(x)$ 的导数称为函数 $y=f(x)$ 的二阶导数，记作 y'' 或 $\dfrac{\mathrm{d}^2 y}{\mathrm{d} x^2}$. 函数 $f(x)$ 的二阶导数 $f''(x)=[f'(x)]'$ 实际上是函数 $f(x)$ 变化率 $f'(x)$ 的变化率.

类似地，二阶导数的导数称为三阶导数；三阶导数的导数称为四阶导数……一般地，$n-1$ 阶导数的导数称为 n 阶导数，分别记作

$$y''',\ y^{(4)},\ \cdots,\ y^{(n)} \ \text{或} \ \dfrac{\mathrm{d}^3 y}{\mathrm{d} x^3},\ \dfrac{\mathrm{d}^4 y}{\mathrm{d} x^4},\ \cdots,\ \dfrac{\mathrm{d}^n y}{\mathrm{d} x^n}.$$

二阶及二阶以上的导数统称为函数的**高阶导数**.

很多实际问题中都需要引入高阶导数的概念. 例如，变速直线运动的速度 $v(t)$ 是位置函数 $s(t)$ 对时间 t 的导数，如果再考查 $v(t)$ 对时间 t 的导数，即"速度变化的速度"，那么就是加速度 $a(t)$，或者说

$$a(t)=\dfrac{\mathrm{d}v}{\mathrm{d}t}=\dfrac{\mathrm{d}\left(\dfrac{\mathrm{d}s}{\mathrm{d}t}\right)}{\mathrm{d}t}=\dfrac{\mathrm{d}^2 s}{\mathrm{d}t^2}.$$

由 n 阶导数定义容易看出，求高阶导数不需用新的方法，只要按照求导方法逐阶来求即可.

例 9 设 $y=4x^3-\mathrm{e}^{2x}+5\ln x$，求 y''.

解 因为
$$y'=12x^2-2\mathrm{e}^{2x}+\dfrac{5}{x},$$

所以对 y' 继续求导，得 $y''=24x-4\mathrm{e}^{2x}-\dfrac{5}{x^2}$.

例 10 (刹车问题)某汽车厂在测试一汽车的刹车性能时发现，汽车刹车后行驶的路程 s(单位：m)与时间 t(单位：s)满足 $s=19.2t-0.4t^3$. 假设汽车做直线运动，求汽车在 $t=3$ s 时的速度和加速度.

解 汽车刹车后的速度为 $v=\dfrac{\mathrm{d}s}{\mathrm{d}t}=(19.2t-0.4t^3)'=19.2-1.2t^2$，

汽车刹车后的加速度为 $a=\dfrac{\mathrm{d}v}{\mathrm{d}t}=(19.2-1.2t^2)'=-2.4t$，

$t=3$ s 时汽车的速度为 $v=(19.2-1.2t^2)\big|_{t=3}=8.4$ (m/s)，

$t=3$ s 时汽车的加速度为 $a=-2.4t\big|_{t=3}=-7.2$ (m/s^2).

例 11 求下列函数的 n 阶导数.

(1) $y=a^x$； (2) $y=\sin x$.

解 (1) $y'=a^x\ln a$；$y''=a^x(\ln a)^2$；$\cdots$；所以 $y^{(n)}=a^x(\ln a)^n$.

特别地，$(e^x)^{(n)} = e^x$.

(2) $y' = \cos x = \sin\left(x + \dfrac{\pi}{2}\right)$;

$y'' = \cos\left(x + \dfrac{\pi}{2}\right) = \sin\left(x + 2 \cdot \dfrac{\pi}{2}\right)$;

$y''' = \cos\left(x + 2 \cdot \dfrac{\pi}{2}\right) = \sin\left(x + 3 \cdot \dfrac{\pi}{2}\right)$;

$\vdots$

所以，$y^{(n)} = (\sin x)^{(n)} = \sin\left(x + n \cdot \dfrac{\pi}{2}\right)$.

类似地，得 $(\cos x)^{(n)} = \cos\left(x + n \cdot \dfrac{\pi}{2}\right)$.

习题 2.2

习题 2.2 答案

1. 选择题.

(1) 设 $y = \ln |x|$，则 $y' = (\quad)$.

A. $\dfrac{1}{x}$ B. $-\dfrac{1}{x}$ C. $\dfrac{1}{|x|}$ D. $-\dfrac{1}{|x|}$

(2) 若对于任意 x，有 $f'(x) = 4x^3 + x$，$f(1) = -1$，则此函数为 ( ).

A. $f(x) = x^4 + \dfrac{x^2}{2}$ B. $f(x) = x^4 + \dfrac{x^2}{2} - \dfrac{5}{2}$

C. $f(x) = 12x^2 + 1$ D. $f(x) = x^4 + x^2 - 3$

(3) 曲线 $y = x^3 - 3x$ 上切线平行于 x 轴的点是 ( ).

A. $(0, 0)$ B. $(-2, -2)$

C. $(-1, 2)$ D. $(1, 2)$

2. 求下列各函数的导数或在给定点处的导数.

(1) $y = 5x^3 - 2^x + 3e^x + 2$;   (2) $y = \dfrac{\ln x}{x}$;

(3) $s = \dfrac{1 + \sin t}{1 + \cos t}$;   (4) $y = (x^2 + 1)\ln x$;

(5) $y = \dfrac{\sin 2x}{x}$;   (6) $y = \sin x - \cos x$，求 $y'\big|_{x = \frac{\pi}{6}}$;

(7) $f(x) = \dfrac{3}{5 - x} + \dfrac{x^2}{5}$，求 $[f(0)]'$，$f'(0)$ 和 $f'(2)$.

3. 求下列函数的导数.

(1) $y=\arcsin x^2$;

(2) $y=\mathrm{e}^{-x^2}$;

(3) $y=\tan^3 4x$;

(4) $y=\mathrm{e}^{x+2}\cdot 2^{x-3}$;

(5) $y=(x+1)\sqrt{3-4x}$;

(6) $y=\arctan\dfrac{1-x}{1+x}$;

(7) $y=\sqrt{x+\sqrt{x+\sqrt{x}}}$;

(8) $y=x\arcsin\dfrac{x}{2}+\sqrt{4-x^2}$.

第3(8)小题

4. 求下列函数的二阶导数.

(1) $y=\mathrm{e}^{2x-1}\cdot\sin x$;

(2) $y=\ln(x+\sqrt{1+x^2})$.

5. 求下列函数的 n 阶导数.

(1) $y=\ln x$;

(2) $y=a_0 x^n+a_1 x^{n-1}+\cdots+a_{n-1}x+a_n$.

6. (**制冷效果**) 某电器厂在对冰箱制冷后,断电测试其制冷效果,t 小时后冰箱的温度为 $T=\dfrac{2t}{0.05t+1}-20$(单位:℃),问冰箱温度 T 关于时间 t 的变化率是多少?

7. (**瞬时速度**) 已知某物体做直线运动,运动方程为 $s=(t^2+1)(t+1)$(位移 s 单位:m;时间 t 单位:s),求在 $t=3$ s 时物体的速度.

2.3 隐函数和由参数方程确定的函数求导

2.3.1 隐函数的求导方法

之前所遇到的函数如 $y=x^2+1$,$y=\sin 3x$ 等都是**显函数**,其特点是式子左端是因变量,右端是仅关于自变量的表达式. 而一个函数的对应法则可以有多种多样的表达方式. 第一章中介绍过隐函数,如果在方程 $F(x,y)=0$ 中,当 x 在某区间 I 内任意取定一个值时,相应地总有满足该方程的唯一的 y 值存在,则称方程 $F(x,y)=0$ 在区间 I 内确定了一个**隐函数**.

把一个隐函数化为显函数,叫**隐函数的显化**,另外有一些隐函数是很难显化或无法显化的,这样就需要考虑直接由方程入手来计算其所确定的隐函数导数的方法. 下面由几个具体的例子来说明它的求法.

例 1 求由方程 $xy=\mathrm{e}^{x+y}$ 所确定的隐函数的导数.

解 把 y 看成是 x 的函数,方程两边对 x 求导,得
$$y+xy'=\mathrm{e}^{x+y}(1+y')$$

整理得

例1

$$(x-e^{x+y})y' = e^{x+y} - y,$$

解得

$$y' = \frac{e^{x+y} - y}{x - e^{x+y}}.$$

> **提示**
>
> 隐函数求导不需要对函数进行显化，很多隐函数也无法显化，也不需要对方程做任何恒等变形. 隐函数求导可以直接由方程入手，让方程两边同时对自变量 x 求导，关键是求导时要把 x 看作自变量，y 看作关于 x 的函数，凡是含 y 的因式都相当于是关于 x 的复合函数，利用复合函数求导. 内函数 y 的导数正是我们要求的，用 y' 表示，最终将 y' 的表达式整理出来即可.

例 2 求由方程 $xy + \ln y = x^2$ 所确定的隐函数的导数.

解 把 y 看成是 x 的函数，方程两边对 x 求导，得

$$y + xy' + \frac{1}{y} \cdot y' = 2x,$$

从而有

$$\left(x + \frac{1}{y}\right)y' = 2x - y,$$

即

$$y' = \frac{2xy - y^2}{1 + xy}.$$

例 2

从上面的例子可以看出，隐函数的求导过程如下：

1. 方程 $F(x, y) = 0$ 两边同时对 x 求导，把 $F(x, y)$ 中的 y 看作是 x 的函数，利用复合函数求导法则计算.
2. 整理解出 y'.

> **课中小测验**
>
> 设 $x^3 + y^3 - y = 0$，求 y'.

2.3.2 对数求导方法

在一般情况下，当对由多个函数的积、商、幂构成的函数求导时，可以利用"对数求导方法"（方程两端同取对数后再看成隐函数求导）.

对数求导方法

例 3 求 $y = \sqrt{\dfrac{(x-1)(x-2)}{(x-3)(x-4)}}$ 的导数.

解 方程两边同取对数，得

$$\ln y = \frac{1}{2}[\ln|x-1| + \ln|x-2| - \ln|x-3| - \ln|x-4|],$$

两边求 x 的导数，得

$$\frac{1}{y} \cdot y' = \frac{1}{2}\left(\frac{1}{x-1} + \frac{1}{x-2} - \frac{1}{x-3} - \frac{1}{x-4}\right),$$

即

例 3

$$y' = \frac{1}{2}\sqrt{\frac{(x-1)(x-2)}{(x-3)(x-4)}}\left(\frac{1}{x-1} + \frac{1}{x-2} - \frac{1}{x-3} - \frac{1}{x-4}\right).$$

例 4 求 $y = x^{\sin x}$ $(x > 0)$ 的导数.

解 对方程两边取对数，得

$$\ln y = \sin x \cdot \ln x.$$

例 4

两边对 x 求导，得

$$\frac{1}{y} \cdot y' = \cos x \cdot \ln x + \sin x \cdot \frac{1}{x},$$

即

$$y' = x^{\sin x}\left(\cos x \cdot \ln x + \frac{1}{x}\sin x\right).$$

注意 函数 $y = \varphi(x)^{\psi(x)}$ 既不是幂函数，又不是指数函数，但同时具有幂函数与指数函数的部分特征，称为**幂指函数**. 幂指函数还可以利用公式 $y = f(x)^{g(x)} = e^{g(x) \cdot \ln f(x)}$ 变形成复合函数后再求导. 比如例 4：$y = x^{\sin x} = e^{\sin x \cdot \ln x}$，用公式变形成复合函数后求导得 $y' = (e^{\sin x \cdot \ln x})' = e^{\sin x \cdot \ln x} \cdot (\sin x \cdot \ln x)' = x^{\sin x}\left(\cos x \cdot \ln x + \frac{1}{x}\sin x\right).$

2.3.3 由参数方程确定的函数的求导法则 》

有时，函数 $y = f(x)$ 的关系由参数方程 $\begin{cases} x = \varphi(t) \\ y = \psi(t) \end{cases}$ $(\alpha \leqslant t \leqslant \beta)$ 给出，其中 t 为参数.

例如，椭圆的参数方程为 $\begin{cases} x = a\cos t \\ y = b\sin t \end{cases}$ $(0 \leqslant t \leqslant 2\pi)$. 通过消去参数，有的参数方程可以化成 y 是 x 的显函数的形式，但是这种变化过程有时不能进行，或者即使可以进行也比较麻烦，下面介绍直接由参数方程求导数 $\dfrac{\mathrm{d}y}{\mathrm{d}x}$ 的方法.

设 $x = \varphi(t)$，$y = \psi(t)$ 都是可导函数，$\varphi'(t) \neq 0$，且 $x = \varphi(t)$ 有反函数 $t = \varphi^{-1}(x)$. 把 $t = \varphi^{-1}(x)$ 代入 $y = \psi(t)$ 中，得复合函数 $y = \psi[\varphi^{-1}(x)]$. 由复合函数与反函数的求导法则，得

$$\frac{\mathrm{d}y}{\mathrm{d}x} = \frac{\mathrm{d}y}{\mathrm{d}t} \cdot \frac{\mathrm{d}t}{\mathrm{d}x} = \frac{\dfrac{\mathrm{d}y}{\mathrm{d}t}}{\dfrac{\mathrm{d}x}{\mathrm{d}t}} = \frac{\psi'(t)}{\varphi'(t)}.$$

例5 设 $\begin{cases} x = \ln(1+t^2) \\ y = t - \arctan t \end{cases}$,求 $\dfrac{dy}{dx}$.

解 $\dfrac{dy}{dx} = \dfrac{(t-\arctan t)'}{(\ln(1+t^2))'} = \dfrac{1 - \dfrac{1}{1+t^2}}{\dfrac{2t}{1+t^2}} = \dfrac{t}{2}$.

例6 (**圆的切线方程**)已知圆的参数方程为 $\begin{cases} x = \cos t \\ y = \sin t \end{cases}$ $(0 \leqslant t \leqslant 2\pi)$,求圆在 $t = \dfrac{\pi}{4}$ 处的切线方程.

解 当 $t = \dfrac{\pi}{4}$ 时,$x = \cos\dfrac{\pi}{4} = \dfrac{\sqrt{2}}{2}$,$y = \sin\dfrac{\pi}{4} = \dfrac{\sqrt{2}}{2}$,所以切点为 $P\left(\dfrac{\sqrt{2}}{2}, \dfrac{\sqrt{2}}{2}\right)$.

$\dfrac{dy}{dx} = \dfrac{(\sin t)'}{(\cos t)'} = \dfrac{\cos t}{-\sin t} = -\cot t$,

圆在点 P 的切线斜率 $k = \dfrac{dy}{dx}\bigg|_{t=\frac{\pi}{4}} = -\cot t\big|_{t=\frac{\pi}{4}} = -1$,

例6

所求切线为 $y - \dfrac{\sqrt{2}}{2} = -\left(x - \dfrac{\sqrt{2}}{2}\right)$,即 $x + y - \sqrt{2} = 0$.

习题 2.3

习题 2.3 答案

1. 求由下列方程所确定的隐函数的导数.
   (1) $y^2 - 2xy + 9 = 0$;　　　　　　(2) $x^3 + y^3 - 3axy = 0$;
   (3) $\cos y = \ln(x+y)$;　　　　　　(4) $y = 1 - xe^y$.

2. 用对数求导方法求下列函数的导数.
   (1) $y = \dfrac{\sqrt{x+2}\,(3-x)^4}{(x+1)^5}$;　　　　(2) $y = (\sin x)^{\tan x}$.

第2(1)小题

3. 求下列参数方程所确定的函数的导数 $\dfrac{dy}{dx}$.
   (1) $\begin{cases} x = at^2 \\ y = bt^3 \end{cases}$;　　　　　　(2) $\begin{cases} x = \theta(1-\sin\theta) \\ y = \theta\cos\theta \end{cases}$.

4. 一质点做曲线运动,其位置坐标与时间 t 的关系为 $\begin{cases} x = t^2 + t - 2 \\ y = 3t^2 - 2t - 1 \end{cases}$,求 $t = 1$ 时该质点的速度的大小.

2.4 函数的微分及其应用

在自然科学与工程技术中，常遇到这样一类问题：在运动变化过程中，当自变量有微小改变量 Δx 时，需要计算相应的函数改变量 Δy.

对于函数 $y=f(x)$，在 x_0 处的函数增量可表示为 $\Delta y=f(x_0+\Delta x)-f(x_0)$，而在很多函数关系中，用上式表达的 Δy 与 Δx 之间的关系相对比较复杂，这一点不利于计算 Δy 相应于自变量 Δx 的改变量．能否有较简单的关于 Δx 的线性关系去近似代替 Δy 的上述复杂关系呢？近似后所产生的误差又是怎样的呢？现在以可导函数 $y=f(x)$ 来研究这个问题，先看一个例子．

引例 （受热金属片面积的改变量）如图 2.4 所示，一个正方形金属片受热后，其边长由 x_0 变化到 $x_0+\Delta x$，问此时金属片的面积改变了多少？

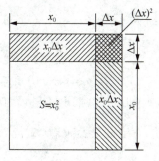

图 2.4

设此正方形金属片的边长为 x，面积为 S，则 S 是 x 的函数：$S(x)=x^2$. 正方形金属片面积的改变量，可以看成是当自变量 x 在 x_0 取得增量 Δx 时，函数 S 相应的增量 ΔS，即

$$\Delta S=(x_0+\Delta x)^2-x_0^2=2x_0\Delta x+(\Delta x)^2.$$

从上式可以看出，ΔS 分成两部分，第一部分 $2x_0\Delta x$ 是 Δx 的线性函数，即图 2.4 中带有斜线的两个矩形面积之和，而第二部分 $(\Delta x)^2$ 在图中是带有交叉斜线的小正方形的面积．

当 $\Delta x \to 0$ 时，第二部分 $(\Delta x)^2$ 是比 Δx 高阶的无穷小，即 $(\Delta x)^2=o(\Delta x)$. 由此可见，如果边长改变很微小，即 $|\Delta x|$ 很小时，面积函数 $S(x)=x^2$ 的改变量 ΔS 可近似地用第一部分 $2x_0\Delta x$ 来代替，而 $2x_0=(x^2)'|_{x=x_0}$. 这种近似代替具有一般性，下面给出微分的定义．

2.4.1 微分的概念

定义 2.2

设函数 $y=f(x)$ 在 $U(x_0)$ 内有意义，如果函数的增量
$$\Delta y = f(x_0+\Delta x) - f(x_0)$$
可表示为
$$\Delta y = f'(x_0)\Delta x + o(\Delta x),$$
其中 $o(\Delta x)$ 是比 Δx 高阶的无穷小，则称函数 $y=f(x)$ 在 x_0 点处**可微**，而 $f'(x_0)\Delta x$ 称为 $y=f(x)$ 在 x_0 点处的**微分**，记作 dy，即
$$dy = f'(x_0) \cdot \Delta x.$$

通常把自变量 x 的改变量 Δx 称为**自变量的微分**，记作 dx，即 $dx=\Delta x$. 则在任意点 x 处函数的微分又可记作
$$dy = f'(x) \cdot dx.$$

因此，在 x 处，当 $\Delta x \to 0$ 时，函数的增量 Δy 主要取决于第一部分 $f'(x) \cdot \Delta x$ 的大小，可记为 $\Delta y \approx f'(x) \cdot \Delta x$ 或 $\Delta y \approx f'(x) \cdot dx$，即 $\Delta y \approx dy$.

从微分的定义 $dy = f'(x) \cdot dx$ 可以推出，函数的导数就是函数的微分与自变量的微分之商，即 $f'(x) = \dfrac{dy}{dx}$，因此导数又称"微商". 由此可以得出，一元函数可导和可微是等价的.

定理 2.5 函数 $y=f(x)$ 在 x 点可微的充分必要条件是它在该点可导.

2.4.2 微分的几何意义

如图 2.5 所示，曲线 $y=f(x)$ 在点 $M(x, y)$ 处的横坐标 x 有改变量 Δx 时，M 点处切线纵坐标的改变量为 dy. 用 dy 近似代替 Δy 就是用切线的改变量近似代替曲线的改变量，所产生的误差当 $\Delta x \to 0$ 时，它也趋近于 0，且趋近于 0 的速度比 Δx 要快.

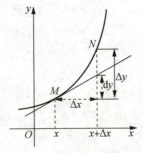

图 2.5

2.4.3 微分的计算

根据定义 2.2，求函数的微分实际上就是求函数的导数，然后再乘上一个 dx. 求导数的一切基本公式和运算法则完全适用于微分，因此这里不再赘述.

例 1 求下列函数的微分或给定点处的微分.

(1) $y = x^3 e^{2x}$，求 dy； (2) $y = \arctan \dfrac{1}{x}$，求 dy 及 $dy|_{x=1}$.

解 (1) 因为 $y' = 3x^2 e^{2x} + 2x^3 e^{2x} = x^2 e^{2x}(3+2x)$，所以 $dy = y'dx = x^2 e^{2x}(3+2x)dx$.

(2) 因为 $y' = \dfrac{-\dfrac{1}{x^2}}{1+\dfrac{1}{x^2}} = -\dfrac{1}{1+x^2}$，$y'|_{x=1} = -\dfrac{1}{1+x^2} = -\dfrac{1}{2}$，所以 $dy = -\dfrac{1}{1+x^2}dx$，

$dy|_{x=1} = -\dfrac{1}{2}dx$.

课中小测验

在下列等式左端的括号中填入适当的函数，使等式成立.

(1) $d(\quad) = x\,dx$； (2) $d(\quad) = \cos \omega t\,dt$.

2.4.4 微分的应用

专业案例 针对某个隧道，需要确定每辆汽车以多大速度通过隧道可使车流量最大. 通过大量的观察，得到描述平均车速(km/h)与车流量(辆/秒)关系的函数为

$$f(v) = \dfrac{35v}{1.6v + \dfrac{v^2}{22} + 31.1}.$$

(1) 问平均车速多大时，车流量最大？

(2) 最大车流量是多少(取整)？

解：(1) 这是一个极值的问题：

$$\dfrac{df}{dv} = \dfrac{35\left(1.6v + 31.1 + \dfrac{v^2}{22}\right) - 35v\left(1.6 + \dfrac{v}{11}\right)}{\left(1.6v + 31.1 + \dfrac{v^2}{22}\right)^2}$$

令 $\dfrac{\mathrm{d}f}{\mathrm{d}v}=0$，即 $v^2=684.2$ 得 $v=26.15(\mathrm{km/h})$.

由实际问题知，当 $v=26.15\mathrm{km/h}$ 时，车流量最大.

（2）最大车流量是 $f(26.15)\approx 9(辆/秒)$.

由于当自变量的改变量趋近于 0 时，可用微分近似代替函数的改变量，且这种近似计算比较简便，因此，微分公式被广泛应用于计算函数改变量的近似值.

由微分定义可知，函数 $y=f(x)$ 在点 x_0 处可导，且 $|\Delta x|$ 很小时，
$$\Delta y\approx \mathrm{d}y=f'(x_0)\Delta x. \tag{2.4}$$

式（2.4）可用来求函数改变量的近似值.

而 $\Delta y=f(x_0+\Delta x)-f(x_0)$，因此式（2.4）可以变形为
$$f(x_0+\Delta x)\approx f(x_0)+f'(x_0)\Delta x. \tag{2.5}$$

式（2.5）可用来求函数在一点处的近似值.

例 2（受热金属球体积的改变量）半径为 10 cm 的实心金属球受热后，半径伸长了 0.05 cm，求体积增大的近似值.

解（求函数改变量）设金属球的体积为 V，半径为 r，则
$$V=\dfrac{4}{3}\pi r^3,$$

例 2

所以 $V'=4\pi r^2$. 现在，$r=10$ cm，$\Delta r=0.05$ cm，则
$$\Delta V\approx \mathrm{d}V=V'\big|_{r=10}\cdot \Delta r=4\pi(10)^2\cdot 0.05=62.831\ 9(\mathrm{cm}^3).$$

例 3（国民经济消费增量）党的二十大报告提出在未来五年，"社会主义市场经济体制更加完善""更高水平开放型经济新体制基本形成"。国民经济消费在社会主义市场经济体制中占重要作用，设我国国民经济消费模型为
$$f(x)=10+0.4x+0.01x^{\frac{1}{2}},$$

其中 $f(x)$ 为总消费（单位：10 亿元），x 为可支配收入（单位：10 亿元），当 $x=100.05$ 时，总消费是多少？

解 因为 $f(x)=10+0.4x+0.01x^{\frac{1}{2}}$，所以 $f'(x)=0.4+\dfrac{0.005}{\sqrt{x}}$.

令 $x_0=100$，$\Delta x=0.05$，因为 Δx 相对于 x_0 较小，由式（2.5）得
$$f(x_0+\Delta x)\approx f(x_0)+f'(x_0)(x-x_0).$$

$$f(100.05)\approx (10+0.4\times 100+0.01\times 100^{\frac{1}{2}})+\left(0.4+\dfrac{0.005}{\sqrt{100}}\right)\cdot 0.05$$

$$=50.120\ 025(10\ 亿元).$$

习题 2.4

习题 2.4 答案

1. 选择题.

(1) 当 $|\Delta x|$ 充分小，$f'(x_0) \neq 0$ 时，函数 $y = f(x)$ 的改变量 Δy 与微分 $\mathrm{d}y$ 的关系是( ).

A. $\Delta y = \mathrm{d}y$　　　　　　　　B. $\Delta y < \mathrm{d}y$

C. $\Delta y > \mathrm{d}y$　　　　　　　　D. $\Delta y \approx \mathrm{d}y$

(2) 若 $f(x)$ 可微，当 $\Delta x \to 0$ 时，在点 x 处的 $\Delta y - \mathrm{d}y$ 是关于 Δx 的( ).

A. 高阶无穷小　　　　　　　B. 等价无穷小

C. 同阶无穷小　　　　　　　D. 低阶无穷小

2. 将适当的函数填入下列括号内，使等式成立.

(1) $\mathrm{d}(\quad) = 2x\,\mathrm{d}x$；

(2) $\mathrm{d}(\quad) = \dfrac{1}{1+x^2}\mathrm{d}x$；

(3) $\mathrm{d}(\quad) = \dfrac{1}{\sqrt{x}}\mathrm{d}x$；

(4) $\mathrm{d}(\quad) = \mathrm{e}^{2x}\,\mathrm{d}x$；

(5) $\mathrm{d}(\quad) = \sin \omega x\,\mathrm{d}x$；

(6) $\mathrm{d}(\quad) = (\sec^2 3x)\,\mathrm{d}x$.

3. 求下列函数的微分.

(1) $y = \arcsin\sqrt{1-x^2}\ (x > 0)$；

(2) $\ln\sqrt{x^2+y^2} = \arctan\dfrac{y}{x}$.

第 3(2) 小题

4. (**圆环面积**) 水管壁的正截面是一个圆环，设它的内半径为 R_0，壁厚为 h，利用微分计算这个圆环面积的近似值.

5. (**球面镀铜量**) 有一批半径为 1 cm 的球，为了提高球面的光洁度，要镀上一层铜，厚度为 0.01 cm，估计每只球需用铜多少克？（铜的密度是 8.9 g/cm³）

6. 党的二十大报告提出"推进马克思主义中国化时代化是一个追求真理、揭示真理、笃行真理的过程."试根据本章所学内容，简述微分与导数在马克思主义哲学观和唯物辩证法角度的不同点.

【本章小结】

一、主要知识点

导数的概念，导数的几何意义，导数的计算，微分的概念，微分的计算.

二、主要的数学思想和方法

极限的思想，数形结合的思想.

三、主要的题型及解法

1. 求导数. 可考虑用以下方法求解导数：导数的定义；导数基本公式；四则运算法则；复合函数的求导法则；隐函数求导法则.

2. 求高阶导数：具体阶数的高阶导数，从一阶开始，逐阶求得所求阶数；n 阶导数，从一阶开始，逐阶求导，从中归纳出 n 阶导数.

3. 求曲线的切线方程和法线方程：利用导数的几何意义，求出斜率，再由点斜式写出方程.

4. 求微分. 可以考虑以下方法：微分定义；微分基本公式；四则运算法则；微分形式的不变性.

📖【学海拾贝】

莱布尼茨简介

莱布尼茨简介

复习题 2

1. 选择题.

(1) 设曲线 $y=\dfrac{1}{x}$ 和 $y=x^2$ 在它们交点处两切线的夹角为 φ，则 $\tan\varphi=$（ ）.

A. -1 B. 1 C. -2 D. 3

(2) 设 $f(x)$ 在 $x=a$ 处的某个邻域内有定义，则 $f(x)$ 在 $x=a$ 处可导的一个充分条件是（ ）.

A. $\lim\limits_{h\to+\infty}\left[f\left(a+\dfrac{1}{h}\right)-f(a)\right]$ 存在 B. $\lim\limits_{h\to 0}\dfrac{f(a+2h)-f(a-h)}{h}$ 存在

C. $\lim\limits_{h\to 0}\dfrac{f(a+h)-f(a-h)}{2h}$ 存在 D. $\lim\limits_{h\to 0}\dfrac{f(a)-f(a-h)}{h}$ 存在

(3) 已知 $f(x)$ 为可导的偶函数，且 $\lim\limits_{x\to 0}\dfrac{f(1+x)-f(1)}{2x}=-2$，则曲线 $y=f(x)$ 在 $(-1,2)$ 处的切线方程是（ ）.

A. $y=4x+6$ B. $y=-4x-2$

C. $y=x+3$ D. $y=-x+1$

(4) 设 $f(x)$ 可导，则 $\lim\limits_{\Delta x\to 0}\dfrac{f^2(x+\Delta x)-f^2(x)}{\Delta x}=$（ ）.

A. 0 B. $2f(x)$

C. $2f'(x)$ D. $2f(x)\cdot f'(x)$

(5) 函数 $f(x)$ 有任意阶导数，且 $f'(x)=[f(x)]^2$，则 $f^{(n)}(x)=$（　　）．

A. $n[f(x)]^{n+1}$　　　　　　　　B. $n!\,[f(x)]^{n+1}$

C. $(n+n!)[f(x)]^{n+1}$　　　　　　D. $(n+1)!\,[f(x)]^2$

2. 填空题．

(1) 已知 $f'(3)=2$，则 $\lim\limits_{h\to 0}\dfrac{f(3-h)-f(3)}{2h}=$ _____．

(2) 设 $f'(0)$ 存在，且 $f(0)=0$，则 $\lim\limits_{x\to 0}\dfrac{f(x)}{x}=$ _____．

(3) 若函数 $y=\pi^2+x^n+\arctan\dfrac{1}{\pi}$，则 $y'|_{x=1}=$ _____．

(4) 若 $f(x)$ 二阶可导，且 $y=f(1+\sin x)$，则 $y'=$ _____；$y''=$ _____．

(5) 若函数 $y=\ln[\arctan(1-x)]$，则 $dy=$ _____．

3. 计算题．

(1) 已知 $y=e^{\sin^2\frac{1}{x}}$，求 dy．

(2) 已知 $y=\left(\dfrac{\sin x}{x}\right)^x$，求 y'．

(3) 已知 $f(x)=x(x+1)(x+2)\cdots(x+2\,004)$，求 $f'(0)$．

(4) 设 $f(x)$ 在 $x=1$ 处有连续的一阶导数，且 $f'(1)=2$，求 $\lim\limits_{x\to 1^+}\dfrac{d}{dx}f(\cos\sqrt{x-1})$．

(5) 已知 $\begin{cases}x=\ln t\\ y=t^3\end{cases}$，求 $\dfrac{d^2y}{dx^2}\bigg|_{t=1}$．

(6) 已知 $x+\arctan y=y$，求 $\dfrac{d^2y}{dx^2}$．

(7) 已知 $y=\sin x\cos x$，求 $y^{(50)}$．

4. 设曲线 $y=e^x$ 在点 $A(a,b)$ 处的切线与连接曲线上两点 $(0,1)$，$(1,e)$ 的弦平行，求 a，b 的值．

5. 试确定常数 a，b 的值，使函数 $f(x)=\begin{cases}b(1+\sin x)+a+2,& x\geqslant 0\\ e^{ax}-1,& x<0\end{cases}$ 处处可导．

复习题 2 答案

专升本真题演练

第 3 章

微分中值定理与导数的应用

学习目标与要求

○ 了解罗尔定理、拉格朗日中值定理及它们的几何意义;
○ 掌握利用导数判定函数单调性的方法,会求函数的单调区间,会利用函数的单调性证明简单的不等式;
○ 理解函数极值的概念,掌握求函数的极值和最大(小)值的方法,并且会解决简单的应用问题;
○ 会利用二阶导数判定曲线的凹凸性,会求曲线的拐点;
○ 熟练掌握洛必达法则求各类未定式的极限方法;
○ 通过数学家的故事,深刻体会数学家们在科学研究中坚持不懈、努力拼搏的科学家精神.

学习目标与要求

学前引入

导数和微分反映的是函数在某一点处的局部性质,本章我们将在学习微分中值定理的基础上进一步从局部性质去推断函数在某个区间上的整体性态.

知识导图

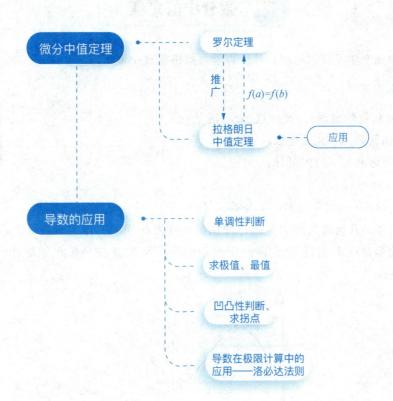

3.1 微分中值定理

本节中先来学习罗尔定理,然后再学习拉格朗日中值定理.

1. 罗尔定理

定理 3.1(罗尔定理) 设函数 $f(x)$ 满足:
(1) 在闭区间 $[a,b]$ 上连续;
(2) 在开区间 (a,b) 内可导;
(3) $f(a)=f(b)$.

则至少存在一点 $\xi \in (a,b)$,使得 $f'(\xi)=0$.

罗尔定理

罗尔定理的**几何意义**是明显的,即在两端高度相同的一段连续曲线上,若除两端点外,处处都存在不垂直于 x 轴的切线,则其中至少存在一条水平切线,如图 3.1 所示.

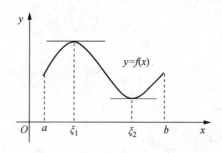

图 3.1

罗尔定理的**代数意义**是当 $f(x)$ 可导时,在函数 $f(x)$ 的两个等值点之间至少存在方程 $f'(x)=0$ 的一个根.

例 1 验证函数 $f(x)=x\sqrt{3-x}$ 在区间 $[0,3]$ 上满足罗尔定理的三个条件,并求出 ξ 的值.

例 1

解 函数 $f(x)=x\sqrt{3-x}$ 是初等函数,在有定义的区间 $[0,3]$ 上连续;

其导数 $f'(x)=\sqrt{3-x}+\dfrac{-x}{2\sqrt{3-x}}=\dfrac{6-3x}{2\sqrt{3-x}}$ 在开区间 $(0,3)$ 内有意义,即 $f(x)$ 在 $(0,3)$ 内可导;又 $f(0)=f(3)$,所以 $f(x)=x\sqrt{3-x}$ 在区间 $[0,3]$ 上满足罗尔定理的三个条件.

令 $f'(x)=\dfrac{6-3x}{2\sqrt{3-x}}=0$,解得 $x=2$,即在区间 $(0,3)$ 内存在一点 $\xi=2$,使 $f'(\xi)=0$.

例 2 设 $f(x)=(x-1)(x-2)(x-3)(x-4)$，不求导数证明 $f'(x)=0$ 有三个实根.

例 2

证明 显见 $f(x)$ 有四个等值点：$x=1,2,3,4$，即 $f(1)=f(2)=f(3)=f(4)$. 考查区间 $[1,2]$，$[2,3]$，$[3,4]$，$f(x)$ 在这三个区间上显然满足罗尔定理的三个条件，于是得 $f'(x)=0$ 在三个区间内各至少有一个实根，所以方程 $f'(x)=0$ 至少有三个实根；

另一方面，$f'(x)$ 是一个三次多项式，在实数范围内至多有三个实根.

综上可知，$f'(x)=0$ 有且仅有三个实根.

罗尔定理中 $f(a)=f(b)$ 这个条件是相当特殊的，它使罗尔定理的应用受到限制. 如果把 $f(a)=f(b)$ 这个条件取消，但仍保留其余两个条件，并相应地改变结论，那么就得到微分学中十分重要的拉格朗日中值定理.

2. 拉格朗日中值定理

定理 3.2(拉格朗日中值定理) 设函数 $f(x)$ 满足：

(1) 在闭区间 $[a,b]$ 上连续；

(2) 在开区间 (a,b) 内可导.

则至少存在一点 $\xi \in (a,b)$，使得

$$f'(\xi)=\frac{f(b)-f(a)}{b-a}.$$

拉格朗日中值定理的结论也可以写作

$$f(b)-f(a)=f'(\xi)(b-a) \ (a<\xi<b).$$

拉格朗日中值定理的几何意义：在一段连续曲线上，若除两端点外处处都存在不垂直于 x 轴的切线，则其中至少有一条切线平行于端点连线(图 3.2).

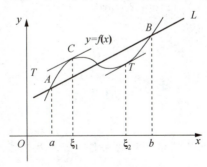

图 3.2

由此可知，拉格朗日中值定理是罗尔中值定理的一种推广，而罗尔定理是拉格朗日中值定理的一个特例，拉格朗日中值定理的适用范围更广.

例 3 设 $f(x)=3x^2+2x+5$，求 $f(x)$ 在 $[a,b]$ 上满足拉格朗日中值定理的 ξ 值.

解 $f(x)$ 为多项式函数，在 $[a,b]$ 上满足拉格朗日中值定理的条件，故有
$$f'(\xi)=\frac{f(b)-f(a)}{b-a},$$
即
$$6\xi+2=\frac{(3b^2+2b+5)-(3a^2+2a+5)}{b-a}.$$

由此解得 $\xi=\dfrac{b+a}{2}$，即此时 ξ 为区间 $[a,b]$ 的中点.

推论 1 若在区间 I 上，$f'(x)\equiv 0$，则 $f(x)$ 在 I 上是常值函数.

推论 2 若在区间 I 上，$f'(x)\equiv g'(x)$，则在 I 上有 $f(x)-g(x)=C$，C 是常数.

推论 1

例 4 证明在 $(-\infty,+\infty)$ 内有 $\arctan x+\operatorname{arccot} x=\dfrac{\pi}{2}$.

证明 设 $f(x)=\arctan x+\operatorname{arccot} x$，则对任意的 $x\in(-\infty,+\infty)$ 有
$$f'(x)=\frac{1}{1+x^2}-\frac{1}{1+x^2}\equiv 0.$$

由推论 1 知，在 $(-\infty,+\infty)$ 内有 $f(x)=\arctan x+\operatorname{arccot} x=C$；再选一个特殊的 x 值确定 C，取 $x=0$，有
$$\arctan 0+\operatorname{arccot} 0=0+\frac{\pi}{2}=\frac{\pi}{2},$$
因此，在 $(-\infty,+\infty)$ 内有
$$\arctan x+\operatorname{arccot} x=\frac{\pi}{2}.$$

习题 3.1

习题 3.1 答案

1. 验证下列函数是否满足罗尔定理的条件. 若满足，求出定理中的 ξ；若不满足，说明其原因.

(1) $f(x)=\begin{cases}x,&0\leqslant x<1\\0,&x=1\end{cases}$；　　(2) $f(x)=\sqrt[3]{8x-x^2}$，$x\in[0,8]$.

2. 验证下列函数是否满足拉格朗日中值定理的条件. 若满足,求出定理中的 ξ;若不满足,说明其原因.

(1) $f(x)=\ln x$, $x\in[1,e]$;   (2) $f(x)=x^3-3x$, $x\in[0,2]$.

3. 证明在区间 $[-1,1]$ 上,有 $\arcsin x+\arccos x=\dfrac{\pi}{2}$.

第3题

4. 设函数 $f(x)$ 在 $\left[0,\dfrac{\pi}{2}\right]$ 上连续,在 $\left(0,\dfrac{\pi}{2}\right)$ 内可导,且 $f(0)=0$,$f\left(\dfrac{\pi}{2}\right)=1$,求证:$f'(x)=\cos x$ 在 $\left(0,\dfrac{\pi}{2}\right)$ 内至少有一个根.

第4题

3.2 导数的应用

导数作为研究函数的变化率的工具,在自然科学、工程技术、经济金融及社会科学等领域中已经得到广泛的应用. 本节将利用函数的导数来研究函数的单调性、极值、最值、凹凸性和拐点等.

3.2.1 函数的单调性

单调性是函数的重要特性,下面讨论怎样利用导数这一工具来判断函数的单调性. 首先观察下面的两图(图 3.3).

函数的单调性

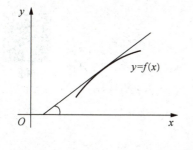

图 3.3

由图 3.3 可以看出,当函数图形随着自变量的增大而上升时,曲线上每点处的切线与 x 轴正向的夹角为锐角,从而斜率大于零,由导数的几何意义知导数大于零;同样可知,当函数图形随自变量的增大而下降时,导数小于零. 所以得到函数单调性的判定定理.

定理 3.3 设函数 $f(x)$ 在区间 I 上可导,如果在区间 I 上满足:

(1) 在 I 上 $f'(x)>0$,则函数 $f(x)$ 在 I 上单调增加.

(2) 在 I 上 $f'(x)<0$,则函数 $f(x)$ 在 I 上单调减少.

在此，需要指出，函数 $f(x)$ 在某区间内单调增加（减少）时，在个别点 x_0 处，可以有 $f'(x_0)=0$。例如，函数 $y=x^3$ 在区间 $(-\infty, +\infty)$ 内是单调增加的，而

$$y'=3x^2 \begin{cases} =0, & x=0 \\ >0, & x\neq 0 \end{cases}.$$

对此，有更一般性的结论：在函数 $f(x)$ 的可导区间 I 内，若 $f'(x) \geq 0$ 或 $f'(x) \leq 0$（等号仅在一些点处成立），则函数 $f(x)$ 在 I 内单调增加或单调减少.

例 1 讨论函数 $f(x) = 2x^3 - 9x^2 + 12x - 3$ 的单调增减区间.

例1

解 首先确定函数的连续区间（对初等函数就是定义域）：该函数定义域为 $(-\infty, +\infty)$.

其次，求导数并确定函数的驻点（使函数的一阶导数为零的点）和导数不存在的点：

$$f'(x) = 6x^2 - 18x + 12 = 6(x-1)(x-2).$$

由 $f'(x) = 0$ 得驻点 $x_1 = 1, x_2 = 2$，该函数没有导数不存在的点.

最后将找到的点划分连续区间列表讨论判定函数的增减区间.

表 3.1

x	$(-\infty, 1)$	1	$(1, 2)$	2	$(2, +\infty)$
$f'(x)$	+	0	−	0	+
$f(x)$	单增↗		单减↘		单增↗

由表 3.1 可知，函数的单调增区间为 $(-\infty, 1)$、$(2, +\infty)$，单调减区间为 $[1, 2]$.

例 2 证明当 $x > 0$ 时，不等式 $e^x > x + 1$ 成立.

例2

证明 设 $f(x) = e^x - x - 1$，则 $f(0) = 0$.（下证 $f(x) > f(0)$ 即可）

$f(x)$ 在 $[0, +\infty)$ 上连续，且当 $x > 0$ 时，$f'(x) = e^x - 1 > 0$，所以函数 $f(x) = e^x - x - 1$ 在 $(0, +\infty)$ 内是单调增加的，即 $f(x) > f(0) = 0$.

所以当 $x > 0$ 时，$f(x) = e^x - x - 1 > 0$，即 $e^x > x + 1$.

3.2.2 函数的极值

1. 极值的定义

定义 3.1

设 $f(x)$ 在 $U(x_0)$ 内有定义，则对于 $U(x_0)$ 内异于 x_0 的点 x 都满足：

(1) 若有 $f(x) < f(x_0)$，则称 $f(x_0)$ 为函数的**极大值**，x_0 称作**极大值点**；

(2) 若有 $f(x) > f(x_0)$，则称 $f(x_0)$ 为函数的**极小值**，x_0 称作**极小值点**.

函数的极大值和极小值统称为函数的**极值**，使函数取得极值的点称作**极值点**.

由定义可知，极大值和极小值都是**局部**概念，函数在某个区间上的极大值不一定大于极小值. 如图 3.4 所示，点 x_1, x_2, x_4, x_5, x_6 为函数 $y=f(x)$ 的极值点，其中 x_1, x_4, x_6 为极小值点，x_2, x_5 为极大值点. 但 $f(x_2) < f(x_6)$. 由图 3.4 可以发现，在极值点处或者函数的导数为零(如 x_1, x_2, x_4, x_6)，或者导数不存在(如 x_5). 因此，关于函数极值应注意如下几点：

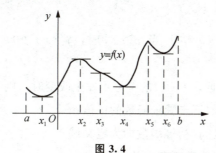

图 3.4

(1) 函数极值的概念是局部性的，函数的极大值和极小值之间并无确定的大小关系；

(2) 由极值的定义知，函数的极值只能在区间内部取得，不能在区间端点上取得.

2. 极值的判别法

结合定义 3.1，再来观察图 3.4，函数 $f(x)$ 在 x_1, x_4, x_6 取得极小值，在 x_2 取得极大值，曲线 $y=f(x)$ 在这几个点处都可作切线，且切线一定平行于 x 轴，因此有 $f'(x_1)=0$，$f'(x_4)=0$，$f'(x_6)=0$，$f'(x_2)=0$. 函数 $f(x)$ 在 x_5 处虽然也取得极大值，但曲线 $y=f(x)$ 在该点处不能作出切线，函数在该点不可导. 由此，有下面的定理：

定理 3.4(极值存在的必要条件) 若可导函数 $y=f(x)$ 在 x_0 点取得极值，则点 x_0 一定是其**驻点**，即 $f'(x_0)=0$.

对于定理 3.4，我们要进行两点说明：

(1) 在 $f'(x_0)$ 存在时，$f'(x_0)=0$ 不是极值存在的**充分**条件，即**函数的驻点不一定是函数的极值点**. 例如，$x=0$ 是函数 $y=x^3$ 的驻点但不是极值点.

(2) 函数在导数不存在的点处也可能取得极值. 例如，图 3.4 中函数 $f(x)$ 在 x_5 点取得极大值. 再如，$y=|x|$ 在 $x=0$ 处导数不存在，函数在该点取得极小值 $f(0)=0$. 但导数不存在的点也可能不是极值点，例如，$y=x^{\frac{1}{3}}$ 在 $x=0$ 处切线垂直于 x 轴，导数不存在，但 $x=0$ 不是函数的极值点.

把驻点和导数不存在的点统称为**可能极值点**. 为了找出极值点，首先要找出所有的可能极值点，然后再判断它们是否是极值点.

从几何直观上容易理解,如果曲线通过某点时先增后减,则该点处取得极大值;反之,如果先减后增,则该点处取得极小值.利用单调性的判定很容易得到判定函数极值点的方法.对此,有下面的判定定理:

定理 3.5(极值存在的第一充分条件) 设函数 $f(x)$ 在 x_0 处连续,在 $U(\hat{x}_0)$ 内可导,如果满足:

(1)当 $x<x_0$ 时,$f'(x)>0$;当 $x>x_0$ 时,$f'(x)<0$,则 $f(x)$ 在 x_0 处取得极大值;

(2)当 $x<x_0$ 时,$f'(x)<0$;当 $x>x_0$ 时,$f'(x)>0$,则 $f(x)$ 在 x_0 处取得极小值;

(3)当在 x_0 点左右邻近,$f'(x)$ 的符号不发生改变时,则 $f(x)$ 在 x_0 处没有极值.

综合以上讨论,可按如下**步骤**求函数的极值:

(1)确定函数的连续区间(初等函数即为定义域).

(2)求出函数的驻点和导数不存在的点.

(3)利用充分条件依次判断这些点是否是函数的极值点.

例 3　求函数 $f(x)=(x-1)\sqrt[3]{x^2}$ 的极值.

解　显见函数 $f(x)=(x-1)\sqrt[3]{x^2}$ 的定义域为 $(-\infty,+\infty)$,

$$f'(x)=\sqrt[3]{x^2}+\frac{2(x-1)}{3\sqrt[3]{x}}=\frac{5x-2}{3\sqrt[3]{x}},$$

令 $f'(x)=0$ 得驻点 $x=\frac{2}{5}$;当 $x=0$ 时,导数不存在.

列表(表 3.2)讨论如下:

表 3.2

x	$(-\infty, 0)$	0	$\left(0, \dfrac{2}{5}\right)$	$\dfrac{2}{5}$	$\left(\dfrac{2}{5}, +\infty\right)$
$f'(x)$	$+$	不存在	$-$	0	$+$
$f(x)$	单增 ↗	极大值 0	单减 ↘	极小值 $-\dfrac{3}{25}\sqrt[3]{20}$	单增 ↗

所以函数在 $x=0$ 处取得极大值 $f(0)=0$,在 $x=\dfrac{2}{5}$ 处取得极小值 $f\left(\dfrac{2}{5}\right)=-\dfrac{3}{25}\sqrt[3]{20}$.

用函数的二阶导数可判定函数的**驻点**是否为极值点,有如下定理.

定理 3.6(极值存在的第二充分条件) 设函数 $f(x)$ 在 x_0 点处二阶可导,且 $f'(x_0)=0$,则

(1)若 $f''(x_0)<0$,则 $f(x_0)$ 是 $f(x)$ 的极大值;

(2)若 $f''(x_0)>0$,则 $f(x_0)$ 是 $f(x)$ 的极小值;

(3)当 $f''(x_0)=0$ 时,$f(x_0)$ 有可能是极值也有可能不是极值.

说明 此定理虽然适用的范围比定理 3.5 小,只适用于驻点的判定,不能判定导数不存在的点是否为极值点,但对某些题目来讲,应用此定理可以使题目的解答更简洁.当遇到不符合定理 3.6 条件的题目时,我们要选择第一充分条件去判定.

极值存在的两个充分条件

例 4 求函数 $f(x)=x^2-\ln x^2$ 的极值.

解 函数的定义域为 $(-\infty,0)\cup(0,+\infty)$.

因为

$$f'(x)=2x-\frac{2}{x}=\frac{2(x^2-1)}{x},$$

令 $f'(x)=0$,得驻点 $x_1=-1$,$x_2=1$.

用定理 3.6 判定,求二阶导数

$$f''(x)=2+\frac{2}{x^2},$$

因为 $f''(-1)=4>0$,$f''(1)=4>0$,所以 $x_1=-1$,$x_2=1$ 都是极小值点;$f(-1)=1$,$f(1)=1$ 都是函数的极小值.

课中小测验

求函数 $y=x^3-3x^2-9x+5$ 的单调区间与极值.

3.2.3 函数的最值

在生产实践和工程技术中经常会遇到最值问题.在一定条件下,怎样才能使得成本最低、利润最高、原材料最省等.下面来讨论函数的最值问题.

最值与极值的比较

1. 闭区间上函数的最值

设函数 $f(x)$ 在闭区间 $[a,b]$ 上连续,且至多有有限个极值点.根据闭区间上连续函数的性质(最值定理),$f(x)$ 在 $[a,b]$ 上一定存在最值.而且,如果函数的最值是在区间内部取得的话,那么其最值点也一定是函数的极值点.当然,函数的最值点也可能取在区间的端点上.因此,可以按照如下的**步骤**来求给定闭区间上函数的最值:

(1)在给定区间上求出函数的所有驻点和导数不存在的点(可能极值点).

(2)求出函数在所有驻点、导数不存在的点和区间端点的函数值.

(3)比较这些函数值的大小,最大者即函数在该区间的最大值,最小者即最小值.

例 5 求函数 $f(x)=x^4-2x^2+5$ 在区间 $[-2,2]$ 上的最值.

解 令方程 $f'(x)=4x^3-4x=4x(x^2-1)=0$,得函数的驻点为 $x=0$,$x=\pm 1$,没有不可导的点. 计算这些点上的函数值,得
$$f(0)=5,\ f(\pm 1)=4,$$
另外,函数在两端点上的函数值为
$$f(-2)=13,\ f(2)=13,$$
比较可知,函数的最大值为 13,最小值为 4.

2. 实际应用中的最值

对于实际问题,往往根据问题的性质就可以断定函数 $f(x)$ 在定义区间内部存在着最大值或最小值. 理论上可以证明这样一个结论: 在实际问题中,若函数 $f(x)$ 的定义域是开区间,且在此开区间内只有一个驻点 x_0,而最值又存在,则可以直接确定该驻点 x_0 就是最值点,$f(x_0)$ 即为相应的最值.

例 6 (水槽设计问题)如图 3.5 所示,有一块宽为 $2a$ 的长方形铁皮,将宽所在的两个边缘向上折起,做成一个开口水槽,其横截面为矩形,问横截面的高取何值时水槽的流量最大(流量与横截面积成正比).

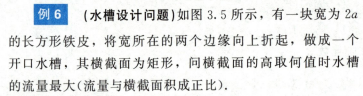

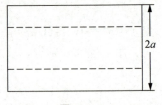

图 3.5

解 设横截面的高为 x,根据题意得该水槽的横截面积为
$$s(x)=2x(a-x)\ (0<x<a).$$
由于 $s'(x)=2a-4x,$
所以令 $s'(x)=0$,得 $s(x)$ 的唯一驻点 $x=\dfrac{a}{2}$.

又因为铁皮的两边折得过大或过小,都会使横截面积变小,这说明该问题一定存在着最大值. 所以,唯一驻点 $x=\dfrac{a}{2}$ 也是最大值点,即是要求的使流量最大的高.

例 7 (最省用料问题)如图 3.6 所示,要做一圆柱形无盖铁桶,要求铁桶的容积 V 是一定值,问怎样设计才能使制造铁桶的用料最省?

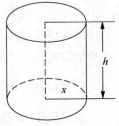

图 3.6

解 设铁桶底面半径为 x,高为 h,则由 $V=\pi x^2 h$,得 $h=\dfrac{V}{\pi x^2},$
除去顶面的圆柱表面积为
$$S=\pi x^2+2\pi x h=\pi x^2+2\pi x\,\dfrac{V}{\pi x^2}=\pi x^2+\dfrac{2V}{x}\ (x>0).$$

因为 $S' = 2\pi x - \dfrac{2V}{x^2} = \dfrac{2\pi x^3 - 2V}{x^2}$，令 $S' = 0$，得唯一驻点 $x = \sqrt[3]{\dfrac{V}{\pi}}$.

由于在容积一定的情况下，铁桶用料一定存在最小值，所以求得的唯一的驻点 $x = \sqrt[3]{\dfrac{V}{\pi}}$ 也是 S 的最小值点，此时 $h = \dfrac{V}{\pi x^2} = \sqrt[3]{\dfrac{V}{\pi}}$. 因此只要铁桶底面半径和高都为 $\sqrt[3]{\dfrac{V}{\pi}}$，就会使制造铁桶的用料最省.

例 8 (**最小成本问题**) 某工厂生产产量为 Q（件）时，生产成本函数（元）为
$$C(Q) = 9\,000 + 40Q + 0.001Q^2,$$
求该厂生产多少件产品时，平均成本达到最小？并求出其最小平均成本.

解 平均成本函数为
$$\overline{C}(Q) = \dfrac{C(Q)}{Q} = \dfrac{9\,000}{Q} + 40 + 0.001Q,$$
$$\overline{C}'(Q) = -\dfrac{9\,000}{Q^2} + 0.001, \quad \overline{C}''(Q) = \dfrac{18\,000}{Q^3} > 0.$$

令 $\overline{C}'(Q) = 0$，得 $Q = 3\,000$，从而驻点唯一.

唯一的驻点 $Q = 3\,000$ 是区间 $(0, +\infty)$ 内的最小值点. 故当产量 $Q = 3\,000$ 时，平均成本达到最小，且最小成本为 $\overline{C}(3\,000) = 46$ 元/件.

*3.2.4 曲线的凹凸性与拐点

在前面，已讨论学习了函数单调性和极值的判定方法，这些对于之后研究函数性态有很大的帮助，本节就函数的单调性做更细致的研究.

首先观察下面的两条曲线，如图 3.7 和图 3.8 所示. 看看它们有什么不同.

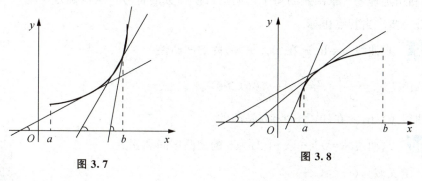

图 3.7　　　　　图 3.8

一个很明显的区别是：虽然它们都是单调递增的，但一条是向上弯曲且递增的；另一条是向下弯曲且递增的. 它们递增的方式是不同的. 那么如何判定函数的单调变化方式呢？引入如下定义.

定义 3.2

设函数 $f(x)$ 在开区间 (a,b) 内可导，如果在该区间内 $f(x)$ 的曲线位于其上任何一点切线的上方，则称该曲线在 (a,b) 内是**凹**的，区间 (a,b) 称为**凹区间**；反之，如果 $f(x)$ 的曲线位于其上任一点切线的下方，则称该曲线在 (a,b) 内是**凸**的，区间 (a,b) 称为**凸区间**. 曲线上凹凸的分界点称为曲线的**拐点**.

注 拐点位于曲线上而不是坐标轴上，因此应表示为 $(x_0, f(x_0))$. 而 $x = x_0$ 仅是拐点的横坐标，为表示拐点，必须算出其相应的纵坐标.

【思考】 设计师在设计桥梁时，首要是保证安全，然后是美观. 桥梁的设计与函数息息相关，稍有不慎便可能酿成大错. 请查阅美国匹兹堡桥梁坍塌事故的相关资料，结合曲线的凹凸与拐点的相关知识，指出大桥坍塌的可能原因.

下面讨论函数凹凸性的判定.

直观上看，凹曲线的切线斜率越变越大；而凸曲线的切线斜率越变越小. 这种特征可以用函数的二阶导数来判定.

曲线的凹凸性与拐点

定理 3.7 设函数 $f(x)$ 在 (a,b) 内二阶可导，那么

(1) 若在 (a,b) 内 $f''(x) > 0$，则 $f(x)$ 在 (a,b) 上的图形是凹的.

(2) 若在 (a,b) 内 $f''(x) < 0$，则 $f(x)$ 在 (a,b) 上的图形是凸的.

由于拐点是曲线凹凸的分界点，由定理 3.7 可得拐点的左右近旁的 $f''(x)$ 必然**异号**.

综上所述，我们可按如下**步骤**求曲线的凹凸区间和拐点：

(1) 确定函数的连续区间（初等函数即为定义域）.

(2) 求出函数二阶导数为零的点和二阶导数不存在的点，划分连续区间.

(3) 利用定理 3.7 依次判断每个区间上二阶导数的符号，从而确定每个区间的凹凸性，并进一步求出拐点坐标.

例 9 求曲线 $y = \ln x$ 在 $(0, +\infty)$ 内的凹凸性.

解 因为 $y' = \dfrac{1}{x}$，$y'' = -\dfrac{1}{x^2} < 0 \, (x > 0)$，

所以，曲线 $y = \ln x$ 在 $(0, +\infty)$ 内是凸的.

例 10 求曲线 $y = x^4 - 4x^3 + 2x - 5$ 的凹凸区间和拐点.

例 10

解 定义域为 $(-\infty, +\infty)$，
$$y' = 4x^3 - 12x^2 + 2,$$
$$y'' = 12x^2 - 24x = 12x(x-2),$$
令 $y'' = 0$，解得 $x_1 = 0$，$x_2 = 2$.

函数取值见表 3.3.

表3.3

x	$(-\infty, 0)$	0	$(0, 2)$	2	$(2, +\infty)$
y''	+	0	−	0	+
y	∪	拐点$(0, -5)$	∩	拐点$(2, -17)$	∪

即函数的凹区间为$(-\infty, 0)$和$(2, +\infty)$；凸区间为$[0, 2]$；拐点为$(0, -5)$，$(2, -17)$.

习题3.2

习题3.2答案

1. 确定下列函数的单调区间.

(1) $y = 2x^3 - 6x^2 - 18x - 7$； (2) $y = \dfrac{1}{4x^3 - 9x^2 + 6x}$.

2. 证明：当$x > 0$时，$1 + \dfrac{1}{2}x > \sqrt{1+x}$.

3. 求下列函数的极值.

(1) $y = x^3 - 3x$； (2) $y = \dfrac{x^3}{(x-1)^2}$.

4. 试问a为何值时，函数$f(x) = a\sin x + \dfrac{1}{3}\sin 3x$，在$x = \dfrac{\pi}{3}$处取得极值？它是极大值还是极小值？并求此极值.

5. 求函数的最大值与最小值.

(1) $y = 2x^3 - 3x^2$，$-1 \leqslant x \leqslant 4$； (2) $y = x + \sqrt{1-x}$，$-5 \leqslant x \leqslant 1$.

6. 欲用长6 m的木料加工一个"日"字形的窗框，问它的边长和边宽分别为多少时，才能使窗框的面积最大？最大面积为多少？

7. 某车间靠墙壁要盖长方形小屋，现有存砖只够砌20 m长的墙壁，问应围成怎样的长方形才能使这间小屋的面积最大？

8. 将边长为48 cm的一块正方形铁皮，四角各截去一个大小相同的小正方形，然后将四边折起做一个无盖的方盒.问截掉的小正方形边长多大时，所得方盒的容积最大？

9. 求下列函数的拐点及凹凸区间.

(1) $y = x^3 - 5x^2 + 3x + 5$； (2) $y = \ln(x^2 + 1)$.

10. 试确定曲线 $y=ax^3+bx^2+cx+d$ 中的 a，b，c，d 取何值时，使得 $x=-2$ 处曲线有水平切线，$(1,-10)$ 为拐点，且点 $(-2,44)$ 在曲线上.

第 10 题

3.3 利用导数求极限——洛必达法则

洛必达法则引入

在自变量的某个变化过程中，两个无穷小量或无穷大量之比的极限可能存在也可能不存在，通常称为"$\dfrac{0}{0}$"型和"$\dfrac{\infty}{\infty}$"型的不定式或未定式. 根据第一章，不定式求极限不能直接使用极限的四则运算法则，而且很多不定式也无法使用本书第一章中介绍过的几种方法求极限，这就需要寻求另一种求解"$\dfrac{0}{0}$"型和"$\dfrac{\infty}{\infty}$"型不定式的方法.

1696 年，法国数学家洛必达(1661—1704)在《无穷小分析》中给出了求解"$\dfrac{0}{0}$"型和"$\dfrac{\infty}{\infty}$"型这种不定式的方法，他将函数比的极限化为导数比的极限，后人称这种方法为洛必达法则.

定理 3.8(洛必达法则) 设函数 $f(x)$，$g(x)$ 满足：
(1) 在 $U(x_0)$ 内，$f'(x)$、$g'(x)$ 都存在，且 $g'(x)\neq 0$.
(2) $\lim\limits_{x\to x_0}\dfrac{f(x)}{g(x)}$ 是"$\dfrac{0}{0}$"型或"$\dfrac{\infty}{\infty}$"型.
(3) $\lim\limits_{x\to x_0}\dfrac{f'(x)}{g'(x)}=A$（或 ∞）.

则

洛必达法则

$$\lim_{x\to x_0}\dfrac{f(x)}{g(x)}=\lim_{x\to x_0}\dfrac{f'(x)}{g'(x)}=A\ (\text{或}\infty).$$

说明 洛必达法则中，极限过程 $x\to x_0$ 若换成 $x\to x_0^+$，$x\to x_0^-$，以及 $x\to\infty$，$x\to+\infty$，$x\to-\infty$ 结论仍然成立.

下面通过几个例子熟悉一下洛必达法则的应用.

3.3.1 "$\frac{0}{0}$"型或"$\frac{\infty}{\infty}$"型不定式

例 1 计算极限 $\lim\limits_{x \to 0} \dfrac{e^x - 1}{x^2 - x}$.

解 该极限属于"$\frac{0}{0}$"型不定式,由洛必达法则,得

$$\lim_{x \to 0} \frac{e^x - 1}{x^2 - x} = \lim_{x \to 0} \frac{e^x}{2x - 1} = \frac{1}{-1} = -1.$$

例 2 计算极限 $\lim\limits_{x \to 1} \dfrac{\ln x}{(x-1)^2}$.

解 该极限属于"$\frac{0}{0}$"型不定式,由洛必达法则,得

$$\lim_{x \to 1} \frac{\ln x}{(x-1)^2} = \lim_{x \to 1} \frac{\frac{1}{x}}{2(x-1)} = \infty.$$

例 3 计算极限 $\lim\limits_{x \to 2} \dfrac{x^3 - 12x + 16}{x^3 - 2x^2 - 4x + 8}$.

解 该极限属于"$\frac{0}{0}$"型不定式,由洛必达法则,得

$$\lim_{x \to 2} \frac{x^3 - 12x + 16}{x^3 - 2x^2 - 4x + 8} = \lim_{x \to 2} \frac{3x^2 - 12}{3x^2 - 4x - 4} = \lim_{x \to 2} \frac{6x}{6x - 4} = \frac{3}{2}.$$

注 若 $\lim \dfrac{f'(x)}{g'(x)}$ 也是"$\frac{0}{0}$"型或"$\frac{\infty}{\infty}$"型不定式时,则可对 $\lim \dfrac{f'(x)}{g'(x)}$ 继续应用洛必达法则,即

$$\lim_{x \to a} \frac{f(x)}{g(x)} = \lim_{x \to a} \frac{f'(x)}{g'(x)} = \lim_{x \to a} \frac{f''(x)}{g''(x)} = \cdots = A\,(\text{或}\,\infty).$$

> **课中小测验**
>
> 求极限 $\lim\limits_{x \to 0} \dfrac{e^x + e^{-x} - 2}{x^2}$.

例 4 计算极限 $\lim\limits_{x \to 0} \dfrac{\tan x - x}{x^2 \sin x}$.

例 4

解 该极限属于"$\frac{0}{0}$"型不定式,先对分母中的乘积因子 $\sin x$ 利用等价无穷小 $x\,(x \to 0)$ 进行代换,再由洛必达法则,得

$$\lim_{x \to 0} \frac{\tan x - x}{x^2 \sin x} = \lim_{x \to 0} \frac{\tan x - x}{x^3} = \lim_{x \to 0} \frac{\sec^2 x - 1}{3x^2} = \lim_{x \to 0} \frac{\tan^2 x}{3x^2} = \frac{1}{3} \lim_{x \to 0} \left(\frac{\tan x}{x} \right)^2 = \frac{1}{3}.$$

注 由该例可以看出,求不定式的极限时,洛必达法则可以和其他求极限方法结合使用.

例 5 计算极限 $\lim\limits_{x\to+\infty}\dfrac{\dfrac{\pi}{2}-\arctan x}{\dfrac{1}{x}}$.

解 该极限属于"$\dfrac{0}{0}$"型不定式，由洛必达法则，得

$$\lim_{x\to+\infty}\frac{\dfrac{\pi}{2}-\arctan x}{\dfrac{1}{x}}=\lim_{x\to+\infty}\frac{-\dfrac{1}{1+x^2}}{-\dfrac{1}{x^2}}=\lim_{x\to+\infty}\frac{x^2}{1+x^2}=1.$$

例 6 计算极限 $\lim\limits_{x\to+\infty}\dfrac{x^n}{e^x}(n>0)$.

解 该极限属于"$\dfrac{\infty}{\infty}$"型不定式，由洛必达法则，得

$$\lim_{x\to+\infty}\frac{x^n}{e^x}=\lim_{x\to+\infty}\frac{nx^{n-1}}{e^x}=\lim_{x\to+\infty}\frac{n(n-1)x^{n-2}}{e^x}=\cdots=\lim_{x\to+\infty}\frac{n!}{e^x}=0.$$

例 7 求极限 $\lim\limits_{x\to\infty}\dfrac{x+\sin x}{1+x}$.

解 该极限属于"$\dfrac{\infty}{\infty}$"型的不定式，若运用洛必达法则

$$\lim_{x\to\infty}\frac{x+\sin x}{1+x}=\lim_{x\to\infty}\frac{1+\cos x}{1}.$$

例 7

由于 $\lim\limits_{x\to\infty}\cos x$ 不存在，所以上式右端极限不存在，因此不满足洛必达法则的条件，所以此题不能使用洛必达法则. 原极限可用下面的方法求出：

$$\lim_{x\to\infty}\frac{x+\sin x}{1+x}=\lim_{x\to\infty}\frac{1+\dfrac{1}{x}\sin x}{\dfrac{1}{x}+1}=1.$$

注 由该例可以看出，洛必达法则虽然是求不定式极限的一种有效的方法，但它不是万能的，有时也会不适用，但这并不意味着原极限不存在，可以改用其他方法求解.

3.3.2 其他类型的不定式

在求极限的过程中，遇到形如"$0\cdot\infty,\infty-\infty,0^0,1^\infty,\infty^0$"等不定式也可通过转化为"$\dfrac{0}{0}$"或"$\dfrac{\infty}{\infty}$"型的不定式后，再用洛必达法则计算.

1. "$0 \cdot \infty$" 型

设 $\lim\limits_{x \to a} f(x) = 0$，$\lim\limits_{x \to a} g(x) = \infty$，则 $\lim\limits_{x \to a} f(x) \cdot g(x)$ 就构成了"$0 \cdot \infty$"型不定式，它可以做如下转化：

$$\lim_{x \to a} f(x) \cdot g(x) = \lim_{x \to a} \frac{f(x)}{\frac{1}{g(x)}} \left(\text{"}\frac{0}{0}\text{"型}\right) \text{ 或 } \lim_{x \to a} f(x) \cdot g(x) = \lim_{x \to a} \frac{g(x)}{\frac{1}{f(x)}} \left(\text{"}\frac{\infty}{\infty}\text{"型}\right).$$

例 8 计算极限 $\lim\limits_{x \to 0^+} x \ln x$.

解 $\lim\limits_{x \to 0^+} x \ln x = \lim\limits_{x \to 0^+} \dfrac{\ln x}{\dfrac{1}{x}} = \lim\limits_{x \to 0^+} \dfrac{\dfrac{1}{x}}{-\dfrac{1}{x^2}} = \lim\limits_{x \to 0^+} (-x) = 0.$

2. "$\infty - \infty$" 型

这种形式的不定式可以通过通分等手段转化为"$\dfrac{0}{0}$"型或"$\dfrac{\infty}{\infty}$"型.

例 9 计算极限 $\lim\limits_{x \to \frac{\pi}{2}} (\sec x - \tan x)$.

解 $\lim\limits_{x \to \frac{\pi}{2}} (\sec x - \tan x) = \lim\limits_{x \to \frac{\pi}{2}} \left(\dfrac{1}{\cos x} - \dfrac{\sin x}{\cos x}\right) = \lim\limits_{x \to \frac{\pi}{2}} \dfrac{1 - \sin x}{\cos x} = \lim\limits_{x \to \frac{\pi}{2}} \dfrac{-\cos x}{-\sin x} = 0.$

3. "0^0，1^∞，∞^0" 型

它们可以进行如下转化：

$$\lim [f(x)]^{g(x)} = \lim e^{g(x) \ln f(x)} = e^{\lim g(x) \ln f(x)}.$$

例 10 计算极限 $\lim\limits_{x \to 0^+} x^x$. ("$0^0$"型)

解 $\lim\limits_{x \to 0^+} x^x = e^{\lim\limits_{x \to 0^+} x \ln x} = e^{\lim\limits_{x \to 0^+} \frac{\ln x}{\frac{1}{x}}} = e^{\lim\limits_{x \to 0^+} (-x)} = e^0 = 1.$

例 11 计算极限 $\lim\limits_{x \to 1} x^{\frac{1}{1-x}}$. ("$1^\infty$"型)

解 $\lim\limits_{x \to 1} x^{\frac{1}{1-x}} = e^{\lim\limits_{x \to 1} \frac{1}{1-x} \ln x} = e^{\lim\limits_{x \to 1} \frac{\ln x}{1-x}} = e^{\lim\limits_{x \to 1} \frac{\frac{1}{x}}{-1}} = e^{-1}.$

例 12 计算极限 $\lim\limits_{x \to \infty} (1 + x^2)^{\frac{1}{x}}$. ("$\infty^0$"型)

解 $\lim\limits_{x \to \infty} (1 + x^2)^{\frac{1}{x}} = e^{\lim\limits_{x \to \infty} \frac{1}{x} \ln(1+x^2)} = e^{\lim\limits_{x \to \infty} \frac{\ln(1+x^2)}{x}} = e^{\lim\limits_{x \to \infty} \frac{2x}{1+x^2}} = e^0 = 1.$

> **提示**
>
> （1）洛必达法则只能适用于"$\dfrac{0}{0}$"和"$\dfrac{\infty}{\infty}$"型的不定式，其他的不定式须先化简变形成"$\dfrac{0}{0}$"或"$\dfrac{\infty}{\infty}$"型才能运用该法则；
>
> （2）只要条件具备，可以连续应用洛必达法则；
>
> （3）洛必达法则可以和其他求不定式的方法结合使用；
>
> （4）洛必达法则的条件是充分的，但不是必要的．因此，在该法则失效时并不能断定原极限不存在．此时，可换其他方法求极限．

习题 3.3

习题 3.3 答案

1. 求下列函数极限．

(1) $\lim\limits_{x\to 1}\dfrac{x^3-3x+2}{x^3-x^2-x+1}$；

(2) $\lim\limits_{x\to \frac{\pi}{2}}\dfrac{\cos x}{x-\dfrac{\pi}{2}}$；

(3) $\lim\limits_{x\to 0}\dfrac{e^x-e^{-x}}{\sin x}$；

(4) $\lim\limits_{x\to +\infty}\dfrac{\ln x}{x^n}\ (n>0)$；

(5) $\lim\limits_{x\to +\infty}\dfrac{x^3}{a^x}(a>1)$；

(6) $\lim\limits_{x\to 0^+}\dfrac{\ln x}{\ln \sin x}$．

2. 求下列函数极限．

(1) $\lim\limits_{x\to \infty} x(e^{\frac{1}{x}}-1)$；

(2) $\lim\limits_{x\to 0}\left[\dfrac{1}{\ln(x+1)}-\dfrac{1}{x}\right]$；

(3) $\lim\limits_{x\to 0}(1+\sin x)^{\frac{1}{x}}$；

(4) $\lim\limits_{x\to 0^+} x^{\tan x}$．

第 2(2) 小题

3. 求下列函数极限．

(1) $\lim\limits_{x\to +\infty}\dfrac{\sqrt{1+x^2}}{x}$；

(2) $\lim\limits_{x\to +\infty}\dfrac{e^x+\sin x}{e^x-\cos x}$．

【本章小结】

一、主要知识点

驻点、极值点、最值点、拐点、极值、最值、洛必达法则、函数的单调性、凹凸性、极值及曲线的拐点的判定定理．

二、主要的数学思想和方法

通过观察图像理解极值点，拐点的定义及探索如何求解．

三、主要的题型及解法

1. 用洛必达法则求未定式极限："$\frac{0}{0}$""$\frac{\infty}{\infty}$"，只要满足洛必达法则的条件，就可直接运用法则来求；对于"$0 \cdot \infty$""$\infty - \infty$""0^0""1^∞""∞^0"型未定式，可先化为"$\frac{0}{0}$"或"$\frac{\infty}{\infty}$"型，再用洛必达法则即可．

2. 求函数的单调区间，极值和极值点：利用导数求驻点，再根据驻点和不可导点左右导数的符号变化确定该点是否为极值点．

3. 求函数的最值和最值点：求一阶导数，再求所有的驻点，不可导点，函数端点的函数值，比较可得最值点和相应的最值．

4. 求曲线的凹凸区间和曲线拐点：令二阶导数等于零，求出可能的拐点，然后根据这些点两侧二阶导数符号的变化判断是否为拐点．

【学海拾贝】

洛必达简介

洛必达简介

复习题 3

1. 选择题．

(1) 函数 $f(x)$ 有连续二阶导数且 $f(0)=0$，$f'(0)=1$，$f''(0)=-2$，则 $\lim\limits_{x \to 0} \dfrac{f(x)-x}{x^2} = ($ 　 $)$．

A. 不存在　　　　B. 0　　　　C. -1　　　　D. -2

(2) 设 $f'(x) = (x-1)(2x+1)$，$x \in (-\infty, +\infty)$，则在 $\left(\dfrac{1}{2}, 1\right)$ 内曲线 $f(x)$ 是(　)．

A. 单调增函数，图形是凹的　　　　B. 单调减函数，图形是凹的
C. 单调增函数，图形是凸的　　　　D. 单调减函数，图形是凸的

(3) 设函数 $f(x)$ 在 (a, b) 内连续, $x_0 \in (a, b)$, $f'(x_0) = f''(x_0) = 0$, 则 $f(x)$ 在 x_0 处( ).

A. 取得极大值　　　　　　　　　　　B. 取得极小值

C. 一定有拐点 $(x_0, f(x_0))$　　　　　D. 可能取得极值,也可能有拐点

(4) 函数 $f(x) = x^3 + ax^2 + 3x - 9$, 已知 $f(x)$ 在 $x = -3$ 时取得极值, 则 $a =$ ( ).

A. 2　　　　　　B. 3　　　　　　C. 4　　　　　　D. 5

(5) 方程 $x^3 - 3x + 1 = 0$ 在区间 $(-\infty, +\infty)$ 内( ).

A. 无实根　　　　　　　　　　　　　B. 有唯一实根

C. 有两个实根　　　　　　　　　　　D. 有三个实根

2. 填空题.

(1) $\lim\limits_{x \to 0^+} x^2 \ln x = $ _____.

(2) 函数 $f(x) = 2x - \cos x$ 在区间 _____ 上是单调递增的.

(3) 函数 $f(x) = 4 + 8x^3 - 3x^4$ 的极大值是 _____.

(4) 曲线 $y = x^4 - 6x^2 + 3x$ 在区间 _____ 上的图形是凸的.

(5) 曲线 $y = xe^{-3x}$ 的拐点坐标是 _____.

3. 求下列函数极限.

(1) $\lim\limits_{x \to -1^+} \dfrac{\sqrt{\pi} - \sqrt{\arccos x}}{\sqrt{x+1}}$;　　　　(2) $\lim\limits_{x \to 0} \left(\dfrac{a^x + b^x}{2} \right)^{\frac{1}{x}}$;

(3) $\lim\limits_{x \to 0} \dfrac{e^x - e^{\sin x}}{x^2 \ln(1+x)}$;　　　　　　(4) $\lim\limits_{x \to 0} \left[\dfrac{1}{x} + \dfrac{1}{x^2} \ln(1-x) \right]$.

4. 证明: 当 $0 < x < \dfrac{\pi}{2}$ 时, 有不等式 $\tan x + 2\sin x > 3x$ 成立.

5. 要做一个长方体的带盖的箱子, 其体积为 72 cm^3, 其底边的长和宽比为 $2:1$, 试求各边长为多少时, 才能使表面积最小?

6. 设 $f(x)$ 在 $[a, b]$ 上连续, 在 (a, b) 内二阶可导, $f(x)$ 有三个零点 x_1, x_2, x_3, 且满足 $a < x_1 < x_2 < x_3 < b$, 证明: 至少存在一点 $\xi \in (x_1, x_3)$, 使 $f''(\xi) = 0$.

7. 证明: 当 $x > 0$ 时, $\dfrac{x}{1+x} < \ln(1+x) < x$.

复习题3答案

专升本真题演练

第 4 章 不定积分

学习目标与要求

○ 理解原函数、不定积分的概念，知道二者之间的关系；
○ 了解不定积分的性质，能够利用性质解决简单的不定积分的计算；
○ 掌握不定积分的第一换元法，了解第二换元法；
○ 掌握分部积分法，熟记分部积分的应用原则；
○ 了解几种特殊类型的函数的积分.

学习目标与要求

学前引入

不定积分的产生，从真正意义上给出了微分的逆运算，同时解决了定积分计算的问题，使得微分与积分联系到一起.

学前引入

知识导图

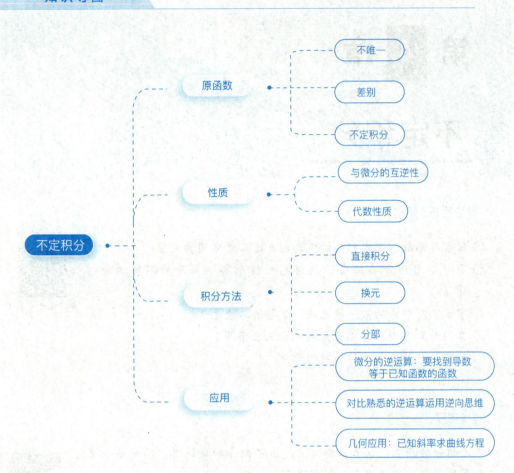

4.1 不定积分的概念与性质

4.1.1 原函数与不定积分

专业案例 经济学中经常遇到核算成本的问题.

已知某工厂生产某种产品,已知每月生产的产品的边际成本为 $C'(q)=2+\dfrac{7}{\sqrt{q}}$,且固定成本是 2 000 元. 求总成本函数.(注:总成本=固定成本+可变成本,(可变成本)$'$=边际成本)

针对以上问题,我们需要通过已知的边际成本确定可变成本,要解决这类问题,需要引入以下定义.

定义 4.1

如果对任意 $x \in I$,都有
$$F'(x)=f(x) \text{ 或 } \mathrm{d}F(x)=f(x)\mathrm{d}x,$$
则称 $F(x)$ 为 $f(x)$ 在区间 I 上的一个原函数.

例如,$(x^2)'=2x$,即 x^2 是 $2x$ 的一个原函数;$(\mathrm{e}^{2x})'=2\mathrm{e}^{2x}$,即 e^{2x} 是 $2\mathrm{e}^{2x}$ 的一个原函数.

定理 4.1(原函数存在定理) 如果函数 $f(x)$ 在区间 I 上连续,则 $f(x)$ 在区间 I 上一定有原函数,即存在区间 I 上的可导函数 $F(x)$,使得对任意 $x \in I$,有 $F'(x)=f(x)$.

注1 如果 $f(x)$ 存在原函数,则 $f(x)$ 就有无穷多个原函数.

例如,$(x^2)'=2x$,则 $(x^2+C)'=2x$,即 $x^2+C(C$ 为任意常数) 都是 $2x$ 的原函数,即

若设 $F(x)$ 是 $f(x)$ 的原函数,则 $[F(x)+C]'=f(x)$,故 $F(x)+C$ 也为 $f(x)$ 的原函数,其中 C 为任意常数.

注2 如果 $F(x)$ 与 $G(x)$ 都为 $f(x)$ 在区间 I 上的原函数,则 $F(x)$ 与 $G(x)$ 之差为常数,即 $F(x)-G(x)=C$(C 为常数).

注3 如果 $F(x)$ 为 $f(x)$ 在区间 I 上的一个原函数,则 $F(x)+C(C$ 为任意常数) 可表达 $f(x)$ 的任意一个原函数.

定义 4.2

在区间 I 上，$f(x)$ 的带有任意常数项的原函数，称为 $f(x)$ 在区间 I 上的不定积分，记为 $\int f(x)\mathrm{d}x$，即如果 $F(x)$ 为 $f(x)$ 的一个原函数，则 $\int f(x)\mathrm{d}x = F(x)+C$，（$C$ 为任意常数）称为 $f(x)$ 在区间 I 上的不定积分，其中"$\int$"称为积分号，$f(x)$ 称为被积函数，x 为积分变量，$f(x)\mathrm{d}x$ 为被积表达式.

例 1 因为 $(\sin x)' = \cos x$，所以 $\int \cos x\, \mathrm{d}x = \sin x + C$.

例 2 因为 $(\sqrt{x})' = \dfrac{1}{2\sqrt{x}}$，所以 $\int \dfrac{1}{2\sqrt{x}}\mathrm{d}x = \sqrt{x} + C$.

课中小测验

求函数 $f(x) = \dfrac{1}{x}$ 的不定积分.

课中小测验

例 3 设曲线过点 $(1, 2)$，且其上任意一点的斜率为该点横坐标的两倍，求该曲线的方程.

解 设曲线方程为 $y = f(x)$，其上任一点 (x, y) 处切线的斜率为 $\dfrac{\mathrm{d}y}{\mathrm{d}x} = 2x$，从而

$$y = \int 2x\, \mathrm{d}x = x^2 + C,$$

由 $y(1) = 2$，得 $C = 1$，因此所求曲线方程为

$$y = x^2 + 1.$$

例 3

4.1.2 不定积分的性质

性质 1 由原函数与不定积分的概念可得：

(1) $\dfrac{\mathrm{d}}{\mathrm{d}x}\int f(x)\mathrm{d}x = f(x)$.

(2) $\mathrm{d}\int f(x)\mathrm{d}x = f(x)\mathrm{d}x$.

(3) $\int F'(x)\mathrm{d}x = F(x) + C$.

(4) $\int \mathrm{d}F(x) = F(x) + C$.

(5) $\int \mathrm{d}x = x + C.$

即不定积分与微分互为逆运算，因此由基本微分公式，得到了下面的基本积分公式：

(1) $\int k\,\mathrm{d}x = kx + C$，（$k$ 为常数）.

(2) $\int x^{\mu}\,\mathrm{d}x = \dfrac{x^{\mu+1}}{\mu+1} + C$，（$\mu \neq -1$）.

(3) $\int \dfrac{\mathrm{d}x}{x} = \ln|x| + C.$

(4) $\int \dfrac{\mathrm{d}x}{1+x^2} = \arctan x + C.$

(5) $\int \dfrac{\mathrm{d}x}{\sqrt{1-x^2}} = \arcsin x + C.$

(6) $\int \cos x\,\mathrm{d}x = \sin x + C.$

(7) $\int \sin x\,\mathrm{d}x = -\cos x + C.$

(8) $\int \dfrac{\mathrm{d}x}{\cos^2 x} = \int \sec^2 x\,\mathrm{d}x = \tan x + C.$

(9) $\int \dfrac{\mathrm{d}x}{\sin^2 x} = \int \csc^2 x\,\mathrm{d}x = -\cot x + C.$

(10) $\int \sec x \tan x\,\mathrm{d}x = \sec x + C.$

(11) $\int \csc x \cot x\,\mathrm{d}x = -\csc x + C.$

(12) $\int \mathrm{e}^x\,\mathrm{d}x = \mathrm{e}^x + C.$

(13) $\int a^x\,\mathrm{d}x = \dfrac{a^x}{\ln a} + C.$

思考 如何检验不定积分的计算结果是否正确？

思考

例 4 求 $\int x^2 \sqrt{x}\,\mathrm{d}x.$

解 $\int x^2 \sqrt{x}\,\mathrm{d}x = \int x^{\frac{5}{2}}\,\mathrm{d}x = \dfrac{2}{7} x^{\frac{7}{2}} + C.$

性质 2 $\int [f(x) \pm g(x)]\,\mathrm{d}x = \int f(x)\,\mathrm{d}x \pm \int g(x)\,\mathrm{d}x.$

性质 3 $\int k f(x)\,\mathrm{d}x = k \int f(x)\,\mathrm{d}x$，（$k$ 为常数，$k \neq 0$）.

例 5 求 $\int \sqrt{x}(x^2-5)dx$.

解 $\int \sqrt{x}(x^2-5)dx = \int (x^{\frac{5}{2}} - 5x^{\frac{1}{2}})dx$

$= \int x^{\frac{5}{2}}dx - 5\int x^{\frac{1}{2}}dx$

$= \frac{2}{7}x^{\frac{7}{2}} - \frac{10}{3}x^{\frac{3}{2}} + C$

$= \frac{2}{7}x^3\sqrt{x} - \frac{10}{3}x\sqrt{x} + C.$

例 6 求 $\int \frac{(x-1)^3}{x^2}dx$.

例 6

解 $\int \frac{(x-1)^3}{x^2}dx = \int \frac{x^3 - 3x^2 + 3x - 1}{x^2}dx$

$= \int \left(x - 3 + \frac{3}{x} - \frac{1}{x^2}\right)dx$

$= \frac{x^2}{2} - 3x + 3\ln|x| + \frac{1}{x} + C.$

课中小测验

求 $\int (e^x - 3\cos x + 2^x e^x)dx$.

课中小测验

例 7 求 $\int \sin^2 \frac{x}{2}dx$.

解 $\int \sin^2 \frac{x}{2}dx = \int \frac{1 - \cos x}{2}dx = \int \frac{1}{2}dx - \frac{1}{2}\int \cos x\, dx$

$= \frac{1}{2}(x - \sin x) + C.$

针对本节前面提出的专业案例中的问题，通过题意与不定积分的定义可知，专业案例中遇到的问题可以转化为通过可变成本即为边际成本的不定积分，所以专业案例问题求解如下：

设总成本为 y，故

$$y = 2\,000 + \int \left(2 + \frac{7}{\sqrt{q}}\right)dq$$

$$= 2\,000 + 2q + 14\sqrt{q}.$$

习题 4.1

1. 计算下列不定积分.

(1) $\int \dfrac{\mathrm{d}x}{x^2\sqrt{x}}$；

(2) $\int (2^x + x^2)\mathrm{d}x$；

(3) $\int \sqrt{x}(x-3)\mathrm{d}x$；

(4) $\int \left(\sqrt[3]{x} - \dfrac{1}{\sqrt{x}}\right)\mathrm{d}x$；

(5) $\int \sqrt{x\sqrt{x\sqrt{x}}}\,\mathrm{d}x$；

(6) $\int 3^x \mathrm{e}^x \mathrm{d}x$.

2. 计算下列不定积分.

(1) $\int \dfrac{1+x+x^2}{x(1+x^2)}\mathrm{d}x$；

(2) $\int \tan^2 x\,\mathrm{d}x$；

(3) $\int \dfrac{3x^2(x^2+1)+1}{x^2+1}\mathrm{d}x$；

(4) $\int \dfrac{\mathrm{e}^{2x}-1}{\mathrm{e}^x-1}\mathrm{d}x$.

4.2 换元积分法

上一节，学习了不定积分的基本积分公式，那么 $\int \sin 2x\,\mathrm{d}x = -\cos 2x + C$ 的计算结果是否正确？利用不定积分与微分的互逆性，对等号右边的 $-\cos 2x$ 求导可得 $(-\cos 2x)' = 2\sin 2x$，发现这并不是被积函数，因而说明这种做法是错误的. 所以遇到被积函数是复合函数的情况，直接套用积分公式显然是不适用的，那么该如何求解这类积分呢？让我们带着疑问开始下面的学习吧.

4.2.1 第一换元积分法

设 $F(u)$ 为 $f(u)$ 的原函数，即 $F'(u) = f(u)$ 或 $\int f(u)\mathrm{d}u = F(u) + C$，如果 $u = \varphi(x)$，且 $\varphi(x)$ 可微，则

$$\dfrac{\mathrm{d}}{\mathrm{d}x}F[\varphi(x)] = F'(u)\varphi'(x) = f(u)\varphi'(x) = f[\varphi(x)]\varphi'(x),$$

即 $F[\varphi(x)]$ 为 $f[\varphi(x)]\varphi'(x)$ 的原函数，

或 $\int f[\varphi(x)]\varphi'(x)\mathrm{d}x = F[\varphi(x)] + C = [F(u) + C]_{u=\varphi(x)} = \left[\int f(u)\mathrm{d}u\right]_{u=\varphi(x)}$.

综上所述，得出以下定理.

定理 4.2 设 $F(u)$ 为 $f(u)$ 的原函数，$u = \varphi(x)$ 可微，则

$$\int f[\varphi(x)]\varphi'(x)\mathrm{d}x = \left[\int f(u)\mathrm{d}u\right]_{u=\varphi(x)}. \tag{4.1}$$

式(4.1)称为第一换元积分公式，利用这个公式求解不定积分的方法称为第一换元积分法，第一换元积分法也称为**凑微法**.

例 1 求 $\int \sin 2x \, \mathrm{d}x$.

解 $\int \sin 2x \, \mathrm{d}x = \dfrac{1}{2}\int \sin 2x (2x)' \mathrm{d}x = \dfrac{1}{2}\int \sin 2x \, \mathrm{d}(2x) = -\dfrac{1}{2}\cos 2x + C.$

例 2 求 $\int \dfrac{1}{3+2x}\mathrm{d}x$.

解 $\int \dfrac{1}{3+2x}\mathrm{d}x = \dfrac{1}{2}\int \dfrac{1}{3+2x}(3+2x)'\mathrm{d}x = \dfrac{1}{2}\int \dfrac{1}{3+2x}\mathrm{d}(3+2x)$

$= \dfrac{1}{2}\ln|3+2x| + C.$

例 3 求 $\int \sin^3 x \, \mathrm{d}x$.

解 $\int \sin^3 x \, \mathrm{d}x = \int \sin^2 x \cdot \sin x \, \mathrm{d}x = -\int (1 - \cos^2 x) \mathrm{d}(\cos x)$

$= -\cos x + \dfrac{1}{3}\cos^3 x + C.$

例 4 求 $\int \dfrac{1}{a^2 + x^2}\mathrm{d}x$.

解 $\int \dfrac{1}{a^2 + x^2}\mathrm{d}x = \dfrac{1}{a^2}\int \dfrac{1}{1 + \left(\dfrac{x}{a}\right)^2}\mathrm{d}x = \dfrac{1}{a}\int \dfrac{1}{1 + \left(\dfrac{x}{a}\right)^2}\mathrm{d}\left(\dfrac{x}{a}\right) = \dfrac{1}{a}\arctan \dfrac{x}{a} + C.$

例 5 求 $\int \sec x \, \mathrm{d}x$.

解 $\int \sec x \, \mathrm{d}x = \int \dfrac{1}{\cos x}\mathrm{d}x$

$= \int \dfrac{\cos x}{\cos^2 x}\mathrm{d}x = \int \dfrac{\mathrm{d}\sin x}{1 - \sin^2 x} = \dfrac{1}{2}\int \left(\dfrac{1}{1+\sin x} + \dfrac{1}{1-\sin x}\right)\mathrm{d}\sin x$

$= \dfrac{1}{2}\left[\int \dfrac{\mathrm{d}(1+\sin x)}{1+\sin x} - \int \dfrac{\mathrm{d}(1-\sin x)}{1-\sin x}\right] = \dfrac{1}{2}\ln\left|\dfrac{1+\sin x}{1-\sin x}\right| + C$

$= \dfrac{1}{2}\ln\left|\dfrac{(1+\sin x)^2}{\cos^2 x}\right| + C = \ln|\sec x + \tan x| + C.$

课中小测验

1. 求 $\displaystyle\int \dfrac{1}{x^2-a^2}\mathrm{d}x$；

2. 求 $\displaystyle\int \left[\dfrac{1}{x(1+2\ln x)}+\dfrac{1}{\sqrt{x}}\mathrm{e}^{\sqrt[3]{x}}\right]\mathrm{d}x$.

4.2.2 第二换元积分法

定理 4.3 设 $x=\varphi(t)$ 是单调的可导函数，且在区间内部有 $\varphi'(t)\neq 0$，又设 $f[\varphi(t)]\varphi'(t)$ 具有原函数，则

$$\int f(x)\mathrm{d}x = \left[\int f[\varphi(t)]\varphi'(t)\mathrm{d}t\right]_{t=\varphi^{-1}(x)}. \tag{4.2}$$

其中 $t=\varphi^{-1}(x)$ 为 $x=\varphi(t)$ 的反函数. 式(4.2)称为第二换元积分公式，利用这个公式求解不定积分的方法称为第二换元积分法.

例 6 求 $\displaystyle\int \dfrac{\mathrm{d}x}{\sqrt{1+\mathrm{e}^x}}$.

解 设 $\sqrt{1+\mathrm{e}^x}=t$，则 $x=\ln(t^2-1)$，$\mathrm{d}x=\dfrac{2t}{t^2-1}\mathrm{d}t$. 所以

$$\int \dfrac{\mathrm{d}x}{\sqrt{1+\mathrm{e}^x}} = \int \dfrac{2t}{t(t^2-1)}\mathrm{d}t = 2\int \dfrac{1}{t^2-1}\mathrm{d}t = \int\left(\dfrac{1}{t-1}-\dfrac{1}{t+1}\right)\mathrm{d}t$$

$$= \ln\left|\dfrac{t-1}{t+1}\right|+C = \ln\left|\dfrac{\sqrt{1+\mathrm{e}^x}-1}{\sqrt{1+\mathrm{e}^x}+1}\right|+C.$$

例 7 求 $\displaystyle\int \sqrt{a^2-x^2}\,\mathrm{d}x\quad(a>0)$.

解 设 $x=a\sin t$，$-\dfrac{\pi}{2}<t<\dfrac{\pi}{2}$，那么 $\sqrt{a^2-x^2}=\sqrt{a^2-a^2\sin^2 t}=a\cos t$，$\mathrm{d}x=a\cos t\,\mathrm{d}t$，于是

$$\int \sqrt{a^2-x^2}\,\mathrm{d}x = \int a\cos t\cdot a\cos t\,\mathrm{d}t = a^2\int \cos^2 t\,\mathrm{d}t = a^2\left(\dfrac{1}{2}t+\dfrac{1}{4}\sin 2t\right)+C.$$

因为 $t=\arcsin\dfrac{x}{a}$，$\sin 2t=2\sin t\cos t=2\dfrac{x}{a}\cdot\dfrac{\sqrt{a^2-x^2}}{a}$.

所以 $\displaystyle\int \sqrt{a^2-x^2}\,\mathrm{d}x = a^2\left(\dfrac{1}{2}t+\dfrac{1}{4}\sin 2t\right)+C$

$$=\dfrac{a^2}{2}\arcsin\dfrac{x}{a}+\dfrac{1}{2}x\sqrt{a^2-x^2}+C.$$

例 8 求 $\displaystyle\int \frac{\mathrm{d}x}{x^2+2x+3}$.

解 $\displaystyle\int \frac{\mathrm{d}x}{x^2+2x+3} = \int \frac{1}{x^2+2x+1+2}\mathrm{d}x$

$\displaystyle = \int \frac{1}{(x+1)^2+(\sqrt{2})^2}\mathrm{d}(x+1)$

$\displaystyle = \frac{1}{\sqrt{2}}\arctan\frac{x+1}{\sqrt{2}} + C.$

课中小测验

求 $\displaystyle\int \frac{\mathrm{d}x}{\sqrt{a^2+x^2}}$ $(a>0)$.

习题 4.2

1. 求解下列不定积分.

(1) $\displaystyle\int \frac{\sin x}{\cos^3 x}\mathrm{d}x$;

(2) $\displaystyle\int \frac{1-x}{\sqrt{9-4x^2}}\mathrm{d}x$;

(3) $\displaystyle\int \frac{\mathrm{d}x}{2x^2-1}$;

(4) $\displaystyle\int \cos^3 x\,\mathrm{d}x$;

(5) $\displaystyle\int \sin 2x \cos 3x\,\mathrm{d}x$;

(6) $\displaystyle\int \tan^3 x \sec x\,\mathrm{d}x$;

(7) $\displaystyle\int \frac{x^3}{9+x^2}\mathrm{d}x$;

(8) $\displaystyle\int \frac{1}{3\cos^2 x + 4\sin^2 x}\mathrm{d}x$;

(9) $\displaystyle\int \frac{10^{2\arccos x}}{\sqrt{1-x^2}}\mathrm{d}x$;

(10) $\displaystyle\int \frac{\arctan\sqrt{x}}{\sqrt{x}(1+x)}\mathrm{d}x$.

2. 求解下列不定积分.

(1) $\int \dfrac{1}{1+\sqrt{x}} dx$;

(2) $\int \dfrac{1}{(2-x)\sqrt{1-x}} dx$;

(3) $\int \dfrac{x}{\sqrt{x-3}} dx$;

(4) $\int \dfrac{1}{\sqrt{x^2-a^2}} dx$;

(5) $\int \dfrac{dx}{\sqrt{x^2+1}}$;

(6) $\int \dfrac{dx}{1+\sqrt{2x+1}}$;

(7) $\int \dfrac{dx}{x(x^7+2)}$.

3. 已知某公司的边际成本函数 $C'(x) = 3x\sqrt{x^2+1}$,边际收益函数 $R'(x) = \dfrac{7}{2}x(x^2+1)^{\frac{3}{4}}$. 设固定成本是 10 000 万元,试求此公司的成本函数和收益函数.

4.3 分部积分法

如何求解 $\int x e^x dx$ 呢?观察函数的结构,很显然,前面学过的方法并不能很好地解决这个不定积分. 为了解决这个问题,追溯不定积分与微分的关系,利用二者互逆的性质,借助微分的乘法公式,就有了下面的分部积分法.

分部积分法引入

设 $u = u(x)$, $v = v(x)$, 则有 $(uv)' = u'v + uv'$ 或 $d(uv) = v du + u dv$.

对上式两端求不定积分,得

$$\int (uv)' dx = \int vu' dx + \int uv' dx \text{ 或 } \int d(uv) = \int v du + \int u dv,$$

即

分部积分法

$$\int u dv = uv - \int v du, \tag{4.3}$$

或

$$\int uv' dx = uv - \int vu' dx. \tag{4.4}$$

式(4.3)或式(4.4)称为不定积分的**分部积分公式**,利用这个公式求解不定积分的方法称为**分部积分法**.

例 1 求 $\int x \cos x \, dx$.

解 $\int x \cos x \, dx = \int x \, d(\sin x)$

$$= x\sin x - \int \sin x\,dx$$
$$= x\sin x + \cos x + C.$$

例 2 求 $\int x^2 e^x\,dx$.

解
$$\int x^2 e^x\,dx = \int x^2\,de^x$$
$$= x^2 e^x - \int e^x\,d(x^2)$$
$$= x^2 e^x - 2\int x e^x\,dx$$
$$= x^2 e^x - 2\left(x e^x - \int e^x\,dx\right)$$
$$= x^2 e^x - 2x e^x + 2e^x + C.$$

注 当被积函数是幂函数与正弦(余弦)乘积或是幂函数与指数函数乘积做分部积分时，取幂函数为 u，其余部分取为 dv.

例 3 求 $\int x\ln x\,dx$.

解
$$\int x\ln x\,dx = \frac{1}{2}\int \ln x\,d(x^2)$$
$$= \frac{1}{2}\left(x^2\ln x - \int x^2\,d\ln x\right)$$
$$= \frac{1}{2}\left(x^2\ln x - \int x\,dx\right)$$
$$= \frac{1}{2}\left(x^2\ln x - \frac{1}{2}x^2\right) + C$$
$$= \frac{1}{2}x^2\ln x - \frac{1}{4}x^2 + C.$$

例 4 求 $\int x\arctan x\,dx$.

解
$$\int x\arctan x\,dx = \frac{1}{2}\int \arctan x\,d(x^2)$$
$$= \frac{1}{2}\left(x^2\arctan x - \int x^2\,d\arctan x\right)$$
$$= \frac{1}{2}\left(x^2\arctan x - \int \frac{x^2}{1+x^2}\,dx\right)$$
$$= \frac{1}{2}\left[x^2\arctan x - \int\left(1 - \frac{1}{1+x^2}\right)dx\right]$$
$$= \frac{1}{2}(x^2\arctan x - x + \arctan x) + C.$$

注 当被积函数是幂函数与对数函数乘积或是幂函数与反三角函数乘积，做分部积分时，取对数函数或反三角函数为 u，其余部分取为 dv.

例 5 求 $\int e^x \sin x \, dx$.

解 $\int e^x \sin x \, dx = \int \sin x \, de^x$

$= e^x \sin x - \int e^x d\sin x$

$= e^x \sin x - \int e^x \cos x \, dx$

$= e^x \sin x - \int \cos x \, de^x$

$= e^x \sin x - \left(e^x \cos x - \int e^x d\cos x\right)$

$= e^x \sin x - e^x \cos x - \int e^x \sin x \, dx.$

因此得 $2\int e^x \sin x \, dx = e^x(\sin x - \cos x),$

即 $\int e^x \sin x \, dx = \dfrac{1}{2}e^x(\sin x - \cos x) + C.$

注 当被积函数是指数函数与三角函数的乘积，做分部积分时，u, v 可任意选取.

例 6 求 $\int e^{\sqrt{x}} \, dx$.

解 令 $\sqrt{x} = t$，则 $x = t^2$，$dx = 2t\,dt$，因此

$\int e^{\sqrt{x}} \, dx = \int e^t \, 2t \, dt$

$= 2\int t e^t \, dt$

$= 2(t e^t - e^t) + C$

$= 2e^{\sqrt{x}}(\sqrt{x} - 1) + C.$

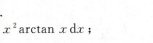

习题 4.3

1. 求下列不定积分.

(1) $\int x e^x \, dx$；

(2) $\int \arctan x \, dx$；

(3) $\int \ln x \, dx$；

(4) $\int x^2 \arctan x \, dx$；

(5) $\int x^2 \cos x \, dx$；

(6) $\int \ln^2 x \, dx$.

2. 求 $\int e^{-2x} \sin \dfrac{x}{2} \, dx$.

习题 4.3

习题 4.3 答案

4.4 几种特殊类型函数的积分

如果被积函数遇到了有理分式的情况，比如 $\int \dfrac{x+3}{x^2-5x+6}\mathrm{d}x$，这样的积分一般会利用分解的方法进行初步的变换，然后再结合其他的方法求解．下面就让我们一起去看有理函数的积分的求法．

几种特殊类型函数的积分

4.4.1 有理函数的积分

形如

$$\frac{P(x)}{Q(x)}=\frac{a_0 x^n+a_1 x^{n-1}+\cdots+a_{n-1}x+a_n}{b_0 x^m+b_1 x^{m-1}+\cdots+b_{m-1}x+b_m} \qquad (4.5)$$

称为有理函数．其中 $a_0,a_1,a_2,\cdots,a_n$ 及 $b_0,b_1,b_2,\cdots,b_m$ 为常数，且 $a_0\neq 0, b_0\neq 0$．

如果分子多项式 $P(x)$ 的次数 n 小于分母多项式 $Q(x)$ 的次数 m，则称分式为真分式；如果分子多项式 $P(x)$ 的次数 n 大于分母多项式 $Q(x)$ 的次数 m，则称分式为假分式．利用多项式除法可得，任意假分式可转化为多项式与真分式之和．例如

$$\frac{x^3+x+1}{x^2+1}=x+\frac{1}{x^2+1}.$$

因此，仅讨论真分式的积分．

根据多项式理论，任意多项式 $Q(x)$ 在实数范围内能分解为一次因式和二次质因式的乘积，即

$$Q(x)=bq_0(x-a)^\alpha \cdots (x-b)^\beta (x^2+px+q)^\lambda \cdots (x^2+rx+s)^\mu, \qquad (4.6)$$

其中 $p^2-4q<0,\cdots,r^2-4s<0$．

如果式(4.5)的分母多项式分解为式(4.6)，则式(4.5)可分解为

$$\begin{aligned}\frac{P(x)}{Q(x)}=&\frac{A_1}{(x-a)^\alpha}+\frac{A_2}{(x-a)^{\alpha-1}}+\cdots+\frac{A_\alpha}{(x-a)}+\cdots+\\ &\frac{B_1}{(x-b)^\beta}+\frac{B_2}{(x-b)^{\beta-1}}+\cdots+\frac{B_\beta}{(x-b)}+\\ &\frac{M_1 x+N_1}{(x^2+px+q)^\lambda}+\frac{M_2 x+N_2}{(x^2+px+q)^{\lambda-1}}+\cdots+\frac{M_\lambda x+N_\lambda}{(x^2+px+q)}+\cdots+\\ &\frac{R_1 x+S_1}{(x^2+rx+s)^\mu}+\frac{R_2 x+S_2}{(x^2+rx+s)^{\mu-1}}+\cdots+\frac{R_\mu x+S_\mu}{(x^2+rx+s)}.\end{aligned} \qquad (4.7)$$

例 1 求 $\displaystyle\int \frac{x+3}{x^2-5x+6}\mathrm{d}x$.

解 因为
$$\frac{x+3}{x^2-5x+6}=\frac{x+3}{(x-2)(x-3)}=\frac{-5}{x-2}+\frac{6}{x-3},$$

所以
$$\begin{aligned}\int\frac{x+3}{x^2-5x+6}\mathrm{d}x&=\int\left(\frac{-5}{x-2}+\frac{6}{x-3}\right)\mathrm{d}x\\&=-5\int\frac{1}{x-2}\mathrm{d}x+6\int\frac{1}{x-3}\mathrm{d}x\\&=-5\ln|x-2|+6\ln|x-3|+C.\end{aligned}$$

例 2 求 $\displaystyle\int \frac{x-2}{x^2+2x+3}\mathrm{d}x$.

解 由于分母已为二次质因式，分子可写为
$$x-2=\frac{1}{2}(2x+2)-3,$$

得
$$\begin{aligned}\int\frac{x-2}{x^2+2x+3}\mathrm{d}x&=\int\frac{\frac{1}{2}(2x+2)-3}{x^2+2x+3}\mathrm{d}x\\&=\frac{1}{2}\int\frac{2x+2}{x^2+2x+3}\mathrm{d}x-3\int\frac{\mathrm{d}x}{x^2+2x+3}\\&=\frac{1}{2}\int\frac{\mathrm{d}(x^2+2x+3)}{x^2+2x+3}-3\int\frac{\mathrm{d}(x+1)}{(x+1)^2+(\sqrt{2})^2}\\&=\frac{1}{2}\ln(x^2+2x+3)-\frac{3}{\sqrt{2}}\arctan\frac{x+1}{\sqrt{2}}+C.\end{aligned}$$

例 3 求 $\displaystyle\int \frac{1}{(1+2x)(1+x^2)}\mathrm{d}x$.

解 根据分解式(4.7)，计算得
$$\frac{1}{(1+2x)(1+x^2)}=\frac{\frac{4}{5}}{1+2x}+\frac{-\frac{2}{5}x+\frac{1}{5}}{1+x^2},$$

因此得
$$\begin{aligned}\int\frac{1}{(1+2x)(1+x^2)}\mathrm{d}x&=\int\frac{\frac{4}{5}}{1+2x}+\frac{-\frac{2}{5}x+\frac{1}{5}}{1+x^2}\mathrm{d}x\\&=\frac{2}{5}\int\frac{2}{1+2x}\mathrm{d}x-\frac{1}{5}\int\frac{2x}{1+x^2}\mathrm{d}x+\frac{1}{5}\int\frac{1}{1+x^2}\mathrm{d}x\\&=\frac{2}{5}\int\frac{1}{1+2x}\mathrm{d}(1+2x)-\frac{1}{5}\int\frac{1}{1+x^2}\mathrm{d}(1+x^2)+\end{aligned}$$

$$\frac{1}{5}\int \frac{1}{1+x^2}dx$$
$$=\frac{2}{5}\ln|1+2x|-\frac{1}{5}\ln(1+x^2)+\frac{1}{5}\arctan x+C.$$

4.4.2 三角函数有理式的积分

如果 $R(u,v)$ 为关于 u,v 的有理式,则 $R(\sin x,\cos x)$ 称为三角函数有理式. 我们不深入讨论,仅举例说明这类函数的积分方法.

例 4 求 $\int \dfrac{1+\sin x}{\sin x(1+\cos x)}dx$.

解 如果做变量代换 $u=\tan\dfrac{x}{2}$,可得

$$\sin x=\frac{2u}{1+u^2},\quad \cos x=\frac{1-u^2}{1+u^2},\quad dx=\frac{2}{1+u^2}du,$$

因此得

$$\int \frac{1+\sin x}{\sin x(1+\cos x)}dx = \int \frac{\left(1+\dfrac{2u}{1+u^2}\right)}{\dfrac{2u}{1+u^2}\left(1+\dfrac{1-u^2}{1+u^2}\right)}\frac{2}{1+u^2}du$$

$$=\frac{1}{2}\int\left(u+2+\frac{1}{u}\right)du$$

$$=\frac{1}{2}\left(\frac{u^2}{2}+2u+\ln|u|\right)+C$$

$$=\frac{1}{4}\tan^2\frac{x}{2}+\tan\frac{x}{2}+\frac{1}{2}\ln\left|\tan\frac{x}{2}\right|+C.$$

4.4.3 简单无理式的积分

例 5 求 $\int \dfrac{dx}{1+\sqrt[3]{x+2}}$.

解 令 $\sqrt[3]{x+2}=u$,得 $x=u^3-2$,$dx=3u^2du$,代入得

$$\int \frac{dx}{1+\sqrt[3]{x+2}}=\int \frac{3u^2}{1+u}du$$

$$=3\int \frac{u^2-1+1}{1+u}du$$

$$=3\int\left(u-1+\frac{1}{1+u}\right)du$$

$$=3\left(\frac{u^2}{2}-u+\ln|1+u|\right)+C$$

$$= \frac{3}{2}\sqrt[3]{(x+2)^2} - 3\sqrt[3]{x+2} + 3\ln|1+\sqrt[3]{x+2}| + C.$$

例 6 求 $\displaystyle\int \frac{\mathrm{d}x}{(1+\sqrt[3]{x})\sqrt{x}}$.

解 令 $x = t^6$，得 $\mathrm{d}x = 6t^5 \mathrm{d}t$，代入得

$$\int \frac{\mathrm{d}x}{(1+\sqrt[3]{x})\sqrt{x}} = \int \frac{6t^5 \mathrm{d}t}{(1+t^2)t^3}$$

$$= 6\int \frac{t^2}{1+t^2}\mathrm{d}t$$

$$= 6\int \left(1 - \frac{1}{1+t^2}\right)\mathrm{d}t$$

$$= 6(t - \arctan t) + C$$

$$= 6(\sqrt[6]{x} - \arctan \sqrt[6]{x}) + C.$$

课中小测验

求 $\displaystyle\int \frac{\mathrm{d}x}{x(x^2+1)}$.

课中小测验

习题 4.4

1. 求下列不定积分.

(1) $\displaystyle\int \frac{x^3}{x+3}\mathrm{d}x$； (2) $\displaystyle\int \frac{2x+3}{x^2+3x-10}\mathrm{d}x$.

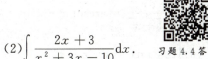

习题 4.4 答案

2. 求 $\displaystyle\int \frac{\mathrm{d}x}{(x^2+a^2)(x^2+b^2)} (a \neq b)$.

【本章小结】

一、主要知识点

1. 原函数.

如果对任意 $x \in I$，都有 $F'(x) = f(x)$ 或 $\mathrm{d}F(x) = f(x)\mathrm{d}x$，则称 $F(x)$ 为 $f(x)$ 在区间 I 上的一个原函数.

2. 不定积分.

在区间 I 上，$f(x)$ 的带有任意常数项的原函数，称为 $f(x)$ 在区间 I 上的不定积

分，记为 $\int f(x)\mathrm{d}x$.

3. 不定积分的性质.

性质 1. 由原函数与不定积分的概念可得：

(1) $\dfrac{\mathrm{d}}{\mathrm{d}x}\int f(x)\mathrm{d}x = f(x)$.

(2) $\mathrm{d}\int f(x)\mathrm{d}x = f(x)\mathrm{d}x$.

(3) $\int F'(x)\mathrm{d}x = F(x) + C$.

(4) $\int \mathrm{d}F(x) = F(x) + C$.

(5) $\int \mathrm{d}x = x + C$.

性质 2. $\int [f(x) + g(x)]\mathrm{d}x = \int f(x)\mathrm{d}x + \int g(x)\mathrm{d}x$.

性质 3. $\int kf(x)\mathrm{d}x = k\int f(x)\mathrm{d}x$ (k 为常数, $k \neq 0$).

4. 基本积分公式.

(1) $\int k\,\mathrm{d}x = kx + C$ (k 为常数).

(2) $\int x^{\mu}\mathrm{d}x = \dfrac{x^{\mu+1}}{\mu + 1} + C$ ($\mu \neq -1$).

(3) $\int \dfrac{\mathrm{d}x}{x} = \ln|x| + C$.

(4) $\int \dfrac{\mathrm{d}x}{1 + x^2} = \arctan x + C$.

(5) $\int \dfrac{\mathrm{d}x}{\sqrt{1 - x^2}} = \arcsin x + C$.

(6) $\int \cos x\,\mathrm{d}x = \sin x + C$.

(7) $\int \sin x\,\mathrm{d}x = -\cos x + C$.

(8) $\int \dfrac{\mathrm{d}x}{\cos^2 x} = \int \sec^2 x\,\mathrm{d}x = \tan x + C$.

(9) $\int \dfrac{\mathrm{d}x}{\sin^2 x} = \int \csc^2 x\,\mathrm{d}x = -\cot x + C$.

(10) $\int \sec x \tan x\,\mathrm{d}x = \sec x + C$.

(11) $\int \csc x \cot x\,\mathrm{d}x = -\csc x + C$.

(12) $\int \mathrm{e}^x\,\mathrm{d}x = \mathrm{e}^x + C$.

(13) $\int a^x \mathrm{d}x = \dfrac{a^x}{\ln a} + C.$

二、主要数学思想和方法

1. 主要数学思想.

不定积分作为一种运算，其与微分互为逆运算，因而在学习过程中，可以采用逆向思维的方式，借助微分来理解不定积分.

2. 主要方法.

(1) 直接积分法.

利用基本积分公式、不定积分的性质等计算简单的不定积分.

(2) 换元积分法.

第一换元积分法：

设 $F(u)$ 为 $f(u)$ 的原函数，$u = \varphi(x)$ 可微，则

$$\int f[\varphi(x)]\varphi'(x)\mathrm{d}x = \left[\int f(u)\mathrm{d}u\right]_{u=\varphi(x)} \tag{4.8}$$

式(4.8)称为第一换元积分公式，利用这个公式求解不定积分的方法称为第一换元积分法，第一换元积分法也称为凑微法.

第二换元积分法：

设 $x = \varphi(t)$ 是单调的可导函数，且在区间内部有 $\varphi'(t) \neq 0$，又设 $f[\varphi(t)]\varphi'(t)$ 有原函数，则

$$\int f(x)\mathrm{d}x = \left[\int f[\varphi(t)]\varphi'(t)\mathrm{d}t\right]_{t=\bar{\varphi}(x)} \tag{4.9}$$

其中，$t = \bar{\varphi}(x)$ 为 $x = \varphi(t)$ 的反函数. 式(4.9)称为第二换元积分公式，利用这个公式求解不定积分的方法称为第二换元积分法.

第二换元法主要涉及了三种三角函数的代换，即 $x = a\sin t$ 或 $x = a\cos t$，$x = a\tan t$ 与 $x = a\sec t$，分别适用于三类函数 $f(\sqrt{a^2 - x^2})$，$f(\sqrt{x^2 + a^2})$ 与 $f(\sqrt{x^2 - a^2})$. 根式替换，"倒代换" $x = \dfrac{1}{t}$ 等也属于第二换元法.

(3) 分部积分法.

设 $u = u(x)$，$v = v(x)$，则有 $(uv)' = u'v + uv'$

或　$\mathrm{d}(uv) = v\mathrm{d}u + u\mathrm{d}v$

对上式两端求不定积分，得

$\int (uv)'\mathrm{d}x = \int vu'\mathrm{d}x + \int uv'\mathrm{d}x$ 或 $\int \mathrm{d}(uv) = \int v\mathrm{d}u + \int u\mathrm{d}v$

即
$$\int u\,dv = uv - \int v\,du \qquad (4.10)$$

或

$$\int uv'\,dx = uv - \int vu'\,dx. \qquad (4.11)$$

式(4.10)或(4.11)称为不定积分的分部积分公式,利用这个公式求解不定积分的方法称为分部积分法.

(4)几种特殊类型函数的积分.

三、主要题型及解法

1. 被积函数为简单函数的和、差及能够通过合并、拆分等转换为简单函数的和、差的不定积分,可用直接积分法、基本积分公式、不定积分的性质进行求解.

2. 被积函数出现两个函数相乘,若其中一个函数为另一函数或者另一函数中间函数的导数或与其导数只相差非零倍数时,可利用第一换元法(凑微法)进行求解.

3. 被积函数出现根式、分式且无法利用凑微分解决的,考虑第二换元法(根号替换、三角代换、倒代换等).

4. 被积函数出现不同类型函数相乘的情况,考虑分部积分法.

5. 出现复杂函数、三角函数高次幂等形式的不定积分,首先考虑化简、降幂等,然后再寻求相应的方法求解.

6. 特殊类型的积分,根据相应的方法求解.

【学海拾贝】

牛顿与莱布尼茨

牛顿与莱布尼茨

复习题 4

1. 求下列不定积分.

(1) $\int \dfrac{dx}{x^2}$;

(2) $\int \dfrac{dx}{x^2 \sqrt{x}}$;

(3) $\int (x-2)^2 dx$;

(4) $\int \dfrac{x^2}{1+x^2} dx$;

(5) $\int \dfrac{2 \cdot 3^x - 5 \cdot 2^x}{3^x} dx$;

(6) $\int \dfrac{\cos 2x}{\cos^2 x \sin^2 x} dx$;

(7) $\int \left(2e^x + \dfrac{3}{x}\right) dx$;

(8) $\int \left(1 - \dfrac{1}{x^2}\right) \sqrt{x \sqrt{x}} \, dx$.

2. 求下列不定积分.

(1) $\int (3-2x)^3 dx$;

(2) $\int \dfrac{dx}{\sqrt[3]{2-3x}}$;

(3) $\int \dfrac{\sin \sqrt{t}}{\sqrt{t}} dt$;

(4) $\int \dfrac{dx}{x \ln x \ln(\ln x)}$;

(5) $\int \dfrac{dx}{\cos x \sin x}$;

(6) $\int \dfrac{dx}{e^x + e^{-x}}$;

(7) $\int x \cos(x^2) dx$;

(8) $\int \dfrac{3x^3}{1-x^4} dx$;

(9) $\int \dfrac{\sin x}{\cos^2 x} dx$;

(10) $\int \dfrac{1}{\sqrt{9-4x^2}} dx$.

3. 求下列不定积分.

(1) $\int \dfrac{1}{x \sqrt{1+x^2}} dx$;

(2) $\int \dfrac{\sqrt{x^2-4}}{x} dx$;

(3) $\int \dfrac{x^2}{\sqrt{a^2-x^2}} dx \, (a>0)$;

(4) $\int \dfrac{dx}{\sqrt{(x^2+1)^3}}$;

(5) $\int \dfrac{dx}{x + \sqrt{1-x^2}}$.

4. 求下列不定积分.

(1) $\int e^x \cos x \, dx$;

(2) $\int \cos^2 \dfrac{x}{2} dx$;

(3) $\int \sqrt{1-\sin 2x} \, dx$.

5. 求下列不定积分.

(1) $\displaystyle\int \frac{\sqrt{\arctan\dfrac{1}{x}}}{1+x^2}\mathrm{d}x$;

(2) $\displaystyle\int \frac{\ln x}{x\sqrt{1+\ln x}}\mathrm{d}x$;

(3) $\displaystyle\int \frac{x\,\mathrm{e}^{\arctan x}}{(1+x^2)^{\frac{3}{2}}}\mathrm{d}x$.

复习题 4 答案

专升本真题演练

第 5 章

定积分及其应用

学习目标与要求

○ 理解定积分的概念,掌握定积分的几何意义,理解并掌握定积分的性质;
○ 了解变上限积分函数及其导数,掌握微积分基本公式,会利用直接积分法求解定积分,理解定积分与不定积分的关系;
○ 了解定积分的换元积分法,掌握第一换元积分法(凑微法),会利用第一换元积分法求解积分;
○ 理解定积分的分部积分法;
○ 了解广义积分的概念,掌握广义积分的计算方法;
○ 深刻理解定积分与不定积分,积分与微分间对立统一的哲学思想,以及化难为易的数学思想方法.

学习目标与要求

学前引入

党的二十大报告提出"推进文化自信自强""兴文化,展形象". 在古代中国,"滴水穿石""磨杵成针"这些典故与数学有什么样的关系呢? 其实,这些典故反映的无非是量变引起质变的事物在发展变化过程中的内在规律,而在数学中,我们可以用定积分来反映这种无限累加性所引起的变化.

知识导图

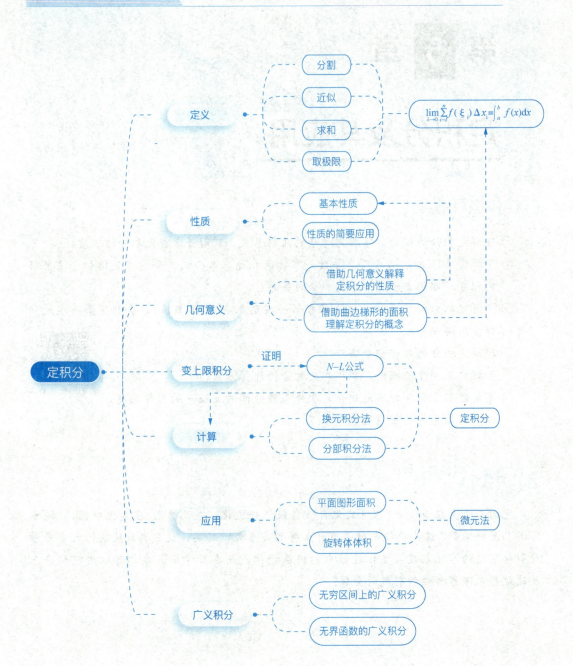

5.1 定积分

5.1.1 两个引例

1. 曲边梯形的面积

在日常生活及生产实践中,常常会遇到计算图形面积的问题,如果图形是规则的,可以利用初等数学中的相关公式进行计算,即便是规则图形的组合图形,依然可以利用分割法进行面积计算,但如果图形中出现曲边,则计算时就不能运用初等数学的方法了.

如图 5.1 所示,由曲线 $y=f(x)$,$x=a$,$x=b$,$y=0$ 围成的图形,称为曲边梯形.

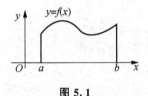

图 5.1

曲边梯形的面积该如何求解?显然,简单的分割并不能解决这类问题,但解决这类问题却又离不开分割法,可以采用下面的方法来解决曲边梯形的面积.

(1) 分割,在区间 $[a,b]$ 中任意插入 $(n-1)$ 个分割点,并从左往右依次编号:

$a=x_0<x_1<x_2<\cdots<x_{i-1}<x_i<\cdots<x_n=b$,把曲边梯形的底 $[a,b]$ 分成 n 个小区间 $[x_0,x_1]$,$[x_1,x_2]$,$\cdots$,$[x_{i-1},x_i]$,$\cdots$,$[x_{n-1},x_n]$,小区间 $[x_{i-1},x_i]$ 的长度记为

$$\Delta x_i=x_i-x_{i-1}.$$

然后过每一个分割点作 x 轴的垂线,则把整个曲边梯形分成了 n 个小曲边梯形,如图 5.2 所示.

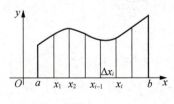

图 5.2

(2) 取近似，在第 i 个小区间上任取一点 $\xi_i(x_{i-1} \leqslant \xi_i \leqslant x_i)$，用以 Δx_i 为宽，$f(\xi_i)$ 为高的小矩形的面积 $f(\xi_i)\Delta x_i$ 近似代替小曲边梯形的面积 ΔA_i，即 $\Delta A_i \approx f(\xi_i)\Delta x_i (i=1, 2, \cdots, n)$，如图 5.3 所示.

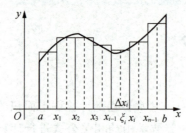

图 5.3

(3) 求和，令 A 代表曲边梯形的面积，则有 $A = \sum_{i=1}^{n} \Delta A_i \approx \sum_{i=1}^{n} f(\xi_i)\Delta x_i$.

(4) 取极限，令 $\lambda = \max\{\Delta x_1, \Delta x_2, \cdots, \Delta x_n\}$，则曲边梯形面积为

$$A = \lim_{\lambda \to 0} \sum_{i=1}^{n} f(\xi_i)\Delta x_i.$$

可见曲边梯形的面积是一个和式的极限.

2. 变速直线运动的路程

变速直线运动的路程

设某物体做直线运动，已知速度 $v = v(t)$ 是时间间隔 $[T_1, T_2]$ 上 t 的连续函数，且 $v(t) \geqslant 0$，计算在这段时间内物体所经过的路程 S.

在 $[T_1, T_2]$ 内任意插入 $(n-1)$ 个分点

$$T_1 = t_0 < t_1 < t_2 < \cdots < t_{n-1} < t_n = T_2,$$

把 $[T_1, T_2]$ 分成 n 个小段

$$[t_0, t_1], [t_1, t_2], \cdots, [t_{n-1}, t_n],$$

各小段时间长依次为

$$\Delta t_1 = t_1 - t_0, \Delta t_2 = t_2 - t_1, \cdots, \Delta t_n = t_n - t_{n-1},$$

相应各段的路程为

$$\Delta S_1, \Delta S_2, \Delta S_3, \cdots, \Delta S_n.$$

在 $[t_{i-1}, t_i]$ 上任取一个时刻 $T_i (t_{i-1} \leqslant T_i \leqslant t_i)$，以 T_i 时的速度 $v(T_i)$ 来代替 $[t_{i-1}, t_i]$ 上各个时刻的速度，得

$$\Delta S_i \approx v(T_i)\Delta t_i \quad (i = 1, 2, \cdots, n),$$

进一步得到

$$S \approx v(T_1)\Delta t_1 + v(T_2)\Delta t_2 + \cdots + v(T_n)\Delta t_n = \sum_{i=1}^{n} v(T_i)\Delta t_i.$$

设 $\lambda = \max\{\Delta t_1, \Delta t_2, \cdots \Delta t_n\}$，当 $\lambda \to 0$ 时，得

$$S = \lim_{\lambda \to 0} \sum_{i=1}^{n} v(T_i)\Delta t_i,$$

即变速直线运动的路程也是一个和式的极限.

5.1.2 定积分的定义

定积分的定义

【思考】 你对定积分的形成过程有何感悟？思考并回忆极限思想的相关知识，与定积分的形成过程进行对比，说出二者的相似之处和不同之处.

由上一节可知，

$$面积\ A = \lim_{\lambda \to 0} \sum_{i=1}^{n} f(\xi_i) \Delta x_i,$$

$$路程\ S = \lim_{\lambda \to 0} \sum_{i=1}^{n} v(T_i) \Delta t_i.$$

将实际问题中的数量关系抽取出来，便可以得到定积分的定义.

定义 5.1

设函数 $f(x)$ 在闭区间 $[a,b]$ 上有界，在 $[a,b]$ 中任意插入 $(n-1)$ 个分点

$$a = x_0 < x_1 < x_2 < \cdots < x_{i-1} < x_i < \cdots < x_n = b,$$

把区间 $[a,b]$ 分成 n 个小区间

$$[x_0, x_1], [x_1, x_2], \cdots, [x_{i-1}, x_i], \cdots, [x_{n-1}, x_n],$$

各个小区间的长度依次为

$$\Delta x_1 = x_1 - x_0, \Delta x_2 = x_2 - x_1, \cdots, \Delta x_i = x_i - x_{i-1}, \cdots, \Delta x_n = x_n - x_{n-1}.$$

在每个小区间 $[x_{i-1}, x_i]$ 上任取一点 $\xi_i (x_{i-1} \leqslant \xi_i \leqslant x_i)$，做函数值 $f(\xi_i)$ 与小区间长度 Δx_i 的乘积 $f(\xi_i) \Delta x_i (i=1, 2, \cdots, n)$ 并做出和

$$S = \sum_{i=1}^{n} f(\xi_i) \Delta x_i.$$

记 $\lambda = \max\{\Delta x_1, \Delta x_2, \cdots, \Delta x_n\}$，如果无论对 $[a,b]$ 怎样分法，无论在小区间 $[x_{i-1}, x_i]$ 上点 ξ_i 怎样取法，只要当 $\lambda \to 0$ 时，和 S 总趋于确定的极限 I，这时称这个极限 I 为函数 $f(x)$ 在区间 $[a,b]$ 上的定积分（简称积分），记作 $\int_a^b f(x) dx$，即

$$\int_a^b f(x) dx = I = \lim_{\lambda \to 0} \sum_{i=1}^{n} f(\xi_i) \Delta x_i,$$

其中 $f(x)$ 称为被积函数，$f(x) dx$ 称为被积表达式，x 称为积分变量，a 称为积分下限，b 称为积分上限，$[a,b]$ 称为积分区间.

注意

(1) 由极限思想可知，定积分的大小与区间分割方式及点 ξ_i 的选取无关.

(2) 定积分的值由被积函数及积分区间确定，与积分变量无关，即

$$\int_a^b f(x) dx = \int_a^b f(t) dt = \int_a^b f(u) du.$$

(3) 函数可积的两个充分条件：

定理 5.1 设 $f(x)$ 在 $[a,b]$ 上连续，则 $f(x)$ 在 $[a,b]$ 上可积.

定理 5.2 设 $f(x)$ 在 $[a,b]$ 上有界，且只有有限个间断点，则 $f(x)$ 在 $[a,b]$ 上可积.

例 1 求 $\int_0^1 x^2 \mathrm{d}x$.

例 1

解 $f(x)=x^2$ 是 $[0,1]$ 上的连续函数，故可积，为方便计算，可以将 $[0,1]$ n 等分，分点 $x_i=\dfrac{i}{n}$，$i=1,2,\cdots,n$，ξ_i 取相应小区间的右端点，故

$$\sum_{i=1}^n f(\xi_i)\Delta x_i = \sum_{i=1}^n \xi_i^2 \Delta x_i = \sum_{i=1}^n x_i^2 \Delta x_i = \sum_{i=1}^n \left(\dfrac{i}{n}\right)^2 \cdot \dfrac{1}{n} = \dfrac{1}{n^3}\sum_{i=1}^n i^2$$

$$= \dfrac{1}{n^3}\cdot \dfrac{1}{6}n(n+1)(2n+1) = \dfrac{1}{6}\left(1+\dfrac{1}{n}\right)\left(2+\dfrac{1}{n}\right),$$

由定积分的定义得

$$\int_0^1 x^2 \mathrm{d}x = \lim_{n\to\infty}\dfrac{1}{6}\left(1+\dfrac{1}{n}\right)\left(2+\dfrac{1}{n}\right) = \dfrac{1}{6}\times 1 \times 2 = \dfrac{1}{3}.$$

> **课中小测验**
>
> 1. 利用定积分的定义计算 $\int_0^1 x \mathrm{d}x$.
>
> 2. 将 $\lim\limits_{\lambda\to 0}\sum\limits_{i=1}^n(\xi_i^2 - 3\xi_i)\Delta x_i$ 表示成定积分，其中 λ 是 $[-7,5]$ 上的分割.

5.1.3 定积分的几何意义

设 $f(x)$ 是 $[a,b]$ 上的连续函数，由曲线 $y=f(x)$ 及直线 $x=a$，$x=b$，$y=0$ 所围成的曲边梯形的面积记为 A. 由定积分的定义及引例 1，得到定积分有如下几何意义：

1. 当 $f(x)\geqslant 0$ 时，$\int_a^b f(x)\mathrm{d}x = A$，如图 5.4 所示.

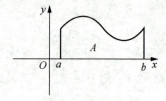

图 5.4

2. 当 $f(x)\leqslant 0$ 时，$\int_a^b f(x)\mathrm{d}x = -A$，如图 5.5 所示.

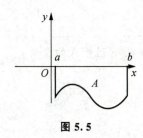

图 5.5

3. 如果 $f(x)$ 在 $[a,b]$ 上有时取正值，有时取负值时，那么以 $[a,b]$ 为底边，以曲线 $y=f(x)$ 为曲边的曲边梯形可分成几个部分，使得每一部分都位于 x 轴的上方或下方．这时定积分在几何上表示上述这些部分曲边梯形面积的代数和，如图 5.6 所示，有

$$\int_a^b f(x)\,\mathrm{d}x = A_1 - A_2 + A_3,$$

其中 A_1，A_2，A_3 分别是图中三部分曲边梯形的面积．

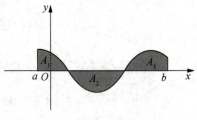

图 5.6

例 2 求 $\int_0^1 x\,\mathrm{d}x$．

解 由定积分的几何意义可知，$\int_0^1 x\,\mathrm{d}x$ 的值是由 $y=x$，$x=0$，$x=1$，$y=0$ 围成的图形（图 5.7）的面积，

例 2

图 5.7

所以有 $\int_0^1 x\,\mathrm{d}x = \dfrac{1}{2} \times 1 \times 1 = \dfrac{1}{2}$．

课中小测验

利用定积分的几何意义,说明下列等式的含义:

(1) $\int_0^1 2x \, dx = 1$.

(2) $\int_{-1}^1 \sin x \, dx = 0$.

5.1.4 定积分的性质

为方便定积分计算及应用,做如下补充规定:

当 $a = b$ 时,$\int_a^b f(x) \, dx = 0$;当 $a > b$ 时,$\int_a^b f(x) \, dx = -\int_b^a f(x) \, dx$.

性质 1 函数和(差)的定积分等于它们的定积分的和(差),即

$$\int_a^b [f(x) \pm g(x)] \, dx = \int_a^b f(x) \, dx \pm \int_a^b g(x) \, dx.$$

证明
$$\int_a^b [f(x) \pm g(x)] \, dx = \lim_{\lambda \to 0} \sum_{i=1}^n [f(\xi_i) \pm g(\xi_i)] \Delta x_i$$
$$= \lim_{\lambda \to 0} \sum_{i=1}^n f(\xi_i) \Delta x_i \pm \lim_{\lambda \to 0} \sum_{i=1}^n g(\xi_i) \Delta x_i$$
$$= \int_a^b f(x) \, dx \pm \int_a^b g(x) \, dx.$$

性质 2 被积函数的常数因子可以提到积分号外面,即

$$\int_a^b k f(x) \, dx = k \int_a^b f(x) \, dx \quad (k \text{ 是常数}).$$

性质 3 如果将积分区间分成两部分,则在整个区间上的定积分等于这两个区间上定积分之和,即

$$\int_a^b f(x) \, dx = \int_a^c f(x) \, dx + \int_c^b f(x) \, dx \quad (a < c < b).$$

定积分性质3—性质7

注意 无论 a, b, c 的相对位置如何,此性质恒成立.

性质 4 如果在区间 $[a, b]$ 上,$f(x) \equiv 1$,则 $\int_a^b f(x) \, dx = \int_a^b dx = b - a$.

性质 5 如果在区间 $[a, b]$ 上,$f(x) \geqslant 0$,则 $\int_a^b f(x) \, dx \geqslant 0$.

推论 1 (保号性) 如果在 $[a, b]$ 上,$f(x) \leqslant g(x)$,则 $\int_a^b f(x) \, dx \leqslant \int_a^b g(x) \, dx$.

推论 2 $\left| \int_a^b f(x) \, dx \right| \leqslant \int_a^b |f(x)| \, dx$.

性质 6 设 M 与 m 分别是函数 $f(x)$ 在区间 $[a, b]$ 上的最大值及最小值,则

$$m \cdot (b - a) \leqslant \int_a^b f(x) \, dx \leqslant M \cdot (b - a).$$

性质 7(定积分中值定理) 如果函数 $f(x)$ 在闭区间 $[a, b]$ 上连续,则在积分区间 $[a, b]$ 上至少存在一点 ξ,使得

$$\int_a^b f(x)\mathrm{d}x = f(\xi)(b-a) \quad (a \leqslant \xi \leqslant b).$$

证明 利用性质6，$m \leqslant \dfrac{1}{b-a}\int_a^b f(x)\mathrm{d}x \leqslant M$，再由闭区间上连续函数的介值定理可知，在$[a,b]$上至少存在一点$\xi$，使得$f(\xi) = \dfrac{1}{b-a}\int_a^b f(x)\mathrm{d}x$，故得此性质.

显然无论$a > b$，还是$a < b$，上述等式恒成立.

积分中值定理的几何意义为：在区间$[a,b]$上至少存在一个ξ，使得以区间$[a,b]$为底边，以曲线$y = f(x)$为曲边的曲边梯形的面积等于同一底边而高为$f(\xi)$的一个矩形的面积.

例 3 (1) 试比较积分$\int_0^1 x^2\mathrm{d}x$与$\int_0^1 x^3\mathrm{d}x$的大小.

解 因为$0 \leqslant x \leqslant 1$时，$x^2 \geqslant x^3$，

所以 $\int_0^1 x^2\mathrm{d}x \geqslant \int_0^1 x^3\mathrm{d}x$.

(2) 估计定积分$\int_0^2 \mathrm{e}^{x^2-x}\mathrm{d}x$的值.

解 在区间$[0,2]$上，易得$x^2 - x$的最大值和最小值分别为2和$-\dfrac{1}{4}$，故$\mathrm{e}^{-\frac{1}{4}} \leqslant \mathrm{e}^{x^2-x} \leqslant \mathrm{e}^2$，根据性质6可知$2\mathrm{e}^{-\frac{1}{4}} \leqslant \int_0^2 \mathrm{e}^{x^2-x}\mathrm{d}x \leqslant 2\mathrm{e}^2$.

课中小测验

1. 设 $f(x) = \begin{cases} 2x, & 0 \leqslant x \leqslant 1 \\ 1, & 1 \leqslant x \leqslant 4 \end{cases}$，求 $\int_0^3 f(x)\mathrm{d}x$.

2. 估计 $\int_1^4 (x^2 + 1)\mathrm{d}x$ 的值.

习题 5.1

1. 利用定积分的几何意义求下列定积分的值.

(1) $\int_{-\frac{\pi}{2}}^{\frac{\pi}{2}} \sin x\,\mathrm{d}x$； (2) $\int_0^1 \sqrt{1-x^2}\,\mathrm{d}x$； (3) $\int_{-1}^1 5\mathrm{d}x$.

2. 用定积分的定义求 $\int_0^1 5x\,\mathrm{d}x$ 的值.

3. 利用定积分的性质比较下列定积分值的大小.

(1) $\int_0^1 \sqrt{x}\,\mathrm{d}x$ 与 $\int_0^1 x^2\,\mathrm{d}x$；

(2) $\int_0^1 \mathrm{e}^x\,\mathrm{d}x$ 与 $\int_0^1 x\,\mathrm{d}x$.

5.2 微积分基本公式

通过上一节的学习,已经了解了定积分的概念,而且知道可以根据定积分的概念和几何意义求解定积分,但是如果仅运用定义及几何意义计算定积分,不仅烦琐而且十分困难.因此寻求有效的方法计算定积分势在必行,幸运的是,牛顿和莱布尼茨两位数学家找到了原函数与定积分之间的关系,发现了微积分的基本定理,巧妙地将不定积分和定积分联系到一起,从而有效地解决了定积分计算的问题.

5.2.1 变上限积分函数

设函数 $f(x)$ 在区间 $[a,b]$ 上可积,则对任意 $x \in [a,b]$,$f(x)$ 在 $[a,x]$ 上的定积分 $\int_a^x f(t)dt$ 都存在,也就是说有唯一确定的

积分值与 x 对应,从而在 $[a,b]$ 上定义了一个新的积分上限 x 的函数,记作 $\varphi(x)$,即

$$\varphi(x) = \int_a^x f(t)dt, \quad x \in [a,b].$$

这个积分通常称为变上限积分.

定理 5.3(微积分基本定理或原函数存在定理) 设 $f(x)$ 在区间 $[a,b]$ 上连续,则 $\varphi(x) = \int_a^x f(t)dt$ 在 $[a,b]$ 上可导,且 $\varphi'(x) = f(x)$,$x \in [a,b]$,也就是说 $\varphi(x)$ 是 $f(x)$ 在 $[a,b]$ 上的一个原函数.

证 任取 $x \in [a,b]$ 且 $\Delta x \neq 0$,使 $x + \Delta x \in [a,b]$,应用积分对区间的可加性及积分中值定理,有

$$\Delta \varphi = \varphi(x + \Delta x) - \varphi(x) = \int_x^{x+\Delta x} f(t)dt = f(x + \theta \Delta x)\Delta x,$$

或

$$\frac{\Delta \varphi}{\Delta x} = f(x + \theta \Delta x)(0 \leqslant \theta \leqslant 1). \tag{5.1}$$

由于 $f(x)$ 在区间 $[a,b]$ 上连续,

$$\lim_{\Delta x \to 0} f(x + \theta \Delta x) = f(x).$$

故在式(5.1)中令 $\Delta x \to 0$ 取极限,得

$$\lim_{\Delta x \to 0} \frac{\Delta \varphi}{\Delta x} = f(x).$$

所以 $\varphi(x)$ 在区间 $[a,b]$ 上可导,且 $\varphi'(x) = f(x)$.由 $x \in [a,b]$ 的任意性推知 $\varphi(x)$ 就是 $f(x)$ 在区间 $[a,b]$ 上的一个原函数.

例 1 求下列函数的导数.

(1) $\int_0^x \sin t^2 \, dt$;   (2) $\int_a^{x^2} e^t \, dt$.

例 1

解 (1) 由定理 5.3 可知：$\dfrac{d}{dx}\int_0^x \sin t^2 \, dt = \sin x^2$;

(2) 由题意可知，$\varphi(x) = \int_a^{x^2} e^t \, dt$ 是 x 的复合函数，引入中间变量 u 对其复合过程进行分解可分解为：$\varphi(u) = \int_a^u e^t \, dt$，$u = x^2$，根据复合函数求导的法则，可知

$$\frac{d\varphi(x)}{dx} = \frac{d\varphi(u)}{du} \cdot \frac{du}{dx} = \frac{d}{du}\int_a^u e^t \, dt \cdot \frac{du}{dx} = e^u (x^2)',$$

即

$$\frac{d}{dx}\int_a^{x^2} e^t \, dt = e^{x^2} \cdot (2x) = 2x\, e^{x^2}.$$

课中小测验

1. 求 $\dfrac{d}{dx}\left[\int_0^x \cos^2 t \, dt\right]$.   2. 求 $\dfrac{d}{dx}\left[\int_1^{x^2} e^t \, dt\right]$.

课中小测验

5.2.2 牛顿（N）-莱布尼茨（L）公式

设 $f(x)$ 在区间 $[a, b]$ 上连续，若 $F(x)$ 是 $f(x)$ 在区间 $[a, b]$ 上的一个原函数，则

$$\int_a^b f(x) \, dx = F(b) - F(a). \tag{5.2}$$

证 根据微积分基本定理，$\int_a^x f(t) \, dt$ 是 $f(x)$ 在区间 $[a, b]$ 上的一个原函数.

所以有 $\int_a^x f(t) \, dt = F(x) + C$，$x \in [a, b]$.

上式中令 $x = a$，得 $C = -F(a)$，于是

$$\int_a^x f(t) \, dt = F(x) - F(a).$$

再令 $x = b$，即得式(5.2).

在使用上，式(5.2) 也常写作

$$\int_a^b f(x) \, dx = [F(x)]_a^b, \text{ 或 } \int_a^b f(x) \, dx = F(x)\Big|_a^b.$$

牛顿-莱布尼茨
公式证明

例 2 求下列定积分.

(1) $\int_0^1 x \, dx$; (2) $\int_1^2 \frac{1}{x} dx$; (3) $\int_{-1}^2 |x| \, dx$.

例 2

解 (1) $\int_0^1 x \, dx = \frac{1}{2} x^2 \Big|_0^1 = \frac{1}{2}$;

(2) $\int_1^2 \frac{1}{x} dx = \ln |x| \Big|_1^2 = \ln 2 - \ln 1 = \ln 2$;

(3) $\int_{-1}^2 |x| \, dx = \int_{-1}^0 (-x) \, dx + \int_0^2 x \, dx = -\frac{1}{2} x^2 \Big|_{-1}^0 + \frac{1}{2} x^2 \Big|_0^2 = \frac{5}{2}$.

课中小测验

1. 计算 $\int_0^2 |x-1| \, dx$. 2. 计算 $\int_1^2 \left(x^2 + \frac{1}{x^4}\right) dx$.

课中小测验

习题 5.2

习题 5.2 答案

1. 计算下列定积分.

(1) $\int_0^{\frac{\pi}{2}} \sin x \, dx$;

(2) $\int_2^3 x^3 \, dx$;

第 1 题和第 2 题

(3) $\int_0^3 f(x) \, dx$, 其中 $f(x) = \begin{cases} x^2 + 1, & 0 \leqslant x \leqslant 1 \\ 3 - x, & 1 < x \leqslant 3 \end{cases}$;

(4) $\int_{-2}^1 \max\{x, x^2\} \, dx$.

2. 求由 $y = x^2$, $x = 0$, $x = 1$, $y = 0$ 所围图形的面积.

3. 设 $y = \int_0^x \sin t \, dt$, 求 $y'(0)$, $y'\left(\frac{\pi}{4}\right)$.

4. 求下列极限.

(1) $\lim\limits_{x \to 0} \dfrac{\int_0^x \cos t^2 \, dt}{x}$;

(2) $\lim\limits_{x \to 0} \dfrac{\int_0^x \arctan t \, dt}{x^2}$.

5.3 定积分的换元积分法与分部积分法

N-L 公式把不定积分与定积分联系到一起,从而解决了定积分计算的问题. 而通过前面的学习,我们也掌握了不定积分计算的方法,而由微积分基本公式可知,这些方法在定积分的求解中同样发挥着重要的作用,而且由定积分的特点决定了这些方法直接应用到定积分的计算中会更加简洁. 下面我们一起来学习一下定积分的换元积分法和分部积分法.

5.3.1 定积分的换元积分法

定理 5.4 设函数 $f(x)$ 在区间 $[a,b]$ 上连续,函数 $x=\varphi(t)$ 在 I ($I=[\alpha,\beta]$ 或 $[\beta,\alpha]$) 上有连续的导数,并且 $\varphi(\alpha)=a$,$\varphi(\beta)=b$,$a \leqslant \varphi(t) \leqslant b$ ($t \in I$),则

$$\int_a^b f(x)\mathrm{d}x = \int_\alpha^\beta f[\varphi(t)] \cdot \varphi'(t)\mathrm{d}t. \tag{5.3}$$

证 由于 $f(x)$ 与 $f[\varphi(t)]\varphi'(t)$ 皆为连续函数,所以它们存在原函数,设 $F(x)$ 是 $f(x)$ 在 $[a,b]$ 上的一个原函数,由复合函数求导法则,有

$$(F[\varphi(t)])' = F'(x)\varphi'(t) = f(x)\varphi'(t) = f[\varphi(t)]\varphi'(t),$$

可见 $F[\varphi(t)]$ 是 $f[\varphi(t)]\varphi'(t)$ 的一个原函数. 利用 N-L 公式,即得

$$\int_\alpha^\beta f[\varphi(t)]\varphi'(t)\mathrm{d}t = F[\varphi(t)]\Big|_\alpha^\beta = F[\varphi(\beta)] - F[\varphi(\alpha)] = F(b) - F(a) = \int_a^b f(x)\mathrm{d}x.$$

所以式 (5.3) 成立.

例 1 计算下列定积分.

(1) $\int_0^{\frac{\pi}{2}} \cos^5 x \sin x \, \mathrm{d}x$; (2) $\int_2^3 \mathrm{e}^{2x} \mathrm{d}x$; (3) $\int_{\frac{3}{4}}^1 \dfrac{\mathrm{d}x}{\sqrt{1-x}-1}$.

解 (1) 令 $t=\cos x$,则 $\sin x \mathrm{d}x = -\mathrm{d}t$,且 $x=0$ 时 $t=1$,$x=\dfrac{\pi}{2}$ 时,$t=0$,于是原式 $= -\int_1^0 t^5 \mathrm{d}t = \int_0^1 t^5 \mathrm{d}t = \dfrac{1}{6}t^6 \Big|_0^1 = \dfrac{1}{6}$.

(2) $\int_2^3 \mathrm{e}^{2x}\mathrm{d}x = \dfrac{1}{2}\int_2^3 \mathrm{e}^{2x}\mathrm{d}(2x) = \dfrac{1}{2}\mathrm{e}^{2x}\Big|_2^3 = \dfrac{1}{2}(\mathrm{e}^6 - \mathrm{e}^4)$.

(3) 令 $\sqrt{1-x} = t$,则 $x=1-t^2$,$\mathrm{d}x=-2t\mathrm{d}t$,且当 t 从 0 变到 $\dfrac{1}{2}$ 时,x 从 1 变到 $\dfrac{3}{4}$.

于是原式 $= 2\int_0^{\frac{1}{2}} \dfrac{t\mathrm{d}t}{t-1} = 2\int_0^{\frac{1}{2}} \left(1+\dfrac{1}{t-1}\right)\mathrm{d}t = 2\left[t+\ln|t-1|\right]_0^{\frac{1}{2}} = 1-2\ln 2.$

定理 5.5 若 $f(x)$ 在 $[-a,a]$ 上连续,则

$$\int_{-a}^{a} f(x)\mathrm{d}x = \int_{0}^{a}[f(x)+f(-x)]\mathrm{d}x.$$

特别地，当 $f(x)$ 为奇函数时，

$$\int_{-a}^{a} f(x)\mathrm{d}x = 0;$$

当 $f(x)$ 为偶函数时，

$$\int_{-a}^{a} f(x)\mathrm{d}x = 2\int_{0}^{a} f(x)\mathrm{d}x.$$

证　因为

$$\int_{-a}^{a} f(x)\mathrm{d}x = \int_{-a}^{0} f(x)\mathrm{d}x + \int_{0}^{a} f(x)\mathrm{d}x,$$

在 $\int_{-a}^{0} f(x)\mathrm{d}x$ 中，令 $x = -t$，得

$$\int_{-a}^{0} f(x)\mathrm{d}x = -\int_{a}^{0} f(-t)\mathrm{d}t = \int_{0}^{a} f(-x)\mathrm{d}x.$$

所以

$$\int_{-a}^{a} f(x)\mathrm{d}x = \int_{0}^{a}[f(x)+f(-x)]\mathrm{d}x.$$

当 $f(x)$ 为奇函数时，$f(-x) = -f(x)$，故 $f(x)+f(-x) = 0$，从而有

$$\int_{-a}^{a} f(x)\mathrm{d}x = 0.$$

当 $f(x)$ 为偶函数时，$f(-x) = f(x)$，故 $f(x)+f(-x) = 2f(x)$，从而有

$$\int_{-a}^{a} f(x)\mathrm{d}x = 2\int_{0}^{a} f(x)\mathrm{d}x.$$

例 2　求 $\int_{-1}^{1} \dfrac{x\cos x + \sin x}{1+x^2}\mathrm{d}x$.

例 2

解　因为 $y = \dfrac{x\cos x + \sin x}{1+x^2}$ 是奇函数，所以由定理 5.5 可知，

$$\int_{-1}^{1} \frac{x\cos x + \sin x}{1+x^2}\mathrm{d}x = 0.$$

> **课中小测验**
>
> 1. 计算定积分 $\int_{\frac{\pi}{3}}^{\pi} \sin\left(x+\dfrac{\pi}{3}\right)\mathrm{d}x$.
> 2. 求定积分 $\int_{-1}^{1}(|x|+\sin x)x^2\mathrm{d}x$.

课中小测验

5.3.2　定积分的分部积分法

定理 5.6　若 $u(x), v(x)$ 在区间 $[a, b]$ 上有连续的导数，则

$$\int_{a}^{b} u(x)v'(x)\mathrm{d}x = u(x)v(x)\Big|_{a}^{b} - \int_{a}^{b} v(x)u'(x)\mathrm{d}x. \tag{5.4}$$

证 因为 $[u(x)v(x)]' = u(x)v'(x) + u'(x)v(x)$，$a \leqslant x \leqslant b$，所以 $u(x)v(x)$ 是 $u(x)v'(x) + u'(x)v(x)$ 在 $[a,b]$ 上的一个原函数，应用 N-L 公式，得

$$\int_a^b [u(x)v'(x) + u'(x)v(x)] \mathrm{d}x = u(x)v(x) \big|_a^b,$$

利用定积分的性质 1 并移项即得式(5.4).

式(5.4)称为定积分的分部积分公式，且简单地写作

$$\int_a^b u \, \mathrm{d}v = uv \big|_a^b - \int_a^b v \, \mathrm{d}u. \tag{5.5}$$

例 3 计算下列定积分.

(1) $\int_0^{\frac{\pi}{2}} \mathrm{e}^x \sin x \, \mathrm{d}x$；　　　(2) $\int_{\frac{1}{\mathrm{e}}}^{\mathrm{e}} |\ln x| \, \mathrm{d}x$.

例 3

解 (1) $\int_0^{\frac{\pi}{2}} \mathrm{e}^x \sin x \, \mathrm{d}x = \int_0^{\frac{\pi}{2}} \sin x \, \mathrm{d}\mathrm{e}^x = \mathrm{e}^x \sin x \big|_0^{\frac{\pi}{2}} - \int_0^{\frac{\pi}{2}} \mathrm{e}^x \cos x \, \mathrm{d}x$

$= \mathrm{e}^{\frac{\pi}{2}} - \int_0^{\frac{\pi}{2}} \cos x \, \mathrm{d}\mathrm{e}^x = \mathrm{e}^{\frac{\pi}{2}} - \mathrm{e}^x \cos x \big|_0^{\frac{\pi}{2}} - \int_0^{\frac{\pi}{2}} \mathrm{e}^x \sin x \, \mathrm{d}x$

$= \mathrm{e}^{\frac{\pi}{2}} + 1 - \int_0^{\frac{\pi}{2}} \mathrm{e}^x \sin x \, \mathrm{d}x,$

即 $\int_0^{\frac{\pi}{2}} \mathrm{e}^x \sin x \, \mathrm{d}x = \dfrac{1}{2}(\mathrm{e}^{\frac{\pi}{2}} + 1).$

(2) $\int_{\frac{1}{\mathrm{e}}}^{\mathrm{e}} |\ln x| \, \mathrm{d}x = -\int_{\frac{1}{\mathrm{e}}}^{1} \ln x \, \mathrm{d}x + \int_1^{\mathrm{e}} \ln x \, \mathrm{d}x,$

因为 $\int_{\frac{1}{\mathrm{e}}}^1 \ln x \, \mathrm{d}x = x \ln x \big|_{\frac{1}{\mathrm{e}}}^1 - \int_{\frac{1}{\mathrm{e}}}^1 \dfrac{x}{x} \mathrm{d}x = \dfrac{1}{\mathrm{e}} - 1 + \dfrac{1}{\mathrm{e}} = \dfrac{2}{\mathrm{e}} - 1,$

$\int_1^{\mathrm{e}} \ln x \, \mathrm{d}x = x \ln x \big|_1^{\mathrm{e}} - \int_1^{\mathrm{e}} \mathrm{d}x = \mathrm{e} - \mathrm{e} + 1 = 1,$ 故

$\int_{\frac{1}{\mathrm{e}}}^{\mathrm{e}} |\ln x| \, \mathrm{d}x = -\int_{\frac{1}{\mathrm{e}}}^1 \ln x \, \mathrm{d}x + \int_1^{\mathrm{e}} \ln x \, \mathrm{d}x = 1 - \dfrac{2}{\mathrm{e}} + 1 = 2 - \dfrac{2}{\mathrm{e}}.$

课中小测验

计算定积分 $\int_0^1 x \mathrm{e}^{-x} \mathrm{d}x$.

课中小测验

习题 5.3

习题 5.3 答案

1. 计算下列定积分.

(1) $\int_1^2 x \cos x \, \mathrm{d}x$；　　　(2) $\int_0^1 x \mathrm{e}^{-2x} \, \mathrm{d}x$；

(3) $\int_0^1 \mathrm{e}^{-\sqrt{x}} \, \mathrm{d}x$；　　　(4) $\int_{-\pi}^{\pi} x^4 \sin x \, \mathrm{d}x.$

习题 5.3

2. 设 $f(x)=\begin{cases}1+x^2, & x<0 \\ e^x, & x\geqslant 0\end{cases}$,求 $\int_1^3 f(x-2)\mathrm{d}x$.

3. 已知 $f(x)$ 是连续函数,证明:$\int_a^b f(x)\mathrm{d}x=(b-a)\int_0^1 f[a+(b-a)x]\mathrm{d}x$.

5.4 定积分的应用

通过前面的学习,我们了解了定积分的数学结构,知道了定积分是具有特定结构的和式的极限. 而几何、物理等很多领域的问题中都涉及这样的和式极限,即定积分.

定积分的应用

实际生活中许多问题都可以用定积分解决,如求解不规则图形面积、物体做功等. 由定积分定义可知,它的本质是连续函数的求和. 在解决物理问题中适当地渗透定积分"分割、近似、求和、取极限"的方法,将物理问题化成求定积分的问题,有助于提升物理问题计算的准确度. 经济学中常应用于工厂定期定购原材料、存入仓库以备生产所用等问题.

通过前面的学习我们知道,如果要计算曲边梯形的面积,或者变速直线运动物体的路程,可以用分割、近似、求和、取极限四步完成,下面以曲边梯形面积求解为例,说明怎样将实际问题转化为定积分.

5.4.1 微元法

我们在计算由曲线 $y=f(x)$,$x=a$,$x=b$,$y=0$ 围成的曲边梯形面积 A 时,共分四步,其中最关键的一步是近似,即确定小曲边梯形的近似面积 $\Delta A_i \approx f(\xi_i)\Delta x_i (i=1,2,\cdots,n)$,而整个曲边梯形的面积 $A=\sum_{i=1}^n \Delta A_i \approx \sum_{i=1}^n f(\xi_i)\Delta x_i$. 在实际应用中,用 ΔA 表示任意小区间 $[x,x+\Delta x]$(其中 $\Delta x=\mathrm{d}x$)上小曲边梯形的面积,这样 $A=\sum \Delta A$,又由最后一步取极限可知,最后曲边梯形面积的值与计算过程中区间 $[a,b]$ 的分法及 ξ_i 的取法无关,因而,在计算时取 $[x,x+\Delta x]$ 的左端点 $x=\xi$,则以 $f(x)$ 为高,以区间长度 Δx 为宽的小矩形面积为 $f(x)\Delta x$,而小曲边梯形的面积 $\Delta A \approx f(x)\Delta x=f(x)\mathrm{d}x$,记 $\mathrm{d}A=f(x)\mathrm{d}x$,并把 $\mathrm{d}A$ 称为面积微元,而曲边梯形的面积 A 即为这些面积微元在区间 $[a,b]$ 上的"无限累加",即

$$A=\int_a^b \mathrm{d}A=\int_a^b f(x)\mathrm{d}x.$$

概括上述过程,对从实际问题中产生的量 A,在区间 $[a,b]$ 上任取一点 x,当 x 有增量 Δx(等于它的微分 $\mathrm{d}x$)时,相应的量 $A=A(x)$ 就有增量 ΔA,它是 A 分布在子区间 $[x,x+\mathrm{d}x]$ 上的部分量. ΔA 的近似表达式为

$$\Delta A \approx f(x)dx = dA,$$

则以 $f(x)dx$ 为被积表达式求从 a 到 b 的定积分. 即得所求量

$$A = \int_a^b f(x)dx.$$

这里的 $dA = f(x)dx$ 称为量 A 的微元或元素, 这种方法称为**微元法**. 它虽然不够严谨, 但具有直观、简单、方便等特点, 且结论正确. 因此在讨论实际问题时常常被采用.

5.4.2 平面图形的面积

围成平面图形的曲线可用不同的形式表示, 在这里分别学习直角坐标系和极坐标系下围成的平面图形面积的计算方法.

1. 直角坐标系

根据定积分的几何意义, 若 $f(x)$ 是区间 $[a,b]$ 上的非负连续函数, 则 $f(x)$ 在区间 $[a,b]$ 上的曲边梯形(图 5.1)的面积为

$$A = \int_a^b f(x)dx.$$

一般地, 若函数 $f_1(x)$ 和 $f_2(x)$ 在区间 $[a,b]$ 上连续且总有 $f_1(x) \leqslant f_2(x)$, 则由两条连续曲线 $y = f_1(x)$, $y = f_2(x)$ 与两条直线 $x = a$, $x = b$ 所围的平面图形(图 5.8)的面积元素为

$$dA = [f_2(x) - f_1(x)]dx.$$

所以

$$A = \int_a^b [f_2(x) - f_1(x)]dx. \tag{5.6}$$

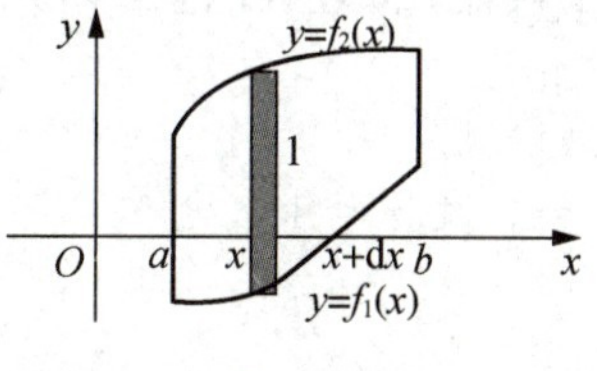

图 5.8

如果连续曲线的方程为 $x = \varphi(y)$ $(x \geqslant 0)$, 则由它与直线 $y = c$, $y = d(c < d)$ 及 y 轴所围成的平面图形(图 5.9)的面积元素为

$$dA = \varphi(y)dy.$$

所以

$$A = \int_c^d \varphi(y)dy \tag{5.7}$$

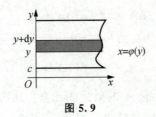

图 5.9

其他情形也容易写出与式(5.6)、(5.7)相似的公式,其中式(5.6)称为以 x 为积分变量的定积分,式(5.7)称为以 y 为积分变量的定积分.

例 1 求由曲线 $y = e^x$ 与直线 $x = 1$,$x = 2$ 及 x 轴所围平面图形的面积.

例 1

解 所围图形如图 5.10 所示,选取 x 为积分变量,取面积微元 $dA = e^x dx$,则所求图形面积为

$$A = \int_1^2 e^x dx = e^x \Big|_1^2 = e^2 - e.$$

图 5.10

例 2 求由两条抛物线 $y^2 = x$,$y = x^2$ 所围图形的面积.

例 2

解 如图 5.11 所示,为了确定图形所在范围,先求出两条抛物线的交点,

解方程组 $\begin{cases} y^2 = x \\ y = x^2 \end{cases}$,解得 $x = 0$ 及 $x = 1$.

面积为

$$A = \int_0^1 (\sqrt{x} - x^2) dx = \left(\frac{2}{3} x^{\frac{3}{2}} - \frac{1}{3} x^3 \right) \Big|_0^1 = \frac{1}{3}.$$

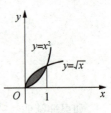

图 5.11

课中小测验

求由抛物线 $y + 1 = x^2$ 与直线 $y = 1 + x$ 所围成的面积.

课中小测验

例 3 利用定积分计算资本现值和投资.

党的二十大报告提出"完善产权保护、市场准入、公平竞争、社会信用等市场经济基础制度,优化营商环境".投资是激活经济的重要一面,若有一笔收益流的收入率为 $f(t)$,假设连续收益流以连续复利率 r 计息,从而总现值 $y = \int_0^T f(t) e^{-rt} dt$.

问题 现对某企业给予一笔投资 A，经测算，该企业在 T 年中可以按每年 a 元的均匀收入率获得收入，若年利润为 r，试求：

(1) 该投资的纯收入贴现值；

(2) 多长时间可收回该笔投资？

解 (1) 因收入率为 a，年利润为 r，故投资后的 T 年中获总收入的现值为

$$y = \int_0^T a\mathrm{e}^{-rt}\mathrm{d}t = \frac{a}{r}(1-\mathrm{e}^{-rT}),$$

从而投资所获得的纯收入的贴现值为

$$R = y - A = \frac{a}{r}(1-\mathrm{e}^{-rT}) - A.$$

(2) 收回投资，即总收入的现值等于投资。由 $\frac{a}{r}(1-\mathrm{e}^{-rT}) = A$，

得

$$T = \frac{1}{r}\ln\frac{a}{a-Ar},$$

即收回投资的时间 $T = \frac{1}{r}\ln\frac{a}{a-Ar}$。

例如，若对某企业投资 $A = 800$(万元)，年利率为 5%，设在 20 年中的均匀收入率 $a = 200$(万元／年)，则有投资回收期为

$$T = \frac{1}{0.05}\ln\frac{200}{200-800\times 0.05}$$
$$= 20\ln 1.25$$
$$\approx 4.46(\text{年}).$$

由此可知，该投资在 20 年内可得纯利润为 $1\,728.2$ 万元，投资回收期约为 4.46 年。

2. 极坐标系

设平面图形是由极坐标曲线 $r = r(\theta)$ 与两条射线 $\theta = \alpha$，$\theta = \beta$ 所围成，则也可以用微元法来求其面积。

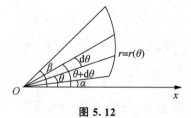

图 5.12

取极角 θ 为积分变量，其变化区间为 $[\alpha, \beta]$。相应于任意子区间 $[\theta, \theta + \mathrm{d}\theta]$ 的小曲边扇形面积近似于半径为 $r(\theta)$，中心角为 $\mathrm{d}\theta$ 的圆扇形面积。从而得曲边扇形的面积元素

$$\mathrm{d}A = \frac{1}{2}r^2(\theta)\mathrm{d}\theta.$$

所求面积为
$$A = \frac{1}{2}\int_\alpha^\beta r^2(\theta)\,\mathrm{d}\theta. \qquad (5.8)$$

例 4 计算阿基米德螺线 $r = a\theta (a > 0)$ 上相应于 θ 从 0 到 2π 的一段弧与极轴所围成的图形的面积.

解 所围图形如图 5.13 所示，则由式(5.8)可知，
$$A = \frac{1}{2}\int_0^{2\pi}(a\theta)^2\,\mathrm{d}\theta = \frac{a^2}{2}\left(\frac{1}{3}\theta^3\right)\bigg|_0^{2\pi} = \frac{4}{3}\pi^3 a^2.$$

图 5.13

课中小测验

求心形线 $r = a(1+\cos\theta)$ 所围成平面图形的面积 $(a > 0)$.

5.4.3 旋转体的体积

旋转体是由一个平面图形绕该平面内一条直线旋转一周而生成的立体，这条直线称为旋转轴，如圆柱、圆锥、圆台、球等都是旋转体，而旋转体的体积也可以用微元法来求.

图 5.14 是由连续曲线 $y = f(x)$ 及直线 $x = a$, $x = b$ 与 x 轴所围成的曲边梯形绕 x 轴旋转一周而成的旋转体，下面利用微元法来求其体积.

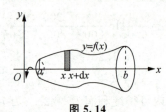

图 5.14

取 x 为积分变量，其取值区间为 $[a, b]$，在区间 $[a, b]$ 上任取一小区间 $[x, x+\mathrm{d}x]$，相应的小曲边梯形绕 x 轴旋转而成的薄片的体积近似等于以 $f(x)$ 为底面半径，$\mathrm{d}x$ 为高的扁圆柱体的体积，从而得体积微元为 $\mathrm{d}V = \pi[f(x)]^2\,\mathrm{d}x$，则可得体积为
$$V = \pi\int_a^b [f(x)]^2\,\mathrm{d}x.$$

类似地，由连续曲线 $x = \varphi(y)$，$y \in [c, d]$ 绕 y 轴旋转一周所得旋转体的体积为
$$V = \pi\int_c^d [\varphi(y)]^2\,\mathrm{d}y.$$

例 5 求底面半径为 r，高为 h 的正圆锥体的体积.

解 这圆锥体可看作由直线 $y = \frac{r}{h}x$，$x \in [0, h]$ 绕 x 轴旋转一周而成(图 5.15)，所以体积
$$V = \pi\int_0^h \left(\frac{r}{h}x\right)^2\mathrm{d}x = \frac{\pi r^2}{h^2} \cdot \frac{x^3}{3}\bigg|_0^h = \frac{\pi}{3}r^2 h.$$

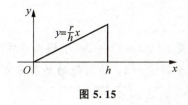

图 5.15

课中小测验

求由 $y=x^3$ 与直线 $x=2$,$y=0$ 所围成的图形分别绕 x 轴与 y 轴旋转一周得到的旋转体的体积.

课中小测验

5.4.4 变力沿直线所做的功

在物理学中,若物体在做直线运动的过程中一直受与运动方向一致的常力 F 的作用,则当物体有位移 s 时,力 F 所做的功为 $W=Fs$. 如果力 F 是变力,很显然,常力做功的公式就不再适用了,而变力做功问题,依然可以借助微元法解决.

设有变力 $F=f(x)$ 沿 x 轴将物体从 a 移动至 b(图 5.16),并设力 F 平行于 x 轴且是 x 的连续函数. 相应于 $[a,b]$ 的任意子区间 $[x,x+\mathrm{d}x]$,可以把 $F=f(x)$ 看作是物体经过这一子区间时所受的力. 因此功的微元为

$$\mathrm{d}W=f(x)\mathrm{d}x.$$

所以当物体沿 x 轴从 a 移动至 b 时,作用在其上的力 $F=f(x)$ 所做的功为

$$W=\int_a^b f(x)\mathrm{d}x.$$

图 5.16

例 6 弹簧在拉伸过程中,需要的力 F(单位:N)与伸长量 s(单位:cm)成正比,即 $F=ks$(k 为弹性系数),试计算将弹簧由原长拉伸 5 cm 所做的功.

例 6

解 设弹簧拉伸端在自由长度时的点 O 为坐标原点(另一端被固定),则功的微元为

$$\mathrm{d}W=F\mathrm{d}s=ks\mathrm{d}s,$$

所做的功为 W(单位:J)

$$W=\int_0^{0.05}ks\mathrm{d}s=\frac{1}{2}ks^2\Big|_0^{0.05}=0.00125k(\mathrm{J}).$$

定积分应用的领域十分广泛,各种实例更是不胜枚举. 重要的是通过学习,掌握定积分解决问题的方法——微元法,并能熟练运用这种方法,才可以以不变应万变.

课中小测验

设一质点距原点 x 米时受 $F(x)=x^2+2x$ 牛顿力的作用,问质点在 F 作用下,从 $x=1$ 移动到 $x=3$,力所做的功有多大?

课中小测验

习题 5.4

习题 5.4 答案

1. 求由抛物线 $y=-x^2+4x-3$ 及其在点 $(0,-3)$ 和 $(3,0)$ 处的切线所围成的图形的面积.

2. 求由下列曲线所围成的图形的公共部分的面积,$r=3\cos\theta$ 及 $r=1+\cos\theta$.

习题 5.4

3. 求由 $x^2+y^2=2$ 和 $y=x^2$ 所围成的图形绕 x 轴旋转而成的旋转体的体积.

4. 用铁锤将铁钉击入木板. 设木板对铁钉的阻力与铁钉击入木板的深度成正比,在击第一次时,将铁钉击入木板 1 cm,如果铁锤每次打击铁钉所做的功相等,问锤击第二次时,铁钉又击入木板多少厘米?

5. 设抛物线 $y=ax^2+bx+c$ 过原点,当 $0\leqslant x\leqslant 1$ 时,$y\geqslant 0$,又已知该抛物线与 x 轴及直线 $x=1$ 所围成图形的面积为 $\dfrac{1}{3}$,试确定 a,b,c 为何值时,使此图形绕 x 轴旋转一周所成的旋转体的体积最小.

6. 工程师们从墨西哥的一个新井开采天然气,根据初步的试验和以往的经验,他们预计天然气开采后的第 t 个月的月产量的函数为 $P(t)=0.0849te^{-0.02t}$(单位:百万立方米),试估计前 24 个月的总产量.

5.5 广义积分

在一些积分问题中常会遇到积分区间无限或者被积函数无界的情况,这样的积分,被称为广义积分.

广义积分

5.5.1 无穷区间上的广义积分

定义 5.2

设函数 $f(x)$ 在区间 $[a, +\infty)$ 上连续,对于任意 $b>a$,若 $f(x)$ 在区间 $[a,b]$ 上可积,则称 $\int_a^{+\infty} f(x)\mathrm{d}x$ 为函数 $f(x)$ 在 $[a, +\infty)$ 上的广义积分. 若极限 $\lim\limits_{b\to+\infty}\int_a^b f(x)\mathrm{d}x$ 存在,则称广义积分 $\int_a^{+\infty} f(x)\mathrm{d}x$ 收敛,极限值为广义积分的值,即

$$\int_a^{+\infty} f(x)\mathrm{d}x = \lim_{b\to+\infty}\int_a^b f(x)\mathrm{d}x.$$

若极限不存在,则称广义积分发散.

同理,还可以定义如下形式的广义积分:

1. 若函数 $f(x)$ 在区间 $(-\infty, b]$ 上连续,对于任意 $a<b$,若 $f(x)$ 在 $[a,b]$ 上可积,则称 $\int_{-\infty}^b f(x)\mathrm{d}x$ 为 $f(x)$ 在 $(-\infty, b]$ 上的广义积分. 如果 $\lim\limits_{a\to-\infty}\int_a^b f(x)\mathrm{d}x$ 存在,则称广义积分 $\int_{-\infty}^b f(x)\mathrm{d}x$ 收敛,极限值为广义积分值;反之,称广义积分发散.

2. $f(x)$ 在 $(-\infty, +\infty)$ 上的广义积分,定义如下:

$\int_{-\infty}^{+\infty} f(x)\mathrm{d}x = \int_{-\infty}^c f(x)\mathrm{d}x + \int_c^{+\infty} f(x)\mathrm{d}x$,其中,$c$ 为任意确定的常数. 当且仅当等式右侧的两个广义积分都收敛时,广义积分 $\int_{-\infty}^{+\infty} f(x)\mathrm{d}x$ 收敛.

例 1 讨论广义积分 $\int_3^{+\infty} \dfrac{1}{x^2}\mathrm{d}x$ 的敛散性.

解 任取 $b>3$,有

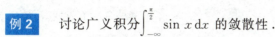

故广义积分 $\int_3^{+\infty} \dfrac{1}{x^2}\mathrm{d}x$ 收敛,且广义积分值为 $\dfrac{1}{3}$.

例 2 讨论广义积分 $\int_{-\infty}^{\frac{\pi}{2}} \sin x\, \mathrm{d}x$ 的敛散性.

解 任取 $a<\dfrac{\pi}{2}$,有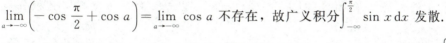

$\lim\limits_{a\to-\infty}\left(-\cos\dfrac{\pi}{2}+\cos a\right) = \lim\limits_{a\to-\infty}\cos a$ 不存在,故广义积分 $\int_{-\infty}^{\frac{\pi}{2}} \sin x\, \mathrm{d}x$ 发散.

根据定积分的 N-L 公式,若 $F(x)$ 是连续函数 $f(x)$ 的一个原函数,则 $\int_a^b f(x)\mathrm{d}x = F(x)\big|_a^b$,为了书写统一、简便,以后在广义积分的讨论中,我们也引用定积分(也称常义积分)N-L 公式的记法.

(1) $\int_a^{+\infty} f(x)\mathrm{d}x = F(x)\big|_a^{+\infty} = \lim_{b\to+\infty}[F(b)-F(a)]$;

(2) $\int_{-\infty}^b f(x)\mathrm{d}x = F(x)\big|_{-\infty}^b = \lim_{a\to-\infty}[F(b)-F(a)]$;

(3) $\int_{-\infty}^{+\infty} f(x)\mathrm{d}x = F(x)\big|_{-\infty}^{+\infty} = \lim_{a\to-\infty}[F(c)-F(a)] + \lim_{b\to+\infty}[F(b)-F(c)]$.

例 3 证明：广义积分 $\int_1^{+\infty} \dfrac{\mathrm{d}x}{x^p}$ 当 $p>1$ 时收敛，当 $p\leqslant 1$ 时发散.

例 3

证 当 $p=1$ 时，$\int_1^{+\infty} \dfrac{\mathrm{d}x}{x^p} = \int_1^{+\infty} \dfrac{\mathrm{d}x}{x} = \ln x\big|_1^{+\infty} = \lim_{b\to+\infty}(\ln b - \ln 1) =$ $\lim_{b\to+\infty} \ln b$ 不存在，故广义积分发散.

当 $p\neq 1$ 时，$\int_1^{+\infty} \dfrac{\mathrm{d}x}{x^p} = \dfrac{1}{1-p}x^{1-p}\Big|_1^{+\infty} = \dfrac{1}{1-p}\lim_{b\to+\infty}\left(\dfrac{1}{b^{p-1}}-1\right)$.

当 $p>1$ 时，$\int_1^{+\infty} \dfrac{\mathrm{d}x}{x^p} = \dfrac{1}{1-p}\lim_{b\to+\infty}\left(\dfrac{1}{b^{p-1}}-1\right) = \dfrac{1}{p-1}$，即广义积分收敛，其值为 $\dfrac{1}{p-1}$.

当 $p<1$ 时，$\int_1^{+\infty} \dfrac{\mathrm{d}x}{x^p} = \dfrac{1}{1-p}\lim_{b\to+\infty}\left(\dfrac{1}{b^{p-1}}-1\right)$ 不存在，即此时广义积分发散.

综上，当 $p>1$ 时，$\int_1^{+\infty} \dfrac{\mathrm{d}x}{x^p}$ 收敛，其值为 $\dfrac{1}{p-1}$. 当 $p\leqslant 1$ 时，$\int_1^{+\infty} \dfrac{\mathrm{d}x}{x^p}$ 发散.

2. 无界函数的广义积分

定义 5.3

设函数 $f(x)$ 在 $(a,b]$ 上连续，而在 a 的右邻域内无界. 若对任意正数 ε，$f(x)$ 在 $[a+\varepsilon, b]$ 上可积，则称 $\int_a^b f(x)\mathrm{d}x$ 为 $f(x)$ 在 $(a,b]$ 上的广义积分.

若极限 $\lim\limits_{\varepsilon\to 0^+}\int_{a+\varepsilon}^b f(x)\mathrm{d}x$ 存在，则称广义积分 $\int_a^b f(x)\mathrm{d}x$ 收敛，极限值为广义积分值，即 $\int_a^b f(x)\mathrm{d}x = \lim\limits_{\varepsilon\to 0^+}\int_{a+\varepsilon}^b f(x)\mathrm{d}x$. 若极限不存在，则称广义积分 $\int_a^b f(x)\mathrm{d}x$ 发散.

在定义中 $f(x)$ 在点 a 的右邻域内无界，称 $x=a$ 为函数 $f(x)$ 的瑕点，故无界函数的广义积分也称为**瑕积分**.

同样也可以利用极限 $\lim\limits_{\varepsilon\to 0^+}\int_a^{b-\varepsilon} f(x)\mathrm{d}x$ 来定义 b 为瑕点的广义积分的敛散性.

若 $f(x)$ 的瑕点 c 在闭区间 $[a,b]$ 的内部，即 $a<c<b$，则广义积分 $\int_a^b f(x)\mathrm{d}x$ 定义为

$$\int_a^b f(x)\mathrm{d}x = \int_a^c f(x)\mathrm{d}x + \int_c^b f(x)\mathrm{d}x.$$

当且仅当右边两个积分都收敛时才收敛，否则左边的广义积分发散.

例 4 讨论广义积分 $\int_{-1}^{1} \frac{1}{x} \mathrm{d}x$ 的敛散性.

解 $x=0$ 为函数 $y=\frac{1}{x}$ 的瑕点.

所以 $\int_{-1}^{1} \frac{1}{x} \mathrm{d}x = \int_{-1}^{0} \frac{1}{x} \mathrm{d}x + \int_{0}^{1} \frac{1}{x} \mathrm{d}x$,而因为

$$\lim_{\varepsilon \to 0^+} \int_{\varepsilon}^{1} \frac{1}{x} \mathrm{d}x = \lim_{\varepsilon \to 0^+} \ln x \Big|_{\varepsilon}^{1} = \lim_{\varepsilon \to 0^+} (\ln 1 - \ln \varepsilon) = -\lim_{\varepsilon \to 0^+} \ln \varepsilon \text{ 不存在}(\text{因为 } \varepsilon \to 0^+ \text{ 时},$$

$\ln \varepsilon \to -\infty$),所以广义积分 $\int_{0}^{1} \frac{1}{x} \mathrm{d}x$ 发散,因而广义积分 $\int_{-1}^{1} \frac{1}{x} \mathrm{d}x$ 发散.

注意 在此例中,如果忽略了 $x=0$ 为函数 $y=\frac{1}{x}$ 的瑕点,将会得出错误的结果:

$$\int_{-1}^{1} \frac{1}{x} \mathrm{d}x = \ln |x| \Big|_{-1}^{1} = 0.$$

例 5 证明:广义积分 $\int_{0}^{1} \frac{\mathrm{d}x}{x^q}$ 当 $q<1$ 时收敛,当 $q \geqslant 1$ 时发散.

证 当 $q=1$ 时,
$$\int_{0}^{1} \frac{\mathrm{d}x}{x^q} = \int_{0}^{1} \frac{\mathrm{d}x}{x} = \ln x \Big|_{0}^{1} = +\infty.$$

当 $q \neq 1$ 时,
$$\int_{0}^{1} \frac{\mathrm{d}x}{x^q} = \left(\frac{1}{1-q} x^{1-q} \right) \Big|_{0}^{1} = \begin{cases} \dfrac{1}{1-q}, & q<1 \\ +\infty, & q>1 \end{cases}.$$

所以该广义积分当 $q<1$ 时收敛,其值为 $\dfrac{1}{1-q}$,当 $q \geqslant 1$ 时发散.

课中小测验

1. 计算 $\int_{1}^{+\infty} \frac{1}{\sqrt{x}} \mathrm{e}^{-\sqrt{x}} \mathrm{d}x$.

2. 计算 $\int_{0}^{1} \frac{1}{x^3} \mathrm{d}x$.

---

3. 两种广义积分的联系

任何无界函数的广义积分都可以化为无穷区间上的广义积分.

设 $f(x)$ 在 $(a, b]$ 内任意闭区间上都可积,$x=a$ 是瑕点,则

$$\int_{a}^{b} f(x) \mathrm{d}x = \lim_{\varepsilon \to 0^+} \int_{a+\varepsilon}^{b} f(x) \mathrm{d}x.$$

若令 $u = \dfrac{1}{x-a}$,就有

$$\int_{a+\varepsilon}^{b} f(x)\,\mathrm{d}x = \int_{\frac{1}{b-a}}^{\frac{1}{\varepsilon}} f\left(a+\frac{1}{u}\right)\frac{\mathrm{d}u}{u^2} = \int_{k}^{\frac{1}{\varepsilon}} \varphi(u)\,\mathrm{d}u,$$

其中 $\varphi(u) = \dfrac{1}{u^2} f\left(a+\dfrac{1}{u}\right)$，$k = \dfrac{1}{b-a}$. 于是

$$\int_{a}^{b} f(x)\,\mathrm{d}x = \lim_{\varepsilon \to 0^+} \int_{k}^{\frac{1}{\varepsilon}} \varphi(u)\,\mathrm{d}u = \int_{k}^{+\infty} \varphi(u)\,\mathrm{d}u,$$ 这时上式右边是无穷区间上的广义积分.

同样，对于无穷区间上的广义积分 $\int_{a}^{+\infty} f(x)\,\mathrm{d}x = \lim_{b \to +\infty} \int_{a}^{b} f(x)\,\mathrm{d}x$，只要令 $u = \dfrac{a}{x}$，就有

$$\int_{a}^{b} f(x)\,\mathrm{d}x = \int_{1}^{\frac{a}{b}} f\left(\frac{a}{u}\right)\left(-\frac{a}{u^2}\right)\mathrm{d}u = \int_{\frac{a}{b}}^{1} \varphi(u)\,\mathrm{d}u,$$

于是，

$$\int_{a}^{+\infty} f(x)\,\mathrm{d}x = \lim_{b \to +\infty} \int_{\frac{a}{b}}^{1} \varphi(u)\,\mathrm{d}u = \int_{0}^{1} \varphi(u)\,\mathrm{d}u,$$

其中，$\varphi(u) = \dfrac{a}{u^2} f\left(\dfrac{a}{u}\right)$，$u = 0$ 是它的瑕点，即上式右边为无界函数的广义积分.

习题 5.5

习题 5.5 答案

1. 计算下列广义积分.

(1) $\int_{1}^{+\infty} \mathrm{e}^{-100x}\,\mathrm{d}x$；

(2) $\int_{-\infty}^{+\infty} \dfrac{1+x^2}{1+x^4}\,\mathrm{d}x$；

(3) $\int_{1}^{+\infty} \dfrac{1}{(x+1)^3}\,\mathrm{d}x$；

(4) $\int_{0}^{6} (x-4)^{-\frac{2}{3}}\,\mathrm{d}x$；

(5) $\int_{0}^{+\infty} \mathrm{e}^{-3x}\,\mathrm{d}x$；

(6) $\int_{e}^{+\infty} \dfrac{1}{x\ln x}\,\mathrm{d}x$.

2. 如果 $\lim\limits_{x \to \infty}\left(\dfrac{1+x}{x}\right)^{ax} = \int_{-\infty}^{a} t\mathrm{e}^{t}\,\mathrm{d}t$，求 a 的值.

3. 计算 $\int_{1}^{+\infty} \dfrac{\mathrm{d}x}{x(x^2+1)}$.

【本章小结】

一、主要知识点

1. 定积分：分割、近似、求和、取极限.

$$\int_{a}^{b} f(x)\,\mathrm{d}x = I = \lim_{\lambda \to 0} \sum_{i=1}^{n} f(\xi_i)\Delta x_i.$$

2. 定积分的几何意义：曲边梯形的面积.

3. 变上限积分函数：

$$\Phi(x) = \int_{a}^{x} f(t)\,\mathrm{d}t, \quad x \in [a, b].$$

4. 广义积分：

设函数 $f(x)$ 在区间 $[a, +\infty)$ 上连续，对于任意 $b > a$，若 $f(x)$ 在区间 $[a, b]$ 上可积，则称

$$\int_a^{+\infty} f(x) \, dx$$

为函数 $f(x)$ 在 $[a, +\infty)$ 上的广义积分.

另外两种形式的广义积分：$\int_{-\infty}^b f(x) \, dx$，$\int_{-\infty}^{+\infty} f(x) \, dx$

5. 性质：

性质 1 函数和（差）的定积分等于它们的定积分的和（差），即

$$\int_a^b [f(x) \pm g(x)] \, dx = \int_a^b f(x) \, dx \pm \int_a^b g(x) \, dx.$$

性质 2 被积函数的常数因子可以提到积分号外面，即

$$\int_a^b k f(x) \, dx = k \int_a^b f(x) \, dx \quad (k \text{ 是常数}).$$

性质 3 如果将积分区间分成两部分，则在整个区间上的定积分等于这两个区间上定积分之和，即设 $a < c < b$，则

$$\int_a^b f(x) \, dx = \int_a^c f(x) \, dx + \int_c^b f(x) \, dx.$$

注意 无论 a, b, c 的相对位置如何，此性质恒成立.

性质 4 如果在区间 $[a, b]$ 上，$f(x) \equiv 1$，则 $\int_a^b f(x) \, dx = \int_a^b dx = b - a$.

性质 5 如果在区间 $[a, b]$ 上，$f(x) \geqslant 0$，则

$$\int_a^b f(x) \, dx \geqslant 0.$$

推论 1（保号性） 如果在区间 $[a, b]$ 上，$f(x) \leqslant g(x)$，则

$$\int_a^b f(x) \, dx \leqslant \int_a^b g(x) \, dx.$$

推论 2 $\left| \int_a^b f(x) \, dx \right| \leqslant \int_a^b |f(x)| \, dx.$

性质 6 设 M 与 m 分别是函数 $f(x)$ 在区间 $[a, b]$ 上的最大值和最小值，则

$$m(b-a) \leqslant \int_a^b f(x) \, dx \leqslant M(b-a).$$

性质 7（定积分中值定理） 如果函数 $f(x)$ 在闭区间 $[a, b]$ 上连续，则在积分区间 $[a, b]$ 上至少存在一点 ξ，使下式成立：

$$\int_a^b f(x) \, dx = f(\xi)(b-a) \quad (a \leqslant \xi \leqslant b).$$

6. 微积分学基本定理（原函数存在定理）：

$$\Phi'(x) = f(x) \quad x \in [a, b].$$

7. 微积分学基本公式或牛顿（N）-莱布尼茨（L）公式：

$$\int_a^b f(x)\,dx = F(b) - F(a).$$

8. 广义积分的敛散性.

二、主要数学思想和方法

主要数学思想有"分割、近似、求和、取极限"的积分思想,融合了微积分学中的以直代曲、无限累加等核心思想.

主要方法:

1. 定义法. 利用"分割、近似、求和、取极限"解决定积分的计算问题.

2. 牛顿-莱布尼茨公式将定积分与不定积分联系到了一起,因而不定积分的直接积分法、换元积分法、分部积分法等都可延伸到定积分求解中,只需要注意积分上下限处函数值的计算即可.

3. 微元法是指对从实际问题中产生的量 A,在区间 $[a,b]$ 上任取一点 x,当 x 有增量 Δx(等于它的微分 dx)时,相应地量 $A=A(x)$ 就有增量 ΔA,它是 A 分布在子区间 $[x, x+dx]$ 上的部分量. ΔA 的近似表达式为
$$\Delta A \approx f(x)\,dx = dA,$$
则以 $f(x)dx$ 为被积表达式求从 a 到 b 的定积分. 即得所求量
$$A = \int_a^b f(x)\,dx.$$

这里的 $dA = f(x)dx$ 称为量 A 的微元或元素,这种方法称为微元法. 平面图形面积的求解、旋转体体积的求解、变力做功等问题中都可看到微元法的影子.

三、主要题型及方法

1. 涉及极限问题,出现变上限积分时,验证极限类型,考虑使用洛必达法则.

2. 定积分值的计算,主要涉及定义法及微积分基本定理求解.

3. 涉及平面图形面积求解、旋转体体积、变力做功等问题时,注意微元法的应用.

📖【学海拾贝】

定积分的发展历史

定积分的发展历史

复习题 5

1. 选择题.

(1) 若 $f(x)=\begin{cases} x, & x \geqslant 0 \\ e^x, & x < 0 \end{cases}$，则 $\int_{-1}^{2} f(x)\mathrm{d}x = ($ $)$.

A. $3-e^{-1}$ B. $3+e^{-1}$ C. $3-e$ D. $3+e$

(2) 下列各积分等于 1 的是(   ).

A. $\int_0^1 x\mathrm{d}x$ B. $\int_0^1 (x+1)\mathrm{d}x$

C. $\int_0^1 1\mathrm{d}x$ D. $\int_0^1 \dfrac{1}{2}\mathrm{d}x$

(3) 曲线 $y=\cos x$, $x \in \left[0, \dfrac{3}{2}\pi\right]$ 与坐标轴围成的面积(   ).

A. 4   B. 2

C. $\dfrac{5}{2}$ D. 3

(4) 若 $m=\int_0^1 e^x \mathrm{d}x$, $n=\int_1^e \dfrac{1}{x}\mathrm{d}x$，则 m 与 n 的大小关系是(   ).

A. $m > n$ B. $m < n$

C. $m = n$ D. 无法确定

(5) 积分中值定理 $\int_a^b f(x)\mathrm{d}x = f(\xi)(b-a)$，其中(   ).

A. ξ 是 $[a,b]$ 上任一点

B. ξ 是 $[a,b]$ 上必定存在的某一点

C. ξ 是 $[a,b]$ 上唯一的某一点

D. ξ 是 $[a,b]$ 的中点

(6) 设 $f(x)$ 连续，$F(x)=\int_0^{x^2} f(t^2)\mathrm{d}t$，则 $F'(x)=($ $)$.

A. $f(x^4)$ B. $x^2 f(x^4)$

C. $2xf(x^4)$ D. $2xf(x^2)$

2. 填空题.

(1) 广义积分 $\int_2^{+\infty} \dfrac{1}{x^2+x-2}\mathrm{d}x = $ _____ .

(2) 函数 $F(x)=\int_1^x (1-\ln\sqrt{t})\mathrm{d}t$ $(x>0)$ 的递减区间为 _____ .

(3) 设 $\lim\limits_{x \to +\infty} f(x) = 1$, a 为常数，则 $\lim\limits_{x \to +\infty} \int_x^{x+a} f(x)\mathrm{d}x = $ _____ .

(4) 极限 $\lim\limits_{x\to 0}\dfrac{\int_x^0 \cos^2 t\,dt}{x} = $ _____.

(5) 设 $f(x)$ 连续，$f(0)=1$，则曲线 $y=\int_0^x f(x)\,dx$ 在 $(0,0)$ 处的切线方程是 _____.

(6) $\int_0^{+\infty} x e^{-x}\,dx = $ _____.

3. 计算及证明题.

(1) 求定积分 $\int_{-5}^{1} \dfrac{x+1}{\sqrt{5-4x}}\,dx$.

(2) 求由曲线 $y=2-x^2$ 和 $y=x$ 所围成图形的面积.

(3) 设 $f(2x+1)=xe^x$，求 $\int_3^5 f(t)\,dt$.

(4) 设 $f(x^2-1)=\ln\dfrac{x^2}{x^2-2}$，$f[\varphi(x)]=\ln x$，求 $\int_2^{e+1}\varphi(x)\,dx$.

(5) 已知 $f(0)=f'(0)=-1$，$f(2)=f'(2)=1$，求 $\int_0^2 x f''(x)\,dx$.

(6) 设抛物线 $y=ax^2+bx+c$ 通过点 $(0,0)$，当 $x\in[0,1]$ 时，$y\geqslant 0$，试确定 a,b,c 的值，使得抛物线 $y=ax^2+bx+c$ 与直线 $x=1$，$y=0$ 所围图形的面积为 $\dfrac{4}{9}$，且使该图形绕 x 轴旋转而成的旋转体的体积最小.

复习题 5 答案

专升本真题演练

第 6 章 常微分方程

学习目标与要求

○ 理解微分方程、方程的阶、解、通解、初始条件、特解等概念；
○ 了解一阶微分方程的有关概念，掌握可分离变量微分方程，以及一阶线性微分方程的计算方法；
○ 掌握二阶常系数线性微分方程的概念，会求二阶常系数线性微分方程，并理解与掌握其解的结构；
○ 深刻理解且掌握利用微分方程能够分析并建立与党的二十大报告中提出的民生问题的数学模型，例如，绿色发展问题、碳达峰和碳中和等问题.

学前引入

在自然科学、工程技术和经济管理中，常常要从实际问题或事物的发展过程中研究变量之间的函数关系. 一般情况下，这种关系是不容易建立起来的，但将已知条件经过适当处理后，会得到含有对未知函数的求导运算或微分运算的关系式，这样的关系式就是微分方程. 微分方程有着深刻的实际背景，它从生产实践与科学技术中产生，而又成为现代科学技术中分析与解决问题的一个强有力的工具. 本章将介绍微分方程中一些最基本的问题、解决方法和若干应用，它们将为读者提供一条解决实际问题的重要途径.

知识导图

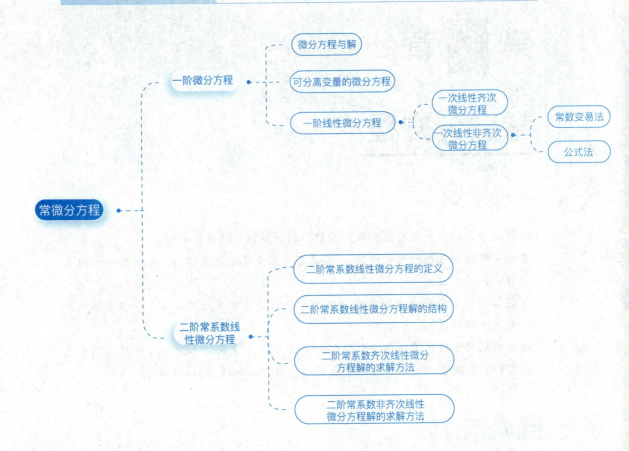

6.1 一阶微分方程

6.1.1 微分方程与解

引例 1

已知曲线 $y=f(x)$ 上任意一点 (x,y) 处的切线斜率都等于 $2x$,并且经过点 $(2,5)$,求该曲线的方程.

解 由已知条件知,$y'=2x$ 和 $y(2)=5$,

其中 $y'=2x$ 是含有未知函数的导数的方程,将它两边关于 x 积分得

$$y=\int 2x\,\mathrm{d}x=x^2+C\ (C\text{ 为任意常数}).$$

将 $(2,5)$ 代入上式,便得 $C=1$,因此所求的曲线方程为 $y=x^2+1$.

引例 2

列车在平直线路上以 20 m/s 的速度行驶,当制动时列车获得加速度 -0.4 m/s^2,问开始制动后,经过多长时间列车才能停住?列车在这段时间内行驶了多少路程?

解 设制动后 t s 行驶了 s m,即 $s=s(t)$,

根据题意得 $\dfrac{\mathrm{d}^2 s}{\mathrm{d}t^2}=-0.4$,$t=0$ 时,$s=0$,$v=\dfrac{\mathrm{d}s}{\mathrm{d}t}=20$ m/s,

$$v=\frac{\mathrm{d}s}{\mathrm{d}t}=-0.4t+C_1,\quad s=-0.2t^2+C_1 t+C_2,$$

代入条件后知,$C_1=20$,$C_2=0$.

$$v=\frac{\mathrm{d}s}{\mathrm{d}t}=-0.4t+20,\text{ 故 } s=-0.2t^2+20t,$$

从开始制动到列车完全停住共需 $t=\dfrac{20}{0.4}=50(\text{s})$,列车在这段时间内行驶了 $s=-0.2\times 50^2+20\times 50=500(\text{m})$.

定义 6.1

一般说来,**微分方程**就是含有未知函数的某些导数或微分的方程.如果其中的未知函数只与一个自变量有关,则称为**常微分方程**,否则称为**偏微分方程**.微分方程中所出现的未知函数的导数的最高阶数称为该方程的阶.如引例 1 中的方程 $y'=2x$ 是**一阶微分方程**;引例 2 中的方程 $\dfrac{\mathrm{d}^2 s}{\mathrm{d}t^2}=-0.4$ 就是**二阶微分方程**.本章只讨论常微分方程(有时简称**微分方程**或**方程**).

从引例1可以看出微分方程可以有无穷多个解。如果一个微分方程的解中含有相互独立的任意常数,且任意常数的个数与该方程的阶数相同,这种形式的解就称为该方程的**通解**。例如,在引例1中 $y=x^2+C$ 就是方程 $y'=2x$ 的通解。如果对方程附加条件,从而确定通解中的任意常数,所得的解称为**特解**,附加的条件称为**初始条件**。例如,在引例1中 $y=x^2+1$ 就是方程 $y'=2x$ 的一个满足初始条件 $y(2)=5$ 的特解。

例 1 验证函数 $y=\dfrac{x^3}{5}+\dfrac{x^2}{2}$ 是一阶微分方程 $5y'=3x^2+5x$ 的特解。

解 因为 $y'=\dfrac{3}{5}x^2+x$,把 y' 代入微分方程,得

$$5\left(\dfrac{3}{5}x^2+x\right)=3x^2+5x,$$

所以,函数 $y=\dfrac{x^3}{5}+\dfrac{x^2}{2}$ 是一阶微分方程 $5y'=3x^2+5x$ 的特解。

课中小测验

方程 $3x\left(\dfrac{dy}{dx}\right)^2=4y$ 是(　　)阶微分方程。

A. 1　　　B. 2　　　C. 3　　　D. 以上都不是

6.1.2 可分离变量的微分方程

定义 6.2

形如

$$\dfrac{dy}{dx}=f(x)\cdot g(y)$$

的一阶微分方程,称为**可分离变量的微分方程**。

求解可分离变量的微分方程的**步骤**为:

(1) 将方程分离变量得 $\dfrac{dy}{g(y)}=f(x)dx$。

(2) 等式两端求积分,得通解

$$\int\dfrac{dy}{g(y)}=\int f(x)dx+C.$$

例 2 求解方程 $y' = \dfrac{y}{x}$.

解 方程可变形为 $$\dfrac{dy}{dx} = \dfrac{y}{x}.$$

把方程分离变量为 $\dfrac{dy}{y} = \dfrac{dx}{x}$，两端积分得 $\int \dfrac{dy}{y} = \int \dfrac{dx}{x}$，
$$\ln|y| = \ln|x| + C_1,$$
所以 $$y = Cx.$$

例 3 求解方程 $x(y^2 - 1)dx + y(x^2 - 1)dy = 0$.

解 把方程分离变量为
$$\dfrac{x\,dx}{-1 + x^2} + \dfrac{y\,dy}{-1 + y^2} = 0,$$

等式两端积分得 $\int \dfrac{x\,dx}{-1 + x^2} + \int \dfrac{y\,dy}{-1 + y^2} = 0$，

$\ln|-1 + x^2| + \ln|-1 + y^2| = C_1$，化简得方程的通解 $(x^2 - 1)(y^2 - 1) = C$.

例 4 求微分方程 $\dfrac{dy}{dx} = y(y - 1)$ 满足 $y(0) = 1$ 的特解.

解 分离变量，再积分得
$$\int \dfrac{dy}{y(y-1)} = \int dx,$$

去积分号得通解 $$\dfrac{y-1}{y} = Ce^x.$$

把初始条件 $y(0) = 1$ 代入上述通解得 $C = 0$，
所求解为 $$y = 1.$$

6.1.3 一阶线性微分方程

一阶线性微分方程

定义 6.3

形如
$$\dfrac{dy}{dx} + p(x)y = q(x) \tag{6.1}$$

的方程称为**一阶线性微分方程**，其中 $p(x)$ 和 $q(x)$ 是已知函数.

如果 $q(x) \equiv 0$，即 $\dfrac{dy}{dx} + p(x)y = 0$，则称其为**一阶线性齐次微分方程**.

如果 $q(x)$ 不恒为零，则 $\dfrac{dy}{dx} + p(x)y = q(x)$ 为**一阶线性非齐次微分方程**.

1. 求一阶线性齐次微分方程的通解

将
$$\frac{dy}{dx} + p(x)y = 0$$

分离变量得
$$\frac{dy}{y} = -p(x)dx,$$

两边取积分
$$\ln|y| = -\int p(x)dx + C_1,$$

其中，C_1 为任意常数．因此一阶线性齐次微分方程的通解为
$$y = Ce^{-\int p(x)dx}, \tag{6.2}$$

其中，C 为任意常数．

2. 求一阶线性非齐次微分方程的通解

为了找出一阶线性非齐次微分方程的解，利用**常数变易法**，将式(6.2)中的常数 C 换为待定函数 $C(x)$，即设方程(6.1)的一个解为
$$y = C(x)e^{-\int p(x)dx},$$

代入式(6.1)中，则有
$$C'(x)e^{-\int p(x)dx} - p(x)C(x)e^{-\int p(x)dx} + p(x)C(x)e^{-\int p(x)dx} = q(x),$$

即
$$C'(x) = q(x)e^{\int p(x)dx},$$

因此可得
$$C(x) = \int q(x)e^{\int p(x)dx}dx + C.$$

于是式(6.1)的通解公式为
$$y = e^{-\int p(x)dx}\left[\int q(x)e^{\int p(x)dx}dx + C\right].$$

在求解具体方程时，可记忆通解公式，也可按常数变易法的步骤来求解．

例 5 求微分方程 $y' + y = e^{-x}$ 的通解．

例 5

解一 （常数变易法）

先求 $y' + y = 0$ 的通解，

分离变量，得
$$\frac{dy}{y} = -dx,$$

两端积分，得
$$\ln y = -x + C_1,$$

即
$$y = e^{-x+C_1} = e^{C_1}e^{-x} = Ce^{-x}.$$

再设 $y = C(x)e^{-x}$ 为原方程的通解，代入原方程，得
$$[C(x)e^{-x}]' + C(x)e^{-x} = e^{-x},$$
$$C'(x)e^{-x} - C(x)e^{-x} + C(x)e^{-x} = e^{-x}.$$

即
$$C'(x) = 1,$$

积分得
$$C(x) = x + C.$$

故所求方程的通解为 $y = e^{-x}(x+C)$.

解二 （公式法）

直接代入公式 $y = e^{-\int p(x)dx}\left[\int q(x)e^{\int p(x)dx}dx + C\right]$ 求解,

因为 $p(x)=1$, $q(x)=e^{-x}$,

所以通解为 $y = e^{-x}\left(\int e^{-x}e^x dx + C\right) = e^{-x}(x+C)$.

例 6 求微分方程 $\dfrac{dy}{dx} + 2xy = xe^{-x^2}$ 满足条件 $y(0)=1$ 的特解.

解 因 $p(x)=2x$, $q(x)=xe^{-x^2}$,

所以通解为 $y = e^{-\int 2x dx}\left(\int xe^{-x^2}e^{\int 2x dx}dx + C\right)$

$= e^{-x^2}\left(\int xe^{-x^2}e^{x^2}dx + C\right)$

$= e^{-x^2}\left(\int x dx + C\right)$

$= e^{-x^2}\left(\dfrac{x^2}{2} + C\right)$,

因为 $y(0)=1$, 所以 $C=1$, 于是得方程的特解为

$$y = \left(\dfrac{x^2}{2}+1\right)e^{-x^2}.$$

习题 6.1

习题 6.1 答案

1. 指出下列微分方程的阶数.

(1) $y' = y^2 + x^3$;　　　　　(2) $y^3 y'' + 1 = 0$;

(3) $(y')^2 = 4$;　　　　　　(4) $y^{(4)} - 2y''' + y'' = 0$.

2. 验证给出的函数是否为相应微分方程的解.

(1) $xy' = 2y$, $y = 5x$;

(2) $xy' - y\ln y = 0$, $y = e^x$.

3. 求下列微分方程的通解.

(1) $y dy = x dx$;　　　　　(2) $\dfrac{dy}{dx} = e^{x-y}$.

4. 求下列微分方程的通解.

(1) $y' + \dfrac{1}{x}y = x^2 \ (x > 0)$;

(2) $y' + \dfrac{1}{x}y = \dfrac{\sin x}{x} \ (x > 0)$.

5. 求下列方程满足给定初始条件的特解.
$y' + y = 3x^2, \ y(0) = 0$.

第5题

6. 求微分方程 $(x+1)\dfrac{\mathrm{d}y}{\mathrm{d}x} = 2y + \mathrm{e}^x(x+1)^3$ 的通解.

6.2 二阶常系数线性微分方程

二阶常系数线性微分方程

1. 二阶常系数线性微分方程的定义

定义 6.4

形如

$$\dfrac{\mathrm{d}^2 y}{\mathrm{d}x^2} + p\dfrac{\mathrm{d}y}{\mathrm{d}x} + qy = f(x) \tag{6.3}$$

的微分方程称为**二阶常系数非齐次线性微分方程**. 当 $f(x) \equiv 0$ 时,方程变为

$$\dfrac{\mathrm{d}^2 y}{\mathrm{d}x^2} + p\dfrac{\mathrm{d}y}{\mathrm{d}x} + qy = 0, \tag{6.4}$$

这样的方程称为**二阶常系数齐次线性微分方程**,其中 p, q 是实常数.

2. 二阶常系数线性微分方程解的结构

对于任意的两个函数 $y_1(x)$ 和 $y_2(x)$,若函数 $y_1(x)$ 和 $y_2(x)$ 之比为常数,称函数 $y_1(x)$ 和 $y_2(x)$ 是**线性相关**的;若函数 $y_1(x)$ 和 $y_2(x)$ 之比不为常数,称函数 $y_1(x)$ 和 $y_2(x)$ 是**线性无关**的.

为了研究二阶常系数线性微分方程的解的结构,引入下面两个定理:

定理 6.1 若函数 $y_1(x)$ 和 $y_2(x)$ 是方程 (6.4) 的两个线性无关的解,则

$$y = C_1 y_1(x) + C_2 y_2(x)$$

是方程 (6.4) 的通解,这里 C_1, C_2 是任意常数.

定理 6.2 设 $y^*(x)$ 是方程 (6.3) 的一个特解,$\tilde{y}(x)$ 为方程 (6.4) 的通解,则

$$y = y^*(x) + \tilde{y}(x)$$

为方程 (6.3) 的通解.

3. 二阶常系数齐次线性微分方程的求解方法

观察方程(6.4),由于 p,q 是常数,所以方程中的 y,$\dfrac{\mathrm{d}y}{\mathrm{d}x}$,$\dfrac{\mathrm{d}^2 y}{\mathrm{d}x^2}$ 应具有相同的形式,而我们知道,指数函数求导后不改变其函数类型,因此猜测该方程有形如 $y=\mathrm{e}^{\lambda x}$ 的特解,将其代入方程,得

$$(\lambda^2+p\lambda+q)\mathrm{e}^{\lambda x}=0,$$

所以 λ 满足方程

$$\lambda^2+p\lambda+q=0, \tag{6.5}$$

而

$$y=\mathrm{e}^{\lambda x}$$

就是方程(6.4)的解.

方程(6.5)就称为方程(6.4)的**特征方程**,其根称为**特征根**.

下面分三种情况来讨论特征根:

(1) 特征方程有两个不同实根 λ_1 和 λ_2,则齐次微分方程有两个线性无关的解:$y_1(x)=\mathrm{e}^{\lambda_1 x}$,$y_2(x)=\mathrm{e}^{\lambda_2 x}$,因此方程(6.4)的通解为

$$y=C_1\mathrm{e}^{\lambda_1 x}+C_2\mathrm{e}^{\lambda_2 x}.$$

(2) 特征方程有两个相等的实根,即 $\lambda=\lambda_1=\lambda_2$,这时 $\lambda=-\dfrac{p}{2}$,且 $y_1(x)=\mathrm{e}^{\lambda x}$ 是方程(6.4)的一个解,为了求方程(6.4)的通解,可用常数变易法求它的一个与 $\mathrm{e}^{\lambda x}$ 线性无关的解.易求得 $y_2(x)=x\mathrm{e}^{\lambda x}$ 是方程(6.4)的另一个解,从而方程(6.4)的通解为

$$y=C_1\mathrm{e}^{\lambda x}+C_2 x\mathrm{e}^{\lambda x}=(C_1+C_2 x)\mathrm{e}^{\lambda x}.$$

(3) 特征方程有一对共轭复根 $\alpha\pm\mathrm{i}\beta$,这时可验证方程(6.4)有两个线性无关的解 $\mathrm{e}^{\alpha x}\sin\beta x$ 和 $\mathrm{e}^{\alpha x}\cos\beta x$,于是方程(6.4)的通解为

$$y=(C_1\cos\beta x+C_2\sin\beta x)\mathrm{e}^{\alpha x}.$$

例 1 求方程 $\dfrac{\mathrm{d}^2 y}{\mathrm{d}x^2}+4\dfrac{\mathrm{d}y}{\mathrm{d}x}+4y=0$ 的通解.

解 特征方程为 $\lambda^2+4\lambda+4=0$,解得 $\lambda_1=\lambda_2=-2$,故所求通解是

$$y=\mathrm{e}^{-2x}(C_1+C_2 x).$$

例 2 求二阶齐次线性微分方程 $\dfrac{\mathrm{d}^2 y}{\mathrm{d}x^2}-5\dfrac{\mathrm{d}y}{\mathrm{d}x}+6y=0$ 满足条件 $y(0)=1$,$y'(0)=2$ 的特解.

解 因为方程 $\dfrac{\mathrm{d}^2 y}{\mathrm{d}x^2}-5\dfrac{\mathrm{d}y}{\mathrm{d}x}+6y=0$ 的特征方程 $\lambda^2-5\lambda+6=0$ 有 2 个不同实根 2 和 3,所以齐次线性微分方程的通解是

$$y=C_1\mathrm{e}^{2x}+C_2\mathrm{e}^{3x},$$

由 $y(0)=1$,$y'(0)=2$,可得 $C_1=1$,$C_2=0$,因此特解是 $y=\mathrm{e}^{2x}$.

4. 二阶常系数非齐次线性微分方程的求解方法

由定理 6.2 我们已经知道，二阶非齐次线性微分方程的通解等于它的对应齐次方程的通解和它本身一个特解之和. 在上一个问题中，我们已经掌握了齐次方程通解的求法，现在问题归结到如何求非齐次方程的一个特解. 本章只介绍用待定系数方法求形如

$$\frac{d^2 y}{dx^2} + p\frac{dy}{dx} + qy = P(x)e^{\alpha x}$$

的二阶非齐次线性方程，其中 $P(x)$ 是多项式，α 是常数. 结论如下：

方程有形式为 $y^*(x) = x^k Q(x) e^{\alpha x}$ 的特解，$Q(x)$ 是与 $P(x)$ 同次的待定多项式，且

$$k = \begin{cases} 0, & \alpha \text{ 不是特征方程的根} \\ 1, & \alpha \text{ 与特征方程的一个根相等} \\ 2, & \alpha \text{ 是特征方程的二重根} \end{cases}$$

例 3 求方程 $\dfrac{d^2 y}{dx^2} - y = \dfrac{1}{2} e^x$ 的通解.

例 3

解 对应齐次方程的特征方程为

$$\lambda^2 - 1 = 0, \text{ 特征根是 } \lambda_1 = 1, \lambda_2 = -1,$$

对应齐次方程的通解为 $\tilde{y} = C_1 e^x + C_2 e^{-x}$，

由于 $\alpha = 1$ 与一个特征根相等，故取 $k = 1$，则方程有形如 $y^* = x^k Q(x) e^{\alpha x} = xa e^x$ 的特解. 将它代入原方程得 $2ae^x + axe^x - axe^x = \dfrac{1}{2} e^x$，从而 $a = \dfrac{1}{4}$，故 $y^* = \dfrac{1}{4} x e^x$，由此得通解

$$y = C_1 e^x + C_2 e^{-x} + \frac{1}{4} x e^x.$$

例 4 求方程 $\dfrac{d^2 y}{dx^2} - 5\dfrac{dy}{dx} = -5x^2 + 2x$ 的通解.

解 所求方程可化为 $\dfrac{d^2 y}{dx^2} - 5\dfrac{dy}{dx} = (-5x^2 + 2x) e^{0x}$ 的形式，

对应齐次方程的特征方程为

$$\lambda^2 - 5\lambda = 0, \lambda(\lambda - 5) = 0,$$

特征根为 $\lambda_1 = 0, \lambda_2 = 5$，齐次方程的通解为

$$\tilde{y} = C_1 + C_2 e^{5x},$$

由于 $\alpha = 0$ 与一个特征根相等，故已知非齐次方程有形如

$$y^* = x(ax^2 + bx + c)$$

的特解. 将它代入已知方程，并比较 x 的同次幂系数，得

$$a = \frac{1}{3}, b = 0, c = 0,$$

故 $y^* = \dfrac{1}{3} x^3$. 由此得通解 $y = C_1 + C_2 e^{5x} + \dfrac{1}{3} x^3$.

习题 6.2

1. 求下列微分方程的通解.

(1) $y'' - 3y' + 2y = 0$;

(2) $y'' - 2y' - 3y = 3x + 1$;

(3) $y'' - 5y' + 6y = x e^{2x}$.

2. 求微分方程 $4y'' + 4y' + y = 0$ 满足条件 $y|_{x=0} = 2$,$y'|_{x=0} = 0$ 时的特解.

3. 求下列微分方程的通解.

(1) $y'' - 2y' + 5y = 0$;

(2) $y'' - 2y' - 3y = x^2 + 2x + 1$.

【本章小结】

一、主要知识点

微分方程、常微分方程的通解和特解、可分离变量的微分方程、一阶线性微分方程、二阶常系数线性微分方程的概念及求解方法.

二、主要数学思想和方法

方程的思想:把问题归结为求未知量,用含未知量的式子建立等量关系,以此求得未知量.

化归与逼近的思想:一阶常微分方程的解法,用积分法求解一阶方程,以变量分离方程为基础,通过适当的变量变换,将非变量分离方程转化为变量分离方程来求解.

三、主要题型及解法

1. 判断常微分方程的形式及阶数.

2. 判断某函数是否为某个微分方程的通解或特解.

3. 求可分离变量微分方程的通解或特解.

4. 求一阶线性微分方程的通解或特解:求一阶线性齐次微分方程的通解用分离变量的方法;求一阶线性非齐次微分方程的通解用常数变易法或公式法.

5. 求二阶常系数线性微分方程的通解:找寻其特征方程和特征根.

【学海拾贝】

常微分方程发展简史

复习题 6

1. 选择题.

(1) 微分方程 $\dfrac{dy}{dx} - 2x = 0$ 的一个特解为( ).

A. $y = x^2$ B. $y = Cx^2$

C. $y = x^2 + C$ D. $y = x^3$

(2) 微分方程 $\dfrac{dy}{dx} - 2y = 0$ 的通解为( ).

A. $y = C\sin 2x$ B. $y = C\cos 2x$

C. $y = Ce^{-2x}$ D. $y = Ce^{2x}$

(3) 微分方程 $x\dfrac{dy}{dx} = y + x^2 (x > 0)$ 的通解为( ).

A. $y = Cx + x^2$ B. $y = x + Cx^2$

C. $y = Cy + y^2$ D. $y = y + Cy^2$

(4) 微分方程 $x\dfrac{dy}{dx} - 2y = x^3 e^x$ 满足条件 $y|_{x=1} = 0$ 的特解是( ).

A. $y = x^2(e^{-x} + e)$ B. $y = x^2(e^{-x} - e)$

C. $y = x^2(e^x - e)$ D. $y = x^2(e^x + e)$

(5) 设 λ 为实常数,方程 $y'' + 2\lambda y' + \lambda^2 y = 0$ 的通解是( ).

A. $C_1 e^{-\lambda x} + C_2$ B. $C_1 \cos\lambda x + C_2 \sin\lambda x$

C. $e^{-\lambda x}(C_1\cos\lambda x + C_2\sin\lambda x)$ D. $(C_1 + C_2 x)e^{-\lambda x}$

2. 填空题.

(1) 微分方程 $\left(\dfrac{dy}{dx}\right)^3 + \dfrac{dy}{dx} - y^2 + x^2 = 0$ 的阶数是_____.

(2) 形如_____的方程称为一阶线性齐次微分方程.

(3) 函数_____是微分方程 $\dfrac{dy}{dx} = 1$ 的通解.

(4) 形如_____的方程称为可分离变量的微分方程.

(5) $y' = \dfrac{2y}{x}$ 的通解为_____.

3. 求微分方程 $y' + y = 0$ 的通解.

4. 求微分方程 $\dfrac{dx}{y} + \dfrac{dy}{x} = 0$ 在 $(3, 4)$ 处的特解.

复习题6答案

专升本真题演练

第 7 章 向量代数与解析几何

学习目标与要求

- 理解向量的概念,掌握向量的坐标表示,会求单位向量、方向余弦及向量在坐标轴上的投影;
- 掌握向量的线性运算,掌握向量的数量积与向量积线性运算的坐标表示;
- 掌握向量平行与垂直的条件;
- 会求平面的点法式方程、一般式方程,会判定两平面间的平行和垂直,会求点到平面的距离;
- 了解并掌握直线的一般式方程,点向式方程和参数式方程,会判定两直线间的平行与垂直.

学习目标与要求

学前引入

本章的重点内容是:向量运算、平面和直线方程.

向量代数与解析几何是数学的基础,如数形关系、利用向量处理问题,所以在本章中,我们比较全面地给出了各种基本概念和基本运算律.例题主要介绍了已知向量表示指定向量,求平面、直线方程的方法,求旋转面的方法等.

知识导图

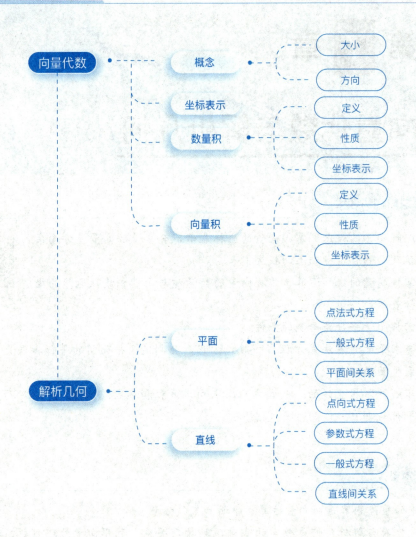

7.1 向量及其线性运算

7.1.1 空间解析几何简介

过空间一定点 O，作三条相互垂直的数轴，依次记为 x 轴（横轴），y 轴（纵轴），z 轴（竖轴），统称为坐标轴，它们构成一个空间直角坐标系 $Oxyz$．空间直角坐标系有右手系和左手系两种，我们通常采用右手系（图 7.1）．

每两条坐标轴确定的平面为坐标面，分别称 xOy 面，yOz 面和 zOx 面．三个坐标面把空间分成八个部分，每一部分称为一个卦限，依次称为第一至第八卦限（图 7.2）．

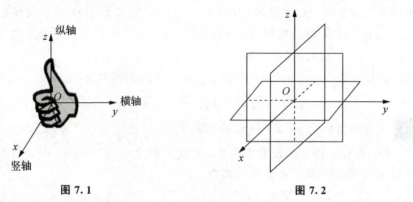

图 7.1　　　　　　　　图 7.2

设点 M 是空间的一点，过点 M 分别作与三条坐标轴垂直的平面，分别交 x 轴，y 轴和 z 轴于点 P，Q 和 R．点 P，Q，R 称为点 M 在坐标轴上的投影．设点 P，Q，R 在三条坐标轴上的坐标依次为 x，y，z，于是点 M 有唯一的确定有序数组 x，y，z．反之，给定有序数组 x，y，z，总能在三条坐标轴上找到以它们为坐标的点 P，Q，R．过这三点分别作垂直于三条坐标轴的平面，三个平面必然交于点 M．由此可见，点 M 和有序数组 x，y，z 之间存在着一一对应的关系．有序数组 x，y，z 就称为点 M 的坐标，记为 $M(x, y, z)$，点 M 的三个分量分别称为点 M 的横坐标，纵坐标和竖坐标（图 7.3）．

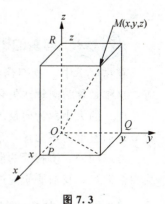

图 7.3

显然，原点 O 的坐标为 $(0, 0, 0)$，x 轴上任意一点的坐标为 $(x, 0, 0)$，y 轴上任意一点的坐标为 $(0, y, 0)$，z 轴上任意一点的坐标为 $(0, 0, z)$．xOy 面上任意一点的坐标为 $(x, y, 0)$，yOz 面上任意一点的坐标为 $(0, y, z)$，zOx 面上任意一点的坐标为 $(x, 0, z)$．各卦限内点的坐标具有见表 7.1 所列的特点：

表 7.1

卦限	坐标
一	(+, +, +)
二	(−, +, +)
三	(−, −, +)
四	(+, −, +)
五	(+, +, −)
六	(−, +, −)
七	(−, −, −)
八	(+, −, −)

容易看出,设空间一点的坐标为 $M(x, y, z)$,它关于 xOy 面的对称点的坐标为 $(x, y, -z)$;关于 x 轴的对称点的坐标为 $(x, -y, -z)$;关于原点的对称点的坐标为 $(-x, -y, -z)$,其他类推.

空间中两点 $A(x_1, y_1, z_1)$,$B(x_2, y_2, z_2)$ 间的距离为
$$d = \sqrt{(x_2-x_1)^2 + (y_2-y_1)^2 + (z_2-z_1)^2}.$$

例 1 求点 $A(x, y, z)$ 到 x 轴的距离.

解 设点 A 在 x 轴上的投影为点 P,则点 P 的坐标为 $(x, 0, 0)$,且线段 AP 的长就是点 A 到 x 轴的距离,由距离公式得
$|AP| = \sqrt{(x-x)^2 + (y-0)^2 + (z-0)^2} = \sqrt{y^2+z^2}$,类似可得 A 点到 y 轴,z 轴的距离.

7.1.2 向量的概念

在物理学中,我们遇到过既有大小又有方向的量,如力、位移、速度、加速度等,这种量称为向量或矢量,一般记为 $\overrightarrow{AB}$,$\overrightarrow{AC}$ 或 $\boldsymbol{a}$,$\boldsymbol{b}$,$\boldsymbol{c}$ 等.

向量的大小称为向量的模,用 $|\overrightarrow{AB}|$ 或 $|\boldsymbol{a}|$ 表示.模为 1 的向量称为单位向量,模为 0 的向量称为零向量,记为 $\boldsymbol{0}$,方向不定.

方向相同,模相等的向量 $\boldsymbol{a}$,$\boldsymbol{b}$ 称为相等向量,记作 $\boldsymbol{a}=\boldsymbol{b}$.可以自由平移的向量称为自由向量,我们所研究的对象都是自由向量.

7.1.3 向量线性运算的几何表示

向量的加法和减法,数与向量的乘法统称为向量的线性运算.

1. 向量的加法

设两个非零向量 $\boldsymbol{a}$,$\boldsymbol{b}$,有共同的起点 O,则以 O 为起点,以 $\boldsymbol{a}$,$\boldsymbol{b}$ 为邻边的平行四边形的对角线 $\overrightarrow{OC}$ 表示向量 $\boldsymbol{a}$,$\boldsymbol{b}$ 与的和,记为 $\boldsymbol{a}+\boldsymbol{b}$(图 7.4).这个法则称为加法的平行四边形法则.

平移向量 b 到向量 a 的终点，以 a 的起点为起点，以 b 的终点为终点的向量也表示 $a+b$，这种方法称为向量加法的三角形法则(图 7.5)，当向量平行时，三角形法则也适用，这个法则可以推广到有限多个向量相加.

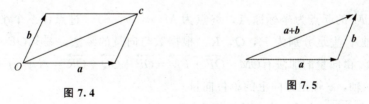

图 7.4　　　　　　　　　　　　图 7.5

向量的加法满足：

交换律　　　　　　　　　$a+b=b+a$，

结合律　　　　　　　　　$(a+b)+c=a+(b+c)$.

2. 向量的减法

与向量 b 的模相等而方向相反的向量称为 b 的负向量，记作 $-b$.

由于 $a-b=a+(-b)$，将向量 a 和 b 的起点移到同一点 O，易得以 b 的终点为起点，以 a 的终点为终点的向量是 $a-b$(图 7.6)，这种方法称为向量减法的三角形法则.

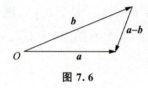

图 7.6

3. 数乘向量

设向量 a 是一个非零向量，λ 是一个非零实数，则向量 a 与 λ 的乘积仍是向量，称为数乘向量，记作 λa，且 λa 的大小为 $|\lambda a|=|\lambda|\cdot|a|$，$\lambda a$ 的方向为

$$\begin{cases} \text{与 } a \text{ 同向}, & \lambda>0 \\ \text{与 } a \text{ 反向}, & \lambda<0 \end{cases}.$$

若 $\lambda=0$ 或 $a=0$，规定 $\lambda a=0$.

数乘向量满足：

结合律　　　　　　　　　$\lambda(\mu a)=(\lambda\mu)a$，

分配律　　　　　　　　　$\lambda(a+b)=\lambda a+\lambda b$；

　　　　　　　　　　　　$(\lambda+\mu)a=\lambda a+\mu a$，

其中 λ,μ 都是常数.

由数乘向量 λa 的定义可知，λa 与 a 是共线向量，也称为平行向量.

7.1.4 向量线性运算的代数表示

1. 向量的坐标表示

设向量 $\overrightarrow{OM}$ 的起点为坐标原点，终点为 $M(x, y, z)$，过点作三个平面分别垂直于三条坐标轴，垂足分别为 P, Q, R，根据数与向量的乘法，易知 $\overrightarrow{OP} = x\boldsymbol{i}$，$\overrightarrow{OQ} = y\boldsymbol{j}$，$\overrightarrow{OR} = z\boldsymbol{k}$. 由向量的加法有 $\overrightarrow{OM} = \overrightarrow{OP} + \overrightarrow{PM} = \overrightarrow{OP} + \overrightarrow{OQ} + \overrightarrow{OR} = x\boldsymbol{i} + y\boldsymbol{j} + z\boldsymbol{k}$. $\boldsymbol{i}, \boldsymbol{j}, \boldsymbol{k}$ 是 x 轴，y 轴，z 轴正方向上的单位向量.

又设 $\boldsymbol{a} = \overrightarrow{M_1 M_2}$ 的起、终点的坐标为 $M_1(x_1, y_1, z_1)$, $M_2(x_2, y_2, z_2)$，则 $\overrightarrow{M_1 M_2} = \overrightarrow{OM_2} - \overrightarrow{OM_1} = (x_2 - x_1)\boldsymbol{i} + (y_2 - y_1)\boldsymbol{j} + (z_2 - z_1)\boldsymbol{k}$，可简记为

$$\boldsymbol{a} = \overrightarrow{M_1 M_2} = a_x \boldsymbol{i} + a_y \boldsymbol{j} + a_z \boldsymbol{k}.$$

> **课中小测验**
>
> 已知向量 $\boldsymbol{a} = \{-5, 4, 2\}$ 的始点为 $(2, -1, 3)$，求其终点的坐标.

课中小测验

2. 向量线性运算的代数表示

设向量 $\boldsymbol{a} = \{a_x, a_y, a_z\}$，$\boldsymbol{b} = \{b_x, b_y, b_z\}$，则

$\boldsymbol{a} \pm \boldsymbol{b} = \{a_x \pm b_x, a_y \pm b_y, a_z \pm b_z\}$，$\lambda \boldsymbol{a} = \{\lambda a_x, \lambda a_y, \lambda a_z\}$.

3. 向量的模与两点间距离公式

设向量 $\overrightarrow{OM} = \{x, y, z\}$，则 $|\overrightarrow{OM}| = \sqrt{x^2 + y^2 + z^2}$.

设空间中两点 $A(x_1, y_1, z_1)$，$B(x_2, y_2, z_2)$，则

$$|\overrightarrow{AB}| = \sqrt{(x_2 - x_1)^2 + (y_2 - y_1)^2 + (z_2 - z_1)^2}.$$

例 2 设向量 $\boldsymbol{a} = \{-3, 4, 2\}$，$\boldsymbol{b} = \{5, -1, 4\}$，求 $2\boldsymbol{a} - \boldsymbol{b}$，$|2\boldsymbol{a} - \boldsymbol{b}|$.

解 $2\boldsymbol{a} - \boldsymbol{b} = \{2 \times (-3) - 5, 2 \times 4 + 1, 2 \times 2 - 4\} = \{-11, 9, 0\}$，

$|2\boldsymbol{a} - \boldsymbol{b}| = \sqrt{(-11)^2 + 9^2} = \sqrt{202}$.

4. 平行向量

设向量 $\boldsymbol{a} = \{a_x, a_y, a_z\}$，$\boldsymbol{b} = \{b_x, b_y, b_z\}$，因为 $\boldsymbol{a} \parallel \boldsymbol{b} \Leftrightarrow \boldsymbol{b} = \lambda \boldsymbol{a}$，即对应分量成比例，从而可得 $\boldsymbol{a} \parallel \boldsymbol{b} \Leftrightarrow \dfrac{a_x}{b_x} = \dfrac{a_y}{b_y} = \dfrac{a_z}{b_z}$.

5. 方向角与方向余弦

非零向量 $\boldsymbol{r} = (x, y, z)$ 与三个坐标轴正向的夹角 α, β, γ 称为 $\boldsymbol{r}$ 的方向角，我们规定 $0 \leqslant \alpha \leqslant \pi$，$0 \leqslant \beta \leqslant \pi$，$0 \leqslant \gamma \leqslant \pi$.

$\cos \alpha = \dfrac{x}{|\boldsymbol{r}|}$，$\cos \beta = \dfrac{y}{|\boldsymbol{r}|}$，$\cos \gamma = \dfrac{z}{|\boldsymbol{r}|}$，$\cos \alpha, \cos \beta, \cos \gamma$ 称为 $\boldsymbol{r}$ 的方向余弦，

由模的知识可知，$\cos^2\alpha + \cos^2\beta + \cos^2\gamma = 1$.

例 3 已知 $M_1(2, 2, \sqrt{2})$，$M_2(1, 3, 0)$，计算 $\overrightarrow{M_1M_2}$ 的方向角和方向余弦.

解 $\overrightarrow{M_1M_2} = (-1, 1, -\sqrt{2})$，$|\overrightarrow{M_1M_2}| = \sqrt{1+1+2} = 2$.

$$\cos\alpha = \frac{-1}{2},\ \cos\beta = \frac{1}{2},\ \cos\gamma = \frac{-\sqrt{2}}{2},$$

所以 $\alpha = \frac{2\pi}{3},\ \beta = \frac{\pi}{3},\ \gamma = \frac{3\pi}{4}$.

6. 向量在坐标轴上的投影

向量 a 在直角坐标系 $O\text{-}xyz$ 中，坐标 a_x，a_y，a_z 就是 a 在三条坐标轴上的投影，记作

$$a_x = \mathbf{Prj}_x a,\quad a_y = \mathbf{Prj}_y a,\quad a_z = \mathbf{Prj}_z a.$$

习题 7.1

1. 在空间直角坐标系中，指出下列各点位置的特点.
$A(0, -1, 0);\quad B(2, -2, 0);\quad C(5, -2, -7).$

2. 求点 $M(-1, 3, -2)$ 到各坐标轴、各坐标面及原点的距离.

3. 在 xOy 面上找一点，使它的横坐标为 1，且与点 $(1, -2, 2)$ 和点 $(2, -1, 4)$ 等距离.

4. 设 $a = \{-1, 4, 2\}$，$b = \{5, -1, 4\}$，$c = \{1, 1, 4\}$，求 $2a - b + 3c$，$|2a - b + 3c|$.

7.2 数量积与向量积

7.2.1 向量的数量积

1. 定义

设 a，b 是两个向量，它们的模及夹角的余弦的乘积称为向量 a 与 b 的数量积或点积或内积，记作 $a \cdot b$，即 $a \cdot b = |a||b|\cos(\widehat{a, b})$（图 7.7）. 其中，$\cos(\widehat{a, b})$ 为向量 a 与 b 正方向之间不超过 $180°$ 的夹角. 依照定义，力 F 所做的功可记为 $W = F \cdot s$.

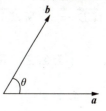

图 7.7

2. 两个向量的数量积的运算性质

(1) $\boldsymbol{a} \cdot \boldsymbol{a} = |\boldsymbol{a}||\boldsymbol{a}|\cos(\widehat{\boldsymbol{a}, \boldsymbol{a}}) = |\boldsymbol{a}|^2$;

(2) $\boldsymbol{a} \cdot \boldsymbol{0} = 0$;

(3) 交换律 $\boldsymbol{a} \cdot \boldsymbol{b} = \boldsymbol{b} \cdot \boldsymbol{a}$;

(4) 结合律 $(\lambda \boldsymbol{a}) \cdot \boldsymbol{b} = \lambda(\boldsymbol{a} \cdot \boldsymbol{b})$;

(5) 分配律 $(\boldsymbol{a} + \boldsymbol{b}) \cdot \boldsymbol{c} = \boldsymbol{a} \cdot \boldsymbol{c} + \boldsymbol{b} \cdot \boldsymbol{c}$.

3. 垂直的充要条件

由定义可知，$\boldsymbol{a} \cdot \boldsymbol{b} = 0$ 的充分必要条件是 $|\boldsymbol{a}| = 0$ 或 $|\boldsymbol{b}| = 0$ 或 $(\widehat{\boldsymbol{a}, \boldsymbol{b}}) = \dfrac{\pi}{2}$. 因此有 $\boldsymbol{a} \perp \boldsymbol{b} \Leftrightarrow \boldsymbol{a} \cdot \boldsymbol{b} = 0$.

课中小测验

设向量 $\boldsymbol{a} = 3\boldsymbol{i} - \boldsymbol{j} + \boldsymbol{k}$，$\boldsymbol{b} = \boldsymbol{i} - 2\boldsymbol{j} - 5\boldsymbol{k}$，证明：$\boldsymbol{a} \perp \boldsymbol{b}$.

课中小测验

4. 数量积的坐标表示与夹角公式

各坐标轴上的单位向量满足 $\boldsymbol{i} \cdot \boldsymbol{i} = 1$，$\boldsymbol{i} \cdot \boldsymbol{j} = 0$，$\boldsymbol{i} \cdot \boldsymbol{k} = 0$，$\boldsymbol{j} \cdot \boldsymbol{j} = 1$，$\boldsymbol{j} \cdot \boldsymbol{k} = 0$，$\boldsymbol{k} \cdot \boldsymbol{k} = 1$，设向量 $\boldsymbol{a} = \{a_x, a_y, a_z\}$，$\boldsymbol{b} = \{b_x, b_y, b_z\}$，则数量积为 $\boldsymbol{a} \cdot \boldsymbol{b} = a_x b_x + a_y b_y + a_z b_z$.

两向量 $\boldsymbol{a}$ 与 $\boldsymbol{b}$ 的夹角为

$$\cos(\widehat{\boldsymbol{a}, \boldsymbol{b}}) = \dfrac{\boldsymbol{a} \cdot \boldsymbol{b}}{|\boldsymbol{a}||\boldsymbol{b}|} = \dfrac{a_x b_x + a_y b_y + a_z b_z}{\sqrt{a_x^2 + a_y^2 + a_z^2}\sqrt{b_x^2 + b_y^2 + b_z^2}} \quad (0 \leqslant \theta \leqslant \pi),$$

若 $\boldsymbol{a} \perp \boldsymbol{b}$，则 $\boldsymbol{a} \cdot \boldsymbol{b} = a_x b_x + a_y b_y + a_z b_z = 0$.

例 1 设向量 $\boldsymbol{a} = 3\boldsymbol{i} - 2\boldsymbol{j} + 3\boldsymbol{k}$，$\boldsymbol{b} = -\boldsymbol{i} + \boldsymbol{j} - 2\boldsymbol{k}$，求 $\boldsymbol{a} \cdot \boldsymbol{b}$.

解 $\boldsymbol{a} \cdot \boldsymbol{b} = 3 \times (-1) + (-2) \times 1 + 3 \times (-2) = -11$.

例 2 已知四点的坐标 $A(1, 2, 3)$，$B(5, -1, 7)$，$C(1, 1, 1)$，$D(3, 3, 2)$，求 $\overrightarrow{AB}$，$\overrightarrow{CD}$ 的夹角的余弦.

解 因 $\overrightarrow{AB} = \{4, -3, 4\}$，$\overrightarrow{CD} = \{2, 2, 1\}$，$\overrightarrow{AB} \cdot \overrightarrow{CD} = 6$，$|\overrightarrow{AB}| = \sqrt{41}$，$|\overrightarrow{CD}| = 3$，所以 $\overrightarrow{AB}$，$\overrightarrow{CD}$ 的夹角的余弦为 $\cos \theta = \dfrac{\overrightarrow{AB} \cdot \overrightarrow{CD}}{|\overrightarrow{AB}||\overrightarrow{CD}|} = \dfrac{6}{\sqrt{41} \cdot 3} = \dfrac{2}{\sqrt{41}}$.

7.2.2 向量的向量积

向量的向量积

1. 定义

两个向量 $\boldsymbol{a}$ 与 $\boldsymbol{b}$ 的向量积称为叉积或称外积，记作 $\boldsymbol{a} \times \boldsymbol{b}$，可按下列方

式确定：

(1) 模 $|a \times b| = |a| \cdot |b| \sin (\widehat{a, b})$.

(2) 方向 $a \times b \perp a$，$a \times b \perp b$，即 $a \times b$ 垂直于 a 与 b 所确定的平面，且 a，b，$a \times b$ 构成右手系(图 7.8).

易知，$i \times j = k$，$j \times k = i$，$k \times i = j$，$k \times k = 0$，$i \times i = 0$，$j \times j = 0$，$|a \times b|$ 等于以 a，b 为邻边的平行四边形的面积.

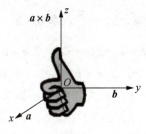

图 7.8

2. 向量积的坐标表示

设 $a = \{a_x, a_y, a_z\}$，$b = \{b_x, b_y, b_z\}$，则向量积为

$$a \times b = \begin{vmatrix} i & j & k \\ a_x & a_y & a_z \\ b_x & b_y & b_z \end{vmatrix}$$

$$= (a_y b_z - a_z b_y) i + (a_z b_x - a_x b_z) j + (a_x b_y - a_y b_x) k.$$

课中小测验

已知 $|a| = 1$，$|b| = 5$，$a \cdot b = 3$，则 $|a \times b| =$ _____.

课中小测验

例 3 设向量 $a = 2i - j + k$，$b = i - 2j - 5k$，求 $a \times b$.

解 $a \times b = \begin{vmatrix} i & j & k \\ 2 & -1 & 1 \\ 1 & -2 & -5 \end{vmatrix}$

$= (-1)(-5)i + 2(-2)k + j - (-k) - 2(-5)j - 1(-2)i = 7i + 11j - 3k$.

例 4 求以 $A(1, 2, 3)$，$B(5, -1, 7)$，$C(1, 1, 1)$ 为顶点的三角形 ABC 的面积.

解 由向量积的定义可知，$S_{\triangle ABC} = \dfrac{1}{2} |\overrightarrow{AB} \times \overrightarrow{AC}|$，而 $\overrightarrow{AB} = \{4, -3, 4\}$，$\overrightarrow{AC} = \{0, -1, -2\}$，于是 $\overrightarrow{AB} \times \overrightarrow{AC} = \begin{vmatrix} i & j & k \\ 4 & -3 & 4 \\ 0 & -1 & -2 \end{vmatrix} = 10i + 8j - 4k$，从而所求三角形的面

积为 $S_{\triangle ABC} = \dfrac{1}{2} |\overrightarrow{AB} \times \overrightarrow{AC}| = 3\sqrt{5}$.

习题 7.2

习题 7.2 答案

1. 已知 $|a|=3$，$|b|=1$，$(\widehat{a,b}) = \dfrac{\pi}{3}$，求 $a \cdot b$.
2. 设向量 $a = 2i - j + k$，$b = i - 2j - 5k$，求 $a \cdot b$，$(2a + 3b) \cdot (a - b)$，$a \times b$.
3. 设 $a = i - j + k$ 与 b 平行，且 $a \cdot b = -9$，求 b.
4. 求既垂直于向量 $a = 2i + j + k$ 又垂直于 x 轴上的向量的单位向量.
5. 求以 $A(3, 4, 1)$，$B(2, 3, 0)$，$C(3, 5, 1)$，$D(2, 4, 0)$ 为顶点的四边形的面积.

7.3 平面及其方程

1. 平面的点法式方程

平面的点法式方程

设点 $M_0(x_0, y_0, z_0)$ 是平面 π 上的一个定点，向量 $\boldsymbol{n} = \{A, B, C\} \neq \boldsymbol{0}$ 是平面 π 的一个法向量（垂直于平面的非零向量），点 $M(x, y, z)$ 是平面 π 上任意一点（图 7.9）.

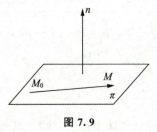

图 7.9

向量 $\overrightarrow{M_0M} = \{x - x_0, y - y_0, z - z_0\}$ 在平面 π 上，故 $\boldsymbol{n} \perp \overrightarrow{M_0M}$. 于是由向量垂直的充要条件，有 $\boldsymbol{n} \cdot \overrightarrow{M_0M} = 0$，即

$$A(x - x_0) + B(y - y_0) + C(z - z_0) = 0, \quad (7.1)$$

这个方程称为平面 π 的点法式方程.

 课中小测验

求过点 $A(1, 2, 0)$ 且与向量 $\boldsymbol{\alpha} = \{2, -1, 1\}$ 垂直的平面方程.

课中小测验

例 1 求过三点 $A(1, -1, -2)$, $B(-1, 2, 0)$, $C(1, 3, 1)$ 的平面方程.

解 设三点 A, B, C 确定的平面为 π, 故向量 $\overrightarrow{AB}$, $\overrightarrow{AC}$ 均在平面 π 上. 根据向量积的概念及立体几何的知识, 向量积 $\overrightarrow{AB} \times \overrightarrow{AC}$ 既垂直于 $\overrightarrow{AB}$ 又垂直于 $\overrightarrow{AC}$, 从而垂直于平面 π, 因此 $\overrightarrow{AB} \times \overrightarrow{AC}$ 就是平面 π 的一个法向量. $\overrightarrow{AB} = \{-2, 3, 2\}$, $\overrightarrow{AC} = \{0, 4, 3\}$, 于是,

$$\overrightarrow{AB} \times \overrightarrow{AC} = \begin{vmatrix} \boldsymbol{i} & \boldsymbol{j} & \boldsymbol{k} \\ -2 & 3 & 2 \\ 0 & 4 & 3 \end{vmatrix} = \boldsymbol{i} + 6\boldsymbol{j} - 8\boldsymbol{k}.$$

不妨在平面 π 上选一点 $A(1, -1, -2)$, 由平面的点法式方程, 可得 $(x-1) + 6(y+1) - 8(z+2) = 0$, 化简得 $x + 6y - 8z - 11 = 0$.

2. 平面的一般式方程

在式(7.1)中令 $D = -(Ax_0 + By_0 + Cz_0)$ 那么式(7.1)便能写成

$$Ax + By + Cz + D = 0 \quad (\text{其中 } A, B, C \text{ 不全为 } 0). \tag{7.2}$$

式(7.2)就称为平面的一般式方程, 其法向量为 $\boldsymbol{n} = \{A, B, C\}$.

例 2 求过三点 $A(1, -1, -2)$, $B(-1, 2, 0)$, $C(1, 3, 1)$ 的平面方程.

解 由平面的一般式方程 $Ax + By + Cz + D = 0$, 将 A, B, C 三点的坐标代入, 可得

$$\begin{cases} A - B - 2C + D = 0 \\ -A + 2B + D = 0 \\ A + 3B + D = 0 \end{cases}, \text{解方程得 } A = -\frac{D}{11}, B = -\frac{6D}{11}, C = \frac{8D}{11},$$

由于 A, B, C 不全为 0, 从而 D 也不为 0.

这时平面方程为 $-\frac{D}{11}x - \frac{6D}{11}y + \frac{8D}{11}z + D = 0$, 化简得 $x + 6y - 8z - 11 = 0$.

例 3 求过三点 $P(a, 0, 0)$, $Q(0, b, 0)$, $R(0, 0, c)$ 的平面方程(图 7.10)($abc \neq 0$).

解 仿照上一例, 可得平面方程为 $\frac{x}{a} + \frac{y}{b} + \frac{z}{c} = 1.$ \qquad (7.3)

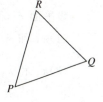

图 7.10

式(7.3)称为平面的截距式方程, 平面与三条坐标轴的交点的坐标 a, b, c 称为平面在坐标轴上的截距.

3. 平面方程的特点

(1) $D = 0$ 时, $Ax + By + Cz = 0$, 平面过坐标原点. 有

$A = 0$ 时, $By + Cz = 0$, 无 x 项, 平面过 x 轴,

$B = 0$ 时, $Ax + Cz = 0$, 无 y 项, 平面过 y 轴,

$C = 0$ 时, $Ax + By = 0$, 无 z 项, 平面过 z 轴.

(2) $D \neq 0$ 时, 有

$A=0$ 时，$By+Cz+D=0$，无 x 项，平面平行于 x 轴，
$B=0$ 时，$Ax+Cz+D=0$，无 y 项，平面平行于 y 轴，
$C=0$ 时，$Ax+By+D=0$，无 z 项，平面平行于 z 轴.
（3）A，B，C 中有两个为 0 时，有
$x=k$，平面平行于 yOz 平面，
$y=k$，平面平行于 xOz 平面，
$z=k$，平面平行于 xOy 平面.

> **课中小测验**
>
> 分别说出 $x=0$，$y=0$，$z=0$ 表示的图形.

例 4 分别画出 $z=5$，$y+z=1$ 的图形.

解 $z=5$ 表示平行于 xOy 平面，且在 z 轴上的截距为 5 的平面（图 7.11）.
$y+z=1$ 表示平行于 x 轴且在 yOz 平面上的交线是 $y+z=1$ 的平面（图 7.12）.

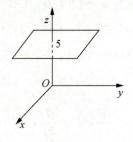

图 7.11

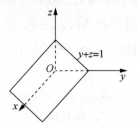

图 7.12

4. 平面与平面间位置关系

两平面的法线向量间的夹角（通常指锐角或直角）称为两平面间的夹角.
设平面 π_1 和平面 π_2 的法线向量依次为 (A_1, B_1, C_1) 和 (A_2, B_2, C_2)，易知：
（1）π_1 和 π_2 相互垂直的充要条件为 $A_1 A_2 + B_1 B_2 + C_1 C_2 = 0$.
（2）π_1 和 π_2 相互平行或重合的充要条件为 $\dfrac{A_1}{A_2} = \dfrac{B_1}{B_2} = \dfrac{C_1}{C_2}$.

π_1 和 π_2 夹角 θ 的余弦公式 $\cos \theta = \dfrac{|A_1 A_2 + B_1 B_2 + C_1 C_2|}{\sqrt{A_1^2 + B_1^2 + C_1^2} \sqrt{A_2^2 + B_2^2 + C_2^2}}$.

5. 点到平面的距离

设点 $P_0(x_0, y_0, z_0)$ 是平面 $\pi: Ax + By + Cz + D = 0$ 外一点，则点 P_0 到平面 π 的距离 $d = \dfrac{|Ax_0 + By_0 + Cz_0 + D|}{\sqrt{A^2 + B^2 + C^2}}$.

习题 7.3

习题 7.3 答案

1. 指出下列平面的位置特点.
   (1) $2x + z + 1 = 0$；
   (2) $y - z = 0$；
   (3) $9y - 1 = 0$.

2. 求过 $A(2, 3, 0)$，$B(-2, -3, 4)$，$C(0, 6, 0)$ 三点的平面方程.

3. 求过 $A(1, 2, -1)$，$B(-5, 2, 7)$ 两点且与 x 轴平行的平面方程.

4. 求过 z 轴和点 $M(-3, 1, -2)$ 的平面方程.

5. 求两平面 $x - y + 2z - 6 = 0$ 和 $2x + y + z - 5 = 0$ 的夹角.

6. 求点 $(1, 2, 1)$ 到平面 $x + 2y + 2z - 10 = 0$ 的距离.

7.4 空间直线及其方程

1. 直线方程的一般形式

设不平行平面 $A_1 x + B_1 y + C_1 z + D_1 = 0$ 和 $A_2 x + B_2 y + C_2 z + D_2 = 0$ 的交线为 l，则方程组

$$\begin{cases} A_1 x + B_1 y + C_1 z + D_1 = 0 \\ A_2 x + B_2 y + C_2 z + D_2 = 0 \end{cases} \tag{7.4}$$

是直线 l 的方程，式(7.4)称为直线的一般方程.

2. 直线的对称式方程与参数方程

由立体几何可知，过空间一点作平行于已知直线的直线是唯一的. 因此，如果知道直线上一点及与直线平行的某一非零向量，那么该直线的位置也就完全确定.

为简便，以后凡是与直线平行的非零向量都称为直线的方向向量，任意方向向量的坐标称为直线的一组方向数. 显然，一条直线的方向向量有无穷多个，它们之间相互平行.

设点 $M_0(x_0, y_0, z_0)$ 是直线 l 上的一个定点，向量 $\boldsymbol{s} = \{m, n, p\}$ 是直线 l 的一个方向向量，点 $M(x, y, z)$ 是直线 l 上任意一点，则有 $\overrightarrow{M_0 M} \parallel \boldsymbol{s}$. 根据向量平行的充要条件，有

$$\frac{x - x_0}{m} = \frac{y - y_0}{n} = \frac{z - z_0}{p}. \tag{7.5}$$

式(7.5)称为直线的对称式方程或称直线的点向式方程.

注 在式(7.5)中，若有个别分母为零，应理解为相应的分子也为零．例如，$m=0(n\neq 0, p\neq 0)$，即式(7.5)为 $\dfrac{x-x_0}{0}=\dfrac{y-y_0}{n}=\dfrac{z-z_0}{p}$ 时，应理解为 $\begin{cases} x-x_0=0 \\ \dfrac{y-y_0}{n}=\dfrac{z-z_0}{p} \end{cases},$

如果引入参数 t，令 $\dfrac{x-x_0}{m}=\dfrac{y-y_0}{n}=\dfrac{z-z_0}{p}=t$，则有

$$\begin{cases} x=x_0+mt \\ y=y_0+nt \\ z=z_0+pt \end{cases}. \tag{7.6}$$

式(7.6)称为直线的参数方程，t 称为参数．

课中小测验

求过点 $(1, 2, 4)$ 与平面 $z=2x+y+6$ 垂直的直线方程．

课中小测验

例 1 求过点 $A(1, 0, 1)$ 和 $B(-2, 1, 1)$ 的直线方程．

解 向量 $\overrightarrow{AB}=\{-3, 1, 0\}$ 是所求直线的一个方向向量，因此由直线方程的点向式，可得所求直线方程为 $\dfrac{x-1}{-3}=\dfrac{y}{1}=\dfrac{z-1}{0}$，

即 $\begin{cases} z=1 \\ x+3y-1=0 \end{cases}.$

例 2 把直线 l 的一般方程 $\begin{cases} 2x-4y+z=0 \\ 3x-y-2z+9=0 \end{cases}$ 化为直线的点向式方程和参数方程．

解 先在直线 l 上找一点 (x_0, y_0, z_0)．取 $x_0=0$ 代入直线 l 的一般方程中，得 $\begin{cases} -4y+z=0 \\ y+2z=9 \end{cases}$，解该方程组，求得 $y_0=1, z_0=4$，则点 $(0, 1, 4)$ 在该直线上．

因为直线 l 是两个平面的交线，故直线 l 与两个平面的法向量 $\boldsymbol{n}_1=\{2, -4, 1\}$ 和 $\boldsymbol{n}_2=\{3, -1, -2\}$ 都垂直，即与向量积 $\boldsymbol{n}_1\times\boldsymbol{n}_2$ 平行，从而向量 $\boldsymbol{n}_1\times\boldsymbol{n}_2$ 是直线 l 的一个方向向量，而

$$\boldsymbol{n}_1\times\boldsymbol{n}_2=\begin{vmatrix} \boldsymbol{i} & \boldsymbol{j} & \boldsymbol{k} \\ 2 & -4 & 1 \\ 3 & -1 & -2 \end{vmatrix}=9\boldsymbol{i}+7\boldsymbol{j}+10\boldsymbol{k}.$$

所以，直线 l 的点向式方程为 $\dfrac{x}{9}=\dfrac{y-1}{7}=\dfrac{z-4}{10}$，

参数方程为 $\begin{cases} x = 9t \\ y = 1 + 7t \\ z = 4 + 10t \end{cases}$.

3. 直线与直线的位置关系

两直线的方向向量的夹角(通常指锐角或直角)称为两直线的夹角.

设两直线 L_1, L_2 的方向向量分别为 (m_1, n_1, p_1), (m_2, n_2, p_2), 易知:

(1) 直线 L_1, L_2 相互垂直的充要条件为 $m_1 m_2 + n_1 n_2 + p_1 p_2 = 0$.

(2) 直线 L_1, L_2 相互平行或重合的充要条件为 $\dfrac{m_1}{m_2} = \dfrac{n_1}{n_2} = \dfrac{p_1}{p_2}$.

(3) 直线 L_1, L_2 夹角 θ 的余弦公式 $\cos\theta = \dfrac{|m_1 m_2 + n_1 n_2 + p_1 p_2|}{\sqrt{m_1^2 + n_1^2 + p_1^2}\sqrt{m_2^2 + n_2^2 + p_2^2}}$.

习题 7.4

习题 7.4 答案

1. 求满足下列条件的直线方程.

(1) 过点 $(2, -1, 4)$, 且与直线 $\dfrac{x-1}{3} = \dfrac{y}{-1} = \dfrac{z+1}{2}$ 平行;

(2) 过点 $(2, -3, 5)$, 且与平面 $9x - 4y + 2z - 1 = 0$ 垂直;

(3) 过点 $(3, 4, -4)$ 和 $(3, -2, 2)$.

2. 用点向式方程及参数方程表示直线 $\begin{cases} x + 2y - z - 6 = 0 \\ 2x - y + z - 1 = 0 \end{cases}$.

3. 求直线 $\dfrac{x-1}{1} = \dfrac{y}{-4} = \dfrac{z+3}{1}$ 和直线 $\dfrac{x}{2} = \dfrac{y+2}{-2} = \dfrac{z}{-1}$ 的夹角.

【本章小结】

一、主要知识点

向量、单位向量、方向余弦、向量的坐标表示与线性运算、向量在坐标轴上的投影、向量的平行与垂直、数量积与向量积、平面的点法式方程和一般式方程、直线的一般式方程、对称式方程和参数式方程、点到平面的距离公式、平面的垂直和平行、直线的垂直和平行.

二、主要数学思想和方法

数形结合的思想: 通过坐标把空间中的点和向量一一对应起来, 把空间中的图形和方程对应起来, 从而用代数的方法来研究几何问题.

三、主要题型及解法

1. 向量及其运算.

2. 求数量积与向量积.

3. 判断向量间的关系：利用 $a \parallel b \Leftrightarrow a \times b = 0$，$a \perp b \Leftrightarrow a \cdot b = 0$.

4. 求平面方程：点法式或者一般式.

5. 求直线方程：一般式、对称式或者参数式.

6. 判断平面间位置关系、直线间位置关系.

【学海拾贝】

解析几何的广泛应用

解析几何的广泛应用

复习题 7

1. 选择题.

(1) 下列等式中正确的是(　　).

A. $a \cdot b = b \cdot a$ 　　　　　B. $a \times b = b \times a$

C. $a|a| = a^2$ 　　　　　D. $a \cdot (b \cdot b) = -a \cdot b^2$

(2) 已知两点 $A(3,1,1)$，$B(2,0,1)$，则与向量 $\overrightarrow{AB}$ 同方向的单位向量是(　　).

A. $\left(\dfrac{1}{\sqrt{2}}, \dfrac{1}{\sqrt{2}}, 0\right)$ 　　　　　B. $\left(\dfrac{-1}{\sqrt{2}}, \dfrac{-1}{\sqrt{2}}, 0\right)$

C. $\left(\dfrac{1}{\sqrt{2}}, 0, \dfrac{1}{\sqrt{2}}\right)$ 　　　　　D. $\left(\dfrac{-1}{\sqrt{2}}, 0, \dfrac{-1}{\sqrt{2}}\right)$

(3) 已知直线 L 的方程为 $\begin{cases} x - y + z = 1 \\ 2x + y + z = 4 \end{cases}$，则 L 的参数方程为(　　).

A. $\begin{cases} x = 1 - 2t \\ y = 1 + t \\ z = 1 + 3t \end{cases}$ 　　　　　B. $\begin{cases} x = 1 - 2t \\ y = -1 + t \\ z = 1 + 3t \end{cases}$

C. $\begin{cases} x = 1 - 2t \\ y = 1 - t \\ z = 1 + 3t \end{cases}$ 　　　　　D. $\begin{cases} x = 1 - 2t \\ y = -1 - t \\ z = 1 + 3t \end{cases}$

(4) 已知一平面过原点和直线 $\begin{cases} 4x - y + 3z = 1 \\ x + 5y - z = -2 \end{cases}$，则平面方程为（　　）.

A. $9x - 3y + 5z = 0$ 　　　　　　B. $9x + 3y - 5z = 0$

C. $9x + 3y + 5z = -1$ 　　　　　D. $9x + 3y + 5z = 0$

(5) 直线 $\dfrac{x+3}{-2} = \dfrac{y+4}{-7} = \dfrac{z}{3}$ 与平面 $4x - 2y - 2z = 3$ 的位置关系是（　　）.

A. 平行 　　　　　　　　　　　　B. 垂直相交

C. 直线在平面上 　　　　　　　　D. 相交但不垂直

(6) 平面 $x + 2y + 3z = 0$ 与平面 $3x + 6y + 9z = 1$ 的位置关系是（　　）.

A. 平行 　　　　　　　　　　　　B. 相交

C. 重合 　　　　　　　　　　　　D. 不能确定

2. 填空题.

(1) 设 $\boldsymbol{a}$，$\boldsymbol{b}$ 为向量，若 $|\boldsymbol{a}|=2$，$|\boldsymbol{b}|=3$，$\boldsymbol{a}$，$\boldsymbol{b}$ 的夹角为 $\dfrac{\pi}{3}$，则 $\boldsymbol{a} \cdot \boldsymbol{b} = $ _____.

(2) 已知两点 $A(2, 2, \sqrt{2})$，$B(1, 3, 0)$，则向量的模 $|\overrightarrow{AB}| = $ _____.

(3) 已知两向量 $\boldsymbol{a} = (-1, 2, t)$，$\boldsymbol{b} = (1, -2, 1)$ 垂直，则 $t = $ _____.

(4) 设向量 $\boldsymbol{a} \neq 0$，则与向量 $\boldsymbol{a}$ 同方向的单位向量 $\boldsymbol{e} = $ _____.

(5) 已知两向量 $\boldsymbol{a} = (1, 1, -4)$，$\boldsymbol{b} = (1, -2, 2)$，则 $\boldsymbol{a}$ 在 $\boldsymbol{b}$ 上的投影为 _____.

(6) 已知两向量 $\boldsymbol{a} = (1, 2, 1)$，$\boldsymbol{b} = (2, 2, 1)$，则 $\boldsymbol{a}$ 与 $\boldsymbol{b}$ 夹角的余弦为 _____.

(7) 过点 $(3, 2, 1)$ 与直线 $x = y = z$ 垂直的平面方程为 _____.

3. 计算题.

(1) 求过点 $(2, -3, 0)$，且以 $(1, -2, 3)$ 为法线向量的平面方程.

(2) 求两平面 $x - y + 2z = 6$ 和 $2x + y + z = 5$ 的夹角.

(3) 求点 $(1, 2, 1)$ 到平面 $x + 2y + 2z - 10 = 0$ 的距离.

(4) 求过点 $(0, 2, 4)$ 且与两平面 $x + 2z = 1$ 和 $y - 3z = 2$ 平行的直线方程.

复习题7答案

专升本真题演练

第 8 章

多元函数微积分

学习目标与要求

○ 理解多元函数的概念，理解二元函数的几何意义；
○ 了解二元函数的极限与连续性的概念，以及有界闭区域上连续函数的性质；
○ 理解多元函数偏导数和全微分的概念，会求全微分，了解全微分存在的必要条件和充分条件，了解全微分形式的不变性，了解全微分在近似计算中的应用；
○ 掌握多元复合函数偏导数的求法；
○ 会求隐函数（包括由方程组确定的隐函数）的偏导数；
○ 理解多元函数极值和条件极值的概念，掌握多元函数极值存在的必要条件，了解二元函数极值存在的充分条件，会求二元函数的极值，会用拉格朗日乘数法求条件极值，会求简单多元函数的最大值和最小值，并会解决一些简单的应用问题；
○ 理解二重积分，了解重积分的性质，了解二重积分的中值定理；
○ 掌握二重积分（直角坐标、极坐标）的计算方法；
○ 掌握在绿色发展问题、碳达峰和碳中和等问题中体现的多元函数微分学模型，深刻理解通过古诗词体现数学概念同时，体现民族文化自信．

学前引入

人们常常说的函数是因变量与一个自变量之间的关系，即因变量的值只依赖于一个自变量，称为一元函数．但在许多实际问题中往往需要研究因变量与几个自变量之间的关系，即因变量的值依赖于几个自变量，如某种商品的市场需求量不仅仅与其市场价格有关，而且与消费者的收入以及这种商品的其他代用品的价格等因素有关，即决定该商品需求量的因素不止一个而是多个．要全面研究这类问题，就需要引入多元函数的概念．本章将在一元函数微分学的基础上，讨论多元函数的微分法及其应用．让我们一起学习吧！

知识导图

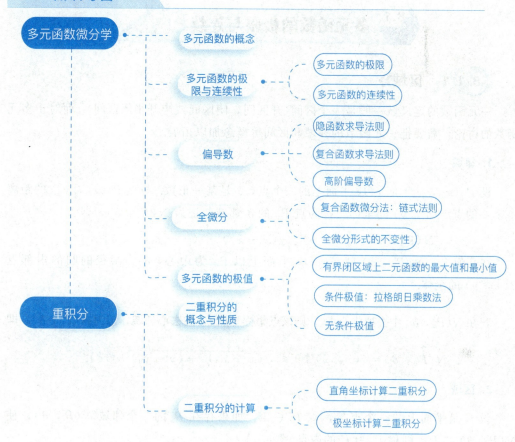

8.1 多元函数的极限与连续

8.1.1 区域

一元函数的定义域一般是一个区间(开区间,闭区间或半开半闭区间). 而对于多元函数的讨论,需要把一元函数的邻域和区间等概念加以拓展.

1. 邻域

设 $P_0(x_0, y_0)$ 是 xOy 平面上的一个点,δ 是某一正数. 与点 $P_0(x_0, y_0)$ 的距离小于 δ 的点 $P(x, y)$ 的全体,称为点 P_0 的 δ **邻域**,记为 $N(P_0, \delta)$,即

$$N(P_0, \delta) = \{(x, y) \mid \sqrt{(x-x_0)^2 + (y-y_0)^2} < \delta\}.$$

在几何上,$N(P_0, \delta)$ 就是 xOy 平面上以 P_0 为中心,δ 为半径的圆的内部点 $P(x, y)$ 的全体.

若在 $N(P_0, \delta)$ 中去掉中心 P_0,则该点集称为点 P_0 的**去心邻域**,记为 $N(\hat{P_0}, \delta)$,即

$$N(\hat{P_0}, \delta) = \{(x, y) \mid 0 < \sqrt{(x-x_0)^2 + (y-y_0)^2} < \delta\}.$$

2. 区域

设 E 是平面上的一个点集,点 $P \in E$. 如果存在 P 的一个邻域 $N(P, \delta)$,使 $N(P, \delta) \subset E$,则称 P 为 E 的内点(图 8.1).

如果点 P 的任何一个邻域内既有属于 E 的点又有不属于 E 的点,则称 P 为 E 的边界点. E 的边界点的全体,称为 E 的边界(图 8.2).

图 8.1 图 8.2

如果点集 E 每一个点都是内点,则称 E 为**开集**.

设 E 是开集,如果对于 E 内的任意两点,都可以用折线连接起来,且该折线上的点都属于点集 E,则称 E 是**单连通的**.

连通的开集称为**区域**或**开区域**. 开区域连同它的边界一起称为**闭区域**. 例如,$\{(x, y) \mid x^2 + y^2 < 1\}$ 是开区域,而 $\{(x, y) \mid x^2 + y^2 \leqslant 1\}$ 是闭区域.

如果存在正数 K,使某区域 E 包含于以原点为中心以 K 为半径的圆内,则称 E 是**有界区域**. 否则为**无界区域**.

8.1.2 二元函数

定义8.1

1. 定义

定义 8.1

设 D 是一平面点集,如果对于 D 中每个点 $P(x,y)$,变量 z 按照一定的法则总有确定的数值和它们对应,则称变量 z 是变量 x,y 的二元函数.记作
$$z=f(x,y),$$
其中,x,y 称为自变量,z 为因变量,x,y 的变化范围 D 称为函数的定义域.设点 $(x_0,y_0)\in D$,则 $f(x_0,y_0)$ 称为 $f(x,y)$ 在点 (x_0,y_0) 处的函数值,函数值的全体称为值域.

二元函数的定义域是指使函数有意义的一切点组成的平面点集.

例 1 求函数 $z=\ln(x+y)$ 的定义域.

解 当 $x+y>0$ 时,函数 z 有意义,所以函数的定义域为
$$D=\{(x,y)\mid x+y>0\}(图 8.3).$$

例1

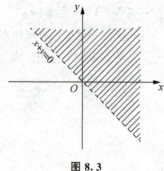

图 8.3

2. 二元函数的几何图形

设函数 $z=f(x,y)$ 的定义域是 xOy 坐标面上的一个点集 D,对于 D 上每一点 $P(x,y)$,对应的函数值为 $z=f(x,y)$. 这样,在空间直角坐标系下,以 x 为横坐标,y 为纵坐标,$z=f(x,y)$ 为竖坐标,在空间就确定了一个点 $M(x,y,z)$. 当点 $P(x,y)$ 在 D 上变动时,点 $M(x,y,z)$ 就相应地在空间变动,一般说来,它的轨迹是一个曲面,这个曲面就称为二元函数 $z=f(x,y)$ 的图形(图 8.4).

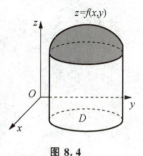

图 8.4

例 2 函数 $z = \sqrt{1-x^2-y^2}$ 的图形.

解 图形是以原点为球心，以 1 为半径的上半球面.

3. 多元函数

设有 $n+1$ 个变量 $z, x_1, x_2, \cdots, x_n$，如果对于 $x_1, x_2, \cdots, x_n$ 所能取的一组值 $(x_1, x_2, \cdots, x_n)$，z 按一定的对应法则，总有确定的值与之对应，则称 z 是 $x_1, x_2, \cdots, x_n$ 的 n 元函数，记作

$$z = f(x_1, x_2, \cdots, x_n),$$

其中，$x_1, x_2, \cdots, x_n$ 为自变量，z 为因变量.

本章重点讨论二元函数，由二元函数所得出的结论都可以推广到多元函数.

二元函数的极限

8.1.3 二元函数的极限

定义 8.2

设函数 $z = f(x, y)$ 在 $\overset{\frown}{N(P_0, \delta)}$ 内有定义，$P(x, y)$ 是 $\overset{\frown}{N(P_0, \delta)}$ 内的任意一点. 如果存在一个确定的常数 A，点 $P(x, y)$ 以任何方式趋向于定点 $P_0(x_0, y_0)$ 时，函数 $f(x, y)$ 都无限地趋近于 A，则称常数 A 为函数 $z = f(x, y)$，当 $P \to P_0$（或 $x \to x_0, y \to y_0$）时的极限，记作

$$\lim_{P \to P_0} f(x, y) = A \quad 或 \quad \lim_{\substack{x \to x_0 \\ y \to y_0}} f(x, y) = A.$$

定义 8.3

二元函数极限的"$\varepsilon - \delta$"定义为：

设函数 $z = f(x, y)$ 在 $\overset{\frown}{N(P_0, \delta)}$ 内有定义，如果对于任意给定的正数 ε，总存在正数 δ，使得对于符合不等式

$$0 < \sqrt{(x-x_0)^2 + (y-y_0)^2} < \delta$$

的一切点 $P(x, y)$ 都有

$$|f(x, y) - A| < \varepsilon,$$

则称常数 A 为二元函数 $z = f(x, y)$，当 $P \to P_0$（或 $x \to x_0, y \to y_0$）时的极限.

需要特别注意的是：

（1）二元函数的极限存在，是指点 $P(x, y)$ 以任何方式趋向于 $P_0(x_0, y_0)$ 时，函数都无限趋近于同一常数 A.

(2) 如果点 $P(x, y)$ 以一种特殊方式,如沿某一条直线或定曲线趋向于 $P_0(x_0, y_0)$ 时,即使函数无限趋近于某一确定的值,我们也不能断定函数的极限存在.

(3) 如果当点 $P(x, y)$ 以不同方式趋向于 $P_0(x_0, y_0)$ 时,函数趋向于不同的数值,则可断定函数的极限不存在.

例 3 讨论二元函数

$$f(x, y) = \begin{cases} \dfrac{xy}{x^2 + y^2}, & x^2 + y^2 \neq 0 \\ 0, & x^2 + y^2 = 0 \end{cases},$$

当 $P(x, y) \to (0, 0)$ 时的极限是否存在.

解 当 $P(x, y)$ 沿直线 $y = \lambda x$ 趋于原点 $(0, 0)$ 时,

$$\lim_{\substack{x \to 0 \\ y \to 0}} f(x, y) = \lim_{x \to 0} \frac{\lambda x^2}{x^2 + (\lambda x)^2} = \frac{\lambda}{1 + \lambda^2}.$$

可见,当 $P(x, y)$ 沿直线 $y = \lambda x$ 趋于原点 $(0, 0)$ 时,函数 $f(x, y)$ 的变化趋势与 λ 有关,它随着 λ 的变化而变化,所以当 $P(x, y)$ 趋于 $(0, 0)$ 时,$f(x, y)$ 的极限不存在.

例 4 计算下列函数的极限.

(1) $\lim\limits_{\substack{x \to 0 \\ y \to 1}} \dfrac{1}{x + y}$; (2) $\lim\limits_{\substack{x \to 0 \\ y \to 0}} \dfrac{\sin(x^2 y)}{xy}$.

例 4

解 (1) $\lim\limits_{\substack{x \to 0 \\ y \to 1}} \dfrac{1}{x + y} = \dfrac{1}{0 + 1} = 1$;

(2) $\lim\limits_{\substack{x \to 0 \\ y \to 0}} \dfrac{\sin(x^2 y)}{xy} = \lim\limits_{\substack{x \to 0 \\ y \to 0}} \dfrac{\sin(x^2 y)}{x^2 y} x = \lim\limits_{\substack{x \to 0 \\ y \to 0}} \dfrac{\sin(x^2 y)}{x^2 y} \cdot \lim\limits_{x \to 0} x = 1 \cdot 0 = 0.$

8.1.4 二元函数的连续性

定义 8.4

设二元函数 $z = f(x, y)$ 在 $N(P_0, \delta)$ 内有定义,若

$$\lim_{\substack{x \to x_0 \\ y \to y_0}} f(x, y) = f(x_0, y_0),$$

则称函数 $z = f(x, y)$ 在点 $P_0(x_0, y_0)$ 连续.

定义 8.5

如果函数 $f(x,y)$ 在区域 D 上每一点都连续，则称它在区域 D 上连续.

函数的不连续点称为函数的**间断点**，如 $f(x,y)=1/(y-x^2)$ 在抛物线 $y=x^2$ 上无定义，所以抛物线 $y=x^2$ 上的点都是函数 $f(x,y)$ 的间断点.

多元连续函数有着与一元连续函数类似的性质.

定理 8.1 如果二元函数 $z=f(x,y)$ 在有界闭区域 D 上连续，则在 D 上一定取得最大值和最小值.

定理 8.2 如果二元函数 $z=f(x,y)$ 在有界闭区域 D 上连续，则在 D 上一定有界.

定理 8.3 如果二元函数 $z=f(x,y)$ 在有界闭区域 D 上连续，对于任意 $P_1(x_1,y_1)$，$P_2(x_2,y_2)\in D$，若存在数 k，使得 $f(P_1)\leqslant k\leqslant f(P_2)$，则存在一点 $P(\xi,\eta)\in D$，使 $f(\xi,\eta)=k$.

习题 8.1

习题 8.1 答案

1. 设 $f(x,y)=x^2+xy+y^2$，求 $f(1,2)$.

2. 已知 $f(x,y)=3x+2y$，求 $f[xy,f(x,y)]$.

3. 求 $\lim\limits_{\substack{x\to 0\\ y\to 2}}\dfrac{\sin xy}{x}$.

4. 求函数 $z=\sqrt{4-x^2-y^2}\ln(x^2+y^2-1)$ 的定义域，并画出定义域的图形.

8.2 偏导数

8.2.1 偏导数的概念

定义 8.6

设函数 $z=f(x,y)$ 在 $N(P_0,\delta)$ 内有定义,当 y 固定在 y_0,x 在 x_0 处有增量 Δx 时,相应的函数有偏增量

$$\Delta_x z = f(x_0+\Delta x, y_0) - f(x_0, y_0).$$

如果极限

$$\lim_{\Delta x \to 0} \frac{f(x_0+\Delta x, y_0) - f(x_0, y_0)}{\Delta x}$$

存在,则称此极限值为函数 $z=f(x,y)$ 在点 $P_0(x_0,y_0)$ 处关于 x 的偏导数,记为

$$z'_x \Big|_{\substack{x=x_0\\y=y_0}},\quad f'_x(x_0,y_0),\quad \frac{\partial z}{\partial x}\Big|_{\substack{x=x_0\\y=y_0}},\quad \frac{\partial f}{\partial x}\Big|_{\substack{x=x_0\\y=y_0}},$$

即

$$f'_x(x_0,y_0) = \lim_{\Delta x \to 0} \frac{\Delta_x z}{\Delta x} = \lim_{\Delta x \to 0} \frac{f(x_0+\Delta x, y_0) - f(x_0, y_0)}{\Delta x}.$$

同理,函数 $z=f(x,y)$ 在点 $P_0(x_0,y_0)$ 处关于 y 的偏导数定义为

$$f'_y(x_0,y_0) = \lim_{\Delta x \to 0} \frac{\Delta_y z}{\Delta x} = \lim_{\Delta y \to 0} \frac{f(x_0, y_0+\Delta y) - f(x_0, y_0)}{\Delta y},$$

也记为

$$z'_y \Big|_{\substack{x=x_0\\y=y_0}},\quad f'_y(x_0,y_0),\quad \frac{\partial z}{\partial y}\Big|_{\substack{x=x_0\\y=y_0}},\quad \frac{\partial f}{\partial y}\Big|_{\substack{x=x_0\\y=y_0}}.$$

如果函数 $z=f(x,y)$ 在平面区域 D 内的每一点 $P(x,y)$ 处都存在偏导数 $f'_x(x,y),f'_y(x,y)$,则这两个偏导数仍是区域 D 上的函数,我们称它们为函数 $z=f(x,y)$ 的偏导函数(简称偏导数),记为

$$\frac{\partial z}{\partial x},\ \frac{\partial f}{\partial x},\ z'_x,\ f'_x(x,y),\ 及\ \frac{\partial z}{\partial y},\ \frac{\partial f}{\partial y},\ z'_y,\ f'_y(x,y).$$

这里,

$$\frac{\partial f}{\partial x} = \frac{\partial z}{\partial x} = z'_x = f'_x(x,y) = \lim_{\Delta x \to 0} \frac{f(x+\Delta x, y) - f(x,y)}{\Delta x};$$

$$\frac{\partial f}{\partial y} = \frac{\partial z}{\partial y} = z'_y = f'_y(x,y) = \lim_{\Delta y \to 0} \frac{f(x, y+\Delta y) - f(x,y)}{\Delta y};$$

$$f'_x(x_0, y_0) = f'_x(x, y)\Big|_{\substack{x=x_0\\y=y_0}}; \quad f'_y(x_0, y_0) = f'_y(x, y)\Big|_{\substack{x=x_0\\y=y_0}}.$$

二元以上的多元函数的偏导数也可进行类似定义.

由偏导数的定义可知,求多元函数对某个自变量的偏导数时,只需将其余自变量看作常数,用一元函数求导法则求导即可.

例 1 求 $f(x, y) = x^2 y + y^3$ 在点 $(1, 2)$ 处的偏导数.

解 把 y 看作常数,对 x 求导得 $f'_x(x, y) = 2xy$,
把 x 看作常数,对 y 求导得 $f'_y(x, y) = x^2 + 3y^2$.

再把点 $(1, 2)$ 代入得
$$f'_x(1, 2) = 4, \quad f'_y(1, 2) = 13.$$

例 2 求 $z = x^y$ 的偏导数 $\dfrac{\partial z}{\partial x}, \dfrac{\partial z}{\partial y}$.

解 把 y 看作常数,对 x 求导得 $\dfrac{\partial z}{\partial x} = yx^{y-1}$,

把 x 看作常数,对 y 求导得 $\dfrac{\partial z}{\partial y} = x^y \ln x$.

例 3 求 $u = e^{x^2+y^2+z^2}$ 的偏导数 $\dfrac{\partial u}{\partial x}, \dfrac{\partial u}{\partial y}, \dfrac{\partial u}{\partial z}$.

解 把 y, z 看作常数,对 x 求导得 $\dfrac{\partial u}{\partial x} = 2x e^{x^2+y^2+z^2}$,

把 x, z 看作常数,对 y 求导得 $\dfrac{\partial u}{\partial y} = 2y e^{x^2+y^2+z^2}$,

把 x, y 看作常数,对 z 求导得 $\dfrac{\partial u}{\partial z} = 2z e^{x^2+y^2+z^2}$.

8.2.2 二元函数偏导数的几何意义

设 $M_0(x_0, y_0, f(x_0, y_0))$ 为曲面 $z = f(x, y)$ 上的一点,过点 M_0 作平面 $y = y_0$ 截此曲面得一曲线,此曲线的方程为 $z = f(x, y_0)$. 二元函数 $z = f(x, y)$ 在点 M_0 处的偏导数 $f'_x(x_0, y_0)$ 就是一元函数 $f(x, y_0)$ 在 x_0 处的导数,它在几何上表示曲线在点 M_0 处的切线 $M_0 T_x$ 关于 x 轴的斜率(图 8.5).

同理,偏导数 $f'_y(x_0, y_0)$ 的几何意义是曲面 $z = f(x, y)$ 被平面 $x = x_0$ 所截得的曲线在点 M_0 处的切线 $M_0 T_y$ 关于 y 轴的斜率.

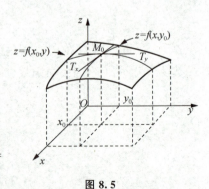

图 8.5

我们知道,一元函数在某点可导,则它在该点必连续. 但对于二元函数来说,即使它在某点的偏导数都存在,也不能保证它在该点处连续. 如函数

$$f(x,y) = \begin{cases} \dfrac{xy}{x^2+y^2}, & x^2+y \neq 0 \\ 0, & x^2+y = 0 \end{cases},$$

在原点$(0,0)$处的偏导数为

$$f'_x(0,0) = \lim_{\Delta x \to 0} \frac{f(0+\Delta x, 0) - f(0,0)}{\Delta x} = \lim_{\Delta x \to 0} \frac{0-0}{\Delta x} = 0,$$

$$f'_y(0,0) = \lim_{\Delta y \to 0} \frac{f(0, 0+\Delta y) - f(0,0)}{\Delta y} = \lim_{\Delta y \to 0} \frac{0-0}{\Delta y} = 0.$$

即这个函数在点$(0,0)$处的两个偏导数都存在,但由8.1节中的例3知,该函数在点$(0,0)$的极限不存在. 因此,这个函数在点$(0,0)$处不连续.

专业案例 党的二十大报告提出"积极稳妥推进碳达峰碳中和". 实现碳达峰碳中和是一场广泛而深刻的经济社会系统性变革. 一个城市的大气污染指数P取决于两个因素:空气中固体废物的数量x和空气中有害气体的数量y,在某种情况下$P = x^2 + 2xy + 4xy^2$.

试说明$\left.\dfrac{\partial P}{\partial x}\right|_{(a,b)}$,$\left.\dfrac{\partial P}{\partial y}\right|_{(a,b)}$的意义,并计算$\left.\dfrac{\partial P}{\partial x}\right|_{(10,5)}$,$\left.\dfrac{\partial P}{\partial y}\right|_{(10,5)}$当$x$增长$10\%$或$y$增长$10\%$时,用偏导数估算$P$的改变量.

解: $\left.\dfrac{\partial P}{\partial x}\right|_{(a,b)}$的意义:如果空气中有害气体的数量$y$为一常数$b$,空气中固体废物的数量$x$是变化的,那么当$x=a$有一个单位的改变时,大气污染指数$P$大约改变$\left.\dfrac{\partial P}{\partial x}\right|_{(a,b)}$个单位. 同样地,可以说明$\left.\dfrac{\partial P}{\partial y}\right|_{(a,b)}$的意义.

$$\frac{\partial P}{\partial x} = 2x + 2y + 4y^2, \quad \frac{\partial P}{\partial y} = 2x + 8xy;$$

$$\left.\frac{\partial P}{\partial x}\right|_{(10,5)} = 20 + 10 + 100 = 130;$$

$$\left.\frac{\partial P}{\partial y}\right|_{(10,5)} = 20 + 400 = 420.$$

设空气中有害气体的量$y=5$,且固定不变,当空气中固体废物的量$x=10$时,P对x的变化率等于130. 当x增长10%,即x从10到11,P将增长大约$130 \times 1 = 130$(个)单位(事实上,$P(10,5) = 1\,200$,$P(11,5) = 1\,331$,P增长了131个单位).

同样地,设空气中固体废物的量$x=10$且固定不变,当空气中有害气体的量$y=5$时,P对y的变化率等于420. 当y增长10%,即y从5到5.5,增长0.5个单位时,P大约增长$420 \times 0.5 = 210$(个)单位(事实上,$P(10,5) = 1\,200$,$P(10,5.5) = 1\,420$,P增长了220个单位). 因此,大气污染指数对有害气体增长10%比对固体废物增长10%更为敏感.

8.2.3 高阶偏导数

高阶偏导数

设函数$z = f(x,y)$在区域D上有偏导数$f'_x(x,y)$,$f'_y(x,y)$,一般来说,它们仍是关于x,y的函数. 如果这两个偏导数存在对x,y的偏导数，则称这两个偏导数的偏导数为**二阶偏导数**. 显然，二元函数的二阶偏导数有如下四种情形：

$$\frac{\partial}{\partial x}\left(\frac{\partial z}{\partial x}\right)=\frac{\partial^2 z}{\partial x^2}=f''_{xx}(x, y), \qquad \frac{\partial}{\partial y}\left(\frac{\partial z}{\partial x}\right)=\frac{\partial^2 z}{\partial x \partial y}=f''_{xy}(x, y),$$

$$\frac{\partial}{\partial x}\left(\frac{\partial z}{\partial y}\right)=\frac{\partial^2 z}{\partial y \partial x}=f''_{yx}(x, y), \qquad \frac{\partial}{\partial y}\left(\frac{\partial z}{\partial y}\right)=\frac{\partial^2 z}{\partial y^2}=f''_{yy}(x, y).$$

其中，$f''_{xy}(x, y)$，$f''_{yx}(x, y)$ 称为**二阶混合偏导数**.

$f'_x(x, y)$，$f'_y(x, y)$ 称为一阶偏导数，二阶以及二阶以上的偏导数称为**高阶偏导数**.

更高阶的偏导数也可进行类似定义，如

$$\frac{\partial^3 z}{\partial x^3}=\frac{\partial}{\partial x}\left(\frac{\partial^2 z}{\partial x^2}\right), \quad \frac{\partial^3 z}{\partial x \partial y^2}=\frac{\partial}{\partial y^2}\left(\frac{\partial z}{\partial x}\right) 等.$$

例 4 求 $z=x\ln(x+y)$ 的二阶偏导数.

解 $\dfrac{\partial z}{\partial x}=\ln(x+y)+\dfrac{x}{x+y}, \qquad \dfrac{\partial z}{\partial y}=\dfrac{x}{x+y},$

$\dfrac{\partial^2 z}{\partial x^2}=\dfrac{1}{x+y}+\dfrac{x+y-x}{(x+y)^2}=\dfrac{x+2y}{(x+y)^2},$

$\dfrac{\partial^2 z}{\partial y^2}=-\dfrac{x}{(x+y)^2},$

$\dfrac{\partial^2 z}{\partial x \partial y}=\dfrac{1}{x+y}-\dfrac{x}{(x+y)^2}=\dfrac{y}{(x+y)^2},$

$\dfrac{\partial^2 z}{\partial y \partial x}=\dfrac{x+y-x}{(x+y)^2}=\dfrac{y}{(x+y)^2}.$

例 5 验证函数 $z=\ln\sqrt{x^2+y^2}$ 满足拉普拉斯方程 $\dfrac{\partial^2 z}{\partial x^2}+\dfrac{\partial^2 z}{\partial y^2}=0.$

证 因为 $z=\ln\sqrt{x^2+y^2}=\dfrac{1}{2}\ln(x^2+y^2)$，所以

$\dfrac{\partial z}{\partial x}=\dfrac{x}{x^2+y^2}, \qquad \dfrac{\partial^2 z}{\partial x^2}=\dfrac{x^2+y^2-x\cdot 2x}{(x^2+y^2)^2}=\dfrac{y^2-x^2}{(x^2+y^2)^2},$

$\dfrac{\partial z}{\partial y}=\dfrac{y}{x^2+y^2}, \qquad \dfrac{\partial^2 z}{\partial y^2}=\dfrac{x^2+y^2-y\cdot 2y}{(x^2+y^2)^2}=\dfrac{x^2-y^2}{(x^2+y^2)^2},$

故 $\dfrac{\partial^2 z}{\partial x^2}+\dfrac{\partial^2 z}{\partial y^2}=0.$

例 4 中的二阶混合偏导数是相等的，但在许多情况下并非如此. 二阶混合偏导数相等应满足如下定理.

定理 8.4 如果函数 $z=f(x, y)$ 的二阶混合偏导数 $f''_{xy}(x, y)$，$f''_{yx}(x, y)$ 在区域 D 内连续，则在该区域内必有

$$f''_{xy}(x, y)=f''_{yx}(x, y).$$

习题 8.2

习题 8.2 答案

1. 若 $f(x, y) = 2x + 3y$,求 $f_x(1, 0)$.

2. 若 $f(x, y) = x^3 y^8$,求 $f_x(1, 0)$,$f_y(1, 1)$.

3. 若 $u = e^x \sin xy$,求 $\dfrac{\partial u}{\partial x}\bigg|_{(0,1)}$,$\dfrac{\partial u}{\partial y}\bigg|_{(1,0)}$.

4. 若 $z = \sin(x + y^2)$,求 $\dfrac{\partial z}{\partial x}$,$\dfrac{\partial z}{\partial y}$.

5. 若 $z = \ln xy$,求 $\dfrac{\partial z}{\partial x}$,$\dfrac{\partial z}{\partial y}$.

6. 若 $z = x^8 e^y$,求 $\dfrac{\partial z}{\partial x}$,$\dfrac{\partial^2 z}{\partial x^2}$,$\dfrac{\partial z}{\partial y}$.

7. 若 $z = \sin(2x + 3y)$,求 z_x,z_y,z_{xx},z_{yy},z_{xy}.

8. 若 $z = (1+x)^{xy}$,求 $\dfrac{\partial z}{\partial x}$,$\dfrac{\partial z}{\partial y}$.

9. 若 $f(x, y) = x + (y-1)\ln \sin\sqrt{\dfrac{x}{y}}$,求 $f_x(x, 1)$.

10. 若 $z = e^{xy} \cos xy$,求 $\dfrac{\partial z}{\partial x}$,$\dfrac{\partial z}{\partial y}$.

11. 若 $u = (x + 2y + 3z)^2$,求 $\dfrac{\partial u}{\partial x}$,$\dfrac{\partial u}{\partial y}$,$\dfrac{\partial u}{\partial z}$.

8.3 全微分

8.3.1 全微分的定义

对于一元函数 $y = f(x)$,当自变量在点 x 处有增量 Δx 时,若函数的增量 Δy 可表示为 $\Delta y = A \cdot \Delta x + o(\Delta x)$,其中,$A$ 仅与 x 有关而与 Δx 无关. 当 $\Delta x \to 0$ 时,$o(\Delta x)$ 是比 Δx 高阶的无穷小量,则称函数 $y = f(x)$ 在点 x 可微,并把 $A\Delta x$ 称为 $y = f(x)$ 在点 x 的微分,记作 $\mathrm{d}y$,即 $\mathrm{d}y = A\Delta x$. 类似地,我们给出二元函数全微分的定义.

定义 8.7

定义 8.7

如果二元函数 $z = f(x, y)$ 在 $N(P, \delta)$ 内有定义，相应于自变量的增量 Δx，Δy，函数的增量为
$$\Delta z = f(x + \Delta x, y + \Delta y) - f(x, y),$$
称 Δz 为函数 $f(x, y)$ 在点 $P(x, y)$ 处的全增量。全增量 Δz 可表示为
$$\Delta z = A\Delta x + B\Delta y + o(\rho),$$
其中，A，B 仅与 x，y 有关，而与 Δx，Δy 无关，$\rho = \sqrt{(\Delta x)^2 + (\Delta y)^2}$，当 $\rho \to 0$ 时，$o(\rho)$ 是比 ρ 高阶的无穷小量，则称函数 $z = f(x, y)$ 在点 $P(x, y)$ 处可微，并称 $A\Delta x + B\Delta y$ 为 $f(x, y)$ 在点 $P(x, y)$ 的全微分，记作 dz 或 $df(x, y)$，即
$$dz = A\Delta x + B\Delta y.$$
如果函数在区域 D 内的各点都可微，则称函数在区域 D 内可微。

8.3.2 多元函数全微分与偏导数、连续的关系

1. 可微必连续

在 8.2.2 节，我们指出，多元函数的各个偏导数即使存在，也不能保证函数是连续的。然而，由全微分的定义知，如果函数 $z = f(x, y)$ 在点 $P(x, y)$ 可微，则函数在该点必定连续。事实上，由于此时
$$\lim_{\substack{\Delta x \to 0 \\ \Delta y \to 0}} \Delta z = 0,$$
也就是 $\lim\limits_{\substack{\Delta x \to 0 \\ \Delta y \to 0}} [f(x + \Delta x, y + \Delta y) - f(x, y)] = 0$，即
$$\lim_{\substack{\Delta x \to 0 \\ \Delta y \to 0}} f(x + \Delta x, y + \Delta y) = f(x, y).$$
从而 $z = f(x, y)$ 在点 $P(x, y)$ 处连续。

在一元函数中，可导与可微是等价的，那么对二元函数，可微与偏导数存在之间有什么关系呢？下面的两个定理回答了这个问题。

2. 可微必可导

定理 8.5 若函数 $z = f(x, y)$ 在点 $P(x, y)$ 可微，则函数在点 $P(x, y)$ 的两个偏导数 $\dfrac{\partial z}{\partial x}$，$\dfrac{\partial z}{\partial y}$ 都存在，且

$$\frac{\partial z}{\partial x} = A, \qquad \frac{\partial z}{\partial y} = B. \tag{8.1}$$

证 因 $z = f(x, y)$ 在点 $P(x, y)$ 可微，所以对于 $P(x, y)$ 的某一邻域内的任意一点 $(x + \Delta x, y + \Delta y)$，都有
$$f(x + \Delta x, y + \Delta y) - f(x, y) = A\Delta x + B\Delta y + o(\rho).$$

特别地，当 $\Delta y = 0$ 时，$\rho = |\Delta x|$ 且
$$f(x+\Delta x, y) - f(x, y) = A\Delta x + o(|\Delta x|),$$
两边同除以 Δx，取极限得
$$\frac{\partial z}{\partial x} = \lim_{\Delta x \to 0} \frac{f(x+\Delta x, y) - f(x, y)}{\Delta x} = \lim_{\Delta x \to 0}\left(A + \frac{o(|\Delta x|)}{\Delta x}\right) = A,$$
同理 $\frac{\partial z}{\partial y} = B$，所以
$$dz = \frac{\partial z}{\partial x}\Delta x + \frac{\partial z}{\partial y}\Delta y.$$

然而，两个偏导数存在是二元函数可微的必要条件，而不是充分条件. 例如，
$$f(x, y) = \begin{cases} \dfrac{xy}{x^2+y^2}, & x^2+y^2 \neq 0 \\ 0, & x^2+y^2 = 0 \end{cases}.$$

在原点 $(0, 0)$ 处有 $f'_x(0, 0) = 0$，$f'_y(0, 0) = 0$，但是由 8.1 节中的例 3 可知，该函数在原点 $(0, 0)$ 是不连续的，因此函数在原点 $(0, 0)$ 不可微.

但是可以证明，如果函数的各个偏导数存在且连续，则该函数必是可微的.

定理 8.6 如果函数 $z = f(x, y)$ 的两个偏导数 $f'_x(x, y)$，$f'_y(x, y)$ 在点 $P(x, y)$ 的某一邻域内存在，且在该点处连续，则函数在该点可微.

习惯上，我们将自变量的增量 Δx，Δy 分别记作自变量的微分 dx，dy，从而函数 $z = f(x, y)$ 的全微分可以写成
$$dz = df(x, y) = f'_x(x, y)dx + f'_y(x, y)dy. \tag{8.2}$$
称式(8.2)为全微分公式.

例 1 求函数 $z = x^2 y + y^2$ 的全微分.

解 因为 $\dfrac{\partial z}{\partial x} = 2xy$，$\dfrac{\partial z}{\partial y} = x^2 + 2y$，所以 $dz = 2xy\,dx + (x^2+2y)\,dy$.

例 1

例 2 求函数 $f(x, y) = x^2 y^3$ 在点 $(2, -1)$ 处的全微分.

解 因为 $f'_x(x, y) = 2xy^3$，$f'_y(x, y) = 3x^2 y^2$，所以
$$f'_x(2, -1) = -4, \quad f'_y(2, -1) = 12.$$
由于两个偏导数是连续的，故
$$df(2, -1) = -4dx + 12dy.$$

例 3 求函数 $u = x - \cos\dfrac{y}{2} + \arctan\dfrac{z}{y}$ 的全微分.

解 因为 $\dfrac{\partial u}{\partial x} = 1$，$\dfrac{\partial u}{\partial y} = \dfrac{1}{2}\sin\dfrac{y}{2} - \dfrac{z}{y^2+z^2}$，$\dfrac{\partial u}{\partial z} = \dfrac{y}{y^2+z^2}$，所以
$$du = dx + \left(\dfrac{1}{2}\sin\dfrac{y}{2} - \dfrac{z}{y^2+z^2}\right)dy + \dfrac{z}{y^2+z^2}dz.$$

8.3.3 全微分在近似计算中的应用

二元函数的全微分也可用来作近似计算. 若二元函数 $z = f(x, y)$ 在点 $P_0(x_0, y_0)$ 可微，则有

$$\Delta z = f(x_0 + \Delta x, y_0 + \Delta y) - f(x_0, y_0)$$
$$= f'_x(x_0, y_0)\Delta x + f'_y(x_0, y_0)\Delta y + o(\rho),$$

其中 $\rho = \sqrt{(\Delta x)^2 + (\Delta y)^2}$. 故当 $|\Delta x|$，$|\Delta y|$ 充分小时，有

$$\Delta z \approx f'_x(x_0, y_0)\Delta x + f'_y(x_0, y_0)\Delta y = \mathrm{d}z, \tag{8.3}$$

即

$$f(x_0 + \Delta x, y_0 + \Delta y) - f(x_0, y_0) \approx f'_x(x_0, y_0)\Delta x + f'_y(x_0, y_0)\Delta y.$$

移项得

$$f(x_0 + \Delta x, y_0 + \Delta y) \approx f(x_0, y_0) + f'_x(x_0, y_0)\Delta x + f'_y(x_0, y_0)\Delta y. \tag{8.4}$$

式(8.3)可用来计算函数的增量，式(8.4)可用来计算函数的近似值.

例 4 计算 $\sqrt{1.02^3 + 1.97^3}$ 的近似值.

例 4

解 设函数 $f(x, y) = \sqrt{x^3 + y^3}$，所计算的值可看作是函数在 $x = 1.02$，$y = 1.97$ 处的函数值. 取 $x_0 = 1$，$\Delta x = 0.02$，$y_0 = 2$，$\Delta y = -0.03$，则

$$f'_x(x, y) = \frac{3x^2}{2\sqrt{x^3 + y^3}}, \quad f'_y(x, y) = \frac{3y^2}{2\sqrt{x^3 + y^3}}.$$

而 $f(x_0, y_0) = f(1, 2) = 3$，$f'_x(1, 2) = \dfrac{1}{2}$，$f'_y(1, 2) = 2$，所以

$$\sqrt{1.02^3 + 1.97^3} \approx 3 + \frac{1}{2} \times 0.02 + 2 \times (-0.03) = 2.95.$$

例 5 有一圆柱体，受压后发生形变，它的半径由 20 cm 增大到 20.05 cm，高度由 100 cm 减少到 99 cm，求此圆柱体体积变化的近似值.

解 设圆柱体的半径、高和体积分别为 r，h，V，则 $V = \pi r^2 h$. 记 r，h，V 的增量依次为 Δr，Δh，ΔV，且 $r = 20$ cm，$h = 100$ cm，$\Delta r = 0.05$ cm，$\Delta h = -1$ cm，由式(8.3)得

$$\Delta V \approx \frac{\partial V}{\partial r}\Delta r + \frac{\partial V}{\partial h}\Delta h = 2\pi rh\Delta r + \pi r^2\Delta h$$

$$= 2\pi \times 20 \times 100 \times 0.05 + \pi \times 20^2 \times (-1) = -200\pi (\text{cm}^3).$$

即此圆柱体在受压后体积约减少了 200π cm³.

习题 8.3

习题 8.3 答案

1. 设 $z = xy\ln y$,试用两种方法求 dz.
2. 设 $z = \dfrac{y}{x}$,当 $x=2$,$y=1$,$\Delta x=0.1$,$\Delta y=-0.2$,求 Δz 及 dz.
3. 设 $z = xye^{xy} + x^3y^4$,求 dz.
4. 求 $u = \ln(2x+3y+4z^2)$ 的全微分.
5. 利用全微分求 $(1.01)^{2.99}$ 的近似值.

8.4 复合函数与隐函数的微分法

8.4.1 多元复合函数的求导法则

多元复合函数的求导法则

定理 8.7 若函数 $z = f(u, v)$,而 $u = \varphi(x, y)$,$v = \psi(x, y)$,且满足条件

(1) 在点 $P(x, y)$ 存在偏导数 $\dfrac{\partial u}{\partial x}$,$\dfrac{\partial v}{\partial x}$,$\dfrac{\partial u}{\partial y}$,$\dfrac{\partial v}{\partial y}$;

(2) $f(u, v)$ 在 $P(x, y)$ 的对应点 (u, v) 可微.

则复合函数 $z = f[\varphi(x, y), \psi(x, y)]$ 在点 $P(x, y)$ 的两个偏导数 $\dfrac{\partial z}{\partial x}$,$\dfrac{\partial z}{\partial y}$ 存在,且

$$\begin{aligned} \frac{\partial z}{\partial x} &= \frac{\partial z}{\partial u} \cdot \frac{\partial u}{\partial x} + \frac{\partial z}{\partial v} \cdot \frac{\partial v}{\partial x}; \\ \frac{\partial z}{\partial y} &= \frac{\partial z}{\partial u} \cdot \frac{\partial u}{\partial y} + \frac{\partial z}{\partial v} \cdot \frac{\partial v}{\partial y}. \end{aligned} \quad (8.5)$$

上述复合函数的求导法则可以推广,例如

设 $z = f(u, v, w)$,而 $u = \varphi(x, y)$,$v = \psi(x, y)$,$w = w(x, y)$,则复合函数 $z = f[\varphi(x, y), \psi(x, y), w(x, y)]$ 对自变量 x,y 的偏导数为

$$\begin{aligned} \frac{\partial z}{\partial x} &= \frac{\partial z}{\partial u} \cdot \frac{\partial u}{\partial x} + \frac{\partial z}{\partial v} \cdot \frac{\partial v}{\partial x} + \frac{\partial z}{\partial w} \cdot \frac{\partial w}{\partial x}; \\ \frac{\partial z}{\partial y} &= \frac{\partial z}{\partial u} \cdot \frac{\partial u}{\partial y} + \frac{\partial z}{\partial v} \cdot \frac{\partial v}{\partial y} + \frac{\partial z}{\partial w} \cdot \frac{\partial w}{\partial y}. \end{aligned} \quad (8.6)$$

特别地,若函数 $z = f(u, v)$,$u = \varphi(x)$,$v = \psi(x)$,则 z 是 x 的一元函数 $z = f[\varphi(x), \psi(x)]$. 此时,称 z 对 x 的导数为**全导数**,且有

$$\frac{\mathrm{d}z}{\mathrm{d}x}=\frac{\partial z}{\partial u}\cdot\frac{\mathrm{d}u}{\mathrm{d}x}+\frac{\partial z}{\partial v}\cdot\frac{\mathrm{d}v}{\mathrm{d}x}. \tag{8.7}$$

例 1 设 $z=u^2\ln v$，而 $u=\dfrac{x}{y}$，$v=3x-2y$，求 $\dfrac{\partial z}{\partial x}$，$\dfrac{\partial z}{\partial y}$。

解 由式(8.5)

$$\frac{\partial z}{\partial x}=\frac{\partial z}{\partial u}\cdot\frac{\partial u}{\partial x}+\frac{\partial z}{\partial v}\cdot\frac{\partial v}{\partial x}=2u\ln v\cdot\frac{1}{y}+\frac{u^2}{v}\cdot 3$$

$$=\frac{2x}{y^2}\ln(3x-2y)+\frac{3x^2}{y^2(3x-2y)};$$

$$\frac{\partial z}{\partial y}=\frac{\partial z}{\partial u}\cdot\frac{\partial u}{\partial y}+\frac{\partial z}{\partial v}\cdot\frac{\partial v}{\partial y}=2u\ln v\left(-\frac{x}{y^2}\right)+\frac{u^2}{v}(-2)$$

$$=-\frac{2x^2}{y^3}\ln(2x-3y)-\frac{2x^2}{y^2(3x-2y)}.$$

例 2 设函数 $z=f(x+y,xy)$ 满足二阶偏导数连续，求 $\dfrac{\partial^2 z}{\partial x\,\partial y}$。

解 令 $u=x+y$，$v=xy$，利用复合函数求导法则得

$$\frac{\partial z}{\partial x}=\frac{\partial f}{\partial u}\cdot\frac{\partial u}{\partial x}+\frac{\partial f}{\partial v}\cdot\frac{\partial v}{\partial x}=\frac{\partial f}{\partial u}\cdot 1+\frac{\partial f}{\partial v}\cdot y=\frac{\partial f}{\partial u}+y\,\frac{\partial f}{\partial v};$$

$$\frac{\partial^2 z}{\partial x\,\partial y}=\frac{\partial}{\partial y}\left(\frac{\partial f}{\partial u}+y\,\frac{\partial f}{\partial v}\right)=\frac{\partial}{\partial y}\left(\frac{\partial f}{\partial u}\right)+\frac{\partial}{\partial y}\left(y\,\frac{\partial f}{\partial v}\right)$$

$$=\frac{\partial^2 f}{\partial u^2}\cdot 1+\frac{\partial^2 f}{\partial u\,\partial v}\cdot x+\frac{\partial f}{\partial v}+y\,\frac{\partial}{\partial y}\left(\frac{\partial f}{\partial v}\right)$$

$$=\frac{\partial^2 f}{\partial u^2}+x\,\frac{\partial^2 f}{\partial u\,\partial v}+\frac{\partial f}{\partial v}+y\left(\frac{\partial^2 f}{\partial v\,\partial u}\cdot 1+\frac{\partial^2 f}{\partial v^2}\cdot x\right)$$

$$=\frac{\partial^2 f}{\partial u^2}+(x+y)\,\frac{\partial^2 f}{\partial u\,\partial v}+xy\,\frac{\partial^2 f}{\partial v^2}+\frac{\partial f}{\partial v}.$$

例 3 设 $z=x^y$，而 $x=\sin t$，$y=\cos t$，求 $\dfrac{\mathrm{d}z}{\mathrm{d}t}$。

解 $\dfrac{\mathrm{d}z}{\mathrm{d}t}=\dfrac{\partial z}{\partial x}\cdot\dfrac{\mathrm{d}x}{\mathrm{d}t}+\dfrac{\partial z}{\partial y}\cdot\dfrac{\mathrm{d}y}{\mathrm{d}t}=yx^{y-1}\cos t+x^y\ln x(-\sin t)$

$$=yx^{y-1}\cos t-x^y\ln x\sin t$$

$$=(\sin t)^{\cos t-1}\cos^2 t-(\sin t)^{\cos t+1}\ln\sin t.$$

例 4 设 $u=f(x,y,z)=\mathrm{e}^{x^2+y^2+z^2}$，而 $z=x^2\sin y$，求 $\dfrac{\partial u}{\partial x}$，$\dfrac{\partial u}{\partial y}$。

解 $\dfrac{\partial u}{\partial x}=\dfrac{\partial f}{\partial x}+\dfrac{\partial f}{\partial z}\cdot\dfrac{\partial z}{\partial x}=2x\mathrm{e}^{x^2+y^2+z^2}+2z\mathrm{e}^{x^2+y^2+z^2}\cdot 2x\sin y$

$$=2x\mathrm{e}^{x^2+y^2+x^4\sin^2 y}+4x^3\mathrm{e}^{x^2+y^2+x^4\sin^2 y}\sin^2 y;$$

$\dfrac{\partial u}{\partial y}=\dfrac{\partial f}{\partial y}+\dfrac{\partial f}{\partial z}\cdot\dfrac{\partial z}{\partial y}=2y\mathrm{e}^{x^2+y^2+z^2}+2z\mathrm{e}^{x^2+y^2+z^2}\cdot x^2\cos y$

$$= 2y\mathrm{e}^{x^2+y^2+x^4\sin^2 y} + 2x^4 \mathrm{e}^{x^2+y^2+x^4\sin^2 y}\sin y\cos y.$$

8.4.1 隐函数的求导法则

1. 一元隐函数求导公式

设方程 $F(x,y)=0$ 确定了 y 是 x 的具有连续导数的函数 $y=f(x)$. 将 $y=f(x)$ 代入 $F(x,y)=0$ 得到一个关于 x 的恒等式

$$F[x, f(x)] \equiv 0,$$

此方程左端可看作 x 的复合函数. 设函数 $F(x,y)$ 具有连续的偏导数, 则上式两端对 x 求偏导, 有 $\dfrac{\partial F}{\partial x} + \dfrac{\partial F}{\partial y} \cdot \dfrac{\mathrm{d}y}{\mathrm{d}x} = 0$; 当 $\dfrac{\partial F}{\partial y} \neq 0$ 时, 得

$$\frac{\mathrm{d}y}{\mathrm{d}x} = -\frac{\dfrac{\partial F}{\partial x}}{\dfrac{\partial F}{\partial y}} = -\frac{F'_x}{F'_y}. \tag{8.8}$$

这就是由方程 $F(x,y)=0$ 所确定的一元函数 $y=f(x)$ 的求导公式.

例 5 求方程 $\dfrac{x^2}{a^2} + \dfrac{y^2}{b^2} = 1$ 所确定的隐函数 $y=f(x)$ 的导数.

解 令 $F(x,y) = \dfrac{x^2}{a^2} + \dfrac{y^2}{b^2} - 1$, 则 $\dfrac{\partial F}{\partial x} = \dfrac{2x}{a^2}$, $\dfrac{\partial F}{\partial y} = \dfrac{2y}{b^2}$.

由公式 (8.8), 当 $\dfrac{\partial F}{\partial y} \neq 0$ 时,

$$\frac{\mathrm{d}y}{\mathrm{d}x} = -\frac{\dfrac{\partial F}{\partial x}}{\dfrac{\partial F}{\partial y}} = -\frac{\dfrac{2x}{a^2}}{\dfrac{2y}{b^2}} = -\frac{b^2 x}{a^2 y}.$$

2. 二元隐函数求导公式

如果方程 $F(x,y,z)=0$ 确定了 z 是 x, y 的二元函数 $z=f(x,y)$, 将 $z=f(x,y)$ 代入 $F(x,y,z)=0$, 得 $F[x, y, f(x,y)]=0$, 此方程的左端可看作 x, y 的复合函数. 设函数 $F(x,y,z)$ 具有连续偏导数, 根据复合函数的求导法则, 得

$$\frac{\partial F}{\partial x} + \frac{\partial F}{\partial z} \cdot \frac{\partial z}{\partial x} = 0, \quad \frac{\partial F}{\partial y} + \frac{\partial F}{\partial z} \cdot \frac{\partial z}{\partial y} = 0,$$

当 $\dfrac{\partial F}{\partial z} \neq 0$ 时, 有

$$\frac{\partial z}{\partial x} = -\frac{\dfrac{\partial F}{\partial x}}{\dfrac{\partial F}{\partial z}}, \quad \frac{\partial z}{\partial y} = -\frac{\dfrac{\partial F}{\partial y}}{\dfrac{\partial F}{\partial z}}. \tag{8.9}$$

例 6 求由 $z^3 - 3xyz = a^3$ 所确定的 $z = z(x, y)$ 的偏导数 $\dfrac{\partial z}{\partial x}$, $\dfrac{\partial z}{\partial y}$, $\dfrac{\partial^2 z}{\partial x \partial y}$.

解 令 $F(x, y, z) = z^3 - 3xyz - a^3$, 因 $F(x, y, z)$ 有连续偏导数, 且

$$F'_x = -3yz,\quad F'_y = -3xz,\quad F'_z = 3z^2 - 3xy.$$

当 $F'_z = 3z^2 - 3xy \neq 0$ 时,

$$\frac{\partial z}{\partial x} = -\frac{F'_x}{F'_z} = \frac{yz}{z^2 - xy},\qquad \frac{\partial z}{\partial y} = -\frac{F'_y}{F'_z} = \frac{xz}{z^2 - xy}.$$

而

$$\frac{\partial^2 z}{\partial x \partial y} = \frac{\partial}{\partial y}\left(\frac{\partial z}{\partial x}\right) = \frac{\left(z + y\dfrac{\partial z}{\partial y}\right)(z^2 - xy) - \left(2z\dfrac{\partial z}{\partial y} - x\right)\cdot yz}{(z^2 - xy)^2}$$

$$= \frac{z^3 + (yz^2 - xy^2 - 2yz^2)\dfrac{\partial z}{\partial y}}{(z^2 - xy)^2} = \frac{z^5 - x^2 y^2 z - 2xyz^3}{(z^2 - xy)^3}.$$

习题 8.4

1. 设 $z = e^{x-2y}$, 而 $x = \sin t$, $y = t^3$, 求 $\dfrac{dz}{dt}$.

2. 设 $z = x^2 y - xy^2$, 而 $x = r\cos\theta$, $y = r\sin\theta$, 求 $\dfrac{\partial z}{\partial r}$, $\dfrac{\partial z}{\partial \theta}$.

3. 若 $z = f(x + y - z)$, 求 $\dfrac{\partial z}{\partial x}$, $\dfrac{\partial z}{\partial y}$.

8.5 多元函数的极值及其应用

【古诗】

题西林壁

苏轼

横看成岭侧成峰，

远近高低各不同。

不识庐山真面目，

只缘身在此山中。

【思考】 本诗所描绘的是庐山随着观察者角度不同，呈现出不同的样貌. 请你说出本诗中所描绘的景观与多元函数极值的关联点.

8.5.1 极值的概念

1. 定义

如果函数 $z=f(x,y)$ 在 $\overset{\circ}{N}(P_0,\delta)$ 内的任意点 $P(x,y)$ 处都有
$$f(x,y)<f(x_0,y_0),$$
则称函数 $z=f(x,y)$ 在点 $P_0(x_0,y_0)$ 处有**极大值** $f(x_0,y_0)$；反之，若
$$f(x,y)>f(x_0,y_0) \text{ 成立},$$
则称 $z=f(x,y)$ 在点 $P_0(x_0,y_0)$ 处有**极小值** $f(x_0,y_0)$.

函数的极大值和极小值统称为**极值**，使函数取得极值的点称为函数的**极值点**.

例1 函数 $z=(x-1)^2+(y-1)^2+2$ 在点 $P_0(1,1)$ 处有极小值. 因为对点 $P_0(1,1)$ 的任意去心邻域内的任意点 $P(x,y)$，都有 $f(P)>f(P_0)=2$，在这个曲面上，点 $(1,1,2)$ 低于周围的点 (图 8.6).

例2 函数 $z=3-\sqrt{x^2+y^2}$ 在点 $P_0(0,0)$ 处有极大值 (图 8.7). 因为对点 $P_0(0,0)$ 的任意去心邻域内的任意点 $P(x,y)$，都有 $f(P)<f(P_0)=3$.

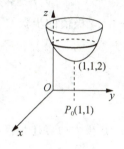

图 8.6

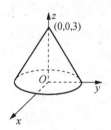

图 8.7

对于简单的函数，利用极值的定义就能判断出函数的极值，而对于一般的函数，仍需要借助多元函数微分法来求出函数的极值点.

2. 极值的判定

定理 8.8（极值的必要条件） 设函数 $z=f(x,y)$ 在点 $P_0(x_0,y_0)$ 处有极值且两个偏导数存在，则
$$f'_x(x_0,y_0)=0, \quad f'_y(x_0,y_0)=0.$$

证 如果取 $y=y_0$，则函数 $f(x,y_0)$ 是关于 x 的一元函数. 因为 $x=x_0$ 时，$f(x_0,y_0)$ 是一元函数 $f(x,y_0)$ 的极值，由一元函数极值存在的必要条件，有
$$f'_x(x_0,y_0)=0;$$
同理
$$f'_y(x_0,y_0)=0.$$

使 $f'_x(x_0,y_0)=0$，$f'_y(x_0,y_0)=0$ 同时成立的点 $P_0(x_0,y_0)$，称为函数 $z=f(x,y)$ 的**驻点**.

这个定理可以推广到二元以上的函数. 例如，如果三元函数 $u=f(x,y,z)$ 在点 $P_0(x_0,y_0,z_0)$ 处的偏导数存在，则它在点 $P_0(x_0,y_0,z_0)$ 处存在极值的必要条件为 $f'_x(x_0,y_0,z_0)=0$，$f'_y(x_0,y_0,z_0)=0$，$f'_z(x_0,y_0,z_0)=0$.

由定理 8.8 知，在偏导数存在的条件下，极值点必为驻点，但驻点不一定是极值点. 例如，点 $(0,0)$ 是 $z=xy$ 的驻点，但不是极值点，因为在点 $(0,0)$ 的任何去心邻域内，总有使函数值为正的点，也有使函数值为负的点. 那么如何判定一个驻点是否是极值点呢？

定理 8.9（极值存在的充分条件） 设函数 $z=f(x,y)$ 在 $N(P_0,\delta)$ 内具有连续的二阶偏导数，且 $f'_x(x_0,y_0)=0$，$f'_y(x_0,y_0)=0$，即点 $P_0(x_0,y_0)$ 是函数 $z=f(x,y)$ 的驻点. 令

$$A=f''_{xx}(x_0,y_0), \quad B=f''_{xy}(x_0,y_0), \quad C=f''_{yy}(x_0,y_0),$$

定理 8.9

则有：

(1) 当 $B^2-AC<0$ 时，$f(x,y)$ 在点 $P_0(x_0,y_0)$ 处取得极值，且当 $A<0$ 时取得极大值，$A>0$ 时取得极小值.

(2) 当 $B^2-AC>0$ 时，$f(x,y)$ 在点 $P_0(x_0,y_0)$ 无极值.

(3) 当 $B^2-AC=0$ 时，不能断定 $f(x,y)$ 在点 $P_0(x_0,y_0)$ 是否取得极值.

根据定理 8.8 和定理 8.9，求二元函数 $z=f(x,y)$ 极值的步骤如下：

(1) 解方程组 $\begin{cases} f'_x(x,y)=0 \\ f'_y(x,y)=0 \end{cases}$，求出驻点 (x_0,y_0).

(2) 计算 A，B，C 的值.

(3) 根据 B^2-AC 及 A 的符号确定 $P_0(x_0,y_0)$ 是极大值点还是极小值点.

(4) 求 $z=f(x,y)$ 在极值点的函数值.

例 3 求函数 $f(x,y)=xy(a-x-y)$ 的极值, 其中 $a\neq 0$.

解 解方程组
$$\begin{cases} f'_x(x,y)=y(a-x-y)-xy=0 \\ f'_y(x,y)=x(a-x-y)-xy=0 \end{cases},$$

得驻点 $(0,0)$, $(0,a)$, $(a,0)$, $\left(\dfrac{a}{3},\dfrac{a}{3}\right)$.

因为
$$f''_{xx}(x,y)=-2y,\ f''_{yy}(x,y)=-2x,\ f''_{xy}(x,y)=a-2x-2y,$$
所以,

在点 $(0,0)$ 处, $A=0$, $C=0$, $B=a$, $B^2-AC>0$, 无极值;

在点 $(0,a)$ 处, $A=-2a$, $C=0$, $B=-a$, $B^2-AC>0$, 无极值;

在点 $(a,0)$ 处, $A=0$, $C=-2a$, $B=-a$, $B^2-AC>0$, 无极值;

在 $\left(\dfrac{a}{3},\dfrac{a}{3}\right)$ 点处, $A=-\dfrac{2a}{3}$, $C=-\dfrac{2a}{3}$, $B=-\dfrac{a}{3}$, $B^2-AC<0$,

故在该点取得极值 $f\left(\dfrac{a}{3},\dfrac{a}{3}\right)=\dfrac{a^2}{27}$, 且

当 $a>0$ 时, $A<0$, $f\left(\dfrac{a}{3},\dfrac{a}{3}\right)=\dfrac{a^3}{27}$ 是极大值;

当 $a<0$ 时, $A>0$, $f\left(\dfrac{a}{3},\dfrac{a}{3}\right)=\dfrac{a^3}{27}$ 是极小值.

根据定理 8.8, 极值点可能在驻点取得. 然而, 偏导数不存在的点, 也可能是极值点. 例如, 函数 $z=-\sqrt{2x^2+2y^2}$, 它在点 $(0,0)$ 处的偏导数不存在, 但在该点取得极大值. 因此, 在讨论函数的极值时, 如果函数还有偏导数不存在的点, 这些点也应当加以讨论.

与一元函数一样, $P_0(x_0,y_0)$ 是函数 $z=f(x,y)$ 在区域 D 上的最大(小)值点, 是指对于 D 上的一切点 $P(x,y)$ 都满足
$$f(x,y)\leqslant f(x_0,y_0),\quad f(x,y)\geqslant f(x_0,y_0).$$

如果函数 $z=f(x,y)$ 在闭区域 D 上连续, 则在 D 上一定能够取得最大值和最小值, 使函数取得最大值和最小值的点可能在 D 的内部, 也可能在 D 的边界上. 求 $z=f(x,y)$ 的最大值、最小值的方法与一元函数相同, 这里不再赘述.

例 4 想要造一个容积为 V 的长方体盒子, 如何设计才能使所用材料最少?

解 设盒子的长为 x, 宽为 y, 则高为 $z=\dfrac{V}{xy}$. 故长方体盒子的表面积为
$$S=2\left(xy+\dfrac{V}{x}+\dfrac{V}{y}\right).$$

这是关于 x, y 的二元函数, 定义域为 $D=\{(x,y)\mid x>0,\ y>0\}$.

由 $\dfrac{\partial S}{\partial x} = 2\left(y - \dfrac{V}{x^2}\right)$,$\dfrac{\partial S}{\partial y} = 2\left(x - \dfrac{V}{y^2}\right)$,得驻点$(\sqrt[3]{V}, \sqrt[3]{V})$. 根据问题的实际意义,盒子所用材料的最小值一定存在,又因为函数有唯一的驻点,所以该驻点就是 S 取得最小值的点,即当 $x = y = z = \sqrt[3]{V}$ 时,函数 S 取得最小值 $6V^{\frac{2}{3}}$,所以当盒子的长、宽、高相等时,所用材料最少.

例 5 D_1,D_2 分别为商品 X_1,X_2 的需求量,X_1,X_2 的需求函数分别为 $D_1 = 8 - p_1 + 2p_2$,$D_2 = 10 + 2p_1 - 5p_2$,总成本函数 $C_T = 3D_1 + 2D_2$,若 p_1,p_2 分别为商品 X_1,X_2 的价格. 试问价格 p_1,p_2 取何值时可使总利润最大?

解 根据经济理论,总利润 = 总收入 − 总成本,由题意知总收入函数
$R_T = p_1 D_1 + p_2 D_2 = p_1(8 - p_1 + 2p_2) + p_2(10 + 2p_1 - 5p_2)$,
总利润函数
$L_T = R_T - C_T = (p_1 - 3)(8 - p_1 + 2p_2) + (p_2 - 2)(10 + 2p_1 - 5p_2)$.
解方程组
$$\begin{cases}\dfrac{\partial L_T}{\partial p_1} = 8 - p_1 + 2p_2 + (-1)(p_1 - 3) + 2(p_2 - 2) = 7 - 2p_1 + 4p_2 = 0 \\ \dfrac{\partial L_T}{\partial p_2} = 2(p_1 - 3) + (10 + 2p_1 - 5p_2) + (-5)(p_2 - 2) = 14 + 4p_1 - 10p_2 = 0\end{cases},$$
得驻点 $(p_1, p_2) = \left(\dfrac{63}{2}, 14\right)$. 又因为
$$A = \dfrac{\partial^2 L_T}{\partial p_1^2} = -2,\quad B = \dfrac{\partial^2 L_T}{\partial p_1 \partial p_2} = 4,\quad C = \dfrac{\partial^2 L_T}{\partial p_2^2} = -10,$$
故 $B^2 - AC = -4 < 0$,且 $A < 0$,所以该问题唯一的驻点 $(p_1, p_2) = \left(\dfrac{63}{2}, 14\right)$ 是极大值点,同时也是最大值点,最大利润为
$$L_T = \left(\dfrac{63}{2} - 3\right)\left(8 - \dfrac{63}{2} + 2 \times 14\right) + (14 - 2)\left(10 + 2 \times \dfrac{63}{2} - 5 \times 14\right) = 164.25.$$

8.5.2 条件极值(拉格朗日乘数法)

在上述极值问题中,除了给出函数的定义域外,对函数本身并无其他的限制条件,这一类极值问题称为无条件极值. 然而在解决许多实际问题中,除了给出函数的定义域外,往往还需要对函数附加其他的限制条件. 这一类极值问题则称为条件极值.

例 6 某工厂生产两种型号的精密机床,其产量分别为 x,y 台,总成本函数为 $C(x, y) = x^2 + 2y^2 - xy$(单位:万元). 根据市场调查,这两种机床的需求量共 8 台. 问应如何安排生产,才能使总成本最小?

【分析】 因为总成本函数中的自变量(即两种机床的生产量 x,y)受到市场需求的限制,$x + y = 8$. 故该问题在数学上可描述为:在约束条件 $x + y = 8$ 的限制下求函数 $C(x, y) = x^2 + 2y^2 - xy$ 的极小值,即求函数 $C(x, y)$ 在条件 $x + y = 8$ 约束下的条件

极值.

在本例中,由条件 $x+y=8$ 解出 $y=8-x$,代入 $C(x,y)$,则条件极值问题可转化为关于 x 的一元函数

$$C(x,y)=x^2+2(8-x)^2-x(8-x)=4x^2-40x+128$$

的无条件极值.

但在很多情形下,将条件极值化为无条件极值是很困难的. 下面介绍一种求条件极值的常用方法——**拉格朗日乘数法**.

用拉格朗日乘数法求函数 $z=f(x,y)$ 在约束条件 $\varphi(x,y)=0$ 下极值的步骤为:

(1) 构造函数

$$F(x,y)=f(x,y)+\lambda\varphi(x,y),$$

其中 λ 称为拉格朗日乘数.

$$\begin{cases} F'_x=f'_x(x,y)+\lambda\varphi'_x(x,y)=0 \\ F'_y=f'_y(x,y)+\lambda\varphi'_y(x,y)=0. \\ \varphi(x,y)=0 \end{cases}$$

(2) 求出方程组的解 (x_0, y_0, λ_0),则 (x_0, y_0) 即为可能的极值点.

解 由题意,即求成本函数 $C(x,y)$ 在条件 $x+y=8$ 下的最小值.

构造拉格朗日乘函数

$$F(x,y)=x^2+2y^2-xy+\lambda(x+y-8).$$

解方程组

$$\begin{cases} F'_x=2x-y+\lambda=0 \\ F'_y=-x+4y+y=0, \\ F'_\lambda=x+y-8=0 \end{cases}$$

解得 $\lambda=-7$,$x=5$,$y=3$,由实际意义知,总成本一定有最小值,因此 $\lambda=-7$,$x=5$,$y=3$ 为所求,即当这两种型号的机床分别生产 5 台和 3 台时,总成本最小.

最小成本为

$$C(5,3)=5^2+2\times 3^2-5\times 3=28(万元).$$

例 7 某厂生产甲、乙两种产品,产量分别为 x,y(千只),其利润函数为 $z=-x^2-4y^2+8x+24y-15$. 如果现有原料 15 000 kg(不要求用完),生产两种产品每千只都要消耗原料 2 000 kg. 求:

(1) 使利润最大时的产量 x,y 和最大利润.

(2) 如果原料降至 12 000 kg,求利润最大时的产量和最大利润.

解 (1) 首先考虑无条件极值问题. 解方程组

$$\begin{cases} z'_x=-2x+8=0 \\ z'_y=-8x+24=0 \end{cases}$$

得驻点 $(4,3)$,此时 $4\times 2\,000+3\times 2\,000=14\,000<15\,000$,即原料在使用限额

内. 又因为 $z''_{xx}=-2<0$，$z''_{yy}=-8$，$z''_{xy}=0$，$(z''_{xy})^2-z''_{xx}z''_{yy}<0$，所以 (4, 3) 为极大值点，也是最大值点. 故甲、乙两种产品分别为 4 千只和 3 千只时利润最大，最大利润为 $z(4, 3)=37$ 单位.

(2) 当原料为 12 000 kg 时，若按 (1) 的方式生产，原料已不足，故应考虑在约束 $2x+2y=12$ 下，求 $z(x, y)$ 的最大值. 应用拉格朗日乘数法，设
$$F=-x^2-4y^2+8x+24y-15+\lambda(6-x-y),$$
解方程组
$$\begin{cases} F'_x=-2x+8-\lambda=0 \\ F'_y=-8y+24-\lambda=0. \\ F'_\lambda=6-x-y=0 \end{cases}$$
得驻点 $x=3.2$，$y=2.8$，此时
$$z(3.2, 2.8)=36.2,\ z(6, 0)=-3,\ z(0, 6)=-15.$$
所以，在原料为 12 000 kg 时，甲、乙两种产品各生产 3.2 千只和 2.8 千只时利润最大，且最大值为 36.2 单位.

习题 8.5

习题 8.5 答案

1. 设 $z=1-x^2-y^2$，
   (1) 求 $z=1-x^2-y^2$ 的极值.
   (2) 求 $z=1-x^2-y^2$ 在条件 $y=2$ 下的极值.

2. 求 $f(x, y)=\dfrac{1}{2}-\sin(x^2+y^2)$ 的极值.

3. 某工厂要用钢板制作一个容积为 100 m³ 的有盖长方体容器，若不计钢板的厚度，怎样制作材料最省？

8.6 二重积分的概念与性质

8.6.1 二重积分的定义

1. 引例

例 曲顶柱体的体积.

引例

所谓曲顶柱体(图 8.8),是指在空间直角坐标系中以曲面 $z = f(x,y)$ ($f(x,y) \geqslant 0$)为顶,以 xOy 平面上的有界闭区域 D 为底面,以区域 D 的边界曲线为准线而母线平行于 z 轴的柱面为侧面的立体.

我们知道,对于一个平顶柱体,其体积等于底面积与高的乘积. 而曲顶柱体的顶面 $f(x,y)$ 是 x,y 的函数,即高度不是常数,所以不能用计算平顶柱体体积的公式来计算.

不妨设 $f(x,y)$ 是连续函数,则在 D 中的一个小的区域内,$f(x,y)$ 的变化不大,于是可仿照定积分中求曲边梯形面积的办法,先求出曲顶柱体体积的近似值,再用求极限的方式得到曲顶柱体的体积. 具体过程如下:

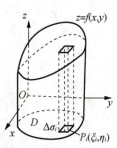

图 8.8

(1) 用任意一组曲线网把区域 D 分割为 n 个小区域 $\Delta\sigma_i (i=1,2,\cdots,n)$,并且 $\Delta\sigma_i (i=1,2,\cdots,n)$ 也表示该小区域的面积. 每个小区域对应着一个小的曲顶柱体. 小区域 $\Delta\sigma_i$ 上任意两点间距离的最大值,称为该小区域的直径,记为 $d_i (i=1,2,\cdots,n)$.

(2) 在 $\Delta\sigma_i (i=1,2,\cdots,n)$ 上任取一点 $P_i(\xi_i, \eta_i)$,显然,$f(\xi_i, \eta_i)\Delta\sigma_i$ 表示以 $\Delta\sigma_i$ 为底,$f(\xi_i, \eta_i)$ 为高的平顶柱体的体积. 当 $\Delta\sigma_i$ 的直径不大时,$f(x,y)$ 在 $\Delta\sigma_i$ 上的变化也不大,因此 $f(\xi_i, \eta_i)\Delta\sigma_i$ 是以 $\Delta\sigma_i$ 为底,$z = f(x,y)$ 为顶的小曲顶柱体体积的近似值. 所以,和式 $\sum_{i=1}^{n} f(\xi_i, \eta_i)\Delta\sigma_i$ 即为所求曲顶柱体的体积 V 的近似值,即

$$V \approx \sum_{i=1}^{n} f(\xi_i, \eta_i)\Delta\sigma_i.$$

(3) 令 $\lambda = \max_{1 \leqslant i \leqslant n}\{d_i\}$,显然,如果这些小区域的最大直径 λ 趋于零,即曲线网充分细密,极限 $\lim_{\lambda \to 0} \sum_{i=1}^{n} f(\xi_i, \eta_i)\Delta\sigma_i$ 就给出了体积 V 的精确值,即

$$V = \lim_{\lambda \to 0} \sum_{i=1}^{n} f(\xi_i, \eta_i)\Delta\sigma_i.$$

同样,还有很多实际问题,如非均匀平面薄片的质量等都可归结为上述类型的和式的极限. 我们抛开这些问题的实际背景,抓住它们共同的数学特征,加以抽象、概括后就得到如下二重积分的定义.

2. 二重积分的定义

定义 8.8

设函数 $z=f(x,y)$ 在平面有界闭区域 D 上有定义，将区域 D 任意分成 n 个小区域 $\Delta\sigma_i(i=1,2,\cdots,n)$，其中，$\Delta\sigma_i$ 表示第 i 个小区域，也表示它的面积. 在 $\Delta\sigma_i$ 上任取一点 $P_i(\xi_i,\eta_i)$，作和

$$\sum_{i=1}^{n} f(\xi_i,\eta_i)\Delta\sigma_i. \tag{8.10}$$

记 $\lambda = \max\limits_{1\leqslant i\leqslant n}\{d_i \mid d_i 为 \Delta\sigma_i 的直径\}$，若无论区域 D 的分法如何，也无论点 $P_i(\xi_i,\eta_i)$ 如何选取，当 $\lambda\to 0$ 时，式(8.10)总有确定的极限 I，则称此极限为函数 $f(x,y)$ 在区域 D 上的二重积分，记为 $\iint\limits_{D} f(x,y)\mathrm{d}\sigma$，即

$$\iint\limits_{D} f(x,y)\mathrm{d}\sigma = \lim_{\lambda\to 0}\sum_{i=1}^{n} f(\xi_i,\eta_i)\Delta\sigma_i, \tag{8.11}$$

其中，$f(x,y)$ 称为被积函数，$f(x,y)\mathrm{d}\sigma$ 称为被积表达式，$\mathrm{d}\sigma$ 称为面积元素，x,y 称为积分变量，D 称为积分区域.

如果 $f(x,y)$ 在区域 D 上的积分 $\iint\limits_{D} f(x,y)\mathrm{d}\sigma$ 存在，则称 $f(x,y)$ 在区域 D 上可积.

可以证明，有界闭区域上的连续函数在该区域上可积.

由二重积分的定义，例 1 中的曲顶柱体的体积 V 就是曲顶 $f(x,y)$ 在底面 D 上的二重积分 $\iint\limits_{D} f(x,y)\mathrm{d}\sigma$. 显然，当 $f(x,y)>0$ 时，二重积分 $\iint\limits_{D} f(x,y)\mathrm{d}\sigma$ 正是例 1 所示的曲顶柱体的体积；当 $f(x,y)<0$ 时，二重积分 $\iint\limits_{D} f(x,y)\mathrm{d}\sigma$ 等于与之相应的曲顶柱体体积的负值；若 $f(x,y)$ 在区域 D 的若干部分区域上是正的，而在其他部分区域上是负的. 我们可以把 xOy 平面上方的柱体体积取为正值，xOy 平面下方的柱体体积取为负值；则二重积分 $\iint\limits_{D} f(x,y)\mathrm{d}\sigma$ 等于这些部分区域上曲顶柱体体积的代数和. 这就是二重积分的几何意义.

定义 8.8

8.6.2 二重积分的基本性质

二重积分的基本性质

二重积分与定积分有着类似的性质,列举如下:

设 $f(x,y)$,$g(x,y)$ 在闭区域 D 上的二重积分存在,则

性质 1 $\iint\limits_{D} kf(x,y)\mathrm{d}\sigma = k\iint\limits_{D} f(x,y)\mathrm{d}\sigma$,其中 k 为常数.

性质 2 $\iint\limits_{D} [f(x,y) \pm g(x,y)]\mathrm{d}\sigma = \iint\limits_{D} f(x,y)\mathrm{d}\sigma \pm \iint\limits_{D} g(x,y)\mathrm{d}\sigma$.

性质 3(区域可加性) 如果 $D = D_1 \cup D_2$,$D_1 \cap D_2 = \Phi$,则

$$\iint\limits_{D} f(x,y)\mathrm{d}\sigma = \iint\limits_{D_1} f(x,y)\mathrm{d}\sigma \pm \iint\limits_{D_2} f(x,y)\mathrm{d}\sigma.$$

性质 4 若 σ 为区域 D 的面积,则

$$\sigma = \iint\limits_{D} \mathrm{d}\sigma.$$

这表明,高为 1 的平顶柱体的体积在数值上等于其底面积.

性质 5 若在 D 上恒有 $f(x,y) \leqslant g(x,y)$,则

$$\iint\limits_{D} f(x,y)\mathrm{d}\sigma \leqslant \iint\limits_{D} g(x,y)\mathrm{d}\sigma.$$

性质 6 设 $f(x,y)$ 在 D 上有最大值 M,最小值 m,σ 是 D 的面积,则

$$m\sigma \leqslant \iint\limits_{D} f(x,y)\mathrm{d}\sigma \leqslant M\sigma.$$

性质 7(中值定理) 设 $f(x,y)$ 在有界闭区域 D 上连续,σ 是区域 D 的面积,则在 D 上至少有一点 $P(\xi,\eta)$,使得

$$\iint\limits_{D} f(x,y)\mathrm{d}\sigma = f(\xi,\eta) \cdot \sigma.$$

证 因 $f(x,y)$ 在有界闭区域 D 上连续,故在 D 上取得最大值 M 和最小值 m,显然 $\sigma \neq 0$,由性质 6 得

$$m \leqslant \frac{1}{\sigma} \iint\limits_{D} f(x,y)\mathrm{d}\sigma \leqslant M,$$

即 $\frac{1}{\sigma} \iint\limits_{D} f(x,y)\mathrm{d}\sigma$ 是介于 $f(x,y)$ 的最大值 M 和最小值 m 之间的一个值.根据闭区域上连续函数的介值定理,在 D 上至少存在一点 $P(\xi,\eta)$,使得

$$\frac{1}{\sigma} \iint\limits_{D} f(x,y)\mathrm{d}\sigma = f(\xi,\eta).$$

上式两端乘以 σ,即得性质 7.

习题 8.6

1. 设有一平面薄片，在平面 xOy 上形成闭区域 D，它在点 (x, y) 处的面密度为 $\mu(x, y)$，且 $\mu(x, y)$ 在 D 连续，试用二重积分表示该薄片的质量.

2. 试比较下列二重积分的大小.

(1) $\iint\limits_{D}(x+y)^2 d\sigma$ 与 $\iint\limits_{D}(x+y)^3 d\sigma$，其中 D 由 x 轴，y 轴及直线 $x+y=1$ 围成；

(2) $\iint\limits_{D}\ln(x+y) d\sigma$ 与 $\iint\limits_{D}\ln^2(x+y) d\sigma$，其中 D 是以 $A(1, 0)$，$B(1, 1)$，$C(2, 0)$ 为顶点的三角形闭区域.

8.7 直角坐标系下二重积分的计算

除一些特殊情形外，利用定义来计算二重积分是非常困难的. 通常的方法是将二重积分化为两次定积分即累次积分来计算.

由二重积分的定义可知，若 $f(x, y)$ 在区域 D 上的二重积分存在，则和式的极限（即二重积分的值）与区域 D 的分法无关. 因此，在直角坐标系中可以用平行于坐标轴的直线网把区域 D 分成若干个矩形小区域（图 8.9）. 设矩形小区域 $\Delta\sigma_i$ 的边长为 Δx_j 和 Δy_k，则 $\Delta\sigma_i = \Delta x_j \cdot \Delta y_k$. 所以在直角坐标系中，常把面积元素 $d\sigma$ 记作 $dx\,dy$，于是二重积分可表示为

$$\iint\limits_{D} f(x, y) d\sigma = \iint\limits_{D} f(x, y) dx\,dy. \tag{8.12}$$

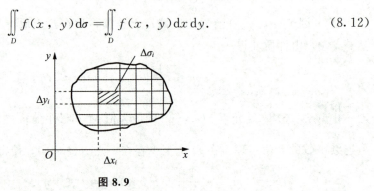

图 8.9

下面根据二重积分的几何意义，给出二重积分的计算方法.

8.7.1 先 y 后 x 的累次积分

设 $f(x, y) \geqslant 0$，积分区域为

$D = \left\{ (x, y) \,\middle|\, a \leqslant x \leqslant b, \varphi_1(x) \leqslant y \leqslant \varphi_2(x) \right\}$（图 8.10）．

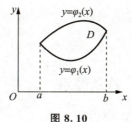

图 8.10

在 $[a, b]$ 上任取一点 x，作平行于 yOz 面的平面（图 8.11），此平面与曲顶柱体相交，截面是一个以区间 $[\varphi_1(x), \varphi_2(x)]$ 为底，曲线 $z = f(x, y)$ 为曲边的曲边梯形（图 8.11 中阴影部分）．

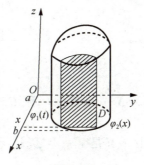

图 8.11

根据定积分中"计算平行已知截面面积为已知的立体的体积"的方法，设该曲边梯形的面积为 $A(x)$，由于 x 的变化范围是 $a \leqslant x \leqslant b$，则所求的曲顶柱体体积为

$$V = \int_a^b A(x) \mathrm{d}x,$$

由定积分的意义

$$A(x) = \int_{\varphi_1(x)}^{\varphi_x(x)} f(x, y) \mathrm{d}y.$$

于是

$$V = \int_a^b A(x) \mathrm{d}x = \int_a^b \left[\int_{\varphi_1(x)}^{\varphi_2(x)} f(x, y) \mathrm{d}y \right] \mathrm{d}x,$$

即

$$\iint_D f(x, y) \mathrm{d}\sigma = \int_a^b \left[\int_{\varphi_1(x)}^{\varphi_2(x)} f(x, y) \mathrm{d}y \right] \mathrm{d}x. \tag{8.13}$$

这就是直角坐标系下二重积分的计算公式，它把二重积分化为累次积分．在该类积分区域下，它是一个先对 y 后对 x 的累次积分．公式(8.13)也可记为

$$\iint_D f(x,y)\mathrm{d}\sigma = \int_a^b \mathrm{d}x \int_{\varphi_1(x)}^{\varphi_2(x)} f(x,y)\mathrm{d}y.$$

在上述讨论中，假定 $f(x,y) \geqslant 0$，可以证明，式(8.13) 的成立并不受此限制.

8.7.2 先 x 后 y 的累次积分

若积分区域为
$$D = \{(x,y) \mid c \leqslant y \leqslant d, \varphi_1(y) \leqslant x \leqslant \varphi_2(y)\} (\text{图 } 8.12).$$

类似地，可得公式
$$\iint_D f(x,y)\mathrm{d}\sigma = \int_c^d \left[\int_{\varphi_1(y)}^{\varphi_2(y)} f(x,y)\mathrm{d}x\right]\mathrm{d}y = \int_c^d \mathrm{d}y \int_{\varphi_1(y)}^{\varphi_2(y)} f(x,y)\mathrm{d}x. \quad (8.14)$$

这是一个先对 x 后对 y 的累次积分.

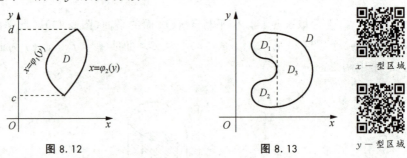

图 8.12　　　　　　图 8.13

称图 8.10 所示的积分区域为 **$X-$ 型区域**，称图 8.12 所示的积分区域为 **$Y-$ 型区域**.

若积分区域 D 既是 $X-$ 型区域又是 $Y-$ 型区域. 显然，
$$\iint_D f(x,y)\mathrm{d}\sigma = \int_a^b \mathrm{d}x \int_{\varphi_1(x)}^{\varphi_2(x)} f(x,y)\mathrm{d}y = \int_c^d \mathrm{d}y \int_{\varphi_1(y)}^{\varphi_2(y)} f(x,y)\mathrm{d}x.$$

若积分区域 D 既非 $X-$ 型区域又非 $Y-$ 型区域（图 8.13）. 此时，需用平行于 x 轴或 y 轴的直线将区域 D 划分成 $X-$ 型或 $Y-$ 型区域. 图中，D 分割成了 D_1，D_2，D_3 三个 $X-$ 型小区域. 由二重积分的性质
$$\iint_D f(x,y)\mathrm{d}\sigma = \iint_{D_1} f(x,y)\mathrm{d}\sigma + \iint_{D_2} f(x,y)\mathrm{d}\sigma + \iint_{D_3} f(x,y)\mathrm{d}\sigma.$$

在实际计算中，化二重积分为累次积分，选用何种积分次序，不但要考虑积分区域 D 的类型，还要考虑被积函数的特点.

例 1　计算二重积分.
$$\iint_D (x+y+3)\mathrm{d}x\mathrm{d}y, D = \{(x,y) \mid -1 \leqslant x \leqslant 1, 0 \leqslant y \leqslant 1\}.$$

解　积分区域 D 是矩形域，既是 $X-$ 型区域又是 $Y-$ 型区域. 若按 $X-$ 型区域积分，则将二重积分化为先对 y 后对 x 的累次积分

$$\iint\limits_D (x+y+3)\,\mathrm{d}x\,\mathrm{d}y = \int_{-1}^{1}\mathrm{d}x\int_{0}^{1}(x+y+3)\,\mathrm{d}y$$
$$= \int_{-1}^{1}\left(xy+\frac{y^2}{2}+3y\right)\Big|_0^1\mathrm{d}x$$
$$= \int_{-1}^{1}\left(x+\frac{7}{2}\right)\mathrm{d}x = 7.$$

若按 $Y-$ 型区域积分, 则二重积分化为先对 x 后对 y 的累次积分

$$\iint\limits_D (x+y+3)\,\mathrm{d}x\,\mathrm{d}y = \int_0^1 \mathrm{d}y\int_{-1}^1 (x+y+3)\,\mathrm{d}x = \int_0^1\left(\frac{x^2}{2}+xy+3x\right)\Big|_{-1}^1 \mathrm{d}y$$
$$= 2\int_0^1 (y+3)\,\mathrm{d}y = 7.$$

积分的结果是相同的.

例 2 计算 $\iint\limits_D (x^2+y^2-y)\,\mathrm{d}x\,\mathrm{d}y$, D 是由 $y=x$, $y=\dfrac{1}{2}x$, $y=2$ 所围成的区域(图 8.14).

例 2

解 若先对 y 积分, 则 D 需分成两个区域. 这里先对 x 积分, 则

$$\iint\limits_D (x^2+y^2-y)\,\mathrm{d}x\,\mathrm{d}y = \int_0^2 \mathrm{d}y\int_y^{2y}(x^2+y^2-y)\,\mathrm{d}x$$
$$= \int_0^2\left(\frac{1}{3}x^3+xy^2-yx\right)\Big|_y^{2y}\mathrm{d}y = \int_0^2\left(\frac{10}{3}y^3-y^2\right)\mathrm{d}y = \frac{32}{3}.$$

例 3 计算二重积分 $\iint\limits_D \mathrm{e}^{-y^2}\,\mathrm{d}x\,\mathrm{d}y$, D 是由直线 $y=x$, $y=1$, $x=0$ 所围成的区域(图 8.15).

解 若先对 y 积分, 则积分化为

$$\iint\limits_D \mathrm{e}^{-y^2}\,\mathrm{d}x\,\mathrm{d}y = \int_0^1 \mathrm{d}x \int_x^1 \mathrm{e}^{-y^2}\,\mathrm{d}y.$$

由于 e^{-y^2} 的原函数不能用初等函数表示, 故上述积分难以求出. 现改变积分次序, 则

$$\iint\limits_D \mathrm{e}^{-y^2}\,\mathrm{d}x\,\mathrm{d}y = \int_0^1 \mathrm{d}y\int_0^y \mathrm{e}^{-y^2}\,\mathrm{d}x = \int_0^1 y\mathrm{e}^{-y^2}\,\mathrm{d}y = \frac{1}{2}\left(1-\frac{1}{\mathrm{e}}\right).$$

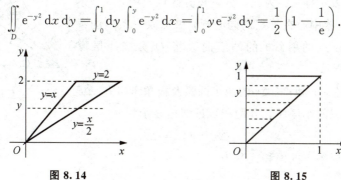

图 8.14 图 8.15

例 4 如果函数 $f(x,y)$ 在直线 $y=x$, $x=a$, $y=b$ 所围成的区域 D 上可积，证明 $\int_a^b \mathrm{d}y \int_a^y f(x,y)\mathrm{d}x = \int_a^b \mathrm{d}x \int_x^b f(x,y)\mathrm{d}y$.

证 上式左端是一个先 x 后 y 的积分，积分区域为
$$\{(x,y) \mid a \leqslant x \leqslant y, a \leqslant y \leqslant b\},$$
该区域又可表示为
$$D = \{(x,y) \mid a \leqslant x \leqslant b, x \leqslant y \leqslant b\}.$$
将式子左端的二重积分改变积分次序，先对 y 后对 x 积分便得到公式右端.

习题 8.7

习题 8.7 答案

1. 计算 $\iint\limits_D (100+x+y)\mathrm{d}\sigma$，其中 $D = \{(x,y) \mid 0 \leqslant x \leqslant 1, -1 \leqslant y \leqslant 1\}$.

2. 计算 $\iint\limits_D \mathrm{e}^{6x+y}\mathrm{d}\sigma$，其中 D 由 xOy 面上的直线 $y=1$, $y=2$ 及 $x=-1$, $x=2$ 所围成.

8.8 极坐标下二重积分的计算

对于某些被积函数和积分区域，利用直角坐标系计算二重积分是很困难的，而在极坐标系下计算则比较简单. 下面介绍在极坐标系下，二重积分 $\iint\limits_D f(x,y)\mathrm{d}\sigma$ 的计算方法.

在极坐标系下计算二重积分，只要将积分区域和被积函数都化为极坐标表示即可. 为此，分割积分区域，用 r 取一系列的常数（得到一族中心在极点的同心圆）和 θ 取一系列的常数（得到一族过极点的射线）的两组曲线将 D 分成小区域 $\Delta\sigma$，如图 8.16 所示.

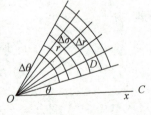

图 8.16

设 $\Delta\sigma$ 是半径为 r 和 $r+\Delta r$ 的两个圆弧及极角 θ 和 $\theta+\Delta\theta$ 的两条射线所围成的小区域，其面积可近似地表示为
$$\Delta\sigma = r\Delta r \cdot \Delta\theta.$$
因此在极坐标系下的面积元素为
$$\mathrm{d}\sigma = r\mathrm{d}r\mathrm{d}\theta.$$
再分别用 $x = r\cos\theta$, $y = r\sin\theta$ 代替被积函数中的 x, y，于是得到二重积分在极

坐标系下的表达式

$$\iint_D f(x, y)d\sigma = \iint_{D'} f(r\cos\theta, r\sin\theta)r dr d\theta.$$

下面给出在极坐标系下如何把二重积分化成二次积分.

二重积分化成
二次积分

1. 极点 O 在区域 D 之外，D 是由 $\theta = \alpha$，$\theta = \beta$，$r = r_1(\theta)$ 和 $r = r_2(\theta)$ 围成(图 8.17)，这时有公式

$$\iint_D f(r\cos\theta, r\sin\theta)r dr d\theta = \int_\alpha^\beta d\theta \int_{r_1(\theta)}^{r_2(\theta)} f(r\cos\theta, r\sin\theta)r dr.$$

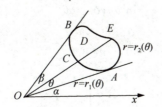

图 8.17

2. 极点 O 在区域 D 的边界上，D 是由 $\theta = \alpha$，$\theta = \beta$，$r = r(\theta)$ 围成(图 8.18)，这时有公式

$$\iint_D f(r\cos\theta, r\sin\theta)r dr d\theta = \int_\alpha^\beta d\theta \int_0^{r(\theta)} f(r\cos\theta, r\sin\theta)r dr.$$

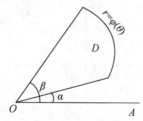

图 8.18

3. 极点 O 在区域 D 之内，区域是由 $r = r(\theta)$ 所围成(图 8.19)，这时有公式

$$\iint_D f(r\cos\theta, r\sin\theta)r dr d\theta = \int_0^{2\pi} d\theta \int_0^{r(\theta)} f(r\cos\theta, r\sin\theta)r dr.$$

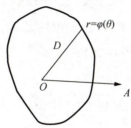

图 8.19

例 1 计算二重积分 $\iint\limits_{D} \sqrt{x^2+y^2}\,d\sigma$，其中 $D = (x-a)^2 + y^2 \leqslant a^2 (a>0)$.

解 积分区域 D（图 8.20），D 的边界曲线 $(x-a)^2 + y^2 \leqslant a^2 (a>0)$ 的极坐标方程为 $r = 2a\cos\theta (a>0)$. 属于第二种情况，于是

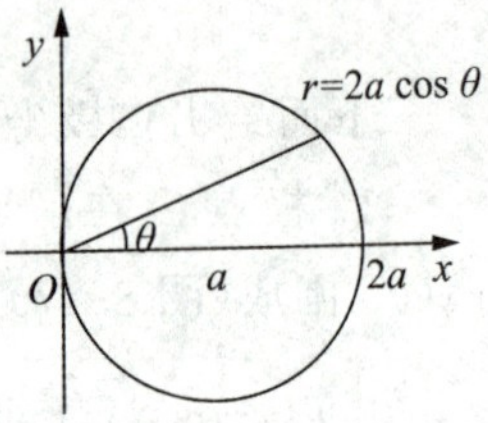

$$\iint\limits_{D} \sqrt{x^2+y^2}\,d\sigma = \int_{-\frac{\pi}{2}}^{\frac{\pi}{2}} d\theta \int_0^{2a\cos\theta} r^2\,dr = \frac{8a^3}{3} \int_{-\frac{\pi}{2}}^{\frac{\pi}{2}} \cos^3\theta\,d\theta$$

$$= \frac{8a^3}{3} \int_{-\frac{\pi}{2}}^{\frac{\pi}{2}} (1-\sin^2\theta)\cos\theta\,d\theta$$

$$= \frac{8a^3}{3} \int_{-\frac{\pi}{2}}^{\frac{\pi}{2}} (1-\sin^2\theta)\,d\sin\theta$$

$$= \frac{8a^3}{3} \left(\sin\theta - \frac{1}{3}\sin^3\theta\right) \Big|_{-\frac{\pi}{2}}^{\frac{\pi}{2}} = \frac{32}{9}a^3.$$

图 8.20

例 2 计算二重积分 $\iint\limits_{D} \sin\sqrt{x^2+y^2}\,dx\,dy$，其中 D 为二圆 $x^2+y^2 = \pi^2$ 和 $x^2+y^2 = 4\pi^2$ 之间的环形区域.

例 2

解 积分区域 D（图 8.21），属于第一种情况. 在极坐标下 D 可表示为

$$0 \leqslant \theta \leqslant 2\pi, \quad \pi \leqslant r \leqslant 2\pi.$$

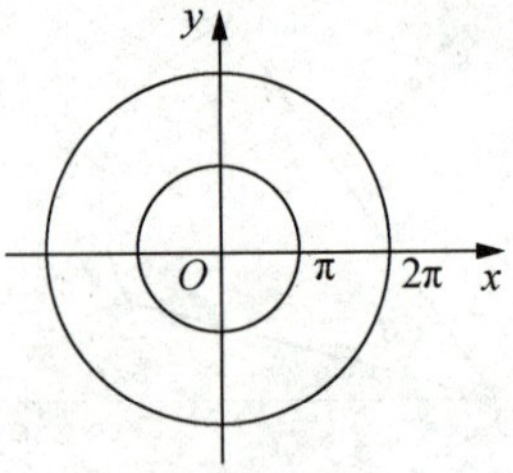

图 8.21

于是

$$\iint\limits_{D} \sin\sqrt{x^2+y^2}\,dx\,dy = \int_0^{2\pi} d\theta \int_\pi^{2\pi} \sin r \cdot r\,dr = \int_0^{2\pi} (-r\cos r + \sin r)\big|_\pi^{2\pi} d\theta$$

$$= \int_0^{2\pi} (-3\pi)\,d\theta = -3\pi\theta\big|_0^{2\pi} = -6\pi^2.$$

例 3 计算球体 $x^2+y^2+z^2 \leqslant 4a^2$ 被圆柱面 $x^2+y^2 = 2ax (a>0)$ 所截得的（含在圆柱面内的部分）立体的体积（图 8.22）.

解 由对称性

$$V = 4\iint\limits_{D} \sqrt{4a^2-x^2-y^2}\,dx\,dy,$$

其中，D 为半圆周 $y = \sqrt{2ax-x^2}$ 及 x 轴所围成的区域，在极坐标系中，D 可表示为

$$0 \leqslant \theta \leqslant \frac{\pi}{2}, \quad 0 \leqslant r \leqslant 2a\cos\theta.$$

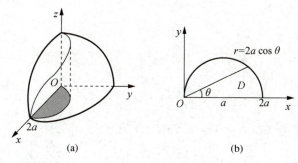

图 8.22

于是，
$$V = 4\iint_D \sqrt{4a^2 - x^2 - y^2}\,\mathrm{d}x\,\mathrm{d}y = 4\int_0^{\frac{\pi}{2}} \mathrm{d}\theta \int_0^{2a\cos\theta} \sqrt{4a^2 - r^2}\cdot r\,\mathrm{d}r$$
$$= \frac{32}{3}a^3 \int_0^{\frac{\pi}{2}}(1-\sin^3\theta)\,\mathrm{d}\theta = \frac{32}{3}a^3\left(\frac{\pi}{2} - \frac{2}{3}\right).$$

一般来讲，当被积函数为 $f(x^2+y^2)$ 的形式，而积分区域为圆形、扇形、圆环形时，在直角坐标系下计算往往很困难，通常都是在极坐标系下来计算.

习题 8.8

习题 8.8 答案

1. 计算 $\iint_D \ln(100 + x^2 + y^2)\,\mathrm{d}\sigma$，其中 $D = \{(x, y) \mid x^2 + y^2 \leqslant 1\}$.

2. 计算 $\iint_D y^2\,\mathrm{d}\sigma$，其中 D 是由圆周 $x^2 + y^2 = 1$ 与 $x^2 + y^2 = 4\pi^2$ 所围成的平面区域.

【本章小结】

一、基本概念

1. 需要知道多元函数的一些基本概念（n 维空间、n 元函数、二重极限、连续等）；需要理解偏导数；全微分；二重积分.

2. 重要定理.

(1) 二元函数中，可导、连续、可微三者的关系，

偏导数连续 $\Rightarrow$ 可微 $\Rightarrow \begin{cases} \text{偏导数存在} \\ \text{函数连续} \end{cases}$.

(2)（二元函数）极值的必要、充分条件.

二、基本计算

（一）偏导数的计算

1. 偏导数值的计算（计算 $f'_x(x_0, y_0)$）．

(1) 先代后求法 $f'_x(x_0, y_0) = \dfrac{\mathrm{d}}{\mathrm{d}x} f(x, y_0)\big|_{x=x_0}$．

(2) 先求后代法 $f'_x(x_0, y_0) = f'_x(x, y)\big|_{(x_0, y_0)}$．

(3) 定义法 $f'_x(x_0, y_0) = \lim\limits_{\Delta x \to 0} \dfrac{f(x_0 + \Delta x, y_0) - f(x_0, y_0)}{\Delta x}$（分段函数在分段点处的偏导数）．

2. 偏导函数的计算（计算 $f'_x(x, y)$）．

(1) 简单的多元初等函数——将其他自变量固定，转化为一元函数求导．

(2) 复杂的多元初等函数——多元复合函数求导的链式法则（画树形图，写求导公式）．

(3) 隐函数求导．

求方程 $F(x, y, z) = 0$ 确定的隐函数 $z = f(x, y)$ 的一阶导数 $\dfrac{\partial z}{\partial x}$，$\dfrac{\partial z}{\partial y}$，

$$\begin{cases} 公式法：\dfrac{\partial z}{\partial x} = -\dfrac{F'_x}{F'_z}，\dfrac{\partial z}{\partial y} = -\dfrac{F'_y}{F'_z}(x, y, z \text{ 地位平等})； \\ 直接法：方程两边同时对 x（或 y）求导（x, y, z \text{ 地位不平等}）． \end{cases}$$

注：若求隐函数的二阶导数，在一阶导数的基础上，可用直接法求解．

3. 高阶导数的计算．

注意记号表示，以及求导顺序．

4. 二重积分的计算．

直角坐标系下的二重积分的计算和极坐标系下的二重积分的计算．

（二）全微分的计算

1. 叠加原理．

$z = f(x, y)$，$\mathrm{d}z = \dfrac{\partial z}{\partial x}\mathrm{d}x + \dfrac{\partial z}{\partial y}\mathrm{d}y$（注意 $\mathrm{d}x$ 与 $\mathrm{d}y$）

2. 一阶全微分形式不变性．

$\mathrm{d}z = \dfrac{\partial z}{\partial x}\mathrm{d}x + \dfrac{\partial z}{\partial y}\mathrm{d}y$ 对 x, y 是自变量或是中间变量均成立．

三、偏导数的应用

优化方面——多元函数的极值和最值．

1. 无条件极值——利用必要条件求驻点，利用充分条件判断是否为极值点．

2. 条件极值——拉格朗日乘数法.

求 $\begin{cases} \min(\max) \quad z = f(x, y) \\ \text{s. t.} \quad \varphi(x, y) = 0 \end{cases}$

$L(x, y, \lambda) = f(x, y) + \lambda \varphi(x, y)$(有几个约束条件, 引进相应个数的拉格朗日乘子).

3. 最值——比较区域内部驻点处函数值与区域边界上最值的大小, 从而确定最值.

【学海拾贝】

多元函数微积分

多元函数微积分

复习题 8

1. 选择题.

(1) 函数 $y = \sqrt{2 - x^2 - y^2} + \dfrac{1}{\sqrt{x^2 + y^2 - 1}}$ 的定义域是( ).

A. $\{(x, y) \mid 1 \leqslant x^2 + y^2 \leqslant 2\}$ B. $\{(x, y) \mid 1 < x^2 + y^2 < 2\}$

C. $\{(x, y) \mid 1 < x^2 + y^2 \leqslant 2\}$ D. $\{(x, y) \mid 1 \leqslant x^2 + y^2 < 2\}$

(2) 函数 $z = x^3 + y^3 - 3xy$ 的极小值是( ).

A. 2   B. -2

C. 1   D. -1

(3) 设 $z = x \sin y$, 则 $\left. \dfrac{\partial z}{\partial y} \right|_{\left(1, \frac{\pi}{4}\right)} = ($ $)$.

A. $\dfrac{\sqrt{2}}{2}$ B. $-\dfrac{\sqrt{2}}{2}$

C. $\sqrt{2}$ D. $-\sqrt{2}$

2. 填空题.

(1) $u = x^{\frac{y}{z}}$, 则 $du = $ _____.

(2) $x^2 + yz + \sin(x + 2z) = 0$, 则 $\dfrac{\partial z}{\partial x} = $ _____.

(3) $u = f(x^2 y^2, e^{xy})$, f 为已知可微函数, 则 $\dfrac{\partial u}{\partial x} = $ _____.

(4) $u = x^y$, $\dfrac{\partial^2 u}{\partial x \partial y} = $ _____.

(5) 改变积分 $\int_0^1 dx \int_{x^3}^{x^2} f(x, y) dy$ 的次序，则 _____。

3. 计算题.

(1) $u = \left(\dfrac{x}{y}\right)^z$，求 $\dfrac{\partial u}{\partial x}$，$\dfrac{\partial u}{\partial y}$，$\dfrac{\partial u}{\partial z}$.

(2) $u = \arctan \dfrac{y}{x}$，求所有二阶偏导数.

(3) $u = x\sin(2x + y)$，求 du.

(4) $z = f(x^2 - y^2, xy)$，求 $\dfrac{\partial^2 z}{\partial x \partial y}$.

(5) $z = f(2x - y) + g(x, xy)$，其中 f，g 二阶可微，求 $\dfrac{\partial^2 z}{\partial x \partial y}$.

(6) 设方程 $\dfrac{x}{z} = \ln \dfrac{z}{y}$，确定 $z = z(x, y)$，求 dz.

(7) $\iint\limits_D y \, dx \, dy$，其中 D 是由直线 $x = -2$，$y = 0$，$y = 2$ 及曲线 $x = -\sqrt{2y - y^2}$ 所围成的平面区域.

(8) $\iint\limits_D \sqrt{1 - x^2 - y^2} \, dx \, dy$，$D = \{(x, y) \mid x^2 + y^2 \leqslant x\}$.

(9) $\iint\limits_D \dfrac{1 - x^2 - y^2}{1 + x^2 + y^2} \, dx \, dy$，其中 D 是 $x^2 + y^2 = 1$，$x = 0$，$y = 0$ 所围区域的第一象限部分.

复习题 8 答案

专升本真题演练

第 9 章 无穷级数

学习目标与要求

○ 理解无穷级数、级数收敛与发散的概念，了解级数的基本性质，掌握级数收敛的必要条件；

○ 掌握正向级数收敛性的比较判别法和比值判别法，学会运用根值判别法解决问题；

○ 掌握交错级数的莱布尼兹判别法；

○ 了解任意项级数绝对收敛与条件收敛的概念，以及绝对收敛与条件收敛的关系；

○ 理解幂级数收敛半径的概念，并掌握幂级数的收敛半径、收敛区间及收敛域的求法；

○ 了解幂级数在其收敛区间内的一些基本性质，会求一些幂级数在收敛区间内的和函数；

○ 了解函数展开为泰勒级数的充分必要条件；

○ 会用公式将一些简单函数间接展开成幂级数；

○ 深刻理解并掌握有限与无限间的对立统一的哲学关系.

学前引入

高等数学与初等数学本质的区别之一是无限与有限的区别，级数理论十分清楚地反映了这种区别. 无穷级数是高等数学的基本内容之一，在经济、科技等实际应用中有重要意义，它包含常数项级数与函数项级数. 本章主要学习常数项级数与幂级数. 学习它们的概念、性质及判定敛散性的方法.

知识导图

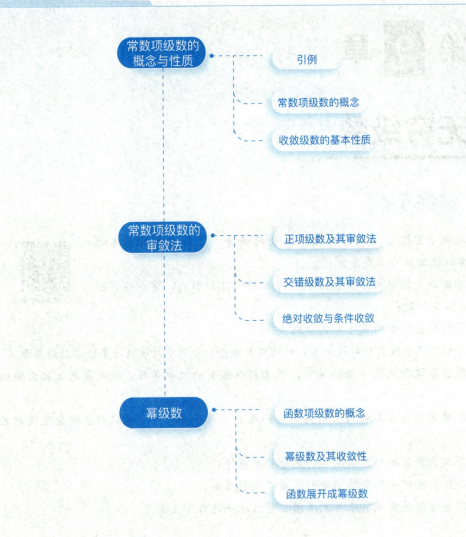

9.1 常数项级数的概念和性质

9.1.1 引例

引例 1

公元前 5 世纪，以诡辩著称的古希腊哲学家芝诺(Zeno)用他的无穷、连续，以及部分和的知识，引发出以下著名的悖论：如果让阿基里斯(Achilles, 古希腊神话中善跑的英雄)和乌龟之间举行一场赛跑，让乌龟在阿基里斯前头 1 000 米处开始，假定阿基里斯能够跑得比乌龟快 10 倍，也永远也追不上乌龟。芝诺的理论依据是：当比赛开始后，阿基里斯跑了 1 000 米，此时乌龟仍然前于他 100 米；当阿基里斯跑了下一个 100 米时，乌龟仍然前于他 10 米，……，如此分析下去，显然阿基里斯离乌龟越来越近，但却是永远也追不上乌龟的。这个结论显然是错误的，但奇怪的是，这种推理在逻辑上却没有任何毛病。那么，问题究竟出在哪里呢？

引例 2

《庄子》："一尺之棰，日取其半，万世不竭。"

常数项级数的概念

9.1.2 常数项级数的概念

定义 9.1

常数项级数：给定一个数列
$$u_1, u_2, u_3, \cdots, u_n, \cdots,$$
则由这数列构成的表达式
$$u_1 + u_2 + u_3 + \cdots + u_n + \cdots$$
称为(常数项)无穷级数，简称(常数项)级数，记为 $\sum\limits_{n=1}^{\infty} u_n$，即
$$\sum_{n=1}^{\infty} u_n = u_1 + u_2 + u_3 + \cdots + u_n + \cdots,$$
其中，第 n 项 u_n 称为级数的一般项。

级数的部分和：作级数 $\sum\limits_{n=1}^{\infty} u_n$ 的前 n 项和
$$S_n = \sum_{i=1}^{n} u_i = u_1 + u_2 + u_3 + \cdots + u_n$$
称为级数 $\sum\limits_{n=1}^{\infty} u_n$ 的部分和。

【思考】 1. 级数与数列有什么联系?

2. "一尺之捶,日取其半,万世不竭"出自《庄子》,请用数学语言描述"万世不竭".

3. 请思考如何求出无穷级数的和.

无穷级数

定义 9.2

级数敛散性定义:如果级数 $\sum_{n=1}^{\infty} u_n$ 的部分和数列 $\{S_n\}$ 有极限 S,即
$$\lim_{n\to\infty} S_n = S,$$
则称无穷级数 $\sum_{n=1}^{\infty} u_n$ 收敛,这时极限 S 称为这一级数的和,并写成
$$S = \sum_{n=1}^{\infty} u_n = u_1 + u_2 + u_3 + \cdots + u_n + \cdots,$$
如果 $\{S_n\}$ 没有极限,则称无穷级数 $\sum_{n=1}^{\infty} u_n$ 发散.

余项:当级数 $\sum_{n=1}^{\infty} u_n$ 收敛时,其部分和 S_n 是级数 $\sum_{n=1}^{\infty} u_n$ 的和 S 的近似值,它们之间的差值
$$r_n = S - S_n = u_{n+1} + u_{n+2} + \cdots + u_{n+n} + \cdots$$
称为级数 $\sum_{n=1}^{\infty} u_n$ 的余项.

例 1 讨论等比级数(几何级数).
$$\sum_{n=0}^{\infty} aq^n = a + aq + aq^2 + \cdots + aq^n + \cdots$$
的敛散性,其中 $a \neq 0$, q 称为级数的公比.

解 如果 $q \neq 1$,则部分和
$$S_n = a + aq + aq^2 + \cdots + aq^{n-1} = \frac{a - aq^n}{1-q} = \frac{a}{1-q} - \frac{aq^n}{1-q}.$$

当 $|q| < 1$ 时,因为 $\lim_{n\to\infty} S_n = \frac{a}{1-q}$,所以此时级数 $\sum_{n=0}^{\infty} aq^n$ 收敛,其和为 $\frac{a}{1-q}$.

当 $|q| > 1$ 时,因为 $\lim_{n\to\infty} S_n = \infty$,所以此时级数 $\sum_{n=0}^{\infty} aq^n$ 发散.

如果 $|q| = 1$,则当 $q = 1$ 时,$S_n = na \to \infty$,因此级数 $\sum_{n=0}^{\infty} aq^n$ 发散.

当 $q = -1$ 时,级数 $\sum_{n=0}^{\infty} aq^n$ 成为

$$a - a + a - a + \cdots,$$

因为 S_n 随着 n 为奇数或偶数而等于 a 或零，所以 S_n 的极限不存在，从而这时级数 $\sum_{n=0}^{\infty} aq^n$ 也发散.

综上所述，如果 $|q| < 1$，则级数 $\sum_{n=0}^{\infty} aq^n$ 收敛，其和为 $\dfrac{a}{1-q}$；如果 $|q| \geqslant 1$，则级数 $\sum_{n=0}^{\infty} aq^n$ 发散.

仅当 $|q| < 1$ 时，几何级数 $\sum_{n=0}^{\infty} aq^n (a \neq 0)$ 收敛，其和为 $\dfrac{a}{1-q}$.

例 2 证明级数 $1 + 2 + 3 + \cdots + n + \cdots$ 是发散的.

证 此级数的部分和为

$$S_n = 1 + 2 + 3 + \cdots + n = \frac{n(n+1)}{2}.$$

显然，$\lim_{n \to \infty} S_n = \infty$，因此所给级数是发散的.

例 3 判别无穷级数 $\dfrac{1}{1 \times 2} + \dfrac{1}{2 \times 3} + \dfrac{1}{3 \times 4} + \cdots + \dfrac{1}{n(n+1)} + \cdots$ 的敛散性.

例 3

解 由于

$$u_n = \frac{1}{n(n+1)} = \frac{1}{n} - \frac{1}{n+1},$$

因此

$$S_n = \frac{1}{1 \times 2} + \frac{1}{2 \times 3} + \frac{1}{3 \times 4} + \cdots + \frac{1}{n(n+1)}$$

$$= \left(1 - \frac{1}{2}\right) + \left(\frac{1}{2} - \frac{1}{3}\right) + \cdots + \left(\frac{1}{n} - \frac{1}{n+1}\right) = 1 - \frac{1}{n+1},$$

从而

$$\lim_{n \to \infty} S_n = \lim_{n \to \infty} \left(1 - \frac{1}{n+1}\right) = 1,$$

所以这级数收敛，它的和是 1.

例 4 判断 $\sum_{n=1}^{\infty} \dfrac{1}{2^n}$ 的收敛性.

解 因为

$$S_n = \frac{1}{2} + \frac{1}{2^2} + \cdots + \frac{1}{2^n}$$

$$= \frac{\dfrac{1}{2} - \dfrac{1}{2^{n+1}}}{1 - \dfrac{1}{2}}$$

$$=1-\frac{1}{2^n},$$

从而

$$\lim_{n\to\infty} S_n = \lim_{n\to\infty}\left(1-\frac{1}{2^n}\right) = 1,$$

所以级数收敛，它的和为 1.

9.1.3 收敛级数的基本性质

性质 1 如果级数 $\sum_{n=1}^{\infty} u_n$ 收敛于和 S，则它的各项同乘以一个常数 k 所得的级数 $\sum_{n=1}^{\infty} ku_n$ 也收敛，且其和为 kS，

收敛级数的基本性质

即如果 $\sum_{n=1}^{\infty} u_n = S$，则 $\sum_{n=1}^{\infty} ku_n = kS$.

这是因为，设 $\sum_{n=1}^{\infty} u_n$ 与 $\sum_{n=1}^{\infty} ku_n$ 的部分和分别为 S_n 与 σ_n，则

$$\lim_{n\to\infty} \sigma_n = \lim_{n\to\infty}(ku_1+ku_2+\cdots+ku_n) = k\lim_{n\to\infty}(u_1+u_2+\cdots+u_n) = k\lim_{n\to\infty} S_n = kS.$$

这表明级数 $\sum_{n=1}^{\infty} ku_n$ 收敛，且和为 kS.

性质 2 如果级数 $\sum_{n=1}^{\infty} u_n$，$\sum_{n=1}^{\infty} v_n$ 分别收敛于和 S，σ，则级数 $\sum_{n=1}^{\infty}(u_n \pm v_n)$ 也收敛，且其和为 $S \pm \sigma$，

即如果 $\sum_{n=1}^{\infty} u_n = S$，$\sum_{n=1}^{\infty} v_n = \sigma$，则 $\sum_{n=1}^{\infty}(u_n \pm v_n) = S \pm \sigma$.

这是因为，如果 $\sum_{n=1}^{\infty} u_n$，$\sum_{n=1}^{\infty} v_n$，$\sum_{n=1}^{\infty}(u_n \pm v_n)$ 的部分和分别为 S_n，σ_n，τ_n，则

$$\lim_{n\to\infty} \tau_n = \lim_{n\to\infty}[(u_1 \pm v_1)+(u_2 \pm v_2)+\cdots+(u_n \pm v_n)]$$
$$= \lim_{n\to\infty}[(u_1+u_2+\cdots+u_n) \pm (v_1+v_2+\cdots+v_n)]$$
$$= \lim_{n\to\infty}(S_n \pm \sigma_n) = S \pm \sigma.$$

性质 3 在级数中去掉、加上或改变有限项，不会改变级数的收敛性.

比如，级数 $\frac{1}{1\times 2}+\frac{1}{2\times 3}+\frac{1}{3\times 4}+\cdots+\frac{1}{n(n+1)}+\cdots$ 是收敛的，

级数 $10\,000 + \frac{1}{1\times 2}+\frac{1}{2\times 3}+\frac{1}{3\times 4}+\cdots+\frac{1}{n(n+1)}+\cdots$ 也是收敛的，

级数 $\frac{1}{3\times 4}+\frac{1}{4\times 5}+\cdots+\frac{1}{n(n+1)}+\cdots$ 也是收敛的.

性质 4 如果级数 $\sum_{n=1}^{\infty} u_n$ 收敛，则对这一级数的项任意加括号后所成的级数仍收敛，且其和不变.

注意 如果加括号后所成的级数收敛，则不能断定去括号后原来的级数也收敛. 例如，级数$(1-1)+(1-1)+\cdots$收敛于零，但级数$1-1+1-1+\cdots$却是发散的.

推论 如果加括号后所成的级数发散，则原来级数也发散.

级数收敛的必要条件：

性质5 如果$\sum_{n=1}^{\infty}u_n$收敛，则它的一般项u_n趋于零，即$\lim_{n\to 0}u_n=0$.

即 如果$\sum_{n=1}^{\infty}u_n$收敛，则$\lim_{n\to 0}u_n=0$.

证 设级数$\sum_{n=1}^{\infty}u_n$的部分和为S_n，且$\lim_{n\to\infty}S_n=S$，则

$$\lim_{n\to 0}u_n=\lim_{n\to\infty}(S_n-S_{n-1})=\lim_{n\to\infty}S_n-\lim_{n\to\infty}S_{n-1}=S-S=0.$$

注意 级数的一般项趋于零并不是级数收敛的充分条件.

例5 证明：调和级数$\sum_{n=1}^{\infty}\frac{1}{n}$是发散的.

证 假若级数$\sum_{n=1}^{\infty}\frac{1}{n}$收敛且其和为$S$，$S_n$是它的部分和.

显然有$\lim_{n\to\infty}S_n=S$及$\lim_{n\to\infty}S_{2n}=S$．于是，$\lim_{n\to\infty}(S_{2n}-S_n)=0$.

但另一方面，

$$S_{2n}-S_n=\frac{1}{n+1}+\frac{1}{n+2}+\cdots+\frac{1}{2n}>\frac{1}{2n}+\frac{1}{2n}+\cdots+\frac{1}{2n}=\frac{1}{2},$$

故与$\lim_{n\to\infty}(S_{2n}-S_n)\neq 0$矛盾，这矛盾说明级数$\sum_{n=1}^{\infty}\frac{1}{n}$必定发散.

【问题】

一根绳子长1 m，蜗牛第一天从绳子的一端爬了1 cm. 第二天绳子均匀拉伸变为2 m，蜗牛大吃一惊，但它不气馁，又坚持爬了1 cm. 就这样，绳子每天伸长1 m，蜗牛每天爬1 cm，一直往前爬……

【思考】 蜗牛有希望爬到绳子的尽头吗？请用调和级数的相关知识做出解释.

习题9.1

习题9.1答案

1. 填空题.

(1) 若$a_n=\dfrac{1\times 3\times\cdots\times(2n-1)}{2\times 4\times\cdots\times 2n}$，则$\sum_{n=1}^{5}a_n=$ _____．

(2) 若级数为$\dfrac{\sqrt{x}}{2}+\dfrac{x}{2\times 4}+\dfrac{x\sqrt{x}}{2\times 4\times 6}+\cdots$，则一般项$a_n=$ _____．

(3) 若级数为$\dfrac{a^2}{3}-\dfrac{a^3}{5}+\dfrac{a^4}{7}-\dfrac{a^5}{9}+\cdots$，则一般项$a_n=$ _____．

2. 判断级数 $\dfrac{1}{\sqrt{2}-1} - \dfrac{1}{\sqrt{2}+1} + \dfrac{1}{\sqrt{3}-1} - \dfrac{1}{\sqrt{3}+1} + \dfrac{1}{\sqrt{4}-1} - \dfrac{1}{\sqrt{4}+1} + \cdots$ 的敛散性.

3. 由定义判别级数 $\dfrac{1}{1\times 3} + \dfrac{1}{3\times 5} + \dfrac{1}{5\times 7} + \cdots + \dfrac{1}{(2n-1)(2n+1)} + \cdots$ 的收敛性.

9.2 常数项级数的审敛法

通过上节知识的学习,我们知道了常数项级数有的发散,有的收敛,本节课我们研究常数项级数收敛的判断方法.

9.2.1 正项级数及其审敛法

正项级数及其审敛法

正项级数:各项都是正数或零的级数称为正项级数.

定理 9.1 正项级数 $\sum\limits_{n=1}^{\infty} u_n$ 收敛的充分必要条件是它的部分和数列 $\{S_n\}$ 有界.

定理 9.2(比较审敛法) 设 $\sum\limits_{n=1}^{\infty} u_n$ 和 $\sum\limits_{n=1}^{\infty} v_n$ 都是正项级数,且 $u_n \leqslant v_n (n=1, 2, \cdots)$. 若级数 $\sum\limits_{n=1}^{\infty} v_n$ 收敛,则级数 $\sum\limits_{n=1}^{\infty} u_n$ 收敛;反之,若级数 $\sum\limits_{n=1}^{\infty} u_n$ 发散,则级数 $\sum\limits_{n=1}^{\infty} v_n$ 发散.

证 设级数 $\sum\limits_{n=1}^{\infty} v_n$ 收敛于和 σ,则级数 $\sum\limits_{n=1}^{\infty} u_n$ 的部分和

$$S_n = u_1 + u_2 + \cdots + u_n \leqslant v_1 + v_2 + \cdots + v_n \leqslant \sigma, \quad n=1, 2, \cdots,$$

即部分和数列 $\{S_n\}$ 有界,由定理 9.1 知级数 $\sum\limits_{n=1}^{\infty} u_n$ 收敛.

反之,设级数 $\sum\limits_{n=1}^{\infty} u_n$ 发散,则级数 $\sum\limits_{n=1}^{\infty} v_n$ 必发散. 因为若级数 $\sum\limits_{n=1}^{\infty} v_n$ 收敛,由上述已证明的结论,有级数 $\sum\limits_{n=1}^{\infty} u_n$ 也收敛,与假设矛盾.

推论 设 $\sum\limits_{n=1}^{\infty} u_n$ 和 $\sum\limits_{n=1}^{\infty} v_n$ 都是正项级数,如果级数 $\sum\limits_{n=1}^{\infty} v_n$ 收敛,则存在自然数 N,使当 $n \geqslant N$ 时有 $u_n \leqslant kv_n (k>0)$ 成立,则级数 $\sum\limits_{n=1}^{\infty} u_n$ 收敛;如果级数 $\sum\limits_{n=1}^{\infty} v_n$ 发散,且当 $n \geqslant N$ 时有 $u_n \geqslant kv_n (k>0)$ 成立,则级数 $\sum\limits_{n=1}^{\infty} u_n$ 发散.

【思考】 正项级数敛散性判定与数列前 n 项和有什么关系?

例 1 讨论 $p-$级数 $\sum\limits_{n=1}^{\infty}\dfrac{1}{n^p}(p>0)$ 的收敛性.

其中，$\sum\limits_{n=1}^{\infty}\dfrac{1}{n^p}=1+\dfrac{1}{2^p}+\dfrac{1}{3^p}+\dfrac{1}{4^p}+\cdots+\dfrac{1}{n^p}+\cdots$，其中常数 $p>0$.

解 设 $p\leqslant 1$，这时 $\dfrac{1}{n^p}\geqslant\dfrac{1}{n}$，而调和级数 $\sum\limits_{n=1}^{\infty}\dfrac{1}{n}$ 发散，由比较审敛法知，当 $p\leqslant 1$ 时级数 $\sum\limits_{n=1}^{\infty}\dfrac{1}{n^p}$ 发散.

设 $p>1$，此时有

$$\dfrac{1}{n^p}=\int_{n-1}^{n}\dfrac{1}{n^p}\mathrm{d}x\leqslant\int_{n-1}^{n}\dfrac{1}{x^p}\mathrm{d}x=\dfrac{1}{p-1}\left[\dfrac{1}{(n-1)^{p-1}}-\dfrac{1}{n^{p-1}}\right],\ n=2,3,\cdots.$$

对于级数 $\sum\limits_{n=2}^{\infty}\left[\dfrac{1}{(n-1)^{p-1}}-\dfrac{1}{n^{p-1}}\right]$，其部分和

$$S_n=\left(1-\dfrac{1}{2^{p-1}}\right)+\left(\dfrac{1}{2^{p-1}}-\dfrac{1}{3^{p-1}}\right)+\cdots+\left[\dfrac{1}{n^{p-1}}-\dfrac{1}{(n+1)^{p-1}}\right]=1-\dfrac{1}{(n+1)^{p-1}}.$$

因为 $\lim\limits_{n\to\infty}S_n=\lim\limits_{n\to\infty}\left[1-\dfrac{1}{(n+1)^{p-1}}\right]=1$，

所以级数 $\sum\limits_{n=2}^{\infty}\left[\dfrac{1}{(n-1)^{p-1}}-\dfrac{1}{n^{p-1}}\right]$ 收敛. 从而根据比较审敛法的推论 1 可知，级数 $\sum\limits_{n=1}^{\infty}\dfrac{1}{n^p}$ 当 $p>1$ 时收敛.

综上所述，$p-$级数，当 $p>1$ 时收敛；当 $p\leqslant 1$ 时发散.

例 2 证明级数 $\sum\limits_{n=1}^{\infty}\dfrac{1}{\sqrt{n(n+1)}}$ 是发散的.

证 因为 $\dfrac{1}{\sqrt{n(n+1)}}>\dfrac{1}{\sqrt{(n+1)^2}}=\dfrac{1}{n+1}$，

而级数 $\sum\limits_{n=1}^{\infty}\dfrac{1}{n+1}=\dfrac{1}{2}+\dfrac{1}{3}+\cdots+\dfrac{1}{n+1}+\cdots$ 是发散的，

根据比较审敛法可知所给级数也是发散的.

定理 9.3(比较审敛法的极限形式) 设 $\sum\limits_{n=1}^{\infty}u_n$ 和 $\sum\limits_{n=1}^{\infty}v_n$ 都是正项级数，如果 $\lim\limits_{n\to\infty}\dfrac{u_n}{v_n}=l\ (0<l<+\infty)$，则级数 $\sum\limits_{n=1}^{\infty}u_n$ 和级数 $\sum\limits_{n=1}^{\infty}v_n$ 同时收敛或同时发散.

可表示如下：

设 $\sum\limits_{n=1}^{\infty}u_n$ 和 $\sum\limits_{n=1}^{\infty}v_n$ 都是正项级数，如果 $\lim\limits_{n\to\infty}\dfrac{u_n}{v_n}=l\ (0\leqslant l<+\infty)$，且级数 $\sum\limits_{n=1}^{\infty}v_n$ 收敛，则级数 $\sum\limits_{n=1}^{\infty}u_n$ 收敛；

如果 $\lim\limits_{n\to\infty}\dfrac{u_n}{v_n}=l>0$ 或 $\lim\limits_{n\to\infty}\dfrac{u_n}{v_n}=+\infty$，且级数 $\sum\limits_{n=1}^{\infty}v_n$ 发散，则级数 $\sum\limits_{n=1}^{\infty}u_n$ 发散.

证明 由极限的定义可知，对 $\varepsilon=\dfrac{1}{2}l$，存在自然数 N，当 $n>N$ 时，有不等式

$$l-\dfrac{1}{2}l<\dfrac{u_n}{v_n}<l+\dfrac{1}{2}l, \quad 即 \dfrac{1}{2}lv_n<u_n<\dfrac{3}{2}lv_n,$$

再根据比较审敛法的推论 1，即得所要证的结论.

例 3 判断级数 $\sum\limits_{n=1}^{\infty}\sin\dfrac{1}{n}$ 的收敛性.

解 因为 $\lim\limits_{n\to\infty}\dfrac{\sin\dfrac{1}{n}}{\dfrac{1}{n}}=1$，而级数 $\sum\limits_{n=1}^{\infty}\dfrac{1}{n}$ 发散，

根据比较审敛法的极限形式，级数 $\sum\limits_{n=1}^{\infty}\sin\dfrac{1}{n}$ 发散.

例 4 判断级数 $\sum\limits_{n=1}^{\infty}\ln\left(1+\dfrac{1}{n^2}\right)$ 的收敛性.

解 因为 $\lim\limits_{n\to\infty}\dfrac{\ln\left(1+\dfrac{1}{n^2}\right)}{\dfrac{1}{n^2}}=1$，而级数 $\sum\limits_{n=1}^{\infty}\dfrac{1}{n^2}$ 收敛，

根据比较审敛法的极限形式，级数 $\sum\limits_{n=1}^{\infty}\ln\left(1+\dfrac{1}{n^2}\right)$ 收敛.

定理 9.4（比值审敛法，达朗贝尔判别法） 若正项级数 $\sum\limits_{n=1}^{\infty}u_n$ 满足 $\lim\limits_{n\to\infty}\dfrac{u_{n+1}}{u_n}=\rho$，则当 $\rho<1$ 时级数收敛；当 $\rho>1$（或 $\lim\limits_{n\to\infty}\dfrac{u_{n+1}}{u_n}=\infty$）时级数发散. 当 $\rho=1$ 时级数可能收敛也可能发散.

例 5 证明级数 $1+\dfrac{1}{1\times 2}+\dfrac{1}{1\times 2\times 3}+\cdots+\dfrac{1}{1\times 2\times 3\times\cdots\times(n-1)}+\cdots$ 是收敛的.

解 因为 $\lim\limits_{n\to\infty}\dfrac{u_{n+1}}{u_n}=\lim\limits_{n\to\infty}\dfrac{1\times 2\times 3\times\cdots\times(n-1)}{1\times 2\times 3\times\cdots\times n}=\lim\limits_{n\to\infty}\dfrac{1}{n}=0<1$，

根据比值审敛法可知所给级数收敛.

例 6 判别级数 $\dfrac{1}{10}+\dfrac{1\times 2}{10^2}+\dfrac{1\times 2\times 3}{10^3}+\cdots+\dfrac{n!}{10^n}+\cdots$ 的收敛性.

解 因为 $\lim\limits_{n\to\infty}\dfrac{u_{n+1}}{u_n}=\lim\limits_{n\to\infty}\dfrac{(n+1)!}{10^{n+1}}\cdot\dfrac{10^n}{n!}=\lim\limits_{n\to\infty}\dfrac{n+1}{10}=\infty$，

根据比值审敛法可知所给级数发散.

例 7 判别级数 $\sum\limits_{n=1}^{\infty} \dfrac{1}{(2n-1)\cdot 2n}$ 的收敛性.

解 $\lim\limits_{n\to\infty} \dfrac{u_{n+1}}{u_n} = \lim\limits_{n\to\infty} \dfrac{(2n-1)\cdot 2n}{(2n+1)\cdot(2n+2)} = 1.$

这时 $\rho = 1$，比值审敛法失效，必须用其他方法来判别级数的收敛性.

因为 $\dfrac{1}{(2n-1)\cdot 2n} < \dfrac{1}{n^2}$，而级数 $\sum\limits_{n=1}^{\infty} \dfrac{1}{n^2}$ 收敛，因此由比较审敛法可知所给级数收敛.

提示 $\lim\limits_{n\to\infty} \dfrac{u_{n+1}}{u_n} = \lim\limits_{n\to\infty} \dfrac{(2n-1)\cdot 2n}{(2n+1)\cdot(2n+2)} = 1$，比值审敛法失效.

定理 9.5（根值审敛法，柯西判别法） 设 $\sum\limits_{n=1}^{\infty} u_n$ 是正项级数，如果它的一般项 u_n 的 n 次根的极限等于 ρ，即

$$\lim_{n\to\infty} \sqrt[n]{u_n} = \rho,$$

则当 $\rho < 1$ 时级数收敛；当 $\rho > 1$（或 $\lim\limits_{n\to\infty} \sqrt[n]{u_n} = +\infty$）时级数发散；当 $\rho = 1$ 时级数可能收敛也可能发散.

可以表示如下：

若正项级数 $\sum\limits_{n=1}^{\infty} u_n$ 满足 $\lim\limits_{n\to\infty} \sqrt[n]{u_n} = \rho$，则当 $\rho < 1$ 时级数收敛.

当 $\rho > 1$（或 $\lim\limits_{n\to\infty} \sqrt[n]{u_n} = +\infty$）时级数发散. 当 $\rho = 1$ 时级数可能收敛也可能发散.

例 8 证明级数 $1 + \dfrac{1}{2^2} + \dfrac{1}{3^3} + \cdots + \dfrac{1}{n^n} + \cdots$ 是收敛的，并估计以级数的部分和 S_n 近似代替和 S 所产生的误差.

解 因为 $\lim\limits_{n\to\infty} \sqrt[n]{u_n} = \lim\limits_{n\to\infty} \sqrt[n]{\dfrac{1}{n^n}} = \lim\limits_{n\to\infty} \dfrac{1}{n} = 0,$

所以根据根值审敛法可知所给级数收敛.

以这级数的部分和 S_n 近似代替和 S 所产生的误差为

$$|r_n| = \dfrac{1}{(n+1)^{n+1}} + \dfrac{1}{(n+2)^{n+2}} + \dfrac{1}{(n+3)^{n+3}} + \cdots$$
$$< \dfrac{1}{(n+1)^{n+1}} + \dfrac{1}{(n+1)^{n+2}} + \dfrac{1}{(n+1)^{n+3}} + \cdots$$
$$= \dfrac{1}{n(n+1)^n}.$$

9.2.2 交错级数及其审敛法

交错级数：交错级数是这样的级数，它的各项是正负交错的.

交错级数的一般形式为 $\sum_{n=1}^{\infty}(-1)^{n-1}u_n$，其中 $u_n>0$.

例如，$\sum_{n=1}^{\infty}(-1)^{n-1}\dfrac{1}{n}$ 是交错级数，但 $\sum_{n=1}^{\infty}(-1)^{n-1}\dfrac{1-\cos n\pi}{n}$ 不是交错级数.

交错级数及其审敛法

定理 9.6（莱布尼茨定理） 如果交错级数 $\sum_{n=1}^{\infty}(-1)^{n-1}u_n$ 满足条件：

(1) $u_n \geqslant u_{n+1}(n=1,2,3,\cdots)$.

(2) $\lim\limits_{n\to\infty}u_n=0$,

则级数收敛，且其和 $S \leqslant u_1$，其余项 r_n 的绝对值 $|r_n| \leqslant u_{n+1}$.

证明 设前 n 项部分和为 S_n.

由 $S_{2n}=(u_1-u_2)+(u_3-u_4)+\cdots+(u_{2n-1}-u_{2n})$，及

$S_{2n}=u_1-(u_2-u_3)-(u_4-u_5)-\cdots-(u_{2n-2}-u_{2n-1})-u_{2n}$

看出数列 $\{S_{2n}\}$ 单调增加且有界（$S_{2n}<u_1$），所以收敛.

设 $S_{2n}\to S(n\to\infty)$，则也有 $S_{2n+1}=S_{2n}+u_{2n+1}\to S(n\to\infty)$，所以 $S_n\to S(n\to\infty)$. 从而级数是收敛的，且 $S_n<u_1$.

因为 $|r_n|=u_{n+1}-u_{n+2}+\cdots$ 也是收敛的交错级数，所以 $|r_n| \leqslant u_{n+1}$.

例 9 证明级数 $\sum_{n=1}^{\infty}(-1)^{n-1}\dfrac{1}{n}$ 收敛，并估计和及余项.

证 这是一个交错级数. 因为此级数满足

(1) $u_n=\dfrac{1}{n}>\dfrac{1}{n+1}=u_{n+1}(n=1,2,\cdots)$,

(2) $\lim\limits_{n\to\infty}u_n=\lim\limits_{n\to\infty}\dfrac{1}{n}=0$,

由莱布尼茨定理，级数是收敛的，且其和 $S<u_1=1$，余项 $|r_n|\leqslant u_{n+1}=\dfrac{1}{n+1}$.

9.2.3 绝对收敛与条件收敛

若级数 $\sum_{n=1}^{\infty}|u_n|$ 收敛，则称级数 $\sum_{n=1}^{\infty}u_n$ 绝对收敛；若级数 $\sum_{n=1}^{\infty}u_n$ 收敛，而级数 $\sum_{n=1}^{\infty}|u_n|$ 发散，则称级数 $\sum_{n=1}^{\infty}u_n$ 条件收敛.

例如 级数 $\sum_{n=1}^{\infty}(-1)^{n-1}\dfrac{1}{n^2}$ 是绝对收敛的，而级数 $\sum_{n=1}^{\infty}(-1)^{n-1}\dfrac{1}{n}$ 是条件收敛的.

定理 9.7 如果级数 $\sum_{n=1}^{\infty}u_n$ 绝对收敛，则级数 $\sum_{n=1}^{\infty}u_n$ 必定收敛.

注意 如果级数 $\sum\limits_{n=1}^{\infty}|u_n|$ 发散，我们不能断定级数 $\sum\limits_{n=1}^{\infty}u_n$ 也发散.

但是，如果用比值法或根值法判定级数 $\sum\limits_{n=1}^{\infty}|u_n|$ 发散，则可以断定级数 $\sum\limits_{n=1}^{\infty}u_n$ 必定发散.

这是因为，此时 $|u_n|$ 不趋向于零，从而 u_n 也不趋向于零，因此级数 $\sum\limits_{n=1}^{\infty}u_n$ 也是发散的.

例 10 判别级数 $\sum\limits_{n=1}^{\infty}(-1)^n \dfrac{1}{2^n}\left(1+\dfrac{1}{n}\right)^{n^2}$ 的收敛性.

解 由 $|u_n|=\dfrac{1}{2^n}\left(1+\dfrac{1}{n}\right)^{n^2}$，有 $\lim\limits_{n\to\infty}\sqrt[n]{|u_n|}=\dfrac{1}{2}\lim\limits_{n\to\infty}\left(1+\dfrac{1}{n}\right)^n=\dfrac{1}{2}\mathrm{e}>1$，

可知 $\lim\limits_{n\to\infty}u_n\neq 0$，因此级数 $\sum\limits_{n=1}^{\infty}(-1)^n\dfrac{1}{2^n}\left(1+\dfrac{1}{n}\right)^{n^2}$ 发散.

例 11 判别级数 $\sum\limits_{n=1}^{\infty}\dfrac{\sin na}{n^2}$ 的敛散性.

解 因为 $\left|\dfrac{\sin na}{n^2}\right|\leqslant \dfrac{1}{n^2}$，而级数 $\sum\limits_{n=1}^{\infty}\dfrac{1}{n^2}$ 是收敛的，

所以级数 $\sum\limits_{n=1}^{\infty}\left|\dfrac{\sin na}{n^2}\right|$ 也收敛，从而级数 $\sum\limits_{n=1}^{\infty}\dfrac{\sin na}{n^2}$ 绝对收敛.

例 11

> **课中小测验**
>
> 判断级数敛散性的方法有几种？

习题 9.2

习题9.2答案

1. 填空题.

(1) p - 级数当 _____ 时收敛, 当 _____ 时发散;

(2) 若正项级数 $\sum_{n=1}^{\infty} u_n$ 的后项与前项之比的极限值等于 ρ, 则当 _____ 时级数收敛; _____ 时级数发散; _____ 时级数可能收敛也可能发散.

2. 判断下列级数的敛散性.

(1) $\sum_{n=1}^{\infty} \dfrac{1}{3^n - n}$;

(2) $\sum_{n=1}^{\infty} \dfrac{1}{4n^2 - 1}$.

3. 判断级数 $\sum_{n=2}^{\infty} \dfrac{(-1)^n \sqrt{n}}{n-1}$ 的敛散性.

4. 判别下列级数是否收敛? 如果是收敛的, 是绝对收敛还是条件收敛?

(1) $\sum_{n=1}^{\infty} (-1)^{n-1} \dfrac{n}{3^{n-1}}$;

(2) $\dfrac{1}{\ln 2} - \dfrac{1}{\ln 3} + \dfrac{1}{\ln 4} - \dfrac{1}{\ln 5} + \cdots$;

(3) $\sum_{n=2}^{\infty} \dfrac{(-1)^n}{n - \ln n}$.

9.3 幂级数

9.3.1 函数项级数的概念

函数项级数

函数项级数: 给定一个定义在区间 I 上的函数列 $\{u_n(x)\}$, 由这一函数列构成的表达式

$$u_1(x) + u_2(x) + u_3(x) + \cdots + u_n(x) + \cdots$$

称为定义在区间 I 上的(函数项)级数, 记为 $\sum_{n=1}^{\infty} u_n(x)$.

收敛点与发散点: 对于区间 I 内的一定点 x_0, 若常数项级数 $\sum_{n=1}^{\infty} u_n(x_0)$ 收敛, 则称点 x_0 是级数 $\sum_{n=1}^{\infty} u_n(x)$ 的收敛点; 若常数项级数 $\sum_{n=1}^{\infty} u_n(x_0)$ 发散, 则称点 x_0 是级数 $\sum_{n=1}^{\infty} u_n(x)$ 的发散点.

收敛域与发散域: 函数项级数 $\sum_{n=1}^{\infty} u_n(x)$ 的所有收敛点的全体称为它的收敛域,

所有发散点的全体称为它的发散域.

和函数： 在收敛域上，函数项级数 $\sum_{n=1}^{\infty} u_n(x)$ 的和是 x 的函数 $S(x)$，$S(x)$ 称为函数项级数 $\sum_{n=1}^{\infty} u_n(x)$ 的和函数，并写成 $S(x) = \sum_{n=1}^{\infty} u_n(x)$.

$\sum u_n(x)$ 是 $\sum_{n=1}^{\infty} u_n(x)$ 的简便记法，以下不再赘述.

在收敛域上，函数项级数 $\sum u_n(x)$ 的和是 x 的函数 $S(x)$，$S(x)$ 称为函数项级数 $\sum u_n(x)$ 的和函数，并写成 $S(x) = \sum u_n(x)$.

这一函数的定义就是级数的收敛域.

部分和： 函数项级数 $\sum_{n=1}^{\infty} u_n(x)$ 的前 n 项的部分和记作 $S_n(x)$，函数项级数 $\sum u_n(x)$ 的前 n 项的部分和记作 $S_n(x)$，即

$$S_n(x) = u_1(x) + u_2(x) + u_3(x) + \cdots + u_n(x).$$

在收敛域上有 $\lim\limits_{n \to \infty} S_n(x) = S(x)$ 或 $S_n(x) \to S(x)(n \to \infty)$.

余项： 函数项级数 $\sum_{n=1}^{\infty} u_n(x)$ 的和函数 $S(x)$ 与部分和 $S_n(x)$ 的差 $r_n(x) = S(x) - S_n(x)$ 称为函数项级数 $\sum_{n=1}^{\infty} u_n(x)$ 的余项.

函数项级数 $\sum u_n(x)$ 的余项记为 $r_n(x)$，它是和函数 $S(x)$ 与部分和 $S_n(x)$ 的差 $r_n(x) = S(x) - S_n(x)$.

在收敛域上有 $\lim\limits_{n \to \infty} r_n(x) = 0$.

9.3.2 幂级数及其收敛性

幂级数： 函数项级数中简单而常见的一类级数就是各项幂函数的函数项级数，这种形式的级数称为幂级数，它的形式是

$$a_0 + a_1 x + a_2 x^2 + \cdots + a_n x^n + \cdots,$$

其中，常数 a_0，a_1，a_2，…，a_n，… 称为幂级数的系数.

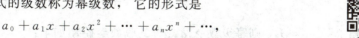
幂级数

幂级数的例子：

$$1 + x + x^2 + x^3 + \cdots + x^n + \cdots,$$

$$1 + x + \frac{1}{2!} x^2 + \cdots + \frac{1}{n!} x^n + \cdots.$$

注意 幂级数的一般形式是

$$a_0 + a_1(x - x_0) + a_2(x - x_0)^2 + \cdots + a_n(x - x_0)^n + \cdots,$$ 经变换 $t = x - x_0$ 就得 $a_0 + a_1 t + a_2 t^2 + \cdots + a_n t^n + \cdots$.

幂级数 $1 + x + x^2 + x^3 + \cdots + x^n + \cdots$ 可以看成是公比为 x 的几何级数. 当

$|x|<1$ 时它是收敛的；当 $|x|\geqslant 1$ 时，它是发散的. 因此它的收敛域为 $(-1, 1)$，在收敛域内有

$$\frac{1}{1-x}=1+x+x^2+x^3+\cdots+x^n+\cdots.$$

定理9.9(阿贝尔定理) 如果级数 $\sum_{n=0}^{\infty}a_n x^n$ 当 $x=x_0(x_0\neq 0)$ 时收敛，则适合不等式 $|x|<|x_0|$ 的一切 x 使这个幂级数绝对收敛. 反之，如果级数 $\sum_{n=0}^{\infty}a_n x^n$ 当 $x=x_0$ 时发散，则适合不等式 $|x|>|x_0|$ 的一切 x 使这一幂级数发散.

提示 $\sum a_n x^n$ 是 $\sum_{n=0}^{\infty}a_n x^n$ 的简记形式.

收敛半径与收敛区间：正数 R 通常称为幂级数 $\sum_{n=0}^{\infty}a_n x^n$ 的收敛半径. 开区间 $(-R, R)$ 称为幂级数 $\sum_{n=0}^{\infty}a_n x^n$ 的收敛区间. 再由幂级数在 $x=\pm R$ 处的收敛性就可以决定它的收敛域. 幂级数 $\sum_{n=0}^{\infty}a_n x^n$ 的收敛域是 $(-R, R)$ 或 $[-R, R)$，$(-R, R]$，$[-R, R]$ 之一.

若幂级数 $\sum_{n=0}^{\infty}a_n x^n$ 只在 $x=0$ 收敛，则规定收敛半径 $R=0$，若幂级数 $\sum_{n=0}^{\infty}a_n x^n$ 对一切 x 都收敛，则规定收敛半径 $R=+\infty$，这时收敛域为 $(-\infty, +\infty)$.

定理9.10 如果 $\lim_{n\to\infty}\left|\frac{a_{n+1}}{a_n}\right|=\rho$，其中 a_n，a_{n+1} 是幂级数 $\sum_{n=0}^{\infty}a_n x^n$ 的相邻两项的系数，则这一幂级数的收敛半径为

$$R=\begin{cases}+\infty & \rho=0 \\ \dfrac{1}{\rho} & \rho\neq 0 \\ 0 & \rho=+\infty\end{cases},$$

即如果 $\lim_{n\to\infty}\left|\frac{a_{n+1}}{a_n}\right|=\rho$，则幂级数 $\sum_{n=0}^{\infty}a_n x^n$ 的收敛半径 R 如下：

当 $\rho\neq 0$ 时 $R=\dfrac{1}{\rho}$；当 $\rho=0$ 时 $R=+\infty$；当 $\rho=+\infty$ 时 $R=0$.

证明 $\lim_{n\to\infty}\left|\frac{a_{n+1}x^{n+1}}{a_n x^n}\right|=\lim_{n\to\infty}\left|\frac{a_{n+1}}{a_n}\right|\cdot|x|=\rho|x|.$

结论：

(1) 如果 $0<\rho<+\infty$，则仅当 $\rho|x|<1$ 时幂级数收敛，故 $R=\dfrac{1}{\rho}$.

(2) 如果 $\rho=0$，则幂级数总是收敛的，故 $R=+\infty$.

(3) 如果 $\rho=+\infty$，则只当 $x=0$ 时幂级数收敛，故 $R=0$.

【思考1】 如何求幂级数的收敛域？

例 1 求幂级数 $\sum_{n=1}^{\infty}(-1)^{n-1}\dfrac{x^n}{n}$ 的收敛半径与收敛域. 其中，

$$\sum_{n=1}^{\infty}(-1)^{n-1}\dfrac{x^n}{n}=x-\dfrac{x^2}{2}+\dfrac{x^3}{3}-\cdots+(-1)^{n-1}\dfrac{x^n}{n}+\cdots.$$

解 因为 $\rho=\lim\limits_{n\to\infty}\left|\dfrac{a_{n+1}}{a_n}\right|=\lim\limits_{n\to\infty}\dfrac{\frac{1}{n+1}}{\frac{1}{n}}=1$，

所以收敛半径为 $R=\dfrac{1}{\rho}=1$.

当 $x=1$ 时，幂级数成为 $\sum\limits_{n=1}^{\infty}(-1)^{n-1}\dfrac{1}{n}$，是收敛的；

当 $x=-1$ 时，幂级数成为 $\sum\limits_{n=1}^{\infty}\left(-\dfrac{1}{n}\right)$，是发散的. 因此，收敛域为 $(-1,1]$.

例 2 求幂级数 $\sum\limits_{n=0}^{\infty}n!\,x^n$ 的收敛半径.

解 因为

$$\rho=\lim_{n\to\infty}\left|\dfrac{a_{n+1}}{a_n}\right|=\lim_{n\to\infty}\dfrac{(n+1)!}{n!}=+\infty,$$

所以收敛半径为 $R=0$，即级数仅在 $x=0$ 处收敛.

例 3 求幂函数 $\sum\limits_{n=0}^{\infty}\dfrac{(2n)!}{(n!)^2}x^{2n}$ 的收敛半径.

解 级数缺少奇次幂的项，定理 9.8 不能应用. 可根据比值审敛法来求收敛半径，幂级数的一般项记为 $u_n(x)=\dfrac{(2n)!}{(n!)^2}x^{2n}$.

因为 $\lim\limits_{n\to\infty}\left|\dfrac{u_{n+1}(x)}{u_n(x)}\right|=4|x|^2$，当 $4|x|^2<1$ 即 $|x|<\dfrac{1}{2}$ 时，级数收敛；当 $4|x|^2>1$，即 $|x|>\dfrac{1}{2}$ 时，级数发散，所以收敛半径为 $R=\dfrac{1}{2}$.

提示 $\dfrac{u_{n+1}(x)}{u_n(x)}=\dfrac{\frac{[2(n+1)]!}{[(n+1)!]^2}x^{2(n+1)}}{\frac{(2n)!}{(n!)^2}x^{2n}}=\dfrac{(2n+2)(2n+1)}{(n+1)^2}x^2.$

9.3.3 函数展开成幂级数

1. 泰勒级数

给定函数 $f(x)$，要考虑它是否能在某个区间内"展开成幂级数"，就是说，是否能找到这样一个幂级数，它在某区间内收敛，且其和恰好就是给定的函数 $f(x)$. 如果能找到这样的幂级数，我们就说函数 $f(x)$ 在该区间内能展开成幂级数，或简单地说，函数 $f(x)$ 能展开成幂级数，而该级数在收敛区间内就表达了函数 $f(x)$.

泰勒多项式：如果 $f(x)$ 在点 x_0 的某邻域内具有各阶导数，则在该邻域内有

$$f(x) = f(x_0) + \frac{f'(x_0)}{1!}(x-x_0) + \frac{f''(x_0)}{2!}(x-x_0)^2 + \cdots + \frac{f^{(n)}(x_0)}{n!}(x-x_0)^n + R_n(x),$$

其中，$R_n(x) = \frac{f^{(n+1)}(\xi)}{(n+1)!}(x-x_0)^{n+1}$ （ξ 介于 x 与 x_0 之间）.

泰勒级数：如果 $f(x)$ 在点 x_0 处的某邻域内具有各阶导数 $f'(x)$，$f''(x)$，$\cdots$，$f^{(n)}(x)$，$\cdots$，则当 $n \to \infty$ 时，$f(x)$ 在点 x_0 处的泰勒多项式

泰勒级数

$$p_n(x) = f(x_0) + f'(x_0)(x-x_0) + \frac{f''(x_0)}{2!}(x-x_0)^2 + \cdots + \frac{f^{(n)}(x_0)}{n!}(x-x_0)^n + \cdots$$

称为幂级数.

$$f(x_0) + f'(x_0)(x-x_0) + \frac{f''(x_0)}{2!}(x-x_0)^2 + \cdots + \frac{f^{(n)}(x_0)}{n!}(x-x_0)^n + \cdots$$

这一幂级数称为函数 $f(x)$ 的泰勒级数. 显然，当 $x = x_0$ 时，$f(x)$ 的泰勒级数收敛于 $f(x_0)$.

除了 $x = x_0$ 外，$f(x)$ 的泰勒级数是否收敛？如果收敛，它是否一定收敛于 $f(x)$？

定理 9.11 设函数 $f(x)$ 在点 x_0 的某一邻域 $U(x_0)$ 内具有各阶导数，则 $f(x)$ 在该邻域内能展开成泰勒级数的充分必要条件是 $f(x)$ 的泰勒公式中的余项 $R_n(x)$ 当 $n \to \infty$ 时的极限为零，即

$$\lim_{n \to \infty} R_n(x) = 0, \quad x \in U(x_0).$$

2. 函数展开成幂级数（直接展开法）

函数展开成幂级数的步骤：

第一步　求出 $f(x)$ 的各阶导数：$f'(x)$，$f''(x)$，$\cdots$，$f^{(n)}(x)$，$\cdots$.

第二步　求函数及其各阶导数在 $x=0$ 处的值

$$f(0), \quad f'(0), \quad f''(0), \quad \cdots, \quad f^{(n)}(0), \quad \cdots.$$

第三步　写出幂级数

$$f(0) + f'(0)x + \frac{f''(0)}{2!}x^2 + \cdots + \frac{f^{(n)}(0)}{n!}x^n + \cdots$$

并求出收敛半径 R.

第四步 考查在区间 $(-R, R)$ 内时 $R_n(x) \to 0 (n \to \infty)$,

$$\lim_{n \to \infty} R_n(x) = \lim_{n \to \infty} \frac{f^{(n+1)}(\xi)}{(n+1)!} x^{n+1}$$

是否为零. 如果 $R_n(x) \to 0 (n \to \infty)$, 则 $f(x)$ 在 $(-R, R)$ 内有展开式

$$f(x) = f(0) + f'(0)x + \frac{f''(0)}{2!}x^2 + \cdots + \frac{f^{(n)}(0)}{n!}x^n + \cdots (-R < x < R).$$

例 4 将函数 $f(x) = e^x$ 展开成 x 的幂级数.

解 所给函数的各阶导数为 $f^{(n)}(x) = e^x (n = 0, 1, 2, \cdots)$, 因此 $f^{(n)}(0) = 1$ $(n = 0, 1, 2, \cdots)$. 于是得级数

$$1 + \frac{1}{1!} \cdot x + \frac{1}{2!}x^2 + \cdots + \frac{1}{n!}x^n + \cdots,$$

它的收敛半径 $R = +\infty$.

对于任何有限的数 x, ξ (ξ 介于 0 与 x 之间), 有

$$|R_n(x)| = \left| \frac{e^\xi}{(n+1)!} x^{n+1} \right| \leqslant e^{|x|} \cdot \frac{|x|^{n+1}}{(n+1)!},$$

而 $\lim_{n \to \infty} \frac{|x|^{n+1}}{(n+1)!} = 0$, 所以 $\lim_{n \to \infty} |R_n(x)| = 0$, 从而有展开式

$$e^x = 1 + x + \frac{1}{2!}x^2 + \cdots + \frac{1}{n!}x^n + \cdots (-\infty < x < +\infty).$$

例 5 将函数 $f(x) = \sin x$ 展开成 x 的幂级数.

解 因为 $f^{(n)}(x) = \sin\left(x + n \cdot \frac{\pi}{2}\right)$, $n = 0, 1, 2, \cdots$,

所以 $f^{(n)}(0)$ 顺序循环地取 0, 1, 0, -1, $\cdots$ ($n = 0, 1, 2, 3, \cdots$), 于是得级数

$$x - \frac{x^3}{3!} + \frac{x^5}{5!} - \cdots + (-1)^{n-1} \frac{x^{2n-1}}{(2n-1)!} + \cdots,$$

它的收敛半径为 $R = +\infty$.

对于任何有限的数 x, ξ (ξ 介于 0 与 x 之间), 有

$$|R_n(x)| = \left| \frac{\sin\left[\xi + \frac{(n+1)\pi}{2}\right]}{(n+1)!} x^{n+1} \right| \leqslant \frac{|x|^{n+1}}{(n+1)!} \to 0 \ (n \to \infty).$$

因此得展开式

$$\sin x = x - \frac{x^3}{3!} + \frac{x^5}{5!} - \cdots + (-1)^{n-1} \frac{x^{2n-1}}{(2n-1)!} + \cdots (-\infty < x < +\infty),$$

$$e^x = 1 + x + \frac{1}{2!}x^2 + \cdots \frac{1}{n!}x^n + \cdots (-\infty < x < +\infty).$$

例 6 将函数 $f(x)=(1+x)^m$ 展开成 x 的幂级数,其中 m 为任意常数.

解 $f(x)$ 的各阶导数为
$$f'(x)=m(1+x)^{m-1},$$
$$f''(x)=m(m-1)(1+x)^{m-2},$$
$$\vdots$$
$$f^{(n)}(x)=m(m-1)(m-2)\cdots(m-n+1)(1+x)^{m-n},$$
$$\vdots$$

例 6

所以 $f(0)=1$,$f'(0)=m$,$f''(0)=m(m-1)$,$\cdots$,$f^{(n)}(0)=m(m-1)(m-2)\cdots(m-n+1)$,$\cdots$.

于是得幂级数
$$1+mx+\frac{m(m-1)}{2!}x^2+\cdots+\frac{m(m-1)\cdots(m-n+1)}{n!}x^n+\cdots.$$

可以证明
$$(1+x)^m=1+mx+\frac{m(m-1)}{2!}x^2+\cdots+\frac{m(m-1)\cdots(m-n+1)}{n!}x^n+\cdots$$
$(-1<x<1)$.

例 7 将函数 $f(x)=\cos x$ 展开成 x 的幂级数.

解 已知
$$\sin x=x-\frac{x^3}{3!}+\frac{x^5}{5!}-\cdots+(-1)^{n-1}\frac{x^{2n-1}}{(2n-1)!}+\cdots(-\infty<x<+\infty).$$

对上式两边求导得
$$\cos x=1-\frac{x^2}{2!}+\frac{x^4}{4!}-\cdots+(-1)^n\frac{x^{2n}}{(2n)!}+\cdots(-\infty<x<+\infty).$$

例 8 将函数 $f(x)=\dfrac{1}{1+x^2}$ 展开成 x 的幂级数.

解 因为 $\dfrac{1}{1-x}=1+x+x^2+\cdots+x^n+\cdots(-1<x<1)$,

把 x 换成 $-x^2$,得
$$\frac{1}{1+x^2}=1-x^2+x^4-\cdots+(-1)^n x^{2n}+\cdots(-1<x<1).$$

注意 收敛半径的确定:由 $-1<-x^2<1$ 得 $-1<x<1$.

例 9 将函数 $f(x)=\ln(1+x)$ 展开成 x 的幂级数.

解 因为 $f'(x)=\dfrac{1}{1+x}$,

而 $\dfrac{1}{1+x}$ 是收敛的等比级数 $\sum\limits_{n=0}^{\infty}(-1)^n x^n(-1<x<1)$ 的和函数

$$\frac{1}{1+x} = 1 - x + x^2 - x^3 + \cdots + (-1)^n x^n + \cdots.$$

所以将上式从 0 到 x 逐项积分，得

$$\ln(1+x) = x - \frac{x^2}{2} + \frac{x^3}{3} - \frac{x^4}{4} + \cdots + (-1)^n \frac{x^{n+1}}{n+1} + \cdots, \quad -1 < x \leqslant 1.$$

例 10 将函数 $f(x) = \dfrac{1}{x^2 + 4x + 3}$ 展开成 $(x-1)$ 的幂级数.

例 10

解 因为

$$f(x) = \frac{1}{x^2 + 4x + 3} = \frac{1}{(x+1)(x+3)} = \frac{1}{2(1+x)} - \frac{1}{2(3+x)}$$

$$= \frac{1}{4\left(1 + \dfrac{x-1}{2}\right)} - \frac{1}{8\left(1 + \dfrac{x-1}{4}\right)}$$

$$= \frac{1}{4}\sum_{n=0}^{\infty}(-1)^n \frac{(x-1)^n}{2^n} - \frac{1}{8}\sum_{n=0}^{\infty}(-1)^n \frac{(x-1)^n}{4^n}$$

$$= \sum_{n=0}^{\infty}(-1)^n \left(\frac{1}{2^{n+2}} - \frac{1}{2^{2n+3}}\right)(x-1)^n \quad (-1 < x < 3).$$

提示 $1 + x = 2 + (x-1) = 2\left(1 + \dfrac{x-1}{2}\right)$, $3 + x = 4 + (x-1) = 4\left(1 + \dfrac{x-1}{4}\right)$.

$$\frac{1}{1 + \dfrac{x-1}{2}} = \sum_{n=0}^{\infty}(-1)^n \frac{(x-1)^n}{2^n}, \quad -1 < \frac{x-1}{2} < 1,$$

$$\frac{1}{1 + \dfrac{x-1}{4}} = \sum_{n=0}^{\infty}(-1)^n \frac{(x-1)^n}{4^n}, \quad -1 < \frac{x-1}{4} < 1,$$

收敛域的确定，由 $-1 < \dfrac{x-1}{2} < 1$ 和 $-1 < \dfrac{x-1}{4} < 1$ 得 $-1 < x < 3$.

【思考 2】 如何求函数 f 在 x_0 处的幂级数展开式？

展开式小结：

$$\frac{1}{1-x} = 1 + x + x^2 + \cdots + x^n + \cdots, \quad -1 < x < 1,$$

$$e^x = 1 + x + \frac{1}{2!}x^2 + \cdots + \frac{1}{n!}x^n + \cdots, \quad -\infty < x < +\infty,$$

$$\sin x = x - \frac{x^3}{3!} + \frac{x^5}{5!} - \cdots + (-1)^{n-1}\frac{x^{2n-1}}{(2n-1)!} + \cdots, \quad -\infty < x < +\infty,$$

$$\cos x = 1 - \frac{x^2}{2!} + \frac{x^4}{4!} - \cdots + (-1)^n \frac{x^{2n}}{(2n)!} + \cdots, \quad -\infty < x < +\infty,$$

$$\ln(1+x) = x - \frac{x^2}{2} + \frac{x^3}{3} - \frac{x^4}{4} + \cdots + (-1)^n \frac{x^{n+1}}{n+1} + \cdots, \quad -1 < x \leqslant 1,$$

$$(1+x)^m = 1+mx+\frac{m(m-1)}{2!}x^2+\cdots+\frac{m(m-1)\cdots(m-n+1)}{n!}x^n+\cdots, \quad -1<x<1.$$

习题 9.3

习题 9.3 答案

1. 求幂级数的收敛域.

(1) $\sum \frac{(n!)^2}{(2n)!}x^n$; (2) $\sum \frac{(x-2)^{2n-1}}{(2n-1)!}$.

2. 求函数的幂级数展开式.

(1) 将函数 $f(x)=e^{x^2}$, a^x, $\sin x^2$ 展开成 x 的幂级数;

(2) 将函数 $f(x)=\ln x$ 展开成 $(x-1)$ 的幂级数.

【本章小结】

一、主要知识点

常数项级数概念及性质、交错级数、幂级数、泰勒级数.

二、主要的数学思想和方法

极限的思想、数形结合的思想.

三、主要的题型及解法

1. 判断级数的敛散性：主要通过各种级数的概念和性质判定.

2. 判定级数的和：根据级数的性质判定敛散性，然后根据具体形式进行求和.

3. 写出级数泰勒展开式：根据泰勒展开式形式代入展开写.

【学海拾贝】

无穷级数

无穷级数

复习题 9

1. 选择题.

(1) 设常数 $\lambda > 0$，而级数 $\sum\limits_{n=1}^{\infty} a_n^2$ 收敛，则级数 $\sum\limits_{n=1}^{\infty} (-1)^n \dfrac{|a_n|}{\sqrt{n^2+\lambda}}$ 是( ).

A. 发散   B. 条件收敛

C. 绝对收敛   D. 收敛与 λ 有关

(2) 设 $a_n > 0$，$n = 1, 2, \cdots$，若 $\sum\limits_{n=1}^{\infty} a_n$ 发散，$\sum\limits_{n=0}^{\infty} (-1)^{n-1} a_n$ 收敛，则下列结论中正确的是( ).

A. $\sum\limits_{n=1}^{\infty} a_{2n-1}$ 收敛，$\sum\limits_{n=1}^{\infty} a_{2n}$ 发散   B. $\sum\limits_{n=1}^{\infty} a_{2n}$ 收敛，$\sum\limits_{n=1}^{\infty} a_{2n-1}$ 发散

C. $\sum\limits_{n=1}^{\infty} (a_{2n-1} + a_{2n})$ 收敛   D. $\sum\limits_{n=1}^{\infty} (a_{2n-1} - a_{2n})$ 收敛

(3) 设 a 为常数，则级数 $\sum\limits_{n=1}^{\infty} \left(\dfrac{\sin na}{n^2} - \dfrac{1}{\sqrt{n}} \right)$ 是( ).

A. 绝对收敛   B. 条件收敛

C. 发散   D. 收敛性与取值有关

(4) 设 $u_n = (-1)^n \ln\left(1 + \dfrac{1}{\sqrt{n}}\right)$，则级数( ).

A. $\sum\limits_{n=1}^{\infty} u_n$ 与 $\sum\limits_{n=1}^{\infty} u_n^2$ 都收敛   B. $\sum\limits_{n=1}^{\infty} u_n$ 与 $\sum\limits_{n=1}^{\infty} u_n^2$ 都发散

C. $\sum\limits_{n=1}^{\infty} u_n$ 收敛而 $\sum\limits_{n=0}^{\infty} u_n^2$ 发散   D. $\sum\limits_{n=1}^{\infty} u_n$ 发散而 $\sum\limits_{n=1}^{\infty} u_n^2$ 收敛

(5) 设幂级数 $\sum\limits_{n=0}^{\infty} a_n x^n$ 与 $\sum\limits_{n=1}^{\infty} b_n x^n$ 的收敛半径分别为 $\dfrac{\sqrt{5}}{3}$ 与 $\dfrac{1}{3}$，则幂级数 $\sum\limits_{n=1}^{\infty} \dfrac{a_n^2}{b_n^2} x^n$ 的收敛半径为( ).

A. 5   B. $\dfrac{\sqrt{5}}{3}$

C. $\dfrac{1}{3}$ D. $\dfrac{1}{5}$

2. 填空题.

(1) 设幂级数 $\sum\limits_{n=0}^{\infty} a_n x^n$ 的收敛半径为 3，则幂级数 $\sum\limits_{n=1}^{\infty} n a_n (x-1)^{n+1}$ 的收敛区间

为_____.

(2) 幂级数 $\sum_{n=0}^{\infty}(2n+1)x^n$ 的收敛域为_____.

(3) 幂级数 $\sum_{n=0}^{\infty}\dfrac{n}{(-3)^n+2^n}x^{2n-1}$ 的收敛半径 $R=$_____.

(4) 级数 $\sum_{n=0}^{\infty}\dfrac{(\ln 3)^n}{2^n}$ 的和为_____.

(5) $\sum_{n=1}^{\infty}n\left(\dfrac{1}{2}\right)^{n-1}=$_____.

3. 解答题.

(1) 求幂级数 $\sum_{n=1}^{\infty}\dfrac{1}{3^n+(-2)^n}\cdot\dfrac{x^n}{n}$ 收敛区间,并讨论该区间端点处的收敛性.

(2) 求幂级数 $\sum_{n=1}^{\infty}(-1)^{n-1}\left[1+\dfrac{1}{n(2n-1)}\right]x^{2n}$ 的收敛区间.

(3) 将函数 $f(x)=\arctan\dfrac{1+x}{1-x}$ 展开为 x 的幂级数.

复习题 9 答案

专升本真题演练

（慕课版）

高等数学
（第二版）

同步拓展训练

基础题 — 即时夯实基础 熟练运用性质定理

提升题 — 对标升本要求 扎实掌握推导运算

分层练 — 同步分级闯关 多维巩固循序提高

目　　录

第 1 章　函数、极限与连续 ……………………………………………………（1）

第 2 章　导数与微分 ………………………………………………………………（4）

第 3 章　微分中值定理与导数的应用 …………………………………………（7）

第 4 章　不定积分 …………………………………………………………………（10）

第 5 章　定积分及其应用 …………………………………………………………（12）

第 6 章　常微分方程 ………………………………………………………………（15）

第 7 章　向量代数与解析几何 ……………………………………………………（18）

第 8 章　多元函数微积分 …………………………………………………………（21）

第 9 章　无穷级数 …………………………………………………………………（25）

同步拓展训练

第 1 章　函数、极限与连续

基础题

一、选择

1. 下列函数中,在区间 $(-\infty,+\infty)$ 上单调递减的是(　　).
   A. $\cos x$　　　　B. $2-x$　　　　C. $2x$　　　　D. x^2

2. 设 $f(x)$ 为奇函数,下列函数中奇函数的个数为(　　).
   ① $xf(x)$
   ② $(x^2+1)f(x)$
   ③ $|f(x)|$
   ④ $-f(-x)$
   A. 1　　　　B. 2　　　　C. 3　　　　D. 4

3. $f(x)=\ln(x-1)$ 在区间 $(1,+\infty)$ 上是(　　).
   A. 单调减函数　　B. 单调增函数　　C. 非单调函数　　D. 有界函数

4. $\lim\limits_{x\to 1}\dfrac{x^2+x+1}{x^2-x+2}=($　　$)$.
   A. 2　　　　B. 1　　　　C. $\dfrac{3}{2}$　　　　D. $\dfrac{1}{2}$

5. $\lim\limits_{x\to+\infty}e^{-x}$ 的值是(　　).
   A. 0　　　　B. $+\infty$　　　　C. 1　　　　D. 不存在

二、填空

1. 已知函数 $f(x)=\begin{cases}\dfrac{1}{x},&|x|>1,\\ 0,&|x|\leqslant 1,\end{cases}$ 则 $f[f(2021)]$ 的值为_____.

2. 函数 $f(x)=\sqrt{\dfrac{x}{3}-1}$ 的定义域为_____.

3. 函数 $y=\arcsin(1-x)+\dfrac{1}{2}\lg\dfrac{1+x}{1-x}$ 的定义域是_____.

4. 若 $\lim\limits_{x\to 0}f(x)=A$（常数），$\lim\limits_{x\to 0}g(x)=0$，则 $\lim\limits_{x\to 0}[f(x)g(x)]=$ _____ .

5. 设函数 $f(x)=\begin{cases}e^{2x}, & x\leqslant 0,\\ a+x, & x>0\end{cases}$ 在 $x=0$ 处连续，则 $a=$ _____ .

三、解答

1. 求极限 $\lim\limits_{x\to 1}\dfrac{x^2+x-2}{x^2-3x+2}$.

2. 求极限 $\lim\limits_{x\to\infty}\dfrac{2x^2+3x-3}{x^2-x+1}$.

3. 求极限 $\lim\limits_{x\to 0}\dfrac{x}{\cos x}$.

4. 求极限 $\lim\limits_{x\to 0}\dfrac{x(1-\cos x)}{\sin^3 x}$.

5. 已知函数 $f(x)=\begin{cases}x^2-2, & x\leqslant 0,\\ a+\sin x, & x>0\end{cases}$ 在 $x=0$ 处连续，求 a 的值.

提升题

一、选择

1. 设函数 $f(x)$ 的定义域是 $(1,5]$，则函数 $f(3-2x)$ 的定义域是（　　）.
A. $(1,5]$　　　　B. $(-1,1]$　　　　C. $[-1,1)$　　　　D. $[-7,1)$

2. 下列选项中，$f(x)$ 和 $g(x)$ 为相同函数的是（　　）.
A. $f(x)=(\sqrt{x})^2$，$g(x)=\sqrt{x^2}$　　　　B. $f(x)=\sqrt[3]{x^3}$，$g(x)=x$
C. $f(x)=x+1$，$g(x)=\dfrac{x^2-1}{x-1}$　　　　D. $f(x)=\ln x^2$，$g(x)=2\ln x$

3. 已知 $f\left(\dfrac{1}{x}\right)=\left(\dfrac{x+1}{x}\right)^2$，则 $f(x)=$（　　）.
A. $\left(\dfrac{x}{x+1}\right)^2$　　　　B. $\left(\dfrac{x+1}{x}\right)^2$　　　　C. $(1+x)^2$　　　　D. $(1-x)^2$

4. 函数 $f(x)=\sin\dfrac{1}{x}$ 是定义域内的（　　）.
A. 周期函数　　　　B. 单调函数　　　　C. 有界函数　　　　D. 无界函数

5. 下列各等式中正确的是（　　）.
A. $\lim\limits_{x\to 0}x\sin\dfrac{1}{x}=1$　　　　B. $\lim\limits_{x\to 0}\dfrac{x^2-1}{3x^2-x-1}=1$
C. $\lim\limits_{x\to 0}\left(1+\dfrac{1}{x}\right)^x=e$　　　　D. $\lim\limits_{x\to 0}e^{\frac{1}{x}}=\infty$

6. 当 $x\to 0$ 时，下列各项为无穷小的是（　　）.
A. $\sin\dfrac{1}{x}$　　　　B. $\sin\dfrac{x}{2}$　　　　C. $\cos x$　　　　D. $\arccos x$

7. 设 $f(x)=\sin x$，$g(x)=x^2-3x$，则当 $x \to 0$ 时，(　　).

A. $f(x)$ 与 $g(x)$ 是同阶的无穷小，但不是等价的无穷小

B. $f(x)$ 与 $g(x)$ 是等价的无穷小

C. $f(x)$ 是比 $g(x)$ 高阶的无穷小

D. $f(x)$ 是比 $g(x)$ 低阶的无穷小

8. 将 $x \to 0$ 时的无穷小 $\alpha(x)=1-\cos x^2$，$\beta(x)=e^{x^2}-1$，$\gamma(x)=x\tan^2 x$，进行排序，使排在后面的一个是前面一个的高阶无穷小，则正确的顺序是(　　).

A. $\alpha(x)$，$\gamma(x)$，$\beta(x)$ 　　　　B. $\beta(x)$，$\gamma(x)$，$\alpha(x)$

C. $\beta(x)$，$\alpha(x)$，$\gamma(x)$ 　　　　D. $\gamma(x)$，$\beta(x)$，$\alpha(x)$

9. 函数 $f(x)=\dfrac{\cos 3x}{x(x+1)^2}$ 间断点个数为(　　).

A. 0　　　　B. 1　　　　C. 2　　　　D. 3

10. 设 $f(x)=\begin{cases}\dfrac{\tan x}{x}, & x>0 \\ e^x, & x\leqslant 0\end{cases}$，则 $x=0$ 是 $f(x)$ 的(　　).

A. 连续点　　　B. 可去间断点　　　C. 跳跃间断点　　　D. 无穷间断点

二、填空

1. $f(x)=\dfrac{1}{\sqrt{9-x^2}}+\ln(x+1)$ 的连续区间为 _____ .

2. $y=\arccos(x-2)$ 的定义域为 _____ .

3. 函数 $y=\dfrac{\ln(x-1)}{\sqrt{5-x}}$ 的定义域为 _____ .

4. 已知函数 $f(x)=\begin{cases}\dfrac{1}{x}(e^x-1), & x>0 \\ x+d, & x\leqslant 0\end{cases}$ 在点 $x=0$ 处极限存在，则 $d=$ _____ .

5. 极限 $\lim\limits_{x \to 0^+}\dfrac{2^x}{3+\ln(1+x)}=$ _____ .

6. 极限 $\lim\limits_{x \to 1}\dfrac{x^2+2x+3}{2x^2+3x-1}=$ _____ .

7. 若 $x \to 0$ 时，无穷小量 $2x$ 与 $3x^2+mx$ 等价，则常数 $m=$ _____ .

8. 设 $\lim\limits_{x \to \infty}\left(1-\dfrac{1}{x}\right)^x=\lim\limits_{x \to 0}\dfrac{\sqrt{1+kx}-1}{x}$，则常数 $k=$ _____ .

9. 极限 $\lim\limits_{x \to 0}\dfrac{\sin ax}{x}=3$，则 $a=$ _____ .

10. 极限 $\lim\limits_{x \to 0}\dfrac{1-\cos x}{x\ln(1+x)}=$ _____ .

三、解答

1. 已知函数 $f(x)=\dfrac{x+1}{x-1}$，$x \in (1,+\infty)$，求复合函数 $f[f(x)]$.

2. $\lim\limits_{n\to\infty}\left(\dfrac{1}{n+\sqrt{1}}+\dfrac{1}{n+\sqrt{2}}+\cdots+\dfrac{1}{n+\sqrt{n}}\right)$.

3. 已知 $\lim\limits_{x\to\infty}\left(\dfrac{x^2+3}{x-1}-ax+b\right)=0$，求 a，b 的值．

4. 求极限 $\lim\limits_{x\to 0}\dfrac{1-\cos 2x}{\sqrt{1+\cos x}\tan x^2}$．

5. 求极限 $\lim\limits_{x\to 0}\left(\dfrac{1}{x^2}-\dfrac{1}{x\arctan x}\right)$．

6. 已知 $f(x)=\begin{cases}e^x+b, & x<0\\ 0, & x=0\\ a+\dfrac{b\sin x}{x}, & x>0\end{cases}$ 在点 $x=0$ 处连续，求 a，b 的值．

7. 已知函数 $f(x)=\begin{cases}a+\sin x, & x<0\\ 1, & x=0\\ \dfrac{1-\cos x}{bx^2}, & x>0\end{cases}$ 在 $x=0$ 处连续，求常数 a 和 b 的值．

8. 设函数 $f(x)$ 在 $[0,1]$ 上连续，且 $f(0)\neq 0$，$0<f(x)<1$.
求证：存在 $x_0\in(0,1)$，使得 $f^2(x_0)=x_0$．

9. 证明：方程 $x^3+x-1=0$ 只有一个根．

10. 设 $f(x)$ 在闭区间 $[a,b]$ 上连续，且有 $a<x_1<x_2<x_3<b$，求证：至少存在一点 $\xi\in(a,b)$，使得 $f(\xi)=\dfrac{f(x_1)+2f(x_2)+3f(x_3)}{6}$ 成立．

扫码看答案与解析

第 2 章　导数与微分

基础题

一、选择

1. 设函数 $f(x)=2\ln x$，则 $f''(x)=(\quad)$．

A. $-\dfrac{1}{x^2}$　　　　B. $\dfrac{1}{x^3}$　　　　C. $-\dfrac{2}{x^2}$　　　　D. $\dfrac{2}{x^2}$

2. 设函数 $y=x+2\sin x$，则 $\mathrm{d}y=(\quad)$．

A. $(1+\cos x)\mathrm{d}x$　　　　B. $(1+2\cos x)\mathrm{d}x$

C. $(1-\cos x)\mathrm{d}x$　　　　D. $(1-2\cos x)\mathrm{d}x$

3. 设函数 $f(x)$ 具有任意阶导数，且 $f'(x) = [f(x)]^2$，则 $f^{(n)}(x) = ($ 　　$)$.

A. $n![f(x)]^{n+1}$　　　　　　　　B. $n[f(x)]^{n+1}$

C. $(n+1)[f(x)]^{n+1}$　　　　　　D. $(n+1)![f(x)]^{n+1}$

二、填空

1. 设 $y = \ln x$，则 $y^{(n)} = $ _____.

2. 已知函数 $y = x \sin x$，则 $\mathrm{d}y = $ _____.

3. 若函数 $f(x) = x - \arctan x$，则 $f'(x) = $ _____.

4. 若 $y = \mathrm{e}^{2x}$，则 $\mathrm{d}y = $ _____.

三、解答

1. 已知函数 $f(x) = \mathrm{e}^x \cos x$，求 $f''\left(\dfrac{\pi}{2}\right)$.

2. 求下列函数的导数.

　　(1) $y = x^4 + \sqrt{x} - \ln x - \sin \dfrac{\pi}{3}$；

　　(2) $y = x\mathrm{e}^x$；

　　(3) $y = \dfrac{x^5 + \sqrt{x} + 1}{x}$；

　　(4) $y = \tan x$.

3. 证明：当 $x > 0$ 时，$\mathrm{e}^x > 1 + x$.

4. 求曲线 $\begin{cases} x = \mathrm{e}^t \cos t, \\ y = \mathrm{e}^t \sin t \end{cases}$ 在 $t = \dfrac{\pi}{2}$ 处的法线的方程.

提升题

一、选择

1. 设 $f'(2) = \dfrac{1}{2}$，则极限 $\lim\limits_{h \to 0} \dfrac{f(2+2h) - f(2)}{\ln(1+h)} = ($ 　　$)$.

A. $\dfrac{1}{2}$　　　　B. 1　　　　C. $-\dfrac{1}{2}$　　　　D. -1

2. 设函数 $f(x) = \begin{cases} x \sin \dfrac{1}{x}, & x \neq 0 \\ 0, & x = 0 \end{cases}$，则 $f(x)$ 在 $x = 0$ 处 $($ 　　$)$.

A. 不连续　　　　　　　　　　　B. 连续但不可导

C. 可导但不连续　　　　　　　　D. 可导且导数也连续

3. 函数在某点处可微是其在该点处可导的 $($ 　　$)$ 条件.

A. 必要不充分　　　　　　　　　B. 充分不必要

C. 充分必要　　　　　　　　　　D. 既不充分也不必要

4. 已知直线 l 与 x 轴平行，且 l 与曲线 $y = x^2 - \mathrm{e}^{x^2}$ 相切，则切点坐标为 $($ 　　$)$.

A. $(-1, 1)$　　　B. $(1, 1)$　　　C. $(0, -1)$　　　D. $(0, 1)$

5. 函数 $y=\sin(\cos x)$ 在 $x=\dfrac{\pi}{2}$ 处的导数为（　　）.

　　A. -1　　　　B. 0　　　　C. 1　　　　D. 2

6. 隐函数 $xe^y + ye^x = 1$ 的导数为（　　）.

　　A. $\dfrac{e^x + xe^y}{ye^x + e^y}$　　B. $-\dfrac{e^x + xe^y}{ye^x + e^y}$　　C. $\dfrac{e^y + ye^x}{xe^x + e^x}$　　D. $-\dfrac{e^y + ye^x}{xe^x + e^x}$

7. 已知 $y = (2+x^2)^x$，则 $y' = $（　　）.

　　A. $(2+x^2)^x\left[\ln(2+x^2) + \dfrac{2x^2}{2+x^2}\right]$　　B. $(2+x^2)^x\left[\ln(2+x^2) + \dfrac{2x}{2+x^2}\right]$

　　C. $(2+x^2)^x\left[\ln(2+x^2) + \dfrac{x^2}{2+x^2}\right]$　　D. $(2+x^2)^x\left[\ln(2+x^2) + \dfrac{x}{2+x^2}\right]$

8. 设函数 $f(x)$ 在 $[1,3]$ 上连续，在 $(1,3)$ 内可导，且 $f(3)-f(1)=1$，则在 $(1,3)$ 内曲线 $y=f(x)$ 至少有一条切线平行于直线（　　）.

　　A. $y=2x$　　　　B. $y=-2x$　　　　C. $y=\dfrac{1}{2}x$　　　　D. $y=-\dfrac{1}{2}x$

9. 函数 $y = x^3 + \sqrt{x}$ 的微分 $\mathrm{d}y = $（　　）.

　　A. $\left(3x^2 + \dfrac{\sqrt{x}}{2}\right)\mathrm{d}x$　　B. $\left(3x^2 + \dfrac{1}{2\sqrt{x}}\right)\mathrm{d}x$　　C. $\left(x^2 + \dfrac{\sqrt{x}}{2}\right)\mathrm{d}x$　　D. $\left(x^2 + \dfrac{1}{2\sqrt{x}}\right)\mathrm{d}x$

10. 设 $f'(x) = g(x)$，则 $\mathrm{d}f(\sin^2 x) = $（　　）.

　　A. $2g(x)\sin x\,\mathrm{d}x$　　　　　　　　B. $f(x)\sin 2x\,\mathrm{d}x$

　　C. $g(\sin^2 x)\sin 2x\,\mathrm{d}x$　　　　　　D. $g(\sin 2x)\,\mathrm{d}x$

二、 填空

1. 设函数 $f(x) = x(x+1)(x+2)\cdots(x+n)$，则 $f'(0) = $ _____.

2. $y = \ln x$ 当 $x = $ _____ 时的切线平行于过点 $(1, 0)$，$(e, 1)$ 的弦.

3. 曲线 $y = 2\ln(2x)$ 在点 $(x_0, 2\ln(2x_0))$ 处的切线与直线 $2x - y + 5 = 0$ 平行，则 $x_0 = $ _____.

4. 设曲线 $\begin{cases} x = 3 + t + t^2 \\ y = 12 + 10t - 2t^2 \end{cases}$ 在点 P 处切线方程为 $y = 2x + 10$，则切点 P 的坐标为 _____.

5. 设函数 $f(x) = \sin 3x$，则 $f^{(2022)}(0) = $ _____.

6. 设函数 $y = y(x)$ 由方程 $\ln y + xy = 1$ 所确定，则 $\left.\dfrac{\mathrm{d}y}{\mathrm{d}x}\right|_{x=0} = $ _____.

7. 若函数 $f(x) = x + \sin x$，则 $f''(x) = $ _____.

8. 设 $\begin{cases} x = 5t - t^2 \\ y = \log_2 t \end{cases}$，则 $\left.\dfrac{\mathrm{d}y}{\mathrm{d}x}\right|_{t=2} = $ _____.

9. 参数方程 $y = y(x)$ 满足 $\begin{cases} x = e^{-t} + 1 \\ y = e^t + t^2 \end{cases}$，则 $\left.\dfrac{\mathrm{d}y}{\mathrm{d}x}\right|_{t=0} = $ _____.

10. 函数 $y = x^3 + e^x$ 在点 $(0, 1)$ 处的切线方程为 _____.

三、解答

1. 已知函数 $f(x)=\begin{cases} x^2, & x>0 \\ -x^2, & x\leqslant 0 \end{cases}$ 讨论函数 $f(x)$ 在 $x=0$ 处是否连续，是否可导．

2. 已知 $y=\arctan\sqrt{x}$，求 $\dfrac{dy}{dx}$ 及 $\dfrac{dy}{dx}\bigg|_{x=1}$．

3. 设 $y=\arctan x^2$，求 $\dfrac{d^2 y}{dx^2}\bigg|_{x=1}$．

4. 求由方程 $x-y+\dfrac{\sin y}{2}=0$ 所确定的隐函数 $y=f(x)$ 的二阶导数 $\dfrac{d^2 y}{dx^2}$．

5. 设 $y=y(x)$ 满足 $e^y+y\sin x-x=0$，求 $\dfrac{dy}{dx}$．

6. 已知参数方程 $\begin{cases} x=a\cos t+c \\ y=b\sin t+e \end{cases}$，求 $\dfrac{d^2 y}{dx^2}$．

7. 求函数 $f(x)=x^3+\ln(x+5)$ 在 $x=-3$ 处的四阶导数 $f^{(4)}(-3)$．

8. 设函数 $f(x)=\begin{cases} x^2\sin\dfrac{1}{x}, & x\neq 0 \\ 0, & x=0 \end{cases}$，利用导数定义求 $f'(0)$．

9. 求曲线 $2x^2+y^2=3$ 在 $(1,1)$ 处切线方程．

10. 已知参数方程 $\begin{cases} x=2t \\ y=\sin t \end{cases}$，求：

(1) $t=0$ 时，x 和 y 的取值．

(2) $\dfrac{dx}{dt}$ 和 $\dfrac{dy}{dt}$．

(3) 该参数方程所确定的曲线在 $t=0$ 处的切线方程．

扫码看答案与解析

第 3 章　微分中值定理与导数的应用

基础题

1. 函数 $y=2x^3+3x^2+1$ 的极小值点是（　　）．
   A. $x=-1$　　B. $x=0$　　C. $x=1$　　D. $x=2$

2. 曲线 $y=x^3-6x^2+3x+4$ 的拐点为 _____．

3. 利用零点定理证明方程 $x^3-3x^2-x+3=0$ 在区间 $(-2,0)$，$(0,2)$，$(2,4)$ 内各有一个实根．

提升题

一、选择

1. $\lim\limits_{x\to 0}\dfrac{x+\sin 2x}{4x-\sin x}=($).

   A. -1 B. 0   C. 1   D. 2

2. $\lim\limits_{x\to 1}\dfrac{x-\mathrm{e}^{1-x}}{\ln x}=($).

   A. 0   B. 1   C. 2   D. 3

3. $\lim\limits_{x\to 0}\dfrac{x-\sin x}{x^3}=($).

   A. $\dfrac{1}{6}$ B. 1   C. 2   D. 6

4. $y=2x+\dfrac{8}{x}$,$x>0$ 的单调增区间为( ).

   A. $(0,1)$ B. $[2,+\infty)$ C. $(0,+\infty)$ D. $(0,2]$

5. 函数 $y=x^3-12x+1$ 的单调减少区间为( ).

   A. $(-\infty,-2]$ B. $[-2,2]$ C. $[2,+\infty)$ D. $(-\infty,+\infty)$

6. 已知 $f(x)=x^4-2x^2$,则 $f(x)$ 的单调递增区间为( ).

   A. $(-1,0)$ 和 $(1,+\infty)$ B. $(-\infty,-1)$ 和 $(0,1)$

   C. $(-1,1)$ D. $(-\infty,1)$ 和 $(1,+\infty)$

7. $g''(x_0)=0$ 是曲线 $y=g(x)$ 在点 $(x_0,g(x_0))$ 取得拐点的( )条件.

   A. 必要   B. 充分

   C. 充要   D. 既不充分也不必要

8. 曲线 $y=\dfrac{x}{\mathrm{e}^x}$ 的拐点为( ).

   A. $\left(1,\dfrac{2}{\mathrm{e}^2}\right)$ B. $\left(2,\dfrac{1}{\mathrm{e}^2}\right)$ C. $\left(1,\dfrac{1}{\mathrm{e}^2}\right)$ D. $\left(2,\dfrac{2}{\mathrm{e}^2}\right)$

9. $x=1$ 是 $y=2x^3-6x+1$ 的( ).

   A. 极大值点   B. 极小值点   C. 拐点   D. 最小值点

10. 若 x_0 为函数 $f(x)$ 的极值点,则下列结论中正确的是( ).

    A. $f'(x_0)=0$ B. $f'(x_0)\neq 0$

    C. $f'(x_0)$ 不存在   D. $f'(x_0)=0$ 或 $f'(x_0)$ 不存在

二、填空

1. 设 $f(x)=(x-1)(x-2)(x-3)(x-4)$,则方程 $f'(x)=0$ 有_____个实根.

2. 函数 $y=\arctan x$ 在区间 $[0,1]$ 上满足拉格朗日中值定理的 $\xi=$_____.

3. $f(x)=\displaystyle\int_0^{x^2}\ln(t+3)\mathrm{d}t$ 的单调递增区间为_____.

4. 函数 $y = xe^x$ 的单调增加区间为_____.

5. 函数 $f(x) = 2x^3 - 3x^2 + 1$ 的拐点是_____.

6. 函数 $y = xe^{-x}$ 的拐点为_____.

7. 函数 $y = -x^3 + 3x^2 + 6$，则函数的拐点是_____.

8. 若函数 $f(x) = \begin{cases} \int_0^x (t^2 - 2t - 3)\,dt, & x > 0 \\ x^2, & x \leqslant 0 \end{cases}$ 在 $x =$ _____ 处取极小值.

9. 函数 $f(x) = 2x^3 - 3x^2 + 1$ 在闭区间 $[-1, 2]$ 上的最小值是_____.

10. 曲线 $y = \dfrac{x^2 + x + 1}{x - 3}$ 的垂直渐近线为_____.

三、解答

1. 设函数 $f(x)$ 在闭区间 $[0, 1]$ 上可导，且 $f(0) = f(1) = 0$，试证：在开区间 $(0, 1)$ 内至少存在一点 ξ，使得 $f'(\xi) = f(\xi)$.

2. 设函数 $f(x)$ 在 $[1, 3]$ 上连续，在 $(1, 3)$ 内可导，且 $f(1) = f(2) = 1$，$f(3) = 0$. 证明：

(1) 存在 $\xi \in (2, 3)$ 使得 $f(\xi) = \dfrac{1}{\xi}$ 成立.

(2) 存在 $\eta \in (1, 3)$，使得 $\eta^2 f'(\eta) + 1 = 0$ 成立.

3. 求证：当 $x > 1$ 时，$e^x > ex$.

4. $x > 0$ 时，求证：$\dfrac{1}{x+1} < \ln(x+1) - \ln x < \dfrac{1}{x}$.

5. 设 $k > 0$，求函数 $f(x) = 2\ln(1+x) + kx^2 - 2x$ 的极值点，并判断是极大值点还是极小值点.

6. 求函数 $f(x) = 2x + \dfrac{8}{x}$ 的单调区间与极值.

7. 求函数 $f(x) = x^3 - 3x^2 - 9x + 5$ 的极值.

8. 已知 $f(x) = x\sin\dfrac{1}{x} + \dfrac{1}{e^x - 1} - \dfrac{1}{\ln(1+x)}$，求 $f(x)$ 的渐近线.（不考虑斜渐近线）

9. 生产某种设备的固定成本为 1 000 万元，每生产一台设备，成本增加 20 万元. 已知需求价格函数为 $P(Q) = 200 - Q$. 问销售量 Q 为多少时，总利润 L 达到最大？最大利润是多少？

10. 某租赁公司有 50 台机器可以出租，当月租金为 2 000 元时机器可以全部出租出去，当月租金每增加 100 元时就会多一台机器租不出去，而租出去的机器每台每月需花费 200 元的维修费，试问当月租金定为多少时该公司每月该公司可获得最大收入？最大收入是多少？

扫码看答案与解析

第4章 不定积分

基础题

一、选择

1. 下列是 $\sin 2x$ 的原函数的是（　　）.

   A. $\sin 2x$　　B. $-\dfrac{1}{2}\cos^2 x$　　C. $-\cos^2 x$　　D. $4\sin 2x + 3\cos 2x$

2. 若 $f(x)$ 的一个原函数为 $x\mathrm{e}^x$，则 $\int f'(x)\mathrm{d}x = $（　　）.

   A. $(x+1)\mathrm{e}^x$　　B. $x\mathrm{e}^x$　　C. $x\mathrm{e}^x + C$　　D. $(x+1)\mathrm{e}^x + C$

3. $\int \dfrac{1}{2-x}\mathrm{d}x = $（　　）.

   A. $\ln|2-x| + C$　　　　　　　　B. $-\ln|2-x| + C$

   C. $-\dfrac{1}{(2-x)^2} + C$　　　　　D. $\dfrac{1}{(2-x)^2} + C$

二、解答

1. 求 $\displaystyle\int \dfrac{1}{1+\sqrt{x}}\mathrm{d}x$.

2. 求 $\displaystyle\int x\cos x\,\mathrm{d}x$.

3. 求 $\displaystyle\int (\mathrm{e}^x - x)\mathrm{d}x$.

提升题

一、选择

1. 设函数 $f(x)$ 是连续函数，$F(x)$ 是 $f(x)$ 的原函数，则下列结论中正确的是（　　）.

   A. 当 $f(x)$ 是奇函数时，$F(x)$ 必是偶函数

   B. 当 $f(x)$ 是偶函数时，$F(x)$ 必是奇函数

   C. 当 $f(x)$ 是单调递增函数时，$F(x)$ 必是单调递增函数

   D. 当 $f(x)$ 是周期函数时，$F(x)$ 必是周期函数

2. 设 $f(x)$ 是 $\cos x$ 的一个原函数，则 $\int \mathrm{d}f(x) = $（　　）.

   A. $\sin x + C$　　B. $-\sin x + C$　　C. $-\cos x + C$　　D. $\cos x + C$

3. $x + \sin x$ 是 $f(x)$ 的原函数，$\int f(x)\mathrm{d}x = $（　　）.

   A. $x + \sin x$　　B. $1 + \cos x$　　C. $x + \sin x + C$　　D. $1 + \cos x + C$

4. 设 e^{-x} 是 $f(x)$ 的原函数，则下列各式中正确的是（   ）.

A. $\int f(x)dx = e^{-x}$ 　　　　　　　　B. $d\int f(x)dx = -e^{-x}dx$

C. $\int f'(x)dx = e^{-x}$ 　　　　　　　　D. $d\int f'(x)dx = -e^{-x}dx$

5. 已知 $\int xf(x)dx = e^{-x^2} + C$，则 $f(x) = $（   ）.

A. xe^{-x^2}　　　　B. $-xe^{x^2}$　　　　C. $2e^{-x^2}$　　　　D. $-2e^{-x^2}$

6. 设 $\int f(x)dx = F(x) + C$，则 $\int f(3x+1)dx = $（   ）.

A. $F(3x-1)$　　B. $\dfrac{1}{3}F(3x+1)$　　C. $F(3x+1)+C$　　D. $\dfrac{1}{3}F(3x+1)+C$

7. 已知函数 $\int f(x)dx = e^x \sin x + C$，则 $\int \dfrac{f(\sqrt{x})}{\sqrt{x}}dx = $（   ）.

A. $e^x \sin x + C$　　B. $2e^x \sin x + C$　　C. $e^{\sqrt{x}} \sin \sqrt{x} + C$　　D. $2e^{\sqrt{x}} \sin \sqrt{x} + C$

8. 不定积分 $\int \dfrac{1}{1+e^x}dx = $（   ）.

A. $\ln(1+e^{-x}) + C$　　　　　　　　B. $-\ln(1+e^x) + C$

C. $x + \ln(1+e^x) + C$　　　　　　　　D. $x - \ln(1+e^x) + C$

9. 已知 $\int f(x)dx = F(x) + C$，则 $\int \dfrac{1}{x}f(\ln x)dx = $（   ）.

A. $F(\ln x)$　　B. $F(\ln x) + C$　　C. $xF(\ln x) + C$　　D. $\dfrac{1}{x}F(\ln x) + C$

10. 设 $\int f(x)dx = \arcsin x + C$，则 $\int xf(1-x^2)dx = $（   ）.

A. $\dfrac{1}{2}\arcsin(1-x^2) + C$　　　　　　B. $-\dfrac{1}{2}\arcsin(1-x^2) + C$

C. $2\arcsin(1-x^2) + C$　　　　　　　　D. $-2\arcsin(1-x^2) + C$

二、填空

1. 若 $\sin x$ 是 $f(x)$ 的一个原函数，则不定积分 $\int xf(x)dx = $ ＿＿＿＿＿．

2. 若 $\int f(x)dx = F(x) + C$，则 $\int x^2 f(x^3)dx = $ ＿＿＿＿＿．

3. 若 $\int f(x)dx = F(x) + C$，则 $\int f(\sin x)\cos x\, dx = $ ＿＿＿＿＿．

4. $\int (2^x - 3^x)dx = $ ＿＿＿＿＿．

5. 不定积分 $\int \cos x \sin^2 x\, dx = $ ＿＿＿＿＿．

6. $\int x \sin x\, dx = $ ＿＿＿＿＿．

7. $\int x e^x dx = $ ＿＿＿＿＿．

三、解答

1. 求不定积分 $\int \dfrac{e^{2\arcsin x}}{\sqrt{1-x^2}} dx$.

2. 求不定积分 $\int \dfrac{\sin^2 x \cos x}{1+4\sin^2 x} dx$.

3. 计算不定积分 $\int x\ln(x-2) dx$.

4. 计算不定积分 $\int x\ln x\, dx$.

5. 求不定积分 $\int x\arctan\dfrac{1}{x} dx$.

6. 计算不定积分 $\int \dfrac{dx}{x(1+\ln^2 x)}$.

7. 求不定积分 $\int (2+x)e^x dx$.

8. 求不定积分 $\int (2x\ln x + \sin x) dx$.

9. 求不定积分 $\int \sin\sqrt{x}\, dx$.

10. 求不定积分 $\int \dfrac{2x^2+3x}{x\sqrt{1-x^2}} dx$.

扫码看答案与解析

第 5 章　定积分及其应用

基础题

一、选择

1. 下列不等式成立的是(　　).

　A. $\int_0^1 x\,dx > \int_0^1 x^2\,dx$ 　　　　B. $\int_1^2 x\,dx > \int_1^2 x^2\,dx$

　C. $\int_0^1 x\,dx < \int_0^1 x^2\,dx$ 　　　　D. $\int_1^2 x\,dx > \int_1^2 x^3\,dx$

2. 由曲线 $y = e^{-x}$ 与直线 $x=0$，$x=1$，$y=0$ 围成的平面图形的面积是(　　).

　A. e^{-1} 　　　　　　　　　　　　B. 1

　C. $1 - e^{-1}$ 　　　　　　　　　　D. $1 + e^{-1}$

二、填空

1. $\int_{-1}^{1}(x^5+x^2)dx =$ _____.

2. $\int_{0}^{\pi}\sin\frac{x}{2}dx =$ _____.

3. $\int_{-1}^{1}x\tan^2 x\, dx =$ _____.

4. 直线 $x=4$，$y=0$ 与曲线 $y=\sqrt{x}$ 围成平面图形的面积为 $S =$ _____.

5. 曲线 $y=\frac{1}{x}$ 与直线 $x=1$，$x=3$ 及 x 轴所围成的图形的面积为 $S =$ _____.

三、解答

1. 计算 $\int_{0}^{1}e^{\sqrt{x}}dx$.

2. 求定积分 $\int_{1}^{4}2x\ln x\, dx$.

提升题

一、选择

1. 已知 $f(x)$ 在 $[-a, a]$ 上连续，求 $\int_{-a}^{a}[f(x)-f(-x)]\cos x\, dx = $ (   ).

   A. $f(a)$ B. $2f(x)$ C. $2f(a)\cos a$ D. 0

2. 定积分 $\int_{-1}^{1}(|x|+\sin x\cos^2 x)dx = $ (   ).

   A. 1 B. 2 C. -1 D. -2

3. $I_1 = \int_{0}^{\frac{\pi}{2}}\sin^2 x\, dx$，$I_2 = \int_{0}^{\frac{\pi}{2}}\sin^4 x\, dx$，则 (   ).

   A. $I_1 < I_2$ B. $I_1 = I_2$ C. $I_1 > I_2$ D. 不能比较

4. 设 $S_1 = \int_{0}^{\frac{\pi}{6}}\frac{\sin x}{x}dx$，$S_2 = \int_{0}^{\frac{\pi}{6}}\frac{x}{\sin x}dx$，则有 (   ).

   A. $S_1 < \frac{\pi}{6} < S_2$ B. $S_1 < S_2 < \frac{\pi}{6}$

   C. $\frac{\pi}{6} < S_1 < S_2$ D. $S_2 < \frac{\pi}{6} < S_1$

5. 已知 $f(x)$ 为 $[1, +\infty)$ 上的连续函数，且 $F(x) = \int_{1}^{x^2}\frac{f(t)}{t}dt$，$x \in [1, +\infty)$，则 $F'(x) = $ (   ).

   A. $2f(x)$ B. $2xf(x^2)$ C. $\frac{f(x^2)}{x^2}$ D. $\frac{2f(x^2)}{x}$

6. $F(x) = \int_{0}^{x^3}\sqrt{1+t^2}\, dt$，$F'(x) = $ (   ).

A. $\sqrt{1+x^2}$ B. $\sqrt{1+x^6}$ C. $3x^2\sqrt{1+x^2}$ D. $3x^2\sqrt{1+x^6}$

7. 设函数 $f(x)=\int_1^x(x-t)\mathrm{e}^t\mathrm{d}t$，则 $f'(x)=($).

A. 0 B. $\mathrm{e}^x-\mathrm{e}$ C. $\mathrm{e}-\mathrm{e}^x$ D. $\mathrm{e}-x\mathrm{e}^x$

8. 设函数 $f(x)$ 连续，且 $\int_0^{x^2-1}f(t)\mathrm{d}t=1+x^3$，则 $|f(8)|=($).

A. $\dfrac{9}{2}$ B. $\dfrac{2}{3}$ C. $\dfrac{2}{9}$ D. $\dfrac{3}{2}$

9. $y=a-x^2$ 与 x 轴所围成图形的面积为(   ).

A. $\dfrac{1}{2}a^{\frac{1}{2}}$ B. $\dfrac{4}{3}a^{\frac{3}{2}}$ C. $\dfrac{4}{3}a^{\frac{1}{2}}$ D. $\dfrac{1}{2}\mathrm{e}^{\frac{3}{2}}$

10. 曲线 $y=2x$，$y=x$ 及 $x=1$ 围成的平面图形绕 x 轴旋转的旋转体体积为(   ).

A. $\dfrac{17}{5}\pi$ B. π C. $\dfrac{1}{\pi}$ D. $\dfrac{5}{17}\pi$

二、填空

1. 已知 $\int_0^1 f(x)\mathrm{d}x+4\int_1^2 f(x)\mathrm{d}x=\int_0^2 f(x)\mathrm{d}x+1$，则 $\int_1^2 f(x)\mathrm{d}x=$ _____.

2. $\int_{-3}^3 \mathrm{e}^{|x|}(1+x)\mathrm{d}x=$ _____.

3. 定积分 $\int_{-1}^1 (1+x\sqrt{1-x^2})\mathrm{d}x=$ _____.

4. $\dfrac{\mathrm{d}}{\mathrm{d}x}\int_0^{x^2}\cos\sqrt{t}\,\mathrm{d}t\,(x>0)=$ _____.

5. 已知 $f(x)=\int_0^{x^2}\mathrm{e}^{t^2}\mathrm{d}t$，则 $f'(1)=$ _____.

6. 设 $\int_a^x f(t)\mathrm{d}t=\sin^2 x$，则 $f(x)=$ _____.

7. 已知连续函数 $f(x)$ 满足 $f(x)=\dfrac{1}{x^2+1}+\int_{-1}^1 f(x)\mathrm{d}x$，则 $f(x)=$ _____.

8. 由曲线 $y=\ln x$ 与两直线 $y=(\mathrm{e}+1)-x$ 及 $y=0$ 所围成的平面图形的面积为 _____.

9. 椭圆 $\dfrac{x^2}{4}+\dfrac{y^2}{3}=1$ 所围成的图形绕 x 轴旋转一周而成的旋转体体积为 _____.

10. 曲线 $y=\sqrt{x-4}$ 与 $x=10$ 及 $y=0$ 围成的平面图形绕 x 轴旋转得到的旋转体体积 $V=$ _____.

三、解答

1. 求极限 $\lim\limits_{x\to 0}\dfrac{x-\int_0^x \cos t\,\mathrm{d}t}{x^3}$.

2. 求极限 $\lim\limits_{x\to 0}\dfrac{\int_0^x t\arctan t\,dt}{x^3}$.

3. 已知 $\int \tan x\,dx = -\ln|\cos x| + C$，求定积分 $\int_0^{\frac{\pi}{4}} x\sec^2 x\,dx$.

4. 求定积分 $\int_1^e \dfrac{\ln^2 x}{x}dx$.

5. 求定积分 $\int_0^2 \dfrac{1}{1+\sqrt{2x}}dx$.

6. 设 $f(x)=\begin{cases}\dfrac{x^3}{\sqrt{1+x^2}}, & x<1 \\ \dfrac{\sqrt{2x-1}}{\sqrt{2x-1}+1}, & x\geqslant 1\end{cases}$，求定积分 $\int_{-1}^5 f(x)dx$.

7. $f(x)=\begin{cases}1+x^2, & x<0 \\ \cos\dfrac{\pi}{2}x, & x\geqslant 0\end{cases}$，求 $\int_{-1}^2 f(x-1)dx$.

8. 设 $f(x)=\begin{cases}x^2, & x\leqslant 2 \\ 6-x, & x>2\end{cases}$，求 $F(x)=\int_0^x f(t)dt$ 的表达式，并讨论 $F(x)$ 在点 $x=2$ 处的连续性.

9. 由 $y=e^x$，$x=1$ 与坐标轴所围成的图形记为 A，求：

(1) 图形 A 的面积 S.

(2) 图形 A 绕 x 轴旋转一周而成的旋转体体积.

10. 设曲线 $y=x^3$ 和 $y=x^2$ 所围成的平面图形为 D，求：

(1) 平面图形 D 的面积.

(2) 平面图形 D 绕 x 轴旋转一周形成的旋转体的体积.

扫码看答案与解析

第6章 常微分方程

基础题

一、选择

1. 微分方程 $(y'')^2 + x^2 y' + y^3 = 0$ 阶数是（　　）.

A. 1　　　　B. 2　　　　C. 3　　　　D. 4

2. 微分方程 $yy'=1$ 的通解为( ).

A. $y^2=x+C$ B. $\frac{1}{2}y^2=x+C$ C. $y^2=Cx$ D. $2y^2=x+C$

3. 下列方程为一阶线性微分方程的是( ).

A. $(y')^2+2y=x$ B. $y'+2y^2=0$
C. $y'+y=x$ D. $y^{(2)}+y'=x$

4. 微分方程 $y^{(2)}=y$ 的通解是( ).

A. $y=C_1+C_2e^x$ B. $y=e^x+e^{-x}$
C. $y=C_1e^x+C_2e^{-x}$ D. $y=Ce^x+Ce^{-x}$

5. 微分方程 $y'=\sin\frac{x}{2}$ 的通解为( ).

A. $y=-\frac{1}{2}\cos\frac{x}{2}+C$ B. $y=-2\cos\frac{x}{2}+C$
C. $y=\frac{1}{2}\cos\frac{x}{2}+C$ D. $y=2\cos\frac{x}{2}+C$

二、填空

1. 微分方程 $xy'=1$ 的通解为_____.
2. 微分方程 $y'=x$ 的通解为_____.
3. 微分方程 $y^{(2)}-3y'+2y=0$ 的通解为_____.
4. 微分方程 $\frac{dy}{dx}=e^{x-y}$ 的通解为_____.
5. 微分方程 $y'-y=1$ 的通解为_____.

三、解答

1. 求微分方程 $y'+y=e^x+x$ 的通解.
2. 求微分方程 $y'-\frac{1}{x}y=2\ln x$ 的通解.
3. 求微分方程 $y''-5y'-6y=0$ 的通解.
4. 求方程 $y'-\frac{y}{x}=x$ 满足初值条件 $y|_{x=1}=0$ 的特解.
5. 求方程 $y^{(2)}-2y'-3y=x+1$ 的通解.

提升题

一、选择

1. 微分方程 $(y')^4+(y'')^2y+y=0$ 为( ).

A. 一阶   B. 二阶   C. 三阶   D. 四阶

2. 微分方程 $(y'')^2+x^2y'+y^3=0$ 的阶数是( ).

A. 1   B. 2   C. 3   D. 4

3. 微分方程 $x(y')^2 - 2yy' + x = 0$ 为（　　）方程.

A. 二阶微分　　　　　　　　　　　B. 一阶微分

C. 一阶线性微分　　　　　　　　　D. 可分离变量的微分

4. 微分方程 $\dfrac{\mathrm{d}y}{\mathrm{d}x} = \dfrac{x}{1+y}$ 的通解为（　　）.

A. $x^2 + y^2 - 2y = C$　　　　　　B. $x^2 + y^2 + 2y = C$

C. $x^2 - y^2 - 2y = C$　　　　　　D. $x^2 - y^2 + 2y = C$

5. 微分方程 $(1+y)\mathrm{d}x - (1-x)\mathrm{d}y = 0$ 的通解（　　）.

A. $(1+y)(1-x) = C$　　　　　　　B. $\dfrac{1-x}{1+y} = C$

C. $\dfrac{1+y}{1-x} = C$　　　　　　　D. $x - y = C$

6. 已知 $y = f(x)$ 为微分方程 $xy' - y = 0$ 的解，且 $y|_{x=1} = 4$，则 $y|_{x=2} = $（　　）.

A. 0　　　　B. 8　　　　C. 11　　　　D. 32

7. 微分方程 $y' = 2xy$ 的通解是（　　）.

A. $y = Ce^x$　　B. $y = Ce^{x^2}$　　C. $y = e^{x^2} + C$　　D. $y = e^x + C$

8. 常微分方程 $\dfrac{\mathrm{d}y}{\mathrm{d}x} + 2xy = e^{-x^2}$ 满足初始条件 $y(0) = 0$ 的特解是（　　）.

A. $y = e^{-x^2}(x + C)$　　B. $y = xe^{-x^2} + C$　　C. $y = xe^{-x^2}$　　D. $y = e^{-x^2}$

9. 方程 $y'' - y' - 6y = 0$ 的通解为 $y = $（　　）.

A. $C_1 e^{2x} + C_2 e^{-3x}$　　　　　　B. $C_1 e^{2x} + C_2 e^{3x}$

C. $C_1 e^{-2x} + C_2 e^{3x}$　　　　　　D. $C_1 e^{-2x} + C_2 e^{-3x}$

10. 用待定系数法求 $y'' - 6y' + 8y = e^{2x}\sin x$ 时，则 y^* 应设为（　　）.

A. Ce^{2x}　　　　　　　　　　　　B. $e^{2x}(C_1 \sin x + C_2 \cos x)$

C. $xe^{2x}(C_1 \sin x + C_2 \cos x)$　　　D. $x^2 e^{2x}(C_1 \sin x + C_2 \cos x)$

二、填空

1. 微分方程 $xy''' + (y')^3 \sin x + 2y^4 = \cos(\ln x)$ 的阶数是_____.

2. 方程 $y^{(4)} + \sin y = y$ 的阶数为_____.

3. 微分方程 $e^{-x} y' = 2$ 的通解是_____.

4. 微分方程 $\dfrac{\mathrm{d}y}{\mathrm{d}x} = y + 2$ 满足初值条件 $y|_{x=0} = -1$ 的特解为 $y = $_____.

5. 微分方程 $y\mathrm{d}x + x\mathrm{d}y = 0$ 满足初始条件 $y|_{x=1} = 1$ 的特解为_____.

6. 微分方程 $\dfrac{\mathrm{d}y}{\mathrm{d}x} = e^{x-2y}$ 的通解为_____.

7. 微分方程 $\dfrac{\mathrm{d}y}{\mathrm{d}x} = \dfrac{x^2 y}{1+x^3}$ 的通解为_____.

8. 微分方程 $y'' - 4y' + 4y = 0$ 的通解为_____.

9. 微分方程 $y'' + y' + y = 0$ 的通解为_____.

10. 微分方程 $y'' + 3y' - 4y = 0$ 的通解为 $y = $ _____.

三、解答

1. 求微分方程 $\dfrac{y^2}{\sqrt{1-y^2}} = \dfrac{1}{2\sqrt{x}}$ 的通解.

2. 求微分方程 $2y\,dy - (1+\cos x)(1+y^2)\,dx = 0$ 满足初始条件 $y\big|_{x=0} = 0$ 的特解.

3. 求微分方程 $y' = \dfrac{y}{x} + \tan\dfrac{y}{x}$ 满足初始条件 $y\big|_{x=1} = \dfrac{\pi}{6}$ 的特解.

4. 求微分方程 $y' - y\cot x = 2x\sin x$ 的通解.

5. 求微分方程 $xy' - 2y = x^3 e^x$ 的通解.

6. (1) 求微分方程 $y' - 2y = 0$ 的通解;
   (2) 求微分方程 $y'' - 2y' - 3y = 0$ 满足初始条件 $y(0) = 5$,$y'(0) = 7$ 的特解.

7. (1) 求微分方程 $xy' - y = 0$ 的通解;
   (2) 求微分方程 $y'' - 3y' + 2y = 0$ 满足初始条件 $y(0) = 3$,$y'(0) = 5$ 的特解.

8. 求微分方程 $y'' + 9y = 52e^x \sin 2x$ 通解.

9. 求微分方程 $y'' + 2y' - 3y = 4e^x$ 通解.

10. 求微分方程 $y'' - 7y' + 10y = 10x + 3$ 通解.

扫码看答案与解析

第 7 章　向量代数与解析几何

基础题

一、选择

1. 以下与向量 $\boldsymbol{a} = \{2, -3, 1\}$ 垂直的向量为(　　).

   A. $(-2, 3, -1)$　　　　　　　　B. $(3, 0, 1)$

   C. $(3, 2, 1)$　　　　　　　　　D. $(3, 2, 0)$

2. 平面 $x + 2y - 3z + 4 = 0$ 的一个法向量为(　　).

   A. $\{1, -3, 4\}$　　　　　　　　B. $\{1, 2, 4\}$

   C. $\{1, 2, -3\}$　　　　　　　　D. $\{2, -3, 4\}$

3. 方程 $x^2 + y^2 - 2z = 0$ 表示的二次曲面是(　　).

   A. 柱面　　　B. 球面　　　C. 旋转抛物面　　　D. 椭球面

4. 下列四个点中,在平面 $x + y - z + 2 = 0$ 上的是(　　).

   A. $(-1, 0, 1)$　　　　　　　　B. $(0, 1, 1)$

   C. $(1, 0, 1)$　　　　　　　　　D. $(1, 1, 0)$

5. 下面各平面中，与平面 $x+2y-3z=6$ 垂直的是（   ）.

A. $2x+4y-6z=1$　　　　　　　　B. $2x+4y-6z=12$

C. $\dfrac{x}{-1}+\dfrac{y}{2}+\dfrac{z}{3}=1$　　　　　　　D. $-x+2y+z=1$

二、填空

1. 已知两点 $M_1(2,2,\sqrt{2})$ 和 $M_2(1,3,0)$，则向量的模 $|\overrightarrow{M_1M_2}|=$ _____.

2. 已知两点 $M_1(2,2,\sqrt{2})$ 和 $M_2(1,3,0)$，则向量 $\overrightarrow{M_1M_2}$ 的方向余弦为 _____.

3. 向量 $\boldsymbol{a}=\{1,1,4\}$ 与向量 $\boldsymbol{b}=\{1,-2,2\}$ 的夹角的余弦值是 _____.

4. 已知 $|\boldsymbol{a}|=1$，$|\boldsymbol{b}|=5$，$\boldsymbol{a}\cdot\boldsymbol{b}=3$，则 $|\boldsymbol{a}\times\boldsymbol{b}|=$ _____.

5. 已知向量 $\boldsymbol{a}=\{-1,2,t\}$ 与向量 $\boldsymbol{b}=\{1,-2,1\}$ 垂直，则 $t=$ _____.

三、解答

1. 用对称式方程及参数方程表示直线
$$\begin{cases} x+y+z+1=0, \\ 2x-y+3z+4=0. \end{cases}$$

2. 求直线 $\dfrac{x-2}{1}=\dfrac{y-3}{1}=\dfrac{z-4}{2}$ 与平面 $2x+y+z-6=0$ 的交点.

3. 求过点 $(1,-2,2)$ 且与两平面 $x+2y-z=1$ 和 $2x+y+3z=2$ 都垂直的平面方程.

4. 设向量 $\boldsymbol{a}=\{1,2,3\}$，$\boldsymbol{b}=\{-1,3,2\}$，求 $\boldsymbol{a}\cdot\boldsymbol{b}$.

5. 求过点 $M_0(1,2,-1)$ 且方向向量为 $\boldsymbol{s}=(2,-5,1)$ 的直线方程.

提升题

一、选择

1. 向量 $\boldsymbol{a}=\{1,2,-1\}$，$\boldsymbol{b}=\{k,0,-3\}$，若向量 $\boldsymbol{a}-\boldsymbol{b}$ 与向量 $\boldsymbol{a}$ 垂直，则常数 $k=$（   ）.

A. -4　　　　　　　B. -3　　　　　　　C. 3　　D. 4

2. 已知平面方程 $\pi_1: x-5y+2z-3=0$，$\pi_2: 3x+2y-5z+1=0$，$\pi_3: 4x+3y+3z=0$，则（   ）.

A. $\pi_1 \parallel \pi_2$　　　　　　　　　B. $\pi_1 \parallel \pi_3$

C. $\pi_1 \perp \pi_2$　　　　　　　　　D. $\pi_1 \perp \pi_3$

3. 点 $M(1,-1,2)$ 到平面 $-2x+y-2z+1=0$ 的距离为（   ）.

A. -2　　　　　　　B. 0　　　　　　　C. 1　　　　　　　D. 2

4. 过点 $(1,0,0)$，$(0,2,0)$，$(0,0,3)$ 的平面方程为（   ）.

A. $x+\dfrac{y}{2}+\dfrac{z}{3}=0$　　　　　　B. $x+2y+3z=0$

C. $x+2y+3z=1$　　　　　　　D. $x+\dfrac{y}{2}+\dfrac{z}{3}=1$

5. 已知直线 $\dfrac{x-3}{1}=\dfrac{y+4}{2}=\dfrac{z}{a}$ 与直线 $\dfrac{x+6}{2}=\dfrac{y}{5}=\dfrac{z+7}{6}$ 垂直,则 $a=$ ( ).

A. 3　　　　　B. -2　　　　　C. 6　　　　　D. 4

6. 过点 $P_0(4,3,1)$ 且与平面 $3x+2y+5z-1=0$ 垂直的直线方程为( ).

A. $\dfrac{x-4}{3}=\dfrac{y-3}{2}=\dfrac{z-1}{5}$ 　　　　B. $3x+2y+5z-23=0$

C. $\dfrac{x-4}{-3}=\dfrac{y-3}{17}=\dfrac{z-1}{-5}$ 　　　D. $3x-17y+5z+34=0$

7. 过点 $(1,2,3)$ 且与平面 $3x+2y+z+4=0$ 的垂直的直线方程( ).

A. $\dfrac{x-1}{3}=\dfrac{y-2}{2}=\dfrac{z-3}{1}$ 　　　　B. $\dfrac{x-1}{1}=\dfrac{y-2}{2}=\dfrac{z-3}{2}$

C. $x+2y+3z-4=0$ 　　　　　　　　D. $3x+2y+z+6=0$

8. 过点 $(2,0,1)$ 且与平面 $3x+7y-5z+12=0$ 平行的平面方程为( ).

A. $3x+7y-5z+1=0$ 　　　　　B. $3x+7y-5z-1=0$

C. $3x+5y-7z+1=0$ 　　　　　D. $3x+5y-7z-1=0$

9. 方程 $\dfrac{x^2}{a^2}+\dfrac{y^2}{b^2}=\dfrac{z^2}{c^2}$ 所表示的曲面为( ).

A. 椭圆锥面　　　B. 椭圆柱面　　　C. 椭圆球面　　　D. 抛物柱面

10. 曲面 $z=x^2+y^2-2$ 在点 $(1,2,3)$ 处的切面方程为( ).

A. $2(x-1)+4(y-2)+(z-3)=0$ 　　　B. $2(x+1)+4(y+2)+(z+3)=0$

C. $2(x-1)+4(y-2)-(z-3)=0$ 　　　D. $2(x+1)+4(y+2)-(z+3)=0$

二、填空

1. 已知两点 $A(-1,2,0)$ 和 $B(2,-3,\sqrt{2})$,则与向量 $\overrightarrow{AB}$ 同方向的单位向量为_____.

2. 已知两点 $A=(-2,1,-1)$,$B=(2,5,1)$,则 $|\overrightarrow{AB}|=$ _____.

3. 设向量 $\boldsymbol{a}=(-2,6,\lambda)$ 与 $\boldsymbol{b}=(1,\lambda,-4)$ 垂直,则常数 $\lambda=$ _____.

4. 点 $(1,2,3)$ 到平面 $2x+y-2z+4=0$ 的距离是_____.

5. 向量 $(1,0,1)$ 与 $(1,\sqrt{2},1)$ 的夹角是_____.

6. 设向量 $\boldsymbol{a}=(1,0,2)$,$\boldsymbol{b}=(-1,3,0)$,则 $\boldsymbol{a}\times\boldsymbol{b}=$ _____.

7. 已知 $\boldsymbol{a}=(2,-3,4)$,$\boldsymbol{b}=(2,2,-1)$,则 $(\boldsymbol{a}+\boldsymbol{b})\cdot(\boldsymbol{a}-\boldsymbol{b})=$ _____.

8. 经过空间的点 $M(3,1,-7)$ 和 $N(4,0,-2)$ 且平行于 z 轴的平面方程为_____.

9. 曲面 $e^z-5z+xy=3$ 在点 $(2,1,0)$ 处的切平面方程为_____.

三、解答

1. 已知 $l_1:\dfrac{x+2}{3}=\dfrac{y-3}{1}=\dfrac{z}{-2}$,记向量 $\boldsymbol{a}=(3,1,-2)$,直线 l_2 过 $M(3,2,1)$ 且与向量 $\boldsymbol{b}=(0,2,3)$ 平行,计算 $\boldsymbol{a}\times\boldsymbol{b}$,并求 l_1,l_2 的距离.

2. 已知 $\boldsymbol{a}=\{4,4,0\}$,$\boldsymbol{b}=\{3,2,8\}$,$\boldsymbol{c}=\{1,0,6\}$ 求 $(\boldsymbol{a}\times\boldsymbol{b})\cdot\boldsymbol{c}$.

3. 求过点 $(1,-2,2)$ 且与两平面 $x+2y-z=1$ 和 $2x+y+3z=2$ 都垂直的平面方程.

4. 求过点 $A(2,1,2)$ 与直线 $\begin{cases} x+y+z=0 \\ x-2y-z+1=0 \end{cases}$ 垂直的平面方程.

5. 求过直线 $\dfrac{x-2}{3}=\dfrac{y+1}{-2}=\dfrac{z-2}{4}$ 且垂直于平面 $x+y-3z+7=0$ 的平面方程.

6. 求过点 $(0,2,3)$ 且与直线 $\dfrac{x-1}{2}=\dfrac{y+4}{1}=\dfrac{z+1}{3}$, $\begin{cases} x=3+t \\ y=2+2t \\ z=1+t \end{cases}$ 都平行的平面方程.

7. 求通过点 $(-1,0,2)$ 且与直线 $\begin{cases} x+y+z-2=0 \\ 2x-y+3z-6=0 \end{cases}$ 平行的直线方程.

8. 已知平面 $\pi_1: x+2y-z=0$ 和平面 $\pi_2: 2x-3y+5z=6$, 若直线过点 $(1,-2,-1)$ 且与两平面 π_1 和 π_2 均平行, 求直线 l 的方程.

9. 求过点 $M_0(1,2,3)$ 且平行于平面 $2x+3y-z+1=0$, 又与直线 $L: \dfrac{x+2}{1}=\dfrac{y-1}{3}=\dfrac{z}{4}$ 垂直的直线方程.

10. 已知点 $M(3,-1,1)$, 直线 $L: \begin{cases} x=4t-2 \\ y=-t+1 \\ z=2t-1 \end{cases}$, 求:

(1) 过点 M 且平行于直线 L 的直线方程.

(2) 过点 M 且垂直于直线 L 的平面方程.

扫码看答案与解析

第 8 章 多元函数微积分

基础题

一、选择

1. 若二元函数 $z=x^2y+3x+2y$, 则 $\dfrac{\partial z}{\partial x}=$(   ).

A. $2xy+3+2y$ B. $xy+3+2y$
C. $2xy+3$ D. $xy+3$

2. 函数 $f(x,y)=x^2+y^2-2x+2y+1$ 的驻点是(   ).

A. $(0,0)$ B. $(-1,1)$ C. $(1,-1)$ D. $(1,1)$

3. 已知 $I_1 = \iint_D \ln(x+y) d\sigma$, $I_2 = \iint_D \ln^2(x+y) d\sigma$, 其中 D 是三角形闭区域, 三顶点各为 $(1, 0)$, $(1, 1)$, $(2, 0)$, 则( ).

A. $I_1 > I_2$　　　　B. $I_1 \leqslant I_2$　　　　C. $I_1 < I_2$　　　　D. $I_1 = I_2$

4. 设 $I_1 = \iint_D \cos\sqrt{x^2+y^2} d\sigma$, $I_2 = \iint_D \cos(x^2+y^2) d\sigma$, $I_3 = \iint_D \cos(x^2+y^2)^2 d\sigma$, 其中 $D = \{(x, y) \mid x^2 + y^2 \leqslant 1\}$, 则( ).

A. $I_3 > I_2 > I_1$　B. $I_1 > I_2 > I_3$　　　C. $I_2 > I_1 > I_3$　　D. $I_3 > I_1 > I_2$

5. 设函数 $z = x^2 e^y$, 则 $\dfrac{\partial z}{\partial x}\bigg|_{(1, 0)} = ($).

A. 0　　　　　　B. $\dfrac{1}{2}$　　　　　　C. 1　　　　　　D. 2

二、填空

1. 函数 $z = \sqrt{y - x^2 + 1}$ 的定义域为 _____ .

2. 设 $f(x, y) = \dfrac{xy}{x^2 + y}$, 则 $f\left(xy, \dfrac{x}{y}\right) = $ _____ .

3. 函数 $z = e^{-x}(x - y^3 + 3y)$ 的极大值为 _____ .

4. 函数 $z = \sqrt{4 - x^2 - y^2}$ 在圆域 $x^2 + y^2 \leqslant 1$ 上的最大值是 _____ .

5. 积分区域 D 为 $x^2 + y^2 \leqslant 2$, 则 $\iint_D x d\sigma = $ _____ .

三、解答

1. 若 $z = e^{xy} \sin(x+y)$, 求 $\dfrac{\partial z}{\partial x}$.

2. 设 $z = e^x \cos 2y$, 求 $\dfrac{\partial z}{\partial y}\bigg|_{\substack{x=1 \\ y=\frac{\pi}{4}}}$.

3. 已知 $f(x, y) = x + (y-1)\arcsin\sqrt{\dfrac{x}{y}}$, 求 $f'_x(2, 1)$.

4. 设 $z = f(x, y)$ 是由方程 $e^{-xy} - 2z = e^z$ 给出的隐函数, 求在 $x = 0$、$y = 1$ 处的关于 x 的偏导数.

5. 求 $\iint_D (x+y) dx dy$, 其中 D 是由抛物线 $y = x^2$ 和 $x = y^2$ 围成的闭区域.

提升题

一、选择

1. 函数 $z = \dfrac{1}{\ln(x+y)}$ 的定义域是( ).

A. $\{(x, y) \mid x + y \neq 0\}$　　　　　　B. $\{(x, y) \mid x + y > 0\}$

C. $\{(x, y) | x+y \neq 1\}$ D. $\{(x, y) | x+y > 0, 且 x+y \neq 1\}$

2. 已知函数 $z = \dfrac{\sin(xy)}{y}$，则 $\dfrac{\partial^2 z}{\partial x \partial y} = ($ $)$.

A. $-x\sin(xy)$ B. $x\sin(xy)$ C. $-x\cos(xy)$ D. $x\cos(xy)$

3. 已知 $z = x^2 - 2xy - y^2$，则 $\dfrac{\partial^2 z}{\partial x \partial y}\bigg|_{(1, 2)} = ($ $)$.

A. 2   B. -2 C. 6   D. -6

4. 已知函数 $z = \ln(x+y)$，则与其他三项不相等的选项是（   ）.

A. $\dfrac{\partial z}{\partial x} \cdot \dfrac{\partial z}{\partial y}$ B. $\dfrac{\partial^2 z}{\partial x \partial y}$ C. $\dfrac{\partial^2 z}{\partial x^2}$ D. $\dfrac{\partial^2 z}{\partial y^2}$

5. 二元函数 $z = \ln\left(1 + \dfrac{x}{y}\right)$ 的全微分 $dz = ($ $)$.

A. $-\dfrac{1}{x+y}dx - \dfrac{x}{xy+y^2}dy$ B. $\dfrac{1}{x+y}dx - \dfrac{x}{xy+y^2}dy$

C. $-\dfrac{1}{x+y}dx + \dfrac{x}{xy+y^2}dy$ D. $\dfrac{1}{x+y}dx + \dfrac{x}{xy+y^2}dy$

6. 函数 $f(x, y)$ 在 R^2 上连续，将 $\int_0^2 dx \int_0^{\sqrt{3}x} f(x, y)dy + \int_2^4 dx \int_0^{\sqrt{16-x^2}} f(x, y)dy$ 转化为极坐标为（   ）.

A. $\int_0^{\frac{\pi}{3}} d\theta \int_0^4 f(r\cos\theta, r\sin\theta)dr$ B. $\int_0^{\frac{\pi}{3}} d\theta \int_0^4 f(r\cos\theta, r\sin\theta)rdr$

C. $\int_0^{\frac{\pi}{6}} d\theta \int_0^4 f(r\cos\theta, r\sin\theta)dr$ D. $\int_0^{\frac{\pi}{6}} d\theta \int_0^4 f(r\cos\theta, r\sin\theta)rdr$

7. 将二次积分 $I = \int_0^1 dx \int_x^1 f(x^2+y^2)dy$ 化为极坐标形成的二次积分，则 $I = ($ $)$.

A. $\int_0^{\frac{\pi}{4}} d\theta \int_0^{\sec\theta} f(\rho^2)d\rho$ B. $\int_0^{\frac{\pi}{4}} d\theta \int_0^{\csc\theta} \rho f(\rho^2)d\rho$

C. $\int_{\frac{\pi}{4}}^{\frac{\pi}{2}} d\theta \int_0^{\sec\theta} f(\rho^2)d\rho$ D. $\int_{\frac{\pi}{4}}^{\frac{\pi}{2}} d\theta \int_0^{\csc\theta} \rho f(\rho^2)d\rho$

8. 已知函数 $f(x, y)$ 在 R^2 上连续，则 $\int_0^{\frac{\pi}{2}} d\theta \int_{2\cos\theta}^{4\cos\theta} f(r\cos\theta, r\sin\theta)rdr = ($ $)$.

A. $\int_0^1 dx \int_0^{\sqrt{1-x^2}} f(x, y)dy + \int_1^2 dx \int_0^{\sqrt{4-x^2}} f(x, y)dy$

B. $\int_0^1 dx \int_{\sqrt{1-x^2}}^{\sqrt{4-x^2}} f(x, y)dy + \int_1^2 dx \int_0^{\sqrt{4-x^2}} f(x, y)dy$

C. $\int_0^2 dx \int_{\sqrt{2x-x^2}}^{\sqrt{4x-x^2}} f(x, y)dy + \int_2^4 dx \int_0^{\sqrt{4x-x^2}} f(x, y)dy$

D. $\int_0^2 dx \int_0^{\sqrt{2x-x^2}} f(x, y)dy + \int_2^4 dx \int_0^{\sqrt{4x-x^2}} f(x, y)dy$

9. 二次积分 $I = \int_0^1 dx \int_{1-x}^{\sqrt{1-x^2}} f(x^2+y^2) dy$ 在极坐标系中可化为（   ）.

A. $\int_0^{\frac{\pi}{2}} d\theta \int_0^{\frac{1}{\cos\theta+\sin\theta}} f(\rho^2) \rho d\rho$ 　　　　B. $\int_0^{\frac{\pi}{2}} d\theta \int_{\frac{1}{\cos\theta+\sin\theta}}^1 f(\rho^2) \rho d\rho$

C. $\int_0^{\frac{\pi}{2}} d\theta \int_{\sin\theta}^{1-\cos\theta} f(\rho^2) \rho d\rho$ 　　　　D. $\int_0^{\frac{\pi}{2}} d\theta \int_{1-\cos\theta}^{\sin\theta} f(\rho^2) \rho d\rho$

10. 二次积分 $\int_0^1 dx \int_x^1 (x^2+y^2) dy$ 在极坐标系中可化为（   ）.

A. $\int_0^{\frac{\pi}{4}} d\theta \int_0^{\frac{1}{\sin\theta}} \rho^2 d\rho$ 　　　　B. $\int_0^{\frac{\pi}{4}} d\theta \int_0^{\frac{1}{\cos\theta}} \rho^3 d\rho$

C. $\int_{\frac{\pi}{4}}^{\frac{\pi}{2}} d\theta \int_0^{\frac{1}{\sin\theta}} \rho^2 d\rho$ 　　　　D. $\int_0^{\frac{\pi}{4}} d\theta \int_0^{\frac{1}{\cos\theta}} \rho^3 d\rho$

二、填空

1. 二元函数 $f(x, y) = \sqrt{\dfrac{x^2+y^2-r^2}{R^2-x^2-y^2}}$，$0 < R < r$ 的定义域为＿＿＿＿＿＿．

2. $\lim\limits_{(x, y) \to (0, 1)} \dfrac{\sqrt{xy+9}-3}{xy} = $ ＿＿＿＿＿＿．

3. 设二元函数 $f(x, y)$ 在点 $(0, 0)$ 处的某个邻域内有定义，且当 $x \neq 0$ 时，$\dfrac{f(x, 0) - f(0, 0)}{x} = 3x + 2$，则 $f'_x(0, 0) = $ ＿＿＿＿＿＿．

4. 已知函数 $z = (x-y)^2$，则 $dz|_{(1, 0)} = $ ＿＿＿＿＿＿．

5. 二元函数 $f(x, y) = x^2 + 3y^2 - 4x - 6y + 1$ 的极小值是＿＿＿＿＿＿．

6. 设平面区域 $D = \{(x, y) | 0 \leqslant x \leqslant 1, 0 \leqslant y \leqslant 3-x\}$，则 $\iint_D d\sigma = $ ＿＿＿＿＿＿．

7. 设平面区域 $D = \{(x, y) | 0 \leqslant x \leqslant 1, 0 \leqslant y \leqslant 3\}$，则二重积分 $\iint_D \sqrt{x} y^2 dx dy = $ ＿＿＿＿＿＿．

8. 设 $D = \{(x, y) | 1 \leqslant x \leqslant 3, 0 \leqslant y \leqslant x^2\}$，则 $\iint_D \dfrac{y}{x^3} dx dy = $ ＿＿＿＿＿＿．

9. 已知函数 $f(x, y)$ 在 R^2 连续，设 $I = \int_0^1 dx \int_0^{x^2} f(x, y) dy + \int_1^2 dx \int_0^{(x-2)^2} f(x, y) dy$，交换积分次序后 $I = $ ＿＿＿＿＿＿．

10. 改变积分次序 $\int_0^1 dx \int_x^{2x} f(x, y) dy + \int_1^2 dx \int_x^2 f(x, y) dy = $ ＿＿＿＿＿＿．

三、解答

1. 设 $z = f(x, y)$ 是由方程 $z = 2x - y^2 e^z$ 所确定的隐函数，计算 $\dfrac{\partial z}{\partial x} - y \cdot \dfrac{\partial z}{\partial y}$．

2. 设函数 $u = f(x^2, x+y^2)$，其中 f 具有二阶连续偏导数 $\dfrac{\partial u}{\partial x}$，$\dfrac{\partial^2 u}{\partial x \partial y}$．

3. 设 $z = z(x, y)$ 是由方程 $e^z = xy + yz + xz$ 所确定的函数，求全微分 dz．

4. 求函数 $f(x,y)=\frac{1}{3}x^3+2x-3xy+\frac{3}{2}y^2$ 的极值，并判断是极大值还是极小值．

5. 计算二重积分 $\iint_D (3x+5y)d\sigma$，其中区域 D 是由 $y=x^2$ 和 $y=1$ 组成．

6. 计算二重积分 $\iint_D 3x^2 y\,d\sigma$，其中 D 是由曲线 $x=y^2-1$ 与直线 $x-y=1$ 所围成平面区域．

7. 计算二重积分 $\iint_D (xy^2+y)d\sigma$，其中积分区域 $D=\{(x,y)\,|\,x^2+y^2\leqslant 4, x\geqslant 0, y\geqslant 0\}$．

8. 计算二重积分 $\iint_D xy^2\,dx\,dy$，其中 D 由 $x=\sqrt{4-y^2}$ 与 y 轴所围成．

9. 计算 $\iint_D (2+3e^{-x^2-y^2})d\sigma$，其中 D 是图像 $x^2+y^2\leqslant a^2$ 在第一象限的部分．

10. 设闭区域 D 是圆 $x^2+y^2\leqslant 4$ 在第一象限的部分，求二重积分 $\iint_D e^{x^2+y^2}d\sigma$．

扫码看答案与解析

第 9 章　无穷级数

基础题

一、选择

1. 利用级数收敛性定义可得级数 $\sum\limits_{n=1}^{\infty}\dfrac{1}{(2n-1)(2n+1)}$ 的和为（　　）．

A. $\dfrac{1}{3}$　　　　B. 0　　　　C. 1　　　　D. $\dfrac{1}{2}$

2. 若级数 $\sum\limits_{n=1}^{\infty} a_n$ 收敛，则下列结论正确的是（　　）．

A. $\sum\limits_{n=1}^{\infty} |a_n|$ 收敛　　　　B. $\sum\limits_{n=1}^{\infty} (-1)^n a_n$ 收敛

C. $\sum\limits_{n=1}^{\infty} a_n a_{n+1}$ 收敛　　　　D. $\sum\limits_{n=1}^{\infty} \dfrac{a_n+a_{n+1}}{2}$ 收敛

3. 以下级数发散的是（　　）．

A. $\sum\limits_{n=1}^{\infty}\dfrac{1}{n^2+1}$　　　　B. $\sum\limits_{n=1}^{\infty}\ln\left(1+\dfrac{1}{n}\right)$

C. $\sum\limits_{n=1}^{\infty}(-1)\dfrac{1}{\sqrt{n}}$　　　　D. $\sum\limits_{n=1}^{\infty}\dfrac{1}{3^n}$

4. 幂级数 $\sum\limits_{n=1}^{\infty}(n+1)x^n$ 的收敛区间为( ).

A. $(0,1)$ B. $(-\infty,+\infty)$ C. $(-1,1)$ D. $(-1,0)$

5. 幂级数 $\sum\limits_{n=1}^{\infty}\dfrac{(-1)^n}{3^n}x^n$ 的收敛半径是( ).

A. 6 B. $\dfrac{3}{2}$ C. 3 D. $\dfrac{1}{3}$

二、填空

1. $\sum\limits_{n=1}^{\infty}\dfrac{1}{3^n}=$ _____.

2. 幂级数 $\sum\limits_{n=1}^{\infty}\dfrac{x^n}{n!}$ 的收敛区间为 _____.

3. 幂级数 $\sum\limits_{n=1}^{\infty}nx^n$ 的收敛半径为 _____.

4. 若幂级数 $\sum\limits_{n=1}^{\infty}a_n x^n$ 的收敛域为 $(-8,8]$,则 $\sum\limits_{n=1}^{\infty}\dfrac{a_n x^n}{n(n-1)}$ 的收敛半径为 _____.

5. 当 $|x|<\dfrac{1}{2}$ 时,函数 $f(x)=\dfrac{1}{1-2x}$ 在 $x=0$ 处的幂级数展开式为 _____.

三、解答

1. 判断级数 $\sum\limits_{n=1}^{\infty}\left(\dfrac{n}{2n+1}\right)^n$ 的敛散性.

2. 判断级数 $\sum\limits_{n=1}^{\infty}\dfrac{\cos nx}{n^2}$ 的敛散性.

3. 将 $y=\dfrac{1}{2-x}$ 展开为 x 的幂级数.

提升题

一、选择

1. 下列级数条件收敛的是( ).

A. $\sum\limits_{n=1}^{\infty}\dfrac{\sin n}{n^2}$ B. $\sum\limits_{n=1}^{\infty}(-1)^n\sin\dfrac{1}{n^2}$

C. $\sum\limits_{n=1}^{\infty}(-1)^n\sin\dfrac{1}{\sqrt{n}}$ D. $\sum\limits_{n=1}^{\infty}(-1)^n\sin^2\dfrac{1}{n}$

2. 下列级数发散的一项是( ).

A. $\sum\limits_{n=1}^{\infty}\dfrac{1}{n(n+1)}$ B. $\sum\limits_{n=1}^{\infty}\dfrac{1}{7^n}$

C. $\sum\limits_{n=1}^{\infty}(-1)^{n-1}\dfrac{1}{\sqrt{n}}$ D. $\sum\limits_{n=1}^{\infty}\dfrac{1}{\sqrt[n]{5}}$

3. 级数 $\sum_{n=1}^{\infty}(-1)^n \frac{1}{n^{1+k}}$ ($k>0$ 为常数)( ).

A. 条件收敛　　　B. 绝对收敛　　　C. 发散　　　D. 敛散性无法判定

4. 设常数项级数 $\sum_{n=1}^{\infty} u_n$ 收敛，则下列级数中收敛的是( ).

A. $\sum_{n=1}^{\infty}\left(u_n+\frac{1}{3^n}\right)$　　B. $\sum_{n=1}^{\infty}\left(u_n+\frac{1}{2}\right)$　　C. $\sum_{n=1}^{\infty}\left(u_n+\frac{1}{n}\right)$　　D. $\sum_{n=1}^{\infty}\left(u_n-\frac{1}{\sqrt{n}}\right)$

5. 若级数 $\sum_{n=1}^{\infty} u_n$ 收敛，且 $u_n \neq 0 (n=1, 2, 3, \cdots)$，前 n 项和为 S，则 $\sum_{n=1}^{\infty} \frac{1}{u_n}$ ( ).

A. 发散

B. 收敛，但前 n 项和为 S

C. 收敛，但前 n 项和为 $\frac{1}{S}$

D. 可能收敛，可能发散

6. 以下级数收敛的是( ).

A. $\sum_{n=1}^{\infty} \frac{n^2-1}{n^3+2n^2}$　　B. $\sum_{n=1}^{\infty} \sin \frac{n\pi}{3}$　　C. $\sum_{n=1}^{\infty} \ln\left(1+\frac{1}{n^2}\right)$　　D. $\sum_{n=1}^{\infty} \frac{3^n}{2n^2+1}$

7. 下列级数发散的是( ).

A. $\sum_{n=1}^{\infty}(-1)^n \frac{1}{n}$　　B. $\sum_{n=1}^{\infty} \frac{1}{n^2}$　　C. $\sum_{n=1}^{\infty} \frac{n+1}{n}$　　D. $\sum_{n=1}^{\infty} \frac{1}{\sqrt{n}}$

8. 若级数 $\sum_{n=1}^{\infty} \frac{1}{n^{p+1}}$ 收敛，则 p 的取值范围是( ).

A. $(1,+\infty)$　　B. $[1,+\infty)$　　C. $(0,+\infty)$　　D. $(-\infty, 0)$

9. 级数 $\sum_{n=0}^{\infty} \frac{kx^n}{n!}$ 在 $k>0$ 时的收敛区间为( ).

A. $(-1, 1)$　　B. $\left(-\frac{1}{k}, \frac{1}{k}\right)$　　C. $(-k, k)$　　D. $(-\infty, +\infty)$

10. 设函数 $f(x)=\frac{1}{x+5}$ 在区间 $(-5, 5)$ 内可展开成幂级数 $\sum_{n=0}^{\infty} a_n x^n$，则系数 $a_{2020}=$( ).

A. $\frac{1}{5^{2020}}$　　B. $-\frac{1}{5^{2020}}$　　C. $\frac{1}{5^{2021}}$　　D. $-\frac{1}{5^{2021}}$

二、填空

1. 设幂级数 $\sum_{n=1}^{\infty} a_n x^n$ 收敛半径为 8，则幂级数 $\sum_{n=1}^{\infty} \frac{a_n x^n}{3^n}$ 的收敛半径为 _____ .

2. 幂级数 $\sum_{n=1}^{\infty} \frac{x^n}{7^n}$ 的收敛半径 $R=$ _____ .

3. 幂级数 $\sum_{n=1}^{\infty} \frac{3^n}{n(n+1)} x^n$ 的收敛半径是 _____ .

4. 若幂级数 $\sum_{n=1}^{\infty} \frac{n}{a^n} x^n$ 的收敛半径为 2，则幂级数 $\sum_{n=1}^{\infty} a^n (x-1)^n$ 的收敛区间为 _____ .

5. 幂级数 $\sum_{n=1}^{\infty} \dfrac{(-1)^n}{\sqrt{n}}(x-5)^n$ 的收敛域为_____．

6. 幂级数 $\sum_{n=1}^{\infty} \dfrac{(-1)^n}{\sqrt{n}}(x-1)^n$ 的收敛域为_____．

7. 幂级数 $\sum_{n=1}^{\infty} \dfrac{(x-2)^n}{n \cdot 3^n}$ 的收敛域为_____．

8. 当 $|x| < \dfrac{1}{2}$ 时，函数 $f(x) = \dfrac{1}{1-2x}$ 在 $x=0$ 处的幂级数展开式为_____．

9. $f(x) = \dfrac{1}{x^2 - 6x + 5}$ 展开为 x 的幂级数为_____．

10. 已知 $x > 0$，则 $\sum_{n=0}^{\infty} \dfrac{(-1)^n x^n}{(2n)!}$ 的和函数 $S(x) =$ _____．

三、解答

1. 判断级数 $\sum_{n=1}^{\infty} \left(\dfrac{n}{3^n} - \dfrac{3}{2^n} \right)$ 的敛散性．

2. 判定级数 $\sum_{n=1}^{\infty} \left(\dfrac{n}{2n+1} \right)^n$ 的收敛性．

3. 求 $\sum_{n=1}^{\infty} \dfrac{n+1}{3^n} x^n$ 的收敛域．

4. 将 $f(x) = \dfrac{1}{3-x}$ 展开为 x 的幂级数．

5. 求 $F(x) = \dfrac{1}{x^2 + 24x - 25}$ 关于 x 的展开式．

6. 将函数 $f(x) = \dfrac{1}{1-x}$ 展开成 $x+1$ 的幂函数．

7. 求幂级数 $\sum_{n=1}^{\infty} n x^{n-1}$ 的收敛域及收敛域内的和函数．

8. 求幂级数 $\sum_{n=1}^{\infty} (-1)^{n+1} \dfrac{x^{n+1}}{n(n+1)}$ 的和函数．

9. 将 $f(x) = e^x$ 在 $x = 0$ 处展开，并求出 $\sum_{n=0}^{\infty} \dfrac{an^2 + b}{n!} x^n$ 的收敛半径及和函数，其中 a，b 为非零常数．

10. 求幂级数 $\sum_{n=1}^{\infty} \dfrac{(-1)^{n+1}}{n} \cdot \dfrac{1}{5^n} x^{n+1}$ 的收敛半径及和函数及 $\sum_{n=1}^{\infty} \dfrac{(-1)^{n+1}}{n} \cdot \dfrac{1}{10^n}$ 的值．

扫码看答案与解析

（慕课版）

高等数学（第二版）

教材习题答案与提示

目　　录

第 1 章　函数、极限与连续 …………………………………………………… (1)

第 2 章　导数与微分 …………………………………………………………… (6)

第 3 章　微分中值定理与导数的应用 ………………………………………… (14)

第 4 章　不定积分 ……………………………………………………………… (22)

第 5 章　定积分及其应用 ……………………………………………………… (31)

第 6 章　常微分方程 …………………………………………………………… (41)

第 7 章　向量代数与解析几何 ………………………………………………… (44)

第 8 章　多元函数微积分 ……………………………………………………… (47)

第 9 章　无穷级数 ……………………………………………………………… (54)

教材习题答案与提示

第1章 函数、极限与连续

P4 课中小测验

$A \cup B = \{x \mid -1 < x < 3\}$, $A \cap B = \{x \mid 1 < x < 2\}$.

P6 课中小测验

由题意可知,要使函数有意义,x必须满足$\begin{cases} x-3 \geqslant 0 \\ 5-x > 0 \end{cases}$,解得$3 \leqslant x < 5$,所以所求定义域为$\{x \mid 3 \leqslant x < 5\}$.

P7 课中小测验

奇函数.

由题意可知,函数的定义域为$1-x^2 > 0$,即$-1 < x < 1$.

又因为$f(-x) = \dfrac{\sin-x}{\sqrt{1-(-x)^2}} = \dfrac{-\sin x}{\sqrt{1-x^2}} = -f(x)$,

所以函数$f(x) = \dfrac{\sin x}{\sqrt{1-x^2}}$为奇函数.

P12 习题1.1

1.(1) $\{x \mid x \geqslant -2\}$; (2) $\{x \mid -4 \leqslant x \leqslant 4, x \neq 3\}$; (3) $\{x \mid x > 3 \text{ 或 } x < -1\}$.

解 (1) 由函数可得$2x + 4 \geqslant 0$,解得定义域为$\{x \mid x \geqslant -2\}$.

(2) 由函数可得$\begin{cases} x-3 \neq 0 \\ 16-x^2 \geqslant 0 \end{cases}$,解得定义域为$\{x \mid -4 \leqslant x \leqslant 4, x \neq 3\}$.

(3) 由函数可得$x^2 - 2x - 3 > 0$,解得定义域为$\{x \mid x > 3 \text{ 或 } x < -1\}$.

2.(1) $y = \sqrt[3]{x+1}, x \in (-\infty, +\infty)$; (2) $y = x^2 - 1, x \in [0, +\infty)$.

解 (1) 由$y = x^3 - 1$,解得$x = \sqrt[3]{y+1}$,而函数$y = x^3 - 1$的值域为$(-\infty, +\infty)$.

所以$y = x^3 - 1$的反函数为$y = \sqrt[3]{x+1}, x \in (-\infty, +\infty)$.

(2) 由$y = \sqrt{x+1}$,解得$x = y^2 - 1$,而函数$y = \sqrt{x+1}$的值域为$[0, +\infty)$.

所以$y = \sqrt{x+1}$的反函数为$y = x^2 - 1, x \in [0, +\infty)$.

3.(1) **解** $y = \sin^2(x^3 + 1)$是由$y = u^2, u = \sin v, v = x^3 + 1$复合而成.

(2) **解** $y=\arctan(2x+3)$ 是由 $y=\arctan u$, $u=2x+3$ 复合而成.

4. **解** 需交电费 $0.52\times210+(0.52+0.05)\times(350-210)+(0.52+0.30)\times(400-350)=109.2+79.8+41=230$(元).

P14 课中小测验

$$\lim_{n\to\infty}\left(-\frac{1}{2}\right)^n=0, \lim_{n\to\infty}(-3)^n \text{ 不存在}.$$

规律是 $\lim\limits_{n\to\infty}q^n=\begin{cases}0, & |q|<1\\ 1, & q=1\\ \text{不存在}, & q=-1\\ \text{不存在}, & |q|>1\end{cases}$.

P18 课中小测验

由于 $\lim\limits_{x\to-1^-}f(x)=1$, $\lim\limits_{x\to-1^+}f(x)=1$, 所以 $\lim\limits_{x\to-1}f(x)=1$.

P20 课中小测验

解 $\lim\limits_{x\to\infty}\dfrac{\cos x}{x}=\lim\limits_{x\to\infty}\left(\cos x\cdot\dfrac{1}{x}\right)=0$, 无穷小量与有界函数的乘积仍是无穷小量.

P21 习题 1.2

1. (1) $0, 0, 1$; (2) $\infty, 1, \pi$; (3) $1,$ 不存在, 1.

解 (1) $\lim\limits_{n\to\infty}\dfrac{(-1)^n}{n}=0, \lim\limits_{n\to\infty}\dfrac{1}{3^n}=0, \lim\limits_{n\to\infty}e^{\frac{1}{n}}=e^0=1$;

(2) $\lim\limits_{n\to\infty}\left(\dfrac{3}{2}\right)^n=\infty, \lim\limits_{n\to\infty}\dfrac{n+1}{n}=1, \lim\limits_{n\to\infty}\pi=\pi$;

(3) $\lim\limits_{x\to0}\dfrac{x}{x}=1$; $\lim\limits_{x\to0^+}\dfrac{|x|}{x}=\lim\limits_{x\to0^+}\dfrac{x}{x}=1, \lim\limits_{x\to0^-}\dfrac{|x|}{x}=\lim\limits_{x\to0^-}\dfrac{-x}{x}=-1$, 所以 $\lim\limits_{x\to0}\dfrac{|x|}{x}$ 不存在;

$\lim\limits_{x\to\infty}\dfrac{x^2}{x^2+1}=1$.

2. $\lim\limits_{x\to0}f(x)=0, \lim\limits_{x\to1}f(x)$ 不存在.

解 $\lim\limits_{x\to0^+}f(x)=\lim\limits_{x\to0^+}\dfrac{x}{2}=0, \lim\limits_{x\to0^-}f(x)=\lim\limits_{x\to0^-}(-x)=0$, 所以 $\lim\limits_{x\to0}f(x)=0$.

$\lim\limits_{x\to1^+}f(x)=\lim\limits_{x\to1^+}x^2=1, \lim\limits_{x\to1^-}f(x)=\lim\limits_{x\to1^-}\dfrac{x}{2}=\dfrac{1}{2}$, 所以 $\lim\limits_{x\to1}f(x)$ 不存在.

3. **解** $\lim\limits_{t\to+\infty}p(t)=\lim\limits_{t\to+\infty}\dfrac{1}{1+ae^{-kt}}=1$.

P24 课中小测验

解 $\lim\limits_{x\to\infty}\dfrac{x^3+3}{x^2+5}=\lim\limits_{x\to\infty}\dfrac{1+\dfrac{3}{x^3}}{\dfrac{1}{x}+\dfrac{5}{x^3}}=\infty$;

$$\lim_{x\to\infty}\frac{x^3+3}{2x^3+5}=\lim_{x\to\infty}\frac{1+\dfrac{3}{x^3}}{2+\dfrac{5}{x^3}}=\frac{\lim\limits_{x\to\infty}\left(1+\dfrac{3}{x^3}\right)}{\lim\limits_{x\to\infty}\left(2+\dfrac{5}{x^3}\right)}=\frac{1}{2};$$

$$\lim_{x\to\infty}\frac{x^3+3}{x^4+5x-2}=\lim_{x\to\infty}\frac{\dfrac{1}{x}+\dfrac{3}{x^4}}{1+\dfrac{5}{x^3}-\dfrac{2}{x^4}}=\frac{\lim\limits_{x\to\infty}\left(\dfrac{1}{x}+\dfrac{3}{x^4}\right)}{\lim\limits_{x\to\infty}\left(1+\dfrac{5}{x^3}-\dfrac{2}{x^4}\right)}=\frac{0}{1}=0.$$

P25 习题 1.3

(1) 4; (2) 4; (3) $\dfrac{3}{2}$; (4) 0; (5) $\dfrac{1}{4}$.

解 (1) $\lim\limits_{x\to 2}\dfrac{x^2-4}{x-2}=\lim\limits_{x\to 2}\dfrac{(x-2)(x+2)}{x-2}=\lim\limits_{x\to 2}(x+2)=4;$

(2) $\lim\limits_{x\to 0}\dfrac{x}{\sqrt{x+4}-2}=\lim\limits_{x\to 0}\dfrac{x(\sqrt{x+4}+2)}{(\sqrt{x+4}-2)(\sqrt{x+4}+2)}$

$\qquad\qquad=\lim\limits_{x\to 0}\dfrac{x(\sqrt{x+4}+2)}{x}=\lim\limits_{x\to 0}(\sqrt{x+4}+2)=4;$

(3) $\lim\limits_{x\to\infty}\dfrac{3x^3-2x^2+5}{2x^3+3x}=\lim\limits_{x\to\infty}\dfrac{3-\dfrac{2}{x}+\dfrac{5}{x^3}}{2+\dfrac{3}{x^2}}=\dfrac{3}{2};$

(4) $\lim\limits_{x\to\infty}\dfrac{2x+1}{x^2-3}=\lim\limits_{x\to\infty}\dfrac{\dfrac{2}{x}+\dfrac{1}{x^2}}{1-\dfrac{3}{x^2}}=0;$

(5) $\lim\limits_{x\to 2}\left(\dfrac{1}{x-2}-\dfrac{4}{x^2-4}\right)=\lim\limits_{x\to 2}\dfrac{x-2}{x^2-4}=\lim\limits_{x\to 2}\dfrac{x-2}{(x+2)(x-2)}=\lim\limits_{x\to 2}\dfrac{1}{x+2}=\dfrac{1}{4}.$

P27 课中小测验

解 $\lim\limits_{x\to 0}\dfrac{\sin 2x}{\sin 5x}=\lim\limits_{x\to 0}\dfrac{2}{5}\cdot\dfrac{\dfrac{\sin 2x}{2x}}{\dfrac{\sin 5x}{5x}}=\dfrac{2}{5}\cdot\lim\limits_{x\to 0}\dfrac{\dfrac{\sin 2x}{2x}}{\dfrac{\sin 5x}{5x}}=\dfrac{2}{5}\cdot\dfrac{\lim\limits_{2x\to 0}\dfrac{\sin 2x}{2x}}{\lim\limits_{5x\to 0}\dfrac{\sin 5x}{5x}}=\dfrac{2}{5}.$

P29 课中小测验

解 $\lim\limits_{x\to\infty}\left(\dfrac{x-2}{x+3}\right)^x=\lim\limits_{x\to\infty}\left(1-\dfrac{5}{x+3}\right)^x=\lim\limits_{x\to\infty}\left(1-\dfrac{5}{x+3}\right)^{\frac{-(x+3)}{5}\cdot\frac{5x}{-(x+3)}}=\mathrm{e}^{-5}.$

P30 习题 1.4

(1) $\dfrac{5}{3}$; (2) $\dfrac{3}{2}$; (3) $\dfrac{3}{2}$; (4) e^6; (5) $\mathrm{e}^{-\frac{1}{2}}$; (6) e^3; (7) $-\dfrac{2}{3}$; (8) $\dfrac{3}{2}$.

解 (1) $\lim\limits_{x\to 0}\dfrac{\sin 5x}{3x}=\lim\limits_{x\to 0}\dfrac{\sin 5x}{5x}\cdot\dfrac{5}{3}=\dfrac{5}{3}$;

(2) $\lim\limits_{x\to 0}\dfrac{3x}{\tan 2x}=\lim\limits_{x\to 0}\dfrac{3x}{\sin 2x}\cdot\cos 2x=\lim\limits_{x\to 0}\dfrac{3}{2}\cdot\dfrac{2x}{\sin 2x}\cdot\cos 2x=\dfrac{3}{2}$;

(3) $\lim\limits_{x\to 0}\dfrac{\tan 3x}{\sin 2x}=\lim\limits_{x\to 0}\dfrac{\sin 3x}{\sin 2x\cdot\cos 3x}=\lim\limits_{x\to 0}\dfrac{\dfrac{\sin 3x}{3x}}{\dfrac{\sin 2x}{2x}\cdot\cos 3x}\cdot\dfrac{3}{2}=\dfrac{3}{2}$;

(4) $\lim\limits_{x\to 0}(1+3x)^{\frac{2}{x}}=\lim\limits_{x\to 0}(1+3x)^{\frac{1}{3x}\cdot 6}=e^{6}$;

(5) $\lim\limits_{x\to\infty}\left(1-\dfrac{1}{2x}\right)^{x}=\lim\limits_{x\to\infty}\left(1-\dfrac{1}{2x}\right)^{(-2x)\cdot\left(-\frac{1}{2}\right)}=e^{-\frac{1}{2}}$;

(6) $\lim\limits_{x\to\infty}\left(\dfrac{x+2}{x-1}\right)^{x}=\lim\limits_{x\to\infty}\dfrac{\left(1+\dfrac{2}{x}\right)^{x}}{\left(1-\dfrac{1}{x}\right)^{x}}=\lim\limits_{x\to\infty}\dfrac{\left(1+\dfrac{2}{x}\right)^{x}}{\left(1-\dfrac{1}{x}\right)^{x}}=\lim\limits_{x\to\infty}\dfrac{\left(1+\dfrac{2}{x}\right)^{\frac{x}{2}\cdot 2}}{\left(1-\dfrac{1}{x}\right)^{(-x)(-1)}}=\dfrac{e^{2}}{e^{-1}}=e^{3}$.

(7) $\lim\limits_{x\to 0}\dfrac{\ln(1-2x)}{\sin 3x}=\lim\limits_{x\to 0}\dfrac{-2x}{3x}=-\dfrac{2}{3}$;

(8) $\lim\limits_{x\to 0}\dfrac{(e^{3x}-1)\tan x}{1-\cos 2x}=\lim\limits_{x\to 0}\dfrac{3x\cdot x}{\dfrac{1}{2}\cdot(2x)^{2}}=\dfrac{3}{2}$.

P36 习题 1.5

1.(1)8;(2)$(-\infty,-5),(-5,1),(1,+\infty)$;$x_{1}=-5,x_{2}=1$;$x_{1}=-5;x_{2}=1$.

解 (1) $\lim\limits_{x\to x_0}[3f(x)+2]=3\lim\limits_{x\to x_0}f(x)+2=3f(x_0)+2=8.$

(2) 函数 $f(x)=\dfrac{x+5}{x^{2}+4x-5}$ 的连续区间即为其定义区间，即$(-\infty,-5),(-5,1),(1,+\infty)$；

函数 $f(x)=\dfrac{x+5}{x^{2}+4x-5}$ 的间断点为其没有定义的点 $x_1=-5,x_2=1$;

$\lim\limits_{x\to-5}\dfrac{x+5}{x^{2}+4x-5}=\lim\limits_{x\to-5}\dfrac{x+5}{(x+5)(x-1)}=\lim\limits_{x\to-5}\dfrac{1}{x-1}=-\dfrac{1}{6}$，所以 $x=-5$ 为可去间断点.

$\lim\limits_{x\to 1}\dfrac{x+5}{x^{2}+4x-5}=\infty$，所以 $x=1$ 为无穷间断点.

2.**解** 由已知该函数为连续函数，则$\lim\limits_{x\to 0}f(x)=f(0)$，即$\lim\limits_{x\to 0+}f(x)=\lim\limits_{x\to 0-}f(x)$，即$\dfrac{k}{2}=9,k=18.$

P38 复习题 1

1.(1)C;(2)B;(3)A;(4)D;(5)D;(6)B.

解 (1)$u=-2-x^{2}$ 的值域为 $u\in(-\infty,-2]$，而 $y=\ln u$ 的定义域为 $u\in(0,+\infty)$，由于$(-\infty,-2]\cap(0,+\infty)=\varnothing$，因而无法复合.

(2) 由函数 $y = \dfrac{\sqrt{9-x^2}}{\ln(x+2)}$ 可得 $\begin{cases} x+2 > 0 \\ x+2 \neq 1 \\ 9-x^2 \geqslant 0 \end{cases}$，即 $(-2,-1) \cup (-1,3]$.

(3) 定义域关于原点对称，$f(-x) = (-x)^2 \sin(-x) = -x^2 \sin x = -f(x)$，故为奇函数.

(4) 由 $y = \dfrac{x-1}{x+1}$，解得 $x = \dfrac{1+y}{1-y}$，所以 $y = \dfrac{x-1}{x+1}$ 的反函数为 $y = \dfrac{1+x}{1-x}$.

(5) 由于 $\lim\limits_{x \to 1^-} f(x) = \lim\limits_{x \to 1^-} \dfrac{|x-1|}{x-1} = \lim\limits_{x \to 1^-} \dfrac{1-x}{x-1} = -1$，$\lim\limits_{x \to 1^+} f(x) = \lim\limits_{x \to 1^+} \dfrac{|x-1|}{x-1} = \lim\limits_{x \to 1^-} \dfrac{x-1}{x-1} = 1$，故 $\lim\limits_{x \to 1} f(x)$ 不存在.

(6) $\lim\limits_{x \to \infty} x \sin \dfrac{1}{x} = \lim\limits_{x \to \infty} \dfrac{\sin \dfrac{1}{x}}{\dfrac{1}{x}} = 1$.

2. (1) $y = e^u; u = \sin v; v = 2x$. (2) $(-1, 1)$. (3) 偶. (4) e^{-3}. (5) $9, 3$.
(6) $x = 3, x = -1; x = -1, x = 3$. (7) 2.

解 (1) $y = e^{\sin 2x}$ 是由 $y = e^u; u = \sin v; v = 2x$ 复合而成的.

(2) $y = \ln(1-x^2)$ 的定义域为 $1 - x^2 > 0$，即 $(-1, 1)$.

(3) 定义域关于原点对称，$f(-x) = (-x)^2 - \cos(-x) = x^2 - \cos x = f(x)$，为偶函数.

(4) $\lim\limits_{x \to 0}(1-3x)^{\frac{1}{x}+5} = \lim\limits_{x \to 0}[(1-3x)^{-\frac{1}{3x}}]^{-3} \cdot \lim\limits_{x \to 0}(1-3x)^5 = e^{-3}$.

(5) 由已知，该函数为连续函数，则 $\lim\limits_{x \to 0} f(x) = f(0)$，即 $\lim\limits_{x \to 0^+} f(x) = \lim\limits_{x \to 0^-} f(x) = f(0)$，即 $\dfrac{a}{3} = b = 3, a = 9, b = 3$.

(6) 函数 $f(x) = \dfrac{x^2-1}{x^2-2x-3}$ 的间断点为其没有定义的点 $x_1 = -1, x_2 = 3$；

$\lim\limits_{x \to -1} \dfrac{x^2-1}{x^2-2x-3} = \lim\limits_{x \to -1} \dfrac{(x+1)(x-1)}{(x+1)(x-3)} = \lim\limits_{x \to -1} \dfrac{x-1}{x-3} = \dfrac{1}{2}$，所以 $x = -1$ 为可去间断点；

$\lim\limits_{x \to 3} \dfrac{x^2-1}{x^2-2x-3} = \infty$，所以 $x = 3$ 为无穷间断点.

(7) 由已知 $x \to 0$ 时，无穷小 $\alpha = e^{Ax} - 1$ 与 $\beta = \sin 2x$ 等价，则 $\lim\limits_{x \to 0} \dfrac{e^{Ax}-1}{\sin 2x} = \dfrac{A}{2} = 1$，则 $A = 2$.

3. (1) e^{-5}；(2) $\dfrac{5}{6}$；(3) $-\dfrac{1}{6}$；(4) 6.

解 (1) $\lim\limits_{x \to \infty}\left(\dfrac{x-3}{x+2}\right)^x = \lim\limits_{x \to \infty}\left(\dfrac{1-\dfrac{3}{x}}{1+\dfrac{2}{x}}\right)^x = \lim\limits_{x \to \infty}\dfrac{\left(1-\dfrac{3}{x}\right)^x}{\left(1+\dfrac{2}{x}\right)^x} = \lim\limits_{x \to \infty}\dfrac{\left(1-\dfrac{3}{x}\right)^{\left(-\frac{x}{3}\right)\cdot(-3)}}{\left(1+\dfrac{2}{x}\right)^{\frac{x}{2}\cdot 2}} = \dfrac{e^{-3}}{e^2} =$

e^{-5}.

(2) $\lim\limits_{x \to -3} \dfrac{x^2 + x - 6}{x^2 - 9} = \lim\limits_{x \to -3} \dfrac{(x-2)(x+3)}{(x-3)(x+3)} = \lim\limits_{x \to -3} \dfrac{x-2}{x-3} = \dfrac{5}{6}$;

(3) $\lim\limits_{x \to 3} \left(\dfrac{6}{x^2 - 9} - \dfrac{1}{x-3} \right) = \lim\limits_{x \to 3} \dfrac{3-x}{x^2-9} = -\lim\limits_{x \to 3} \dfrac{1}{x+3} = -\dfrac{1}{6}$;

(4) $\lim\limits_{x \to 0} \dfrac{(e^{3x} - 1)\sin 2x}{\ln(1+x^2)} = \lim\limits_{x \to 0} \dfrac{3x \cdot 2x}{x^2} = 6$.

第 2 章 导数与微分

P44 课中小测验

解 $f'(x) = \lim\limits_{\Delta x \to 0} \dfrac{f(x + \Delta x) - f(x)}{\Delta x} = \lim\limits_{\Delta x \to 0} \dfrac{(x + \Delta x)^3 - x^3}{\Delta x} = \lim\limits_{\Delta x \to 0} [3x^2 + 3x\Delta x + (\Delta x)^2] = 3x^2$,即 $(x^3)' = 3x^2$.

P45 课中小测验

解 $\lim\limits_{h \to 0} \dfrac{f(x_0 - 2h) - f(x_0)}{h} = -2 \lim\limits_{h \to 0} \dfrac{f[x_0 + (-2h)] - f(x_0)}{-2h} = -2f'(x_0) = -2A$.

习题 2.1

1. (1)B;(2)A;(3) C;(4)A;(5)C.

解 (1) $\lim\limits_{h \to 0} \dfrac{f(x_0 + h) - f(x_0 - h)}{2h} = \dfrac{1}{2} \lim\limits_{h \to 0} \dfrac{f(x_0 + h) - f(x_0) - [f(x_0 - h) - f(x_0)]}{h} = \dfrac{1}{2} \left[\lim\limits_{h \to 0} \dfrac{f(x_0 + h) - f(x_0)}{h} + \lim\limits_{h \to 0} \dfrac{f(x_0 - h) - f(x_0)}{-h} \right] = \dfrac{1}{2} [f'(x_0) + f'(x_0)] = f'(x_0)$.

(2) 由可导与连续的关系可知,函数 $f(x)$ 一点可导,则一定在该点连续,但 $f(x)$ 在一点连续,不一定在该点可导,所以连续是 $f(x)$ 在 $x = x_0$ 处可导的必要非充分条件.

(3) 此题利用举例的方法解比较简单,如设 $f(x) = x$,则 $f(x)$ 在 $(-\infty, +\infty)$ 内任意点处连续且可导,但由图像可直观看出 $|f(x)|$ 在 $x = 0$ 处连续但是不可导(函数在尖点处不可导),而 $|f(x)|$ 在其他点处连续且可导.

(4) 设切线的切点为 (x_0, y_0),由已知得,切线的斜率 2,且 $y' = \dfrac{1}{x}$,则 $y'(x_0) = \dfrac{1}{x_0} = 2$,所以 $x_0 = \dfrac{1}{2}$, $y_0 = \ln \dfrac{1}{2} = -\ln 2$,即切点为 $\left(\dfrac{1}{2}, -\ln 2 \right)$.

(5) $\lim\limits_{h \to 0} \dfrac{f(2h) - f(-3h)}{h} = 5 \lim\limits_{h \to 0} \dfrac{f(0 + 2h) - f(0 - 3h)}{5h} = 5f'(0)$.

2. **解** 由所给图像可以看出,函数在 a 点不连续,因此也不可导,在 b 点连续,但不可导(尖点),在 c 点即连续又可导.

3. **解** 因为 $\lim\limits_{x \to 0^+} f(x) = \lim\limits_{x \to 0^+} x \sin \dfrac{1}{x} = 0 = f(0)$, $\lim\limits_{x \to 0^-} f(x) = \lim\limits_{x \to 0^-} 0 = 0 = f(0)$,

所以 $f(x)$ 在点 $x=0$ 处连续.

而 $f'_-(0) = \lim\limits_{x \to 0^-} \dfrac{f(x)-f(0)}{x-0} = \lim\limits_{x \to 0^-} \dfrac{0-0}{x} = 0$,

$f'_+(0) = \lim\limits_{x \to 0^+} \dfrac{f(x)-f(0)}{x-0} = \lim\limits_{x \to 0^+} \sin\dfrac{1}{x}$ 该极限不存在,

所以 $f(x)$ 在点 $x=0$ 处不可导.

4. 解 $(1) \bar{v} = \dfrac{\Delta s}{\Delta t} = \dfrac{s(3)-s(2)}{3-2} = \dfrac{\frac{1}{2} \times 9.8 \times 3^2 - \frac{1}{2} \times 9.8 \times 2^2}{1} = 24.5 (\text{m/s})$;

$(2) v(2.5) = \lim\limits_{t \to 2.5} \dfrac{s(t)-s(2.5)}{t-2.5} = \lim\limits_{t \to 2.5} \dfrac{\frac{1}{2} \times 9.8 \times t^2 - \frac{1}{2} \times 9.8 \times 2.5^2}{t-2.5}$

$= \dfrac{1}{2} \times 9.8 \times \lim\limits_{t \to 2.5}(t+2.5) = 24.5(\text{m/s})$;

(3) 设 t_0 时刻的瞬时速度为 100 m/s,则

$100 = \lim\limits_{t \to t_0} \dfrac{s(t)-s(t_0)}{t-t_0} = \lim\limits_{t \to t_0} \dfrac{\frac{1}{2} \times 9.8 \times t^2 - \frac{1}{2} \times 9.8 \times t_0^2}{t-t_0}$

$= \dfrac{1}{2} \times 9.8 \times \lim\limits_{t \to 2.5} \dfrac{t^2-t_0^2}{t-t_0} = \dfrac{1}{2} \times 9.8 \times \lim\limits_{t \to t_0}(t+t_0) = 9.8 t_0$,

解得 $t_0 \approx 10.2(\text{s})$.

P50 课中小测验

解 $y' = (\cot x)' = \left(\dfrac{\cos x}{\sin x}\right)' = \dfrac{(\cos x)' \sin x - \cos x (\sin x)'}{\sin^2 x}$

$= \dfrac{-\sin^2 x - \cos^2 x}{\sin^2 x} = -\dfrac{1}{\sin^2 x} = -\csc^2 x$,

即 $(\cot x)' = -\csc^2 x$.

P51 课中小测验

解 $y' = (\csc x)' = \left(\dfrac{1}{\sin x}\right)' = -\dfrac{(\sin x)'}{\sin^2 x} = -\dfrac{\cos x}{\sin^2 x} = -\csc x \cot x$,

即 $(\csc x)' = -\csc x \cot x$.

P52 课中小测验

解 $y' = (\arcsin \sqrt{x})' = \dfrac{1}{\sqrt{1-x}} \cdot \dfrac{1}{2\sqrt{x}} = \dfrac{1}{2\sqrt{x-x^2}}$.

习题 2.2

1. (1) A; (2) B; (3) C.

解 $(1) y = \ln|x| = \begin{cases} \ln x, & x > 0 \\ \ln(-x), & x < 0 \end{cases}$, 则 $y' = \begin{cases} \dfrac{1}{x}, & x > 0 \\ \dfrac{1}{-x} \cdot (-1) = \dfrac{1}{x}, & x < 0 \end{cases}$, 所以

$y' = (\ln|x|)' = \dfrac{1}{x}.$

(2) 因为 $f'(x) = 4x^3 + x, f(1) = -1$,可以根据选项进行求导和代数验证,同时满足两个条件的,只有 B 选项.

(3) 设切点为 (x_0, y_0),则 $y' = 3x^2 - 3$,所以由已知切线平行于 x 轴可得,$y'(x_0) = 3x_0^2 - 3 = 0$,即 $x_0 = \pm 1$,排除 A、B 选项,经验证,只有 C 选项为切点.

2.解 (1) $y' = (5x^3 - 2^x + 3e^x + 2)' = 15x^2 - 2^x \ln 2 + 3e^x$;

(2) $y' = \left(\dfrac{\ln x}{x}\right)' = \dfrac{\dfrac{1}{x} \cdot x - \ln x}{x^2} = \dfrac{1 - \ln x}{x^2}$;

(3) $s' = \left(\dfrac{1 + \sin t}{1 + \cos t}\right)' = \dfrac{(1 + \sin t)'(1 + \cos t) - (1 + \cos t)'(1 + \sin t)}{(1 + \cos t)^2}$
$= \dfrac{1 + \cos t + \sin t}{(1 + \cos t)^2}$;

(4) $y' = (x^2 + 1)' \ln x + (x^2 + 1)(\ln x)' = 2x \ln x + x + \dfrac{1}{x}$;

(5) $y' = \dfrac{(\sin 2x)' x - x'(\sin 2x)}{x^2} = \dfrac{2x \cos 2x - \sin 2x}{x^2}$;

(6) $y' = \cos x + \sin x$,所以 $y'|_{x=\frac{\pi}{6}} = \dfrac{1 + \sqrt{3}}{2}$;

(7) $f(0) = \dfrac{3}{5}, [f(0)]' = 0, f'(x) = \dfrac{3}{(5-x)^2} + \dfrac{2x}{5}, f'(0) = \dfrac{3}{25}, f'(2) = \dfrac{17}{15}.$

3.解 (1) $y' = \dfrac{1}{\sqrt{1-(x^2)^2}} \cdot (2x) = \dfrac{2x}{\sqrt{1-x^4}}$;

(2) $y' = e^{-x^2}(-x^2)' = -2x e^{-x^2}$;

(3) $y' = 3\tan^2 4x \cdot \sec^2 4x \cdot 4 = 12\tan^2 4x \sec^2 4x$;

(4) $y' = (e^{x+2})' \cdot 2^{x-3} + e^{x+2} \cdot (2^{x-3})' = e^{x+2} \cdot 2^{x-3}(1 + \ln 2)$;

(5) $y' = (x+1)'\sqrt{3-4x} + (x+1)(\sqrt{3-4x})' = \dfrac{1-6x}{\sqrt{3-4x}}$;

(6) $y' = \left(\arctan \dfrac{1-x}{1+x}\right)' = \dfrac{1}{1+\left(\dfrac{1-x}{1+x}\right)^2} \cdot \left(\dfrac{1-x}{1+x}\right)' = \dfrac{1}{1+\left(\dfrac{1-x}{1+x}\right)^2} \cdot \dfrac{-(1+x)-(1-x)}{(1+x)^2} = -\dfrac{1}{1+x^2}$;

(7) $y' = \dfrac{1}{2\sqrt{x+\sqrt{x+\sqrt{x}}}}(x+\sqrt{x+\sqrt{x}})'$
$= \dfrac{1}{2\sqrt{x+\sqrt{x+\sqrt{x}}}}\left[1 + \dfrac{1}{2\sqrt{x+\sqrt{x}}}\left(1 + \dfrac{1}{2\sqrt{x}}\right)\right]$;

(8) $y' = x'\arcsin\dfrac{x}{2} + x\left(\arcsin\dfrac{x}{2}\right)' + (\sqrt{4-x^2})' = \arcsin\dfrac{x}{2} + x \cdot \dfrac{\dfrac{1}{2}}{\sqrt{1-\dfrac{x^2}{4}}} +$

$\dfrac{-2x}{2\sqrt{4-x^2}} = \arcsin\dfrac{x}{2} + \dfrac{x}{2\sqrt{1-\dfrac{x^2}{4}}} - \dfrac{x}{\sqrt{4-x^2}} = \arcsin\dfrac{x}{2}.$

4.(1) **解** $y' = 2e^{2x-1} \cdot \sin x + e^{2x-1} \cdot \cos x = e^{2x-1}(2\sin x + \cos x),$

$y'' = 2e^{2x-1}(2\sin x + \cos x) + e^{2x-1}(2\cos x - \sin x) = e^{2x-1}(4\cos x + 3\sin x).$

(2) **解** $y' = \dfrac{1}{x+\sqrt{1+x^2}} \cdot (x+\sqrt{1+x^2})' = \dfrac{1}{x+\sqrt{1+x^2}} \cdot \left(1 + \dfrac{1}{2\sqrt{1+x^2}} \cdot 2x\right)$

$= \dfrac{1}{x+\sqrt{1+x^2}} \cdot \dfrac{\sqrt{1+x^2}+x}{\sqrt{1+x^2}} = \dfrac{1}{\sqrt{1+x^2}},$

$y'' = \left(\dfrac{1}{\sqrt{1+x^2}}\right)' = [(1+x^2)^{-\frac{1}{2}}]' = -\dfrac{1}{2}(1+x^2)^{-\frac{3}{2}} \cdot 2x = -\dfrac{x}{\sqrt{(1+x^2)^3}}.$

5.(1) **解** $y' = \dfrac{1}{x} = x^{-1}, y'' = (x^{-1})' = (-1)x^{-2}, y''' = [(-1)x^{-2}]' = (-1)(-2)x^{-3}; \cdots \cdots;$

$y^{(n)} = (-1)(-2)(-3) \cdot \cdots \cdot [-(n-1)]x^{-n} = (-1)^{n-1}(n-1)!\ x^{-n};$

(2) **解** $y = a_0x^n + a_1x^{n-1} + \cdots + a_{n-1}x + a_n$ 是 n 次多项式函数,求一次导数降一次幂, 求 n 阶导数后,第一项只剩下系数 $a_0n!$,后面各项全为 0,所以 $y^{(n)} = a_0n!$.

6. **解** $\dfrac{dT}{dt} = \left(\dfrac{2t}{0.05t+1} - 20\right)' = \dfrac{2}{(0.05t+1)^2}(℃/h).$

7. **解** $v = \dfrac{ds}{dt} = 2t(t+1) + (t^2+1) = 3t^2 + 2t + 1, v|_{t=3} = 34(m/s).$

P56 课中小测验

解 方程两边同时对 x 求导,得 $3x^2 + 3y^2y' - y' = 0$,整理得 $y' = \dfrac{3x^2}{1-3y^2}.$

P58 习题 2.3

1. **解** (1) 方程两边同时对 x 求导,得 $2yy' - 2y - 2xy' = 0$,整理得 $y' = \dfrac{y}{y-x};$

(2) 方程两边同时对 x 求导,得 $3x^2 + 3y^2y' - 3a(y+y'x) = 0$,整理得 $y' = \dfrac{ay-x^2}{y^2-ax};$

(3) 方程两边同时对 x 求导,得 $-\sin y \cdot y' = \dfrac{1}{x+y} \cdot (1+y')$,整理得

$y' = -\dfrac{1}{1+(x+y)\sin y};$

(4) 方程两边同时对 x 求导,得 $y' = -(e^y + xe^yy')$,整理得 $y' = -\dfrac{e^y}{1+xe^y}.$

2.**解** (1) 方程两边同取对数，$\ln y = \frac{1}{2}\ln(x+2) + 4\ln(3-x) - 5\ln(x+1)$，

方程两边同时对 x 求导，$\frac{1}{y} \cdot y' = \frac{1}{2} \cdot \frac{1}{x+2} - \frac{4}{3-x} - \frac{5}{x+1}$，

解得 $y' = y\left(\frac{1}{2} \cdot \frac{1}{x+2} - \frac{4}{3-x} - \frac{5}{x+1}\right)$

$= \frac{\sqrt{x+2}\,(3-x)^4}{(x+1)^5}\left(\frac{1}{2x+4} + \frac{4}{x-3} - \frac{5}{x+1}\right).$

(2) 方程两边同取对数，$\ln y = \tan x \cdot \ln \sin x$，

方程两边同时对 x 求导，$\frac{1}{y} \cdot y' = \sec^2 x \ln \sin x + \tan x \cdot \frac{1}{\sin x} \cdot \cos x$，

解得 $y' = y(\sec^2 x \ln \sin x + 1) = (\sin x)^{\tan x}(\sec^2 x \ln \sin x + 1).$

3.**解** (1) $\dfrac{\mathrm{d}y}{\mathrm{d}x} = \dfrac{\mathrm{d}y/\mathrm{d}t}{\mathrm{d}x/\mathrm{d}t} = \dfrac{(bt^3)'}{(at^2)'} = \dfrac{3bt^2}{2at} = \dfrac{3bt}{2a}$；

(2) $\dfrac{\mathrm{d}y}{\mathrm{d}x} = \dfrac{\mathrm{d}y/\mathrm{d}\theta}{\mathrm{d}x/\mathrm{d}\theta} = \dfrac{(\theta\cos\theta)'}{[\theta(1-\sin\theta)]'} = \dfrac{\cos\theta - \theta\sin\theta}{1 - \sin\theta - \theta\cos\theta}.$

4.**解** 由已知得 $\begin{cases} v_x = \dfrac{\mathrm{d}x}{\mathrm{d}t} = 2t+1 \\ v_y = \dfrac{\mathrm{d}y}{\mathrm{d}t} = 6t-2 \end{cases}$，$t=1$ 时，$\begin{cases} v_x(1) = 3 \\ v_y(1) = 4 \end{cases}$，

所以 $v(1) = \sqrt{v_x^2(1) + v_y^2(1)} = 5.$

P61 课中小测验

解 (1) 因为 $\left(\dfrac{1}{2}x^2\right)' = x$，所以 $\mathrm{d}\left(\dfrac{1}{2}x^2\right) = x\,\mathrm{d}x$；

(2) 因为 $\left(\dfrac{1}{\omega}\sin\omega x\right)' = \cos\omega x$，所以 $\mathrm{d}\left(\dfrac{1}{\omega}\sin\omega x\right) = \cos\omega t\,\mathrm{d}t.$

P63 习题 2.4

1.(1) D；(2) A.

解 (1) 根据微分的定义，当 $|\Delta x|$ 充分小，$\Delta y \approx \mathrm{d}y$，故选 D.

(2) 因为当 $\Delta x \to 0$ 时，$\Delta y = \mathrm{d}y + o(\Delta x)$，所以 $\Delta y - \mathrm{d}y = o(\Delta x)$ 是关于 Δx 的高阶无穷小，故选 A.

2.(1) $x^2 + c$(c 为常数)；(2) $\arctan x + c$；(3) $2\sqrt{x} + c$；(4) $\dfrac{1}{2}\mathrm{e}^{2x} + c$；

(5) $-\dfrac{1}{\omega}\cos\omega x + c$；(6) $\dfrac{1}{3}\tan 3x + c.$

解 (1) 因为 $(x^2 + c)' = 2x$，所以 $\mathrm{d}(x^2 + c) = 2x\,\mathrm{d}x$；

(2) 因为 $(\arctan x + c)' = \dfrac{1}{1+x^2}$，所以 $\mathrm{d}(\arctan x + c)' = \dfrac{1}{1+x^2}\mathrm{d}x$；

(3) 因为 $(2\sqrt{x}+c)'=\dfrac{1}{\sqrt{x}}$，所以 $\mathrm{d}(2\sqrt{x}+c)=\dfrac{1}{\sqrt{x}}\mathrm{d}x$；

(4) 因为 $\left(\dfrac{1}{2}\mathrm{e}^{2x}+c\right)'=\mathrm{e}^{2x}$，所以 $\mathrm{d}\left(\dfrac{1}{2}\mathrm{e}^{2x}+c\right)=\mathrm{e}^{2x}\mathrm{d}x$；

(5) 因为 $\left(-\dfrac{1}{\omega}\cos\omega x+c\right)'=\sin\omega x$，所以 $\mathrm{d}\left(-\dfrac{1}{\omega}\cos\omega x+c\right)=\sin\omega x\,\mathrm{d}x$；

(6) 因为 $\left(\dfrac{1}{3}\tan 3x+c\right)'=\sec^2 3x$，所以 $\mathrm{d}\left(\dfrac{1}{3}\tan 3x+c\right)=\sec^2 3x\,\mathrm{d}x$.

3. **解** （1）$y'=\dfrac{1}{\sqrt{1-(1-x^2)}}\cdot\dfrac{1}{2\sqrt{1-x^2}}\cdot(-2x)=-\dfrac{1}{\sqrt{1-x^2}}(x>0)$，所以 $\mathrm{d}y=-\dfrac{1}{\sqrt{1-x^2}}\mathrm{d}x$.

（2）原方程可化简为 $\dfrac{1}{2}\ln(x^2+y^2)=\arctan\dfrac{y}{x}$，

方程两边同时对 x 求导，得 $\dfrac{2x+2y\cdot y'}{2(x^2+y^2)}=\dfrac{1}{1+\left(\dfrac{y}{x}\right)^2}\cdot\left(\dfrac{y'x-y}{x^2}\right)$，

整理得 $x+y\cdot y'=y'x-y$，解得 $y'=\dfrac{y+x}{x-y}$，所以 $\mathrm{d}y=\dfrac{y+x}{x-y}\mathrm{d}x$.

4. **解** $S=\pi R^2$，$\mathrm{d}S=2\pi R\cdot\Delta R$，在 $R=R_0$，$\Delta R=h$ 时，$\Delta S\approx\mathrm{d}S=2\pi R_0 h$.

5. **解** $V=\dfrac{4}{3}\pi R^3$，$\mathrm{d}V=4\pi R^2\cdot\Delta R$，

在 $R=1$ 时，$\Delta V\approx\mathrm{d}V=V'(1)\cdot\Delta R=4\pi\times 0.01=0.125\ 6(\mathrm{cm}^3)$；

$m=\rho\Delta V=8.9\times 0.125\ 6\approx 1.12(\mathrm{g})$.

6. 略.

P64 复习题 2

1.(1)D；(2)D；(3)A；(4)D；(5)B.

解 （1）联立方程组 $\begin{cases} y=\dfrac{1}{x} \\ y=x^2 \end{cases}$，解得 $\begin{cases} x=1 \\ y=1 \end{cases}$，则两曲线的交点坐标为 $A(1,1)$，

设曲线 $y=\dfrac{1}{x}$ 和 $y=x^2$ 在 A 点处的切线与 x 轴的夹角分别为 θ_1，θ_2，

因为 $y'=\left(\dfrac{1}{x}\right)'=-\dfrac{1}{x^2}$，所以 $y'|_{x=1}=-\dfrac{1}{x^2}|_{x=1}=-1$，

则曲线 $y=\dfrac{1}{x}$ 在 A 点的切线斜率为 $k_1=-1$，即 $\tan\theta_1=-1$，

因为 $y'=(x^2)'=2x$，所以 $y'|_{x=1}=2x|_{x=1}=2$，

则曲线 $y=x^2$ 在点 A 的切线斜率 $k_2=2$，即 $\tan\theta_2=2$，

$\tan\theta=\tan(\theta_1-\theta_2)=\dfrac{\tan\theta_1-\tan\theta_2}{1+\tan\theta_1\tan\theta_2}=\dfrac{-1-2}{1+(-2)}=3$. 故选 D.

(2) 由 $\lim\limits_{h\to+\infty} h\left[f\left(a+\dfrac{1}{h}\right)-f(a)\right] = \lim\limits_{h\to+\infty}\dfrac{f\left(a+\dfrac{1}{h}\right)-f(a)}{\dfrac{1}{h}}$ 存在,仅可知 $f'_+(a)$ 存在,故不能选 A.

取 $f(x)=\begin{cases}1, x\neq 0\\0, x=0\end{cases}$,显然 $\lim\limits_{h\to 0}\dfrac{f(0+2h)-f(0+h)}{h}=0$,但 $f(x)$ 在 $x=0$ 处不可导,故不能选 B.

取 $f(x)=|x|$,显然 $\lim\limits_{h\to 0}\dfrac{f(0+h)-f(0-h)}{2h}=0$,但 $f(x)$ 在 $x=0$ 处不可导,故不能选 C.

而 $\lim\limits_{h\to 0}\dfrac{f(a)-f(a-h)}{h}=\lim\limits_{-h\to 0}\dfrac{f[a+(-h)]-f(a)}{-h}$ 存在,按导数定义知 $f'(a)$ 存在,故选 D.

(3) 因为 $f(x)$ 为可导的偶函数,所以 $f(-x)=f(x)$,$f(-1-x)=f(1+x)$,$f(-1)=f(1)$,所以 $f'(-1)=\lim\limits_{x\to 0}\dfrac{f(-1-x)-f(-1)}{-x}=\lim\limits_{x\to 0}\dfrac{f(1+x)-f(1)}{-x}$,又因为 $\lim\limits_{x\to 0}\dfrac{f(1+x)-f(1)}{2x}=-2$,所以 $\lim\limits_{x\to 0}\dfrac{f(1+x)-f(1)}{-x}=4$,即 $f'(-1)=4$,所以,切线方程为 $y-2=4(x+1)$,整理得 $y=4x+6$.故选 A.

(4) $\lim\limits_{\Delta x\to 0}\dfrac{f^2(x+\Delta x)-f^2(x)}{\Delta x}=\lim\limits_{\Delta x\to 0}[f(x+\Delta x)+f(x)]\cdot\dfrac{f(x+\Delta x)-f(x)}{\Delta x}$
$=\lim\limits_{\Delta x\to 0}[f(x+\Delta x)+f(x)]\cdot\lim\limits_{\Delta x\to 0}\dfrac{f(x+\Delta x)-f(x)}{\Delta x}$.

因为 $f(x)$ 可导,所以 $f'(x)$ 存在,则原式 $=2f(x)\cdot f'(x)$.故选 D.

(5) 因 $f(x)$ 有任意阶导数,且 $f'(x)=[f(x)]^2$,所以 $f''(x)=2f(x)f'(x)=2[f(x)]^3$,$f^{(3)}(x)=2\cdot 3[f(x)]^2\cdot f'(x)=3![f(x)]^4$,
$f^{(4)}(x)=3!\cdot 4[f(x)]^3 f'(x)=4![f(x)]^5,\cdots\cdots,f^{(n)}(x)=n![f(x)]^{n+1}$.

故选 B.

2.(1) -1;(2) $f'(0)$;(3) n;

(4) $f'(1+\sin x)\cos x$;$f''(1+\sin x)\cos^2 x-f'(1+\sin x)\sin x$;

(5) $-\dfrac{\mathrm{d}x}{(2-2x+x^2)\arctan(1-x)}$.

解 (1) $\lim\limits_{h\to 0}\dfrac{f(3-h)-f(3)}{2h}=-\dfrac{1}{2}\lim\limits_{h\to 0}\dfrac{f(3-h)-f(3)}{-h}=-\dfrac{1}{2}\cdot f'(3)=-\dfrac{1}{2}\times 2=-1$,故应填 -1.

(2) $\lim\limits_{x\to 0}\dfrac{f(x)}{x}=\lim\limits_{x\to 0}\dfrac{f(x)-f(0)}{x-0}=f'(0)$,故应填 $f'(0)$.

(3) 因为 $y'=\left(\pi^2+x^n+\arctan\dfrac{1}{\pi}\right)'=nx^{n-1}$,所以 $y'|_{x=1}=n$.故应填 n.

(4) $y' = [f(1+\sin x)]' = f'(1+\sin x)(1+\sin x)' = f'(1+\sin x)\cos x.$

$y'' = [f'(1+\sin x)\cos x]' = f''(1+\sin x)(1+\sin x)'\cos x + f'(1+\sin x)(-\sin x)$

$= f''(1+\sin x)\cos^2 x - f'(1+\sin x)\sin x,$

故应填 $f'(1+\sin x)\cos x$；$f''(1+\sin x)\cos^2 x - f'(1+\sin x)\sin x.$

(5) $\mathrm{d}y = y'\mathrm{d}x = [\ln \arctan(1-x)]'\mathrm{d}x = \dfrac{1}{\arctan(1-x)} \cdot \dfrac{1}{1+(1-x)^2} \cdot (-1)\mathrm{d}x$

$= -\dfrac{\mathrm{d}x}{(2-2x+x^2)\arctan(1-x)}.$

故应填 $-\dfrac{\mathrm{d}x}{(2-2x+x^2)\arctan(1-x)}.$

3. **解** (1) $\mathrm{d}y = y'\mathrm{d}x = (e^{\sin^2 \frac{1}{x}})'\mathrm{d}x = e^{\sin^2 \frac{1}{x}} \cdot 2\sin\dfrac{1}{x} \cdot \cos\dfrac{1}{x} \cdot \left(-\dfrac{1}{x^2}\right)\mathrm{d}x$

$= -\dfrac{1}{x^2} e^{\sin^2 \frac{1}{x}} \cdot \sin\dfrac{2}{x}\mathrm{d}x.$

(2) 对 $y = \left(\dfrac{\sin x}{x}\right)^x$，两边同时取对数，得 $\ln y = x \cdot \ln\dfrac{\sin x}{x},$

两边对 x 求导，得 $\dfrac{1}{y} \cdot y' = \ln\dfrac{\sin x}{x} + x \cdot \dfrac{x}{\sin x} \cdot \dfrac{\cos x \cdot x - \sin x}{x^2},$ 即

$y' = \left[\ln\dfrac{\sin x}{x} + \dfrac{x\cos x - \sin x}{\sin x}\right] \cdot \left(\dfrac{\sin x}{x}\right)^x = \left(\dfrac{\sin x}{x}\right)^x (\ln \sin x + x \cdot \cot x - \ln x - 1).$

(3) 因为 $f'(x) = [x(x+1)(x+2)\cdots(x+2\,004)]'$

$= (x+1)(x+2)\cdots(x+2\,004) + x[(x+1)(x+2) \cdot \cdots \cdot (x+2\,004)]',$

所以 $f'(0) = 2\,004!.$

(4) $\lim\limits_{x \to 1^+} \dfrac{\mathrm{d}}{\mathrm{d}x} f(\cos\sqrt{x-1}) = \lim\limits_{x \to 1^+} f'(\cos\sqrt{x-1})(\cos\sqrt{x-1})'$

$= \lim\limits_{x \to 1^+} f'(\cos\sqrt{x-1}) \cdot (-\sin\sqrt{x-1}) \cdot \dfrac{1}{2}\dfrac{1}{\sqrt{x-1}}$

$= \lim\limits_{x \to 1^+} f'(\cos\sqrt{x-1}) \cdot \left(-\dfrac{1}{2}\right) \cdot \lim\limits_{x \to 1^+} \dfrac{\sin\sqrt{x-1}}{\sqrt{x-1}}$

$= -\dfrac{1}{2} \cdot f'(1) = -1.$

(5) 因为 $\dfrac{\mathrm{d}y}{\mathrm{d}x} = \dfrac{(t^3)'}{(\ln t)'} = \dfrac{3t^2}{\dfrac{1}{t}} = 3t^3;\ \dfrac{\mathrm{d}^2 y}{\mathrm{d}x^2} = \dfrac{\mathrm{d}}{\mathrm{d}x}\left(\dfrac{\mathrm{d}y}{\mathrm{d}x}\right) = \dfrac{(3t^3)'}{(\ln t)'} = \dfrac{9t^2}{\dfrac{1}{t}} = 9t^3,$

所以 $\dfrac{\mathrm{d}^2 y}{\mathrm{d}x^2}\bigg|_{t=1} = 9t^3\big|_{t=1} = 9.$

(6) 把 y 看成是 x 的函数，方程两边同时对 x 求导，得 $1 + \dfrac{1}{1+y^2}y' = y',$

即 $y' = \dfrac{1+y^2}{y^2}.$ 对该方程两边再次同时对 x 求导，得

$$y'' = \left(\frac{1+y'^2}{y^2}\right)' = \frac{2yy'y^2 - (1+y'^2)\cdot 2yy'}{y^4} = \frac{-2y'}{y^3} = \frac{-2}{y^3}\cdot\frac{1+y'^2}{y^2} = \frac{-2(1+y'^2)}{y^5}.$$

(7) $y' = (\sin x \cos x)' = \left(\frac{1}{2}\sin 2x\right)' = \cos 2x; y'' = (\cos 2x)' = -2\sin 2x;$

$y^{(3)} = (-2\sin 2x)' = -2\cdot 2\cos 2x = (-2)^2 \cos 2x;$

$y^{(4)} = [(-2)^2 \cos 2x]' = -2\cdot(-2)^2 \sin 2x = (-2)^3 \sin 2x;$

$\vdots$

$y^{(50)} = (-2)^{49} \sin 2x = -2^{49} \sin 2x.$

4. 解 曲线 $y = e^x$ 在点 A 处的切线斜率为 $\frac{e-1}{1-0} = e-1$, 即 $y'|_{x=a} = e-1$,

因为 $y'|_{x=a} = (e^x)'|_{x=a} = e^a$, 所以 $e^a = e-1$, 得 $a = \ln(e-1)$, 故得 $b = e-1.$

5. 解 因为 $f'_+(0) = \lim_{x\to 0^+}\frac{f(x)-f(0)}{x-0} = \lim_{x\to 0^+}\frac{b(1+\sin x)+a+2-(b+a+2)}{x-0}$

$= \lim_{x\to 0^+}\frac{b\sin x}{x} = b,$

$f'_-(0) = \lim_{x\to 0^-}\frac{f(x)-f(0)}{x-0} = \lim_{x\to 0^-}\frac{e^{ax}-1-(b+a+2)}{x} = \lim_{x\to 0^-}\frac{e^{ax}-(b+a+3)}{x},$

若 $f'_-(0)$ 存在, 则 $\lim_{x\to 0^-}[e^{ax}-(b+a+3)] = 0$, 即 $1-(b+a+3)=0$,

得 $a = -b-2$, 所以 $f'_-(0) = \lim_{x\to 0^-}\frac{e^{ax}-1}{x} = \lim_{x\to 0^-}\frac{ax}{x} = a$, 若 $f(x)$ 处可导, 则 $f(x)$ 在 $x=0$ 处可导, 得 $f'_+(0) = f'_-(0)$, 即 $b=a$, 又因为 $a=-b-2$, 得 $a=b=-1.$

第3章 微分中值定理与导数的应用

P70 习题 3.1

1.(1) 不满足 $f(x)$ 在 $[0,1]$ 上连续; (2) 满足条件, $\xi = 4.$

分析: 罗尔定理的三个条件中, 任何一个不满足就可以说明不满足罗尔定理的条件了. 所以, 验证时可以从最容易验证的第三条端点的函数值是否相等入手.

解 (1) 对于 $f(x) = \begin{cases} x, 0\leqslant x < 1 \\ 0, x=1 \end{cases}$, $f(0)=0$, $f(1)=1$, 所以 $f(0)\neq f(1)$, 不满足罗尔定理的条件.

(2) $f(x) = \sqrt[3]{8x-x^2}$ 在 $[0,8]$ 上连续, $f'(x) = \frac{8-2x}{3\sqrt[3]{(8x-x^2)^2}}$, $f(x)$ 在 $(0,8)$ 内可导, 且 $f(0)=f(8)=0$, 所以满足罗尔定理的条件, 令 $f'(\xi)=0$, 即 $\frac{8-2\xi}{3\sqrt[3]{(8\xi-\xi^2)^2}}=0$, 解得 $\xi=4\in(0,8).$

2.(1) 满足条件, $\xi = e-1$; (2) 满足条件, $\xi = \frac{2}{\sqrt{3}}.$

解 (1) $f(x)=\ln x$ 在 $[1,e]$ 上连续,$f'(x)=\dfrac{1}{x}$,所以 $f(x)$ 在 $(1,e)$ 内可导,所以满足拉格朗日中值定理的条件.

由定理得 $f'(\xi)=\dfrac{f(e)-f(1)}{e-1}$,即 $\dfrac{1}{\xi}=\dfrac{\ln e-\ln 1}{e-1}$,解得 $\xi=e-1\in(1,e)$.

(2) $f(x)=x^3-3x$ 在 $[0,2]$ 上连续,$f'(x)=3x^2-3$,所以 $f(x)$ 在 $(0,2)$ 内可导,所以满足拉格朗日中值定理的条件.

由定理得 $f'(\xi)=\dfrac{f(2)-f(0)}{2-0}$,即 $3\xi^2-3=1$,解得 $\xi=\dfrac{2}{\sqrt{3}}\in(0,2)$.

3.**证** 当 $x\neq\pm 1$ 时,$(\arcsin x+\arccos x)'=\dfrac{1}{\sqrt{1-x^2}}-\dfrac{1}{\sqrt{1-x^2}}=0$,所以当 $x\neq\pm 1$ 时,$\arcsin x+\arccos x=C$,

又因为 $\arcsin 0+\arccos 0=0+\dfrac{\pi}{2}=\dfrac{\pi}{2}$,所以 $C=\dfrac{\pi}{2}$;

当 $x=-1$ 时,$\arcsin(-1)+\arccos(-1)=-\dfrac{\pi}{2}+\pi=\dfrac{\pi}{2}$;

当 $x=1$ 时,$\arcsin 1+\arccos 1=\dfrac{\pi}{2}+0=\dfrac{\pi}{2}$;

综上所述,$\arcsin x+\arccos x=\dfrac{\pi}{2}$.

4.欲证 $f'(x)=\cos x$,即证 $f'(x)-\cos x=0$,即证 $[f(x)-\sin x]'=0$.

证 令 $g(x)=f(x)-\sin x$,在 $\left[0,\dfrac{\pi}{2}\right]$ 上连续,在 $\left(0,\dfrac{\pi}{2}\right)$ 内可导,$g(0)=f(0)-\sin 0=0$,$g\left(\dfrac{\pi}{2}\right)=f\left(\dfrac{\pi}{2}\right)-\sin\dfrac{\pi}{2}=1-1=0$.

由罗尔定理知,至少存在 $\xi\in\left(0,\dfrac{\pi}{2}\right)$,使的 $g'(\xi)=0$,即 $f'(\xi)=\cos\xi$.

P75 课中小测验

解 该函数的定义域为 $(-\infty,+\infty)$,$y'=3x^2-6x-9=3(x^2-2x-3)=3(x+1)(x-3)$,令 $y'=0$ 得 $x=-1,x=3$.

列表,得

x	$(-\infty,-1)$	-1	$(-1,3)$	3	$(3,+\infty)$
y'	$+$	0	$-$	0	$+$
y	单调递增	极大值 $f(-1)=10$	单调递减	极小值 $f(3)=-22$	单调递增

由上表知,函数的单调递增区间为 $(-\infty,-1)$ 和 $(3,+\infty)$,单调递减区间为 $(-1,3)$,极大值为 $f(-1)=10$,极小值为 $f(3)=-22$.

P79 习题 3.2

1.(1) 单调增区间 $(-\infty,-1]$ 和 $[3,+\infty)$；单调减区间 $[-1,3]$；

(2) 单调增区间 $\left[\dfrac{1}{2},1\right]$；单调减区间 $(-\infty,0)$，$\left(0,\dfrac{1}{2}\right]$ 和 $[1,+\infty)$.

解 (1) 该函数的定义域为 $(-\infty,+\infty)$.

$y'=6x^2-12x-18$，令 $y'=0$，解得驻点 $x_1=-1,x_2=3$；

列表讨论如下.

x	$(-\infty,-1)$	-1	$(-1,3)$	3	$(3,+\infty)$
y'	$+$	不存在	$-$	0	$+$
y	单增 ↗	极大值	单减 ↘	极小值	单增 ↗

所以，函数的单调增区间有 $(-\infty,-1]$ 和 $[3,+\infty)$；单调减区间有 $[-1,3]$；

(2) 该函数的定义域为 $(-\infty,0) \bigcup (0,+\infty)$.

$y'=-\dfrac{12x^2-18x+6}{(4x^3-9x^2+6x)^2}$，令 $y'=0$，解得驻点 $x_1=\dfrac{1}{2}$，$x_2=1$.

列表讨论如下.

x	$(-\infty,0)$	$\left(0,\dfrac{1}{2}\right)$	$\dfrac{1}{2}$	$\left(\dfrac{1}{2},1\right)$	1	$(1,+\infty)$
y'	$-$	$-$	0	$+$	0	$-$
y	单减 ↘	单减 ↘	极小值	单增 ↗	极大值	单减 ↘

所以，函数的单调增区间有 $\left[\dfrac{1}{2},1\right]$；单调减区间有 $(-\infty,0)$，$\left(0,\dfrac{1}{2}\right]$ 和 $[1,+\infty)$.

2.提示：令 $f(x)=1+\dfrac{1}{2}x-\sqrt{1+x}$，证明该函数在 $[0,+\infty)$ 是增函数，再由 $x>0$，得到 $f(x)>f(0)=0$.

证 令 $f(x)=1+\dfrac{1}{2}x-\sqrt{1+x}$，则 $f(0)=0$，且 $f(x)$ 在 $[0,+\infty)$ 上连续.

$f'(x)=\dfrac{1}{2}-\dfrac{1}{2\sqrt{1+x}}>0$，所以当 $x>0$ 时，$f(x)$ 单调增加，即 $f(x)>f(0)=0$.

所以 $1+\dfrac{1}{2}x-\sqrt{1+x}>0$，即当 $x>0$ 时，$1+\dfrac{1}{2}x>\sqrt{1+x}$.

3.(1) 极大值 $f(-1)=2$；极小值 $f(1)=-2$；(2) 极小值 $f(3)=\dfrac{27}{4}$.

解 (1) 因为 $y=x^3-3x$，则 $y'=3x^2-3$，令 $y'=0$，解得驻点为 $x_1=-1,x_2=1$.

$y''=6x,y''(-1)=-6<0,y''(1)=6>0$，由极值存在的第二充分条件得极大值 $f(-1)=2$；极小值 $f(1)=-2$.

(2) 函数的定义域为 $(-\infty,1) \bigcup (1,+\infty)$，$y'=\dfrac{3x^2(x-1)-2x^3}{(x-1)^3}=\dfrac{x^3-3x^2}{(x-1)^3}$，令 $y'=$

0,得驻点 $x_1=0, x_2=3$,列表得

x	$(-\infty,0)$	0	$(0,1)$	$(1,3)$	3	$(3,+\infty)$
y'	+	0	+	—	0	+
y	增	非极值	增	减	极小值 $\frac{27}{4}$	增

由上表知,函数的极小值为 $y(3)=\frac{27}{4}$.

注:本题也可以用极值存在的第二充分条件,通过二阶导数在驻点处的符号判断.

4.解 $f'(x)=a\cos x+\cos 3x, f(x)$ 在 $x=\frac{\pi}{3}$ 处可导且取得极值,

所以 $f'\left(\frac{\pi}{3}\right)=a\cos\frac{\pi}{3}+\cos\pi=\frac{a}{2}-1=0$,解得 $a=2$;$f''(x)=-2\sin x-3\sin 3x$,

则 $f''\left(\frac{\pi}{3}\right)=-2\sin\frac{\pi}{3}-3\sin\pi=-\sqrt{3}<0$,所以 $f(x)$ 在 $x=\frac{\pi}{3}$ 处取得极大值 $f\left(\frac{\pi}{3}\right)=\sqrt{3}$.

5.解 $(1) y=2x^3-3x^2, -1\leqslant x\leqslant 4, y'=6x^2-6x$,令 $y'=0$,得驻点 $x_1=0, x_2=1$;$y(0)=0, y(1)=-1, y(-1)=-5, y(4)=80$,经大小比较可得,函数的最小值 $y_{\min}(-1)=-5$,最大值 $y_{\max}(4)=80$;

$(2) y=x+\sqrt{1-x}, -5\leqslant x\leqslant 1, y'=1-\frac{1}{2\sqrt{1-x}}$.令 $y'=0$,得驻点 $x=\frac{3}{4}$,函数的不可导点为 $x=1$,求出函数在驻点、不可导点、区间端点的函数值为 $y\left(\frac{3}{4}\right)=\frac{5}{4}, y(1)=1, y(-5)=-5+\sqrt{6}$,所以函数的最小值 $y_{\min}(-5)=-5+\sqrt{6}$,最大值 $y_{\max}\left(\frac{3}{4}\right)=\frac{5}{4}$.

6.解 设窗框的边宽为 x m,则边长为 $\frac{6-3x}{2}$ m.

$S=\frac{6-3x}{2}\cdot x=3x-\frac{3}{2}x^2 (0<x<6), S'=3-3x$,令 $S'=0$,解得 $x=1$.

由于在定义域的开区间内驻点只有一个,所以唯一的驻点即为最大值点.所以窗户的长为 1.5 cm,宽为 1 cm,面积取得最大值,最大面积为 $\frac{3}{2}$ m².

7.解 利用墙面作为小屋的长,设小屋的宽为 x m,则长为 $(20-2x)$ m.
$S=(20-x)\cdot x=20x-x^2 (0<x<20), S'=20-2x$,令 $S'=0$,解得 $x=10$.

由于在定义域的开区间内驻点只有一个,所以唯一的驻点即为最大值点.所以小屋长为 10 m,宽为 5 m 时面积最大.

8.解 设剪去的小正方形的边长为 x cm$(0<x<24)$,

则所围容器的容积 $V=(48-2x)^2\cdot x$,

$\dfrac{dV}{dx} = -4(48-2x)x + (48-2x)^2 = (48-2x) \cdot (48-6x) = 0$,

解得 $x = 8 (x = 24$ 舍去$)$.

由于在定义域的开区间内驻点只有一个,根据实际问题的意义可知,唯一的驻点一定是最值点.所以当四角剪去边长为 8 cm 的小正方形时所围成方盒的容积是最大的.

9. **解** (1) $y' = 3x^2 - 10x + 3, y'' = 6x - 10$,令 $y'' = 0$,解得 $x = \dfrac{5}{3}$;当 $x < \dfrac{5}{3}$ 时,$y'' < 0$;当 $x > \dfrac{5}{3}$ 时,$y'' > 0$,所以函数的拐点为 $\left(\dfrac{5}{3}, \dfrac{20}{27}\right)$,凸区间 $\left(-\infty, \dfrac{5}{3}\right)$,凹区间 $\left(\dfrac{5}{3}, +\infty\right)$;

(2) $y = \ln(x^2+1), y' = \dfrac{2x}{x^2+1}, y'' = \dfrac{2(x^2+1) - 4x^2}{(x^2+1)^2} = \dfrac{2-2x^2}{(x^2+1)^2}$,令 $y'' = 0$,解得 $x_1 = -1, x_2 = 1$.

x	$(-\infty, -1)$	-1	$(-1, 1)$	1	$(1, +\infty)$
y''	$-$	0	$+$	0	$-$
y	$\cap$	拐点$(-1, \ln 2)$	$\cup$	拐点$(1, \ln 2)$	$\cap$

所以函数的拐点 $(-1, \ln 2), (1, \ln 2)$,凸区间 $(-\infty, -1)$ 和 $(1, +\infty)$,凹区间 $(-1, 1)$.

10. **解** $y' = 3ax^2 + 2bx + c, y'' = 6ax + 2b$,由已知得 $y'(-2) = 12a - 4b + c = 0, y''(1) = 6a + 2b = 0, y(1) = a + b + c + d = -10, y(-2) = -8a + 4b - 2c + d = 44$,

解方程组得 $a = 1, b = -3, c = -24, d = 16$.

P81 课中小测验

解 $\lim\limits_{x \to 0} \dfrac{e^x + e^{-x} - 2}{x^2} = \lim\limits_{x \to 0} \dfrac{e^x + e^{-x}}{2x} = \lim\limits_{x \to 0} \dfrac{e^x + e^{-x}}{2} = 1$.(运用两次洛必达法则)

P84 习题 3.3

解 (1) $\lim\limits_{x \to 1} \dfrac{x^3 - 3x + 2}{x^3 - x^2 - x + 1} = \lim\limits_{x \to 1} \dfrac{3x^2 - 3}{3x^2 - 2x - 1} = \lim\limits_{x \to 1} \dfrac{6x}{6x - 2} = \dfrac{3}{2}$;

(2) $\lim\limits_{x \to \frac{\pi}{2}} \dfrac{\cos x}{x - \dfrac{\pi}{2}} = \lim\limits_{x \to \frac{\pi}{2}} \dfrac{-\sin x}{1} = -1$;

(3) $\lim\limits_{x \to 0} \dfrac{e^x - e^{-x}}{\sin x} = \lim\limits_{x \to 0} \dfrac{e^x + e^{-x}}{\cos x} = 2$;

(4) $\lim\limits_{x \to +\infty} \dfrac{\ln x}{x^n} (n > 0) = \lim\limits_{x \to +\infty} \dfrac{\dfrac{1}{x}}{nx^{n-1}} = \lim\limits_{x \to +\infty} \dfrac{1}{nx^n} = 0$;

(5) $\lim\limits_{x \to +\infty} \dfrac{x^3}{a^x} (a > 1) = \lim\limits_{x \to +\infty} \dfrac{3x^2}{a^x \ln a} = \lim\limits_{x \to +\infty} \dfrac{6x}{a^x \ln^2 a} = \lim\limits_{x \to +\infty} \dfrac{6}{a^x \ln^3 a} = 0$;

(6) $\lim\limits_{x \to 0^+} \dfrac{\ln x}{\ln \sin x} = \lim\limits_{x \to 0^+} \dfrac{\dfrac{1}{x}}{\dfrac{\cos x}{\sin x}} = \lim\limits_{x \to 0^+} \dfrac{\tan x}{x} = 1$.

2. 解 (1) $\lim\limits_{x\to\infty} x(e^{\frac{1}{x}}-1) = \lim\limits_{x\to\infty} \dfrac{e^{\frac{1}{x}}-1}{\dfrac{1}{x}} = \lim\limits_{x\to\infty} \dfrac{-\dfrac{1}{x^2}e^{\frac{1}{x}}}{-\dfrac{1}{x^2}} = 1;$

(2) $\lim\limits_{x\to 0}\left[\dfrac{1}{\ln(x+1)} - \dfrac{1}{x}\right] = \lim\limits_{x\to 0} \dfrac{x-\ln(x+1)}{x\ln(x+1)} = \lim\limits_{x\to 0} \dfrac{x-\ln(x+1)}{x^2}$

$= \lim\limits_{x\to 0} \dfrac{1-\dfrac{1}{x+1}}{2x} = \lim\limits_{x\to 0}\dfrac{1}{2(x+1)} = \dfrac{1}{2};$

(3) $\lim\limits_{x\to 0}(1+\sin x)^{\frac{1}{x}} = \lim\limits_{x\to 0}(1+\sin x)^{\frac{1}{\sin x}\cdot\frac{\sin x}{x}} = \left[\lim\limits_{x\to 0}(1+\sin x)^{\frac{1}{\sin x}}\right]^{\frac{\sin x}{x}} = e^1 = e;$

(4) $\lim\limits_{x\to 0^+} x^{\tan x} = \lim\limits_{x\to 0^+} e^{\ln x^{\tan x}} = \lim\limits_{x\to 0^+} e^{\tan x\ln x} = e^{\lim_{x\to 0^+}\tan x\ln x} = e^{\lim_{x\to 0^+}\frac{\ln x}{\frac{1}{\tan x}}} = e^{\lim_{x\to 0^+}\frac{\frac{1}{x}}{-\frac{1}{x^2}}} = e^0 = 1.$

3. 解 (1) $\lim\limits_{x\to+\infty} \dfrac{\sqrt{1+x^2}}{x} = \lim\limits_{x\to+\infty} \sqrt{\dfrac{1}{x^2}+1} = 1;$

(2) $\lim\limits_{x\to+\infty} \dfrac{e^x + \sin x}{e^x - \cos x} = \lim\limits_{x\to+\infty} \dfrac{1+e^{-x}\sin x}{1-e^{-x}\cos x} = 1.$(无穷小量与有界量的乘积仍是无穷小)

P85 复习题 3

1.(1)C;(2)B;(3)D;(4)D;(5)D.

解 (1) $\lim\limits_{x\to 0}\dfrac{f(x)-x}{x^2} = \lim\limits_{x\to 0}\dfrac{f'(x)-1}{2x} = \lim\limits_{x\to 0}\dfrac{f''(x)}{2} = -1.$ 故选 C.

(2) 因为 $f'(x) = (x-1)(2x+1)$ 在 $\left(\dfrac{1}{2},1\right)$ 内 $f'(x)<0$,所以 $f(x)$ 在 $\left(\dfrac{1}{2},1\right)$ 内是单调减函数.又因为 $f''(x) = (2x+1) + 2(x-1) = 4x - 1$,则在 $\left(\dfrac{1}{2},1\right)$ 上 $f''(x)>0$,所以 $f(x)$ 在 $\left[\dfrac{1}{2},1\right]$ 上的图形是凹的.故选 B.

(3) 例如,

① $f(x) = x^{\frac{13}{4}}$ 在 **R** 上连续,且 $f'(0)=f''(0)=0$,但 $f(0)$ 不是极值,点 $(0,f(0))$ 也不是拐点.

② $f(x) = x^3$ 在 **R** 上连续,且 $f'(0)=f''(0)=0$,但 $f(0)$ 不是极值,点 $(0,f(0))$ 是拐点.

③ $f(x) = x^4$ 在 **R** 上连续,且 $f'(0)=f''(0)=0$,但 $f(0)$ 是极值,点 $(0,f(0))$ 不是拐点.
故选 D.

(4) 因为 $f'(x) = 3x^2 + 2ax + 3$,则 $f(x)$ 在 $x=-3$ 处可导且取极值,所以 $f'(-3)=0$,解得 $a=5$.故选 D.

(5) 设 $f(x) = x^3 - 3x + 1$,则 $f'(x) = 3x^2 - 3 = 3(x+1)(x-1)$,令 $f'(x)=0$ 得 $x_1 = -1, x_2 = 1$,因为在 $x\in(-\infty,-1)$ 和 $x\in(1,+\infty)$ 时,$f'(x)>0$,则此时 $f(x)$ 是单调递增的,同理在 $x\in(-1,1)$ 时,$f(x)$ 是单调递减的,所以有极大值 $f(-1)=3>0$ 和极小值 $f(1) = -1<0$,则存在 $\xi_1\in(-1,1)$,使得 $f(\xi_1)=0$.又因为 $\lim\limits_{x\to-\infty}f(x) = -\infty, \lim\limits_{x\to+\infty}f(x) = $

$+\infty$,则存在 $\xi_2 \in (-\infty, -1)$ 和 $\xi_3 \in (1, +\infty)$,使得 $f(\xi_2) = f(\xi_3) = 0$.故选 D.

2.(1) 0;(2) $(-\infty, +\infty)$;(3) 20;(4) $(-1, 1)$;(5) $\left(\dfrac{2}{3}, \dfrac{2}{3}e^{-2}\right)$.

解 (1) $\lim\limits_{x \to 0^+} x^2 \ln x = \lim\limits_{x \to 0^+} \dfrac{\ln x}{\dfrac{1}{x^2}} = \lim\limits_{x \to 0^+} \dfrac{\dfrac{1}{x}}{-\dfrac{2}{x^3}} = -\dfrac{1}{2} \lim\limits_{x \to 0^+} x^2 = 0$.故应填 0.

(2) $x_1 = 0, f'(x) = (2x - \cos x)' = 2 + \sin x$,

因为定义在 **R** 上,$|\sin x| \leqslant 1$,所以定义在 **R** 上 $f'(x) > 0$,即在 $(-\infty, +\infty)$ 上,$f(x)$ 是单调增加的.故应填 $(-\infty, +\infty)$.

(3) $f'(x) = (4 + 8x^3 - 3x^4)' = 24x^2 - 12x^3 = 12x^2(2 - x)$,

令 $f'(x) = 0$,得 $x_1 = 0, x_2 = 2$.

x	$(-\infty, 0)$	0	$(0, 2)$	2	$(2, +\infty)$
$f'(x)$	+	0	+	0	−
$f(x)$	单增 ↗		单增 ↗	极大值 20	单减 ↘

$f(2) = 4 + 8 \cdot 2^3 - 3 \cdot 2^4 = 20$,故应填 20.

(4) $y' = (x^4 - 6x^2 + 3x)' = 4x^3 - 12x + 3$,

$y'' = (4x^3 - 12x + 3)' = 12x^2 - 12 = 12(x+1)(x-1)$,

令 $f''(x) < 0$,则 $12(x+1)(x-1) < 0$,得 $x \in (-1, 1)$,故应填 $(-1, 1)$.

(5) 定义域为 $(-\infty, +\infty)$,$y' = (xe^{-3x})' = e^{-3x} + xe^{-3x} \cdot (-3) = e^{-3x}(1 - 3x)$,

$y'' = [e^{-3x}(1 - 3x)]' = e^{-3x}(-3)(1 - 3x) + e^{-3x}(-3) = 3e^{-3x}(-2 + 3x)$,

令 $y'' = 0$,得 $x = \dfrac{2}{3}$,

x	$\left(-\infty, \dfrac{2}{3}\right)$	$\dfrac{2}{3}$	$\left(\dfrac{2}{3}, +\infty\right)$
y''	−	0	+
y	∩ 凸	拐点 $\left(\dfrac{2}{3}, \dfrac{2}{3}e^{-2}\right)$	∪ 凹

当 $x = \dfrac{2}{3}$ 时,$y = \dfrac{2}{3}e^{-3 \cdot \frac{2}{3}} = \dfrac{2}{3}e^{-2}$,则拐点坐标是 $\left(\dfrac{2}{3}, \dfrac{2}{3}e^{-2}\right)$.故应填 $\left(\dfrac{2}{3}, \dfrac{2}{3}e^{-2}\right)$.

3.**解** (1) $\lim\limits_{x \to -1^+} \dfrac{\sqrt{\pi} - \sqrt{\arccos x}}{\sqrt{x+1}} = \lim\limits_{x \to -1^+} \dfrac{[-(\arccos x)^{\frac{1}{2}}]'}{(\sqrt{x+1})'} = \lim\limits_{x \to -1^+} \dfrac{-\dfrac{1}{2}(\arccos x)^{-\frac{1}{2}} \cdot \dfrac{-1}{\sqrt{1-x^2}}}{\dfrac{1}{2}(x+1)^{-\frac{1}{2}}}$

$= \lim\limits_{x \to -1^+} \dfrac{(\arccos x)^{-\frac{1}{2}}}{(x+1)^{-\frac{1}{2}} \cdot \sqrt{1-x^2}} = \lim\limits_{x \to -1^+} \dfrac{(\arccos x)^{-\frac{1}{2}}}{\sqrt{1-x}}$

$$= \frac{1}{\sqrt{2\pi}}.$$

(2) $\lim\limits_{x \to 0} \left(\dfrac{a^x + b^x}{2}\right)^{\frac{1}{x}} = e^{\lim\limits_{x \to 0} \frac{1}{x} \cdot \ln\left(\frac{a^x+b^x}{2}\right)} = e^{\lim\limits_{x \to 0} \frac{\ln(a^x+b^x)-\ln 2}{x}} = e^{\lim\limits_{x \to 0} \frac{a^x \ln a + b^x \ln b}{a^x+b^x}} = e^{\frac{\ln a + \ln b}{2}} = \sqrt{ab}.$

(3) $\lim\limits_{x \to 0} \dfrac{e^x - e^{\sin x}}{x^2 \ln(1+x)} = \lim\limits_{x \to 0} \dfrac{e^{\sin x}(e^{x-\sin x}-1)}{x^2 \ln(1+x)} = \lim\limits_{x \to 0} \dfrac{x - \sin x}{x^3} = \lim\limits_{x \to 0} \dfrac{1-\cos x}{3x^2}$

$$= \lim\limits_{x \to 0} \dfrac{\frac{1}{2}x^2}{3x^2} = \dfrac{1}{6}.$$

(4) $\lim\limits_{x \to 0}\left[\dfrac{1}{x} + \dfrac{1}{x^2}\ln(1-x)\right] = \lim\limits_{x \to 0} \dfrac{x + \ln(1-x)}{x^2} = \lim\limits_{x \to 0} \dfrac{1 + \frac{-1}{1-x}}{2x} = \lim\limits_{x \to 0} \dfrac{1}{2(x-1)}$

$$= -\dfrac{1}{2}.$$

4. 证 设 $f(x) = \tan x + 2\sin x - 3x$，则 $f(0) = 0$，因为 $f'(x) = \sec^2 x + 2\cos x - 3$，则 $f'(0) = 0$，又因为 $f''(x) = 2\sec^2 x \tan x - 2\sin x = 2\sin x \left(\dfrac{1}{\cos^3 x} - 1\right)$.

在 $x \in \left(0, \dfrac{\pi}{2}\right)$ 时，$f''(x) > 0$，则 $f'(x)$ 是单调递增的，又因为 $f'(0) = 0$，所以在 $x \in \left(0, \dfrac{\pi}{2}\right)$ 时，$f'(x) > f'(0) = 0$，则 $f(x)$ 是单调递增的，又因为 $f(0) = 0$，所以在 $x \in \left(0, \dfrac{\pi}{2}\right)$ 时，$f(x) > f(0) = 0$，即 $\tan x + 2\sin x > 3x$.

5. 解 设宽为 x cm，则长为 $2x$ cm，高为 $\dfrac{36}{x^2}$ cm，

则表面积 $S = \left(2x^2 + \dfrac{36}{x} + \dfrac{72}{x}\right) \cdot 2 = 4x^2 + \dfrac{216}{x}(\text{cm}^2).$

因为 $S' = 8x + \dfrac{-216}{x^2}$，令 $s' = 0$，得唯一驻点 $x = 3$(cm).

因为箱子的边折得过大或过小，都会使表面积变小，这说明该问题一定存在着最大值，所以唯一驻点 $x = 3$ 也就是最大值点，所以当宽为 3 cm，长为 6 cm，高为 4 cm 时，箱子的表面积最小.

6. 证 因为 $f(x_1) = f(x_2) = f(x_3) = 0$，所以 $f(x)$ 在 (x_1, x_2) 及 (x_2, x_3) 上满足罗尔定理条件，则在 (x_1, x_2) 内有 ξ_1，使得 $f'(\xi_1) = 0$，在 (x_2, x_3) 内有 ξ_2，使得 $f'(\xi_2) = 0$，又因为 $f'(x)$ 在 (ξ_1, ξ_2) 上满足罗尔定理条件，所以在 (ξ_1, ξ_2) 内至少存在一点 ξ，使得 $f''(\xi) = 0$，所以在 (x_1, x_3) 内至少存在一点 ξ，使得 $f''(\xi) = 0$.

7. 证 设 $f(t) = \ln(1+t)$，则 $f(t)$ 在 $[0, x]$ 上满足拉格朗日定理的条件.
所以 $f(x) - f(0) = f'(\xi)(x - 0), 0 < \xi < x.$

因为 $f(0) = 0, f'(t) = \dfrac{1}{1+t}$，由上式得 $\dfrac{\ln(1+x)}{x} = \dfrac{1}{1+\xi},$

又因为 $0<\xi<x$,所以 $1<1+\xi<1+x$,所以 $\dfrac{1}{1+x}<\dfrac{1}{1+\xi}<1$,

即 $\dfrac{1}{1+x}<\dfrac{\ln(1+x)}{x}<1$.所以 $\dfrac{x}{1+x}<\ln(1+x)<x$.

第 4 章 不定积分

P90 课中小测验

解 当 $x>0$ 时,$(\ln x)'=\dfrac{1}{x}$,$\displaystyle\int \dfrac{1}{x}dx = \ln x + C\,(x>0)$.

当 $x<0$ 时,$(\ln|x|)'=\dfrac{1}{-x}\cdot(-1)=\dfrac{1}{x}$,$\displaystyle\int\dfrac{1}{x}dx=\ln(-x)+C\,(x<0)$.合并上面两式,得到 $\displaystyle\int\dfrac{1}{x}dx=\ln|x|+C\,(x\neq 0.)$

P92 课中小测验

解 $\displaystyle\int(e^x-3\cos x+2^x e^x)dx=\int e^x dx-3\int\cos x\,dx+\int(2e)^x dx$

$\qquad\qquad=e^x-3\sin x+\dfrac{(2e)^x}{\ln(2e)}+C$

$\qquad\qquad=e^x-3\sin x+\dfrac{(2e)^x}{1+\ln 2}+C.$

P93 习题 4.1

1.**解** (1) $\displaystyle\int\dfrac{dx}{x^2\sqrt{x}}=\int x^{-\frac{5}{2}}dx=-\dfrac{2}{3}x^{-\frac{3}{2}}+C;$

(2) $\displaystyle\int(2^x+x^2)dx=\int 2^x dx+\int x^2 dx=2^x\ln 2+\dfrac{1}{3}x^3+C;$

(3) $\displaystyle\int\sqrt{x}(x-3)dx=\int x^{\frac{3}{2}}dx-\int 3x^{\frac{1}{2}}dx=\dfrac{2}{5}x^{\frac{5}{2}}-2x^{\frac{3}{2}}+C;$

(4) $\displaystyle\int\left(\sqrt[3]{x}-\dfrac{1}{\sqrt{x}}\right)dx=\int x^{\frac{1}{3}}dx-\int x^{-\frac{1}{2}}dx=\dfrac{3}{4}x^{\frac{4}{3}}-2\sqrt{x}+C;$

(5) $\displaystyle\int\sqrt{x\sqrt{x\sqrt{x}}}\,dx=\int x^{\frac{7}{8}}dx=\dfrac{8}{15}x^{\frac{15}{8}}+C;$

(6) $\displaystyle\int 3^x e^x dx=\int(3e)^x dx=\dfrac{3^x e^x}{\ln 3+1}+C.$

2.**解** (1) $\displaystyle\int\dfrac{1+x+x^2}{x(1+x^2)}dx=\int\dfrac{(1+x^2)+x}{x(1+x^2)}dx=\int\dfrac{1}{x}dx+\int\dfrac{1}{1+x^2}dx=\ln|x|+\arctan x+C.$

(2) $\displaystyle\int\tan^2 x\,dx=\int(\sec^2 x-1)dx=\int\sec^2 x\,dx-\int dx=\tan x-x+C.$

(3) $\displaystyle\int\dfrac{3x^2(x^2+1)+1}{x^2+1}dx=\int\left(3x^2+\dfrac{1}{x^2+1}\right)dx=x^3+\arctan x+C.$

(4) $\int \dfrac{e^{2x}-1}{e^x-1}dx = \int \dfrac{(e^x+1)(e^x-1)}{e^x-1}dx = \int (e^x+1)dx = e^x + x + C.$

P95 课中小测验

解 $\int \dfrac{1}{x^2-a^2}dx = \dfrac{1}{2a}\int \left(\dfrac{1}{x-a} - \dfrac{1}{x+a}\right)dx$

$= \dfrac{1}{2a}\left[\int \dfrac{1}{x-a}d(x-a) - \int \dfrac{1}{x+a}d(x+a)\right]$

$= \dfrac{1}{2a}(\ln|x-a| - \ln|x+a|) + C$

$= \dfrac{1}{2a}\ln\left|\dfrac{x-a}{x+a}\right| + C.$

$\int \left[\dfrac{1}{x(1+2\ln x)} + \dfrac{1}{\sqrt{x}}e^{\sqrt[3]{x}}\right]dx = \int \dfrac{1}{x(1+2\ln x)}dx + \int \dfrac{1}{\sqrt{x}}e^{\sqrt[3]{x}}dx$

$= \dfrac{1}{2}\int \dfrac{1}{1+2\ln x}d(1+2\ln x) + \dfrac{2}{3}\int e^{\sqrt[3]{x}}d3\sqrt{x}$

$= \dfrac{1}{2}\ln|1+2\ln x| + \dfrac{2}{3}e^{\sqrt[3]{x}} + C.$

P96 课中小测验

解 令 $\sqrt{a^2+x^2} = a\sec t, dx = a\sec^2 t\,dt$，因此有

$\int \dfrac{dx}{\sqrt{a^2+x^2}} = \int \dfrac{1}{a\sec t}a\sec^2 t\,dt$

$= \int \sec t\,dt$

$= \ln|\sec t + \tan t| + C$

$= \ln\left|\dfrac{\sqrt{a^2+x^2}}{a} + \dfrac{x}{a}\right| + C = \ln|x + \sqrt{x^2+a^2}| + C_1.$

P96 习题 4.2

1.(1) 解 $\int \dfrac{\sin x}{\cos^3 x}dx = -\int \dfrac{d(\cos x)}{\cos^3 x} = \dfrac{1}{2}\cos^{-2}x + C.$

(2) 解 $\int \dfrac{1-x}{\sqrt{9-4x^2}}dx = \int \dfrac{dx}{\sqrt{9-4x^2}} - \int \dfrac{x}{\sqrt{9-4x^2}}dx.$

因为 $\int \dfrac{dx}{\sqrt{9-4x^2}} = \dfrac{1}{3}\int \dfrac{dx}{\sqrt{1-\left(\dfrac{2}{3}x\right)^2}} = \dfrac{1}{2}\int \dfrac{d\left(\dfrac{2}{3}x\right)}{\sqrt{1-\left(\dfrac{2}{3}x\right)^2}} = \dfrac{1}{2}\arcsin\dfrac{2}{3}x + C_1,$

$\int \dfrac{x}{\sqrt{9-4x^2}}dx = \int x(9-4x^2)^{-\frac{1}{2}}dx = -\dfrac{1}{8}\int (9-4x^2)^{-\frac{1}{2}}d(9-4x^2) = -\dfrac{1}{4}\sqrt{9-4x^2} + C_2,$

所以 $\int \dfrac{1-x}{\sqrt{9-4x^2}}dx = \dfrac{1}{2}\arcsin\dfrac{2}{3}x + \dfrac{1}{4}\sqrt{9-4x^2} + C.$

(3) 解 令 $t^2 = 2x^2$，所以 $t = \sqrt{2}x$，$dx = \dfrac{1}{\sqrt{2}}dt$，

所以 $\displaystyle\int \dfrac{dx}{2x^2-1} = \dfrac{1}{\sqrt{2}}\int \dfrac{dt}{t^2-1} = -\dfrac{1}{2\sqrt{2}}\int\left(\dfrac{1}{t+1}-\dfrac{1}{t-1}\right)dt = -\dfrac{1}{2\sqrt{2}}\ln|t+1| +$

$\dfrac{1}{2\sqrt{2}}\ln|t-1| + C = \dfrac{1}{2\sqrt{2}}\ln\left|\dfrac{t-1}{t+1}\right| + C = \dfrac{1}{2\sqrt{2}}\ln\left|\dfrac{\sqrt{2}x-1}{\sqrt{2}x+1}\right| + C.$

(4) 解 $\displaystyle\int \cos^3 x\, dx = \int(1-\sin^2 x)d(\sin x) = \sin x - \dfrac{1}{3}\sin^3 x + C.$

(5) 解 由积化和差公式，得 $\sin 2x \cos 3x = \dfrac{1}{2}(\sin 5x - \sin x)$，

所以 $\displaystyle\int \sin 2x \cos 3x\, dx = \dfrac{1}{2}\int(\sin 5x - \sin x)dx = -\dfrac{1}{10}\cos 5x + \dfrac{1}{2}\cos x + C.$

(6) 解 $\displaystyle\int \tan^3 x \sec x\, dx = \int(\sec^2 x - 1)d(\sec x) = \dfrac{1}{3}\sec^3 x - \sec x + C.$

(7) 解 令 $x = 3\tan t$，$dx = 3\sec^2 t\, dt$，

所以 $\displaystyle\int \dfrac{x^3}{9+x^2}dx = \int \dfrac{27\tan^3 t}{9\sec^2 t} \cdot 3\sec^2 t\, dt = 9\int \tan^3 t\, dt$

$= 9\displaystyle\int(\sec^2 t - 1)\tan t\, dt = 9\int \sec t\, d(\sec t) - 9\int \tan t\, dt$

$= \dfrac{9}{2}\sec^2 t + 9\ln|\cos t| + C.$

因为 $\tan t = \dfrac{x}{3}$，所以 $\sec t = \dfrac{\sqrt{9+x^2}}{3}$，$\cos t = \dfrac{3}{\sqrt{9+x^2}}$，

所以 $\displaystyle\int \dfrac{x^3}{9+x^2}dx = \dfrac{9+x^2}{2} + 9\ln\left|\dfrac{3}{\sqrt{9+x^2}}\right| + C.$

(8) 解 $\displaystyle\int \dfrac{1}{3\cos^2 x + 4\sin^2 x}dx = \int \dfrac{\sec^2 x}{3 + 4\tan^2 x}dx = \dfrac{1}{3}\int \dfrac{d(\tan x)}{1+\left(\dfrac{2}{\sqrt{3}}\tan x\right)^2}$

$= \dfrac{1}{2\sqrt{3}}\displaystyle\int \dfrac{d\left(\dfrac{2}{\sqrt{3}}\tan x\right)}{1+\left(\dfrac{2}{\sqrt{3}}\tan x\right)^2} = \dfrac{1}{2\sqrt{3}}\arctan\left(\dfrac{2}{\sqrt{3}}\tan x\right) + C.$

(9) 解 $\displaystyle\int \dfrac{10^{2\arccos x}}{\sqrt{1-x^2}}dx = \int 10^{2\arccos x}\, d(\arcsin x) = \int 10^{2\left(\frac{\pi}{2}-\arcsin x\right)}d(\arcsin x)$

$= \displaystyle\int \dfrac{10^{\pi}}{10^{2\arcsin x}}d(\arcsin x) = -\dfrac{1}{2}\cdot 10^{\pi}\int 10^{-2\arcsin x}d(-2\arcsin x)$

$= -\dfrac{1}{2}\cdot 10^{\pi}\cdot \dfrac{10^{-2\arcsin x}}{\ln 10} + C.$

(10) 解 $\int \dfrac{\arctan\sqrt{x}}{\sqrt{x}(1+x)}dx = 2\int \arctan\sqrt{x}\,d(\arctan\sqrt{x}) = \arctan^2\sqrt{x} + C.$

2.(1) 解 令 $\sqrt{x}=t$,则 $x=t^2, dx=2t\,dt$,

$\int \dfrac{1}{1+\sqrt{x}}dx = \int \dfrac{2t}{1+t}dt$

$\qquad = 2\int \dfrac{t+1-1}{t+1}dt$

$\qquad = 2\int \left(1+\dfrac{1}{t+1}\right)dt$

$\qquad = 2(t - \ln|t+1|) + C$

$\qquad = 2\sqrt{x} - 2\ln(\sqrt{x}+1) + C.$

(2) 解 令 $\sqrt{1-x}=t, x=1-t^2, dx=-2t\,dt.$

原式 $= \int \dfrac{-2t}{(1+t^2)\cdot t}dt$

$\qquad = -2\int \dfrac{1}{1+t^2}dt$

$\qquad = -2\arctan t + C$

$\qquad = -2\arctan\sqrt{1-x} + C.$

(3) 解 令 $\sqrt{x-3}=t, x=t^2+3, dx=2t\,dt$

所以 $\int \dfrac{x}{\sqrt{x-3}}dx = \int \dfrac{t^2+3}{t}2t\,dt.$

原式 $= 2\int (t^2+3)dt.$

$\qquad = 2\left(\dfrac{t^3}{3}+3t\right) + C$

$\qquad = \dfrac{2}{3}(x-3)^{\frac{3}{2}} + 6(x-3)^{\frac{1}{2}} + C.$

(4) 解 被积函数定义域 $(-\infty, -a) \cup (a, +\infty).$

当 $x > a$ 时,令 $x = a\sec t\left(0 < t < \dfrac{\pi}{2}\right),$

$dx = a\sec t \cdot \tan t\,dt,$

所以 $\int \dfrac{1}{\sqrt{x^2-a^2}}dx = \int \dfrac{a\sec t \cdot \tan t}{a\tan t}dt$

$\qquad = \int \sec t\,dt = \ln|\sec t + \tan t| + C_1.$

又因为 $\sec t = \dfrac{x}{a}, \tan t = \dfrac{\sqrt{x^2-a^2}}{a},$

所以原式 $= \ln|x+\sqrt{x^2-a^2}| + C.$

当 $x < -a$ 时,同理可得,

原式 $= \ln|x + \sqrt{x^2 - a^2}| + C$.

(5) **解** 令 $x = \tan t$,则 $dx = \sec^2 t\, dt$, $t = \arctan x$.

$$\text{原式} = \int \frac{\sec^2 t\, dt}{\sqrt{(\tan^2 t + 1)}} = \int \frac{\sec^2 t}{\sec t} = \int \sec t\, dt$$
$$= \ln|\sec t + \tan t| + C$$
$$= \ln|x + \sqrt{x^2 + 1}| + C.$$

(6) **解** 令 $t = \sqrt{2x+1}$, $2x = t^2 - 1$, $x = \dfrac{t^2 - 1}{2}$,所以 $dx = t\, dt$,

所以 $\int \dfrac{1}{1 + \sqrt{2x+1}} dx = \int \dfrac{t}{1+t} dt = \int \dfrac{1+t-1}{1+t} dt = \int \left(1 - \dfrac{1}{1+t}\right) dt = t - \ln|1+t| + C = \sqrt{2x+1} - \ln(1 + \sqrt{2x+1}) + C.$

(7) **解** 令 $x = \dfrac{1}{t}$, $dx = -\dfrac{1}{t^2} dt$,

所以 $\int \dfrac{1}{x(x^7 + 2)} dx = \int \dfrac{-\dfrac{1}{t^2}}{\dfrac{1}{t}\left(\dfrac{1}{t^7} + 2\right)} dt = -\int \dfrac{t^6}{2t^7 + 1} dt = -\dfrac{1}{14} \int \dfrac{1}{2t^7 + 1} dt$

$$= -\dfrac{1}{14} \ln|2t^7 + 1| + C = -\dfrac{1}{14} \ln\left|\dfrac{2}{x^7 + 1}\right| + C.$$

3. **解** 成本函数为 $C(x) = \int 3x\sqrt{x^2 + 1}\, dx = \dfrac{3}{2} \int (x^2+1)^{\frac{1}{2}} d(x^2 + 1) = (x^2 + 1)^{\frac{3}{2}} + K.$

又固定成本为 $C(0) = 10\,000$,有 $K = 9\,999$,故成本函数为 $C(x) = (x^2 + 1)^{\frac{3}{2}} + 9\,999.$

收益函数为 $R(x) = \int \dfrac{7}{2}(x^2 + 1)^{\frac{3}{4}} dx = (x^2 + 1)^{\frac{7}{4}} + K_1.$ 显然,$R(0) = 0$,故 $K_1 = -1$,

从而收益函数为 $R(x) = (x^2 + 1)^{\frac{7}{4}} - 1.$

P99 习题 4.3

1. **解**(1) $\int x e^x\, dx = \int x\, de^x = x e^x - \int e^x\, dx = x e^x - e^x + C.$

(2) $\int \arctan x\, dx = x \arctan x - \int \dfrac{x}{1 + x^2} dx = x \arctan x - \dfrac{1}{2} \ln(1 + x^2) + C.$

(3) $\int \ln x\, dx = x \ln x - \int x \cdot \dfrac{1}{x} dx = x \ln x - x + C.$

(4) $\int x^2 \arctan x\, dx = \dfrac{1}{3} \int \arctan x\, d(x^3) = \dfrac{1}{3} x^3 \arctan x - \dfrac{1}{3} \int \dfrac{x^3}{1 + x^2} dx$

$$= \dfrac{1}{3} x^3 \arctan x - \dfrac{1}{6} \int \dfrac{x^2}{1 + x^2} d(x^2) = \dfrac{1}{3} x^3 \arctan x - \dfrac{1}{6} \int \dfrac{x^2 + 1 - 1}{1 + x^2} d(x^2)$$

$$= \dfrac{1}{3} x^3 \arctan x - \dfrac{1}{6} x^2 + \dfrac{1}{6} \ln(1 + x^2) + C.$$

(5) $\int x^2 \cos x \, dx = \int x^2 d(\sin x) = x^2 \sin x - 2\int x \sin x \, dx = x^2 \sin x + 2\int x \, d(\cos x)$
$= x^2 \sin x + 2x \cos x + 2\sin x + C.$

(6) $\int \ln^2 x \, dx = x \ln^2 x - 2\int \ln x \, dx = x \ln^2 x - 2x \ln x + 2x + C.$

2. 解 $\int e^{-2x} \sin \frac{x}{2} dx = -\frac{1}{2}\int \sin \frac{x}{2} d(e^{-2x}) = -\frac{1}{2} e^{-2x} \sin \frac{x}{2} + \frac{1}{4}\int e^{-2x} \cos \frac{x}{2} dx =$
$-\frac{1}{2} e^{-2x} \sin \frac{x}{2} - \frac{1}{8}\int \cos \frac{x}{2} d(e^{-2x}) = -\frac{1}{2} e^{-2x} \sin \frac{x}{2} - \frac{1}{8} e^{-2x} \cos \frac{x}{2} - \frac{1}{16}\int e^{-2x} \sin \frac{x}{2}.$

所以 $\frac{17}{16}\int e^{-2x} \sin \frac{x}{2} dx = -\frac{1}{8} e^{-2x} \left(4\sin \frac{x}{2} + \cos \frac{x}{2}\right),$

所以 $\int e^{-2x} \sin \frac{x}{2} dx = -\frac{2}{17} e^{-2x} \left(4\sin \frac{x}{2} + \cos \frac{x}{2}\right) + C.$

P103 课中小测验

解 因为 $\frac{1}{x(x^2+1)} = \frac{A}{x} + \frac{Bx+C}{x^2+1} = \frac{Ax^2+A+Bx^2+Cx}{x(x^2+1)} = \frac{(A+B)x^2+Cx+A}{x(x^2+1)}.$

所以 $A+B=0, C=0, A=1 \Rightarrow A=1, B=-1, C=0,$

所以 $\int \frac{dx}{x(x^2+1)} = \int \left(\frac{1}{x} - \frac{x}{x^2+1}\right) dx = \int \frac{1}{x} dx - \frac{1}{2}\int \frac{d(x^2+1)}{x^2+1} = \ln|x| - \frac{1}{2}\ln(x^2+1) + C.$

P103 习题 4.4

1. 解 (1) 令 $t = x+3, x = t-3, dx = dt,$

所以 $\int \frac{x^3}{x+3} dx = \int \frac{(t-3)^3}{t} dt = \int \frac{t^3 - 9t^2 + 27t - 27}{t} dt = \frac{1}{3}t^3 - \frac{9}{2}t^2 + 27t - 27\ln|t| + C$
$= \frac{1}{3}(x+3)^3 - \frac{9}{2}(x+3)^2 + 27(x+3) - 27\ln|x+3| + C.$

(2) $\int \frac{2x+3}{x^2+3x-10} dx = \int \frac{d(x^2+3x-10)}{x^2+3x-10} = \ln|x^2+3x-10| + C.$

2. 解 因为 $\frac{1}{(x^2+a^2)(x^2+b^2)} = \frac{A}{x^2+a^2} + \frac{B}{x^2+b^2} \Rightarrow \begin{cases} A = \frac{1}{b^2-a^2}, \\ B = \frac{1}{a^2-b^2} \end{cases}$

所以 $\int \frac{dx}{(x^2+a^2)(x^2+b^2)} = \frac{1}{b^2-a^2}\int \frac{dx}{x^2+a^2} + \frac{1}{a^2-b^2}\int \frac{dx}{x^2+b^2}$
$= \frac{1}{a(b^2-a^2)} \arctan \frac{x}{a} + \frac{1}{b(a^2-b^2)} \arctan \frac{x}{b} + C.$

P107 复习题 4

1. 解 (1) $\int \frac{dx}{x^2} = -\frac{1}{x} + C.$

(2) $\int \frac{1}{x^2 \sqrt{x}} dx = \int x^{-\frac{5}{2}} dx = -\frac{2}{3} x^{-\frac{3}{2}} + C.$

(3) $\int (x-2)^2 dx = \int (x^2 - 4x + 4) dx = \frac{1}{3}x^3 - 2x^2 + 4x + C.$

(4) $\int \frac{x^2}{1+x^2} dx = \int \frac{x^2+1-1}{x^2+1} dx = x - \arctan x + C.$

(5) $\int \frac{2 \cdot 3^x - 5 \cdot 2^x}{3^x} dx = \int \left[2 - 5 \cdot \left(\frac{2}{3}\right)^x \right] dx = 2x - \frac{5\left(\frac{2}{3}\right)^x}{\ln 2 - \ln 3} + C.$

(6) $\int \frac{\cos 2x}{\cos^2 x \sin^2 x} dx = \int \frac{\cos^2 x - \sin^2 x}{\cos^2 x \sin^2 x} dx = \int \frac{1 - \tan^2 x}{\sin^2 x} dx = \int (\csc^2 x - \sec^2 x) dx$
$= -\cot x - \tan x + C.$

(7) $\int \left(2e^x + \frac{3}{x}\right) dx = 2e^x + 3\ln|x| + C.$

(8) $\int \left(1 - \frac{1}{x^2}\right) \sqrt{x\sqrt{x}} \, dx = \int \left(1 - \frac{1}{x^2}\right) x^{\frac{3}{4}} dx = \int (x^{\frac{3}{4}} - x^{-\frac{5}{4}}) dx = \frac{4}{7} x^{\frac{7}{4}} + 4x^{-\frac{1}{4}} + C.$

2. **解** (1) $\int (3-2x)^3 dx = -\frac{1}{2} \int (3-2x)^3 d(3-2x) = -\frac{1}{8}(3-2x)^4 + C.$

(2) $\int \frac{dx}{\sqrt[3]{2-3x}} = -\frac{1}{3} \int (2-3x)^{-\frac{1}{3}} d(2-3x) = -\frac{1}{2}(2-3x)^{\frac{2}{3}} + C.$

(3) $\int \frac{\sin \sqrt{t}}{\sqrt{t}} dt = 2 \int \sin \sqrt{t} \, d(\sqrt{t}) = -2\cos\sqrt{t} + C.$

(4) $\int \frac{dx}{x \ln x \ln(\ln x)} = \int \frac{d[\ln(\ln x)]}{\ln(\ln x)} = \ln|\ln(\ln x)| + C.$

(5) $\int \frac{dx}{\cos x \sin x} = \int \frac{dx}{\frac{1}{2}\sin 2x} = 2\int \csc 2x \, dx = 2\int \csc 2x \, d(2x) = \ln|\csc 2x - \cot 2x| + C.$

(6) $\int \frac{dx}{e^x + e^{-x}} = \int \frac{e^x dx}{e^{2x} + 1} = \int \frac{d(e^x)}{1 + (e^x)^2} = \arctan e^x + C.$

(7) $\int x \cos x^2 \, dx = \frac{1}{2} \int \cos x^2 \, d(x^2) = \frac{1}{2} \sin x^2 + C.$

(8) 令 $t = 1 - x^4$, $dt = -4x^3 dx$,

所以 $\int \frac{3x^3}{1-x^4} dx = -\frac{3}{4} \int \frac{dt}{t} = -\frac{3}{4} \ln|t| + C = -\frac{3}{4} \ln|1 - x^4| + C.$

(9) $\int \frac{\sin x}{\cos^2 x} dx = -\int \frac{d(\cos x)}{\cos^2 x} = \frac{1}{\cos x} + C.$

(10) $\int \frac{1}{\sqrt{9 - 4x^2}} dx = \int \left(\frac{1}{\sqrt{9-4x^2}}\right) dx$

$= \frac{1}{2} \int \frac{1}{\sqrt{1 - \left(\frac{2}{3}x\right)^2}} d\left(\frac{2}{3}x\right)$

$= \frac{1}{2} \arcsin\left(\frac{2}{3}x\right) + C.$

3.解 (1) 令 $t=\sqrt{1+x^2}$,所以 $x=\sqrt{t^2-1}$, $dx=\dfrac{t}{\sqrt{t^2-1}}dt$,

所以 $\displaystyle\int\dfrac{1}{x\sqrt{1+x^2}}dx=\int\dfrac{1}{t\cdot\sqrt{t^2-1}}\cdot\dfrac{t}{\sqrt{t^2-1}}dt=\int\dfrac{dt}{t^2-1}=-\dfrac{1}{2}\int\left(\dfrac{1}{t+1}-\dfrac{1}{t-1}\right)dt$

$\qquad\qquad=-\dfrac{1}{2}\ln|t+1|+\dfrac{1}{2}\ln|t-1|+C=\dfrac{1}{2}\ln\left|\dfrac{t-1}{t+1}\right|+C$

$\qquad\qquad=\dfrac{1}{2}\ln\left|\dfrac{\sqrt{1+x^2}-1}{\sqrt{1+x^2}+1}\right|+C.$

(2) 令 $x=2\sec t$,则 $dx=2\sec t\cdot\tan t\,dt$

原式 $=\displaystyle\int\dfrac{\sqrt{4(\sec^2 t-1)}\cdot 2\sec t\cdot\tan t}{2\sec t}dt$

$\qquad=\displaystyle\int 2\tan^2 t\,dt=\int 2(\sec^2 t-1)dt$

$\qquad=2\tan t-2t+C$

$\qquad=\sqrt{x^2-4}-2\arctan\dfrac{\sqrt{x^2-4}}{2}+C.$

(3) 令 $x=a\sin t$,则 $dx=a\cos t\,dt$.

原式 $=\displaystyle\int\dfrac{a^2\sin^2 t\cdot a\cos t\,dt}{\sqrt{a^2-a^2\sin^2 t}}$

$\qquad=\displaystyle\int a^2\sin^2 t\,dt=a^2\int\dfrac{1-\cos 2t}{2}dt$

$\qquad=\dfrac{a^2}{2}\left[\int 1\,dt-\dfrac{1}{2}\int\cos 2t\,d(2t)\right]$

$\qquad=\dfrac{a^2}{2}t-\dfrac{a^2}{4}\sin 2t+C$

$\qquad=\dfrac{a^2}{2}\arcsin\dfrac{x}{a}-\dfrac{a^2}{4}\cdot 2\cdot\dfrac{x}{a}\cdot\dfrac{\sqrt{a^2-x^2}}{a}+C$

$\qquad=\dfrac{a^2}{2}\arcsin\dfrac{x}{a}-\dfrac{x}{2}\sqrt{a^2-x^2}+C.$

(4) 令 $x=\tan t$,则 $dx=\sec^2 t\,dt$, $t=\arctan x$.

原式 $=\displaystyle\int\dfrac{\sec^2 t\,dt}{\sqrt{(\tan^2 t+1)^3}}=\int\dfrac{\sec^2 t\,dt}{\sec^3 t}=\int\cos t\,dt$

$\qquad=\sin t+C=\dfrac{x}{\sqrt{x^2+1}}+C.$

(5) 令 $x=\sin t$,则 $dx=\cos t\,dt$, $t=\arcsin x$.

原式 $=\displaystyle\int\dfrac{\cos t\,dt}{\sin t+\cos t}=\int\dfrac{\cos t(\sin t+\cos t)dt}{(\sin t+\cos t)^2}=\dfrac{1}{2}\int\dfrac{\sin 2t+\cos 2t+1}{1+\sin 2t}dt$

$\qquad=\dfrac{1}{2}\left(\displaystyle\int dt+\int\dfrac{\cos 2t}{1+\sin 2t}dt\right)=\dfrac{1}{2}\left[t+\dfrac{1}{2}\int\dfrac{d(\sin 2t)}{1+\sin 2t}\right]$

$$= \frac{1}{2}t + \frac{1}{4}\ln(1+\sin 2t) + C = \frac{1}{2}t + \frac{1}{2}\ln\sqrt{\cos^2 t + 2\sin t\cos t + \sin^2 t} + C$$

$$= \frac{1}{2}t + \frac{1}{2}\ln|\sin t + \cos t| + C$$

$$= \frac{1}{2}\arcsin x + \frac{1}{2}\ln|x + \sqrt{1-x^2}| + C.$$

4. 解 (1) $\int e^x \cos x \, dx = \int e^x d(\sin x) = e^x \sin x - \int \sin x \, d(e^x) = e^x \sin x - \int e^x \sin x \, dx$

$$= e^x \sin x + \int e^x d(\cos x) = e^x \sin x + e^x \cos x - \int \cos x \, d(e^x)$$

$$= e^x \sin x + e^x \cos x - \int e^x \cos x \, dx.$$

所以 $\int e^x \cos x \, dx = \frac{1}{2} e^x (\sin x + \cos x) + C.$

(2) $\int \cos^2 \frac{x}{2} dx = \int \frac{\cos x + 1}{2} dx = \frac{1}{2} \int (\cos x + 1) dx = \frac{1}{2} \sin x + \frac{1}{2} x + C.$

(3) $\int \sqrt{1-\sin 2x} \, dx = \int \sqrt{(\sin x - \cos x)^2} \, dx = \int |\sin x - \cos x| \, dx$

$$= \begin{cases} -\cos x - \sin x + C, & \sin x \geqslant \cos x \\ \sin x + \cos x + C, & \sin x \leqslant \cos x \end{cases}.$$

5. 解 (1) 令 $t = \frac{1}{x}, x = \frac{1}{t}, dx = -\frac{1}{t^2} dt.$

所以 $\int \frac{\sqrt{\arctan \frac{1}{x}}}{1+x^2} dx = -\int \frac{\sqrt{\arctan t}}{1+\frac{1}{t^2}} \cdot \frac{1}{t^2} dt = -\int \frac{\sqrt{\arctan t}}{1+t^2} dt = -\int \sqrt{\arctan t} \, d(\arctan t)$

$$= -\frac{2}{3}(\arctan t)^{\frac{3}{2}} + C = -\frac{2}{3}\left(\arctan \frac{1}{x}\right)^{\frac{3}{2}} + C.$$

(2) $\int \frac{\ln x}{x\sqrt{1+\ln x}} dx = \int \frac{\ln x}{\sqrt{1+\ln x}} d(\ln x) = \int \frac{\ln x + 1 - 1}{\sqrt{1+\ln x}} d(\ln x)$

$$= \int \sqrt{1+\ln x} \, d(\ln x) - \int \frac{d(\ln x)}{\sqrt{1+\ln x}} = \frac{2}{3}(1+\ln x)^{\frac{3}{2}} -$$

$$2(1+\ln x)^{\frac{1}{2}} + C.$$

(3) 令 $x = \tan t, dx = \sec^2 t \, dt.$

所以 $\int \frac{x e^{\arctan x}}{(1+x^2)^{\frac{3}{2}}} dx = \int \frac{\tan t \, e^t}{\sec^3 t} \cdot \sec^2 t \, dt = \int e^t \sin t \, dt = -\int e^t d(\cos t) = -e^t \cos t + \int e^t \cos t \, dt$

$$= -e^t \cos t + e^t \sin t - \int e^t \sin t \, dt.$$

所以 $2\int e^t \sin t \, dt = e^t(\sin t - \cos t) \Rightarrow \int e^t \sin t \, dt = \frac{1}{2} e^t(\sin t - \cos t) + C$,

所以 $\int \dfrac{x \, e^{\arctan x}}{(1+x^2)^{\frac{3}{2}}} dx = \dfrac{1}{2} e^t(\sin t - \cos t) + C = \dfrac{1}{2} e^{\arctan x} \dfrac{x-1}{\sqrt{1+x^2}} + C$.

第5章 定积分及其应用

P114 课中小测验

1.解 因为 $y = x$ 在 $[0,1]$ 上连续,所以可积.将 $[0,1]$ 分成 n 等份,并且取每一个小区间的右端点的值为 ξ_i,即 $\xi_i = \dfrac{i}{n}(i=1,2,\cdots,n)$,则 $\Delta x_i = \dfrac{1}{n}$,而 $f(\xi_i) = \dfrac{i}{n}$.

作乘积 $f(\xi_i)\Delta x_i = \dfrac{i}{n} \cdot \dfrac{1}{n} = \dfrac{i}{n^2}$,

于是积分和为 $\sum\limits_{i=1}^{n} f(\xi_i)\Delta x_i = \sum\limits_{i=1}^{n} \dfrac{i}{n^2} = \dfrac{1+2+\cdots+n}{n^2} = \dfrac{n+1}{2n}$.

由于 $\lambda \to 0$ 与 $n \to \infty$ 是等价的,所以,对上式取极限,得定积分为 $\int_0^1 x \, dx = \lim\limits_{n\to\infty} \dfrac{n+1}{2n} = \dfrac{1}{2}$.

2.解 因为 $y = x^2 - 3x$ 在 $[-7,5]$ 上连续,所以可积.根据定积分的定义,知

$$\lim_{\lambda \to 0} \sum_{i=1}^{n}(\xi_i^2 - 3\xi_i)\Delta x_i = \int_{-7}^{5}(x^2 - 3x) \, dx.$$

P116 课中小测验

解 (1) 由定积分的几何意义知, $\int_0^1 2x \, dx$ 在数值上等于由直线 $y = 2x$, $x = 1$ 及 x 轴所围成的三角形的面积为 1.

(2) 由定积分的几何意义知, $\int_{-1}^{1} \sin x \, dx$ 在数值上等于由曲线 $y = \sin x$ 和直线 $x = -1$, $x = 1$ 及 x 轴所围成的图形的面积代数和为 0. $\int_{-1}^{0} \sin x \, dx$ 在数值上等于由曲线 $y = \sin x$ 直线 $x = -1$ 及 x 轴所围成曲边三角形的面积的负值, $\int_0^1 \sin x \, dx$ 在数值上等于由曲线 $y = \sin x$, 直线 $x = 1$ 及 x 轴所围成曲边三角形的面积的正值,两个面积相等.

P117 课中小测验

1.解 由定积分关于区间的可加性,得

$$\int_0^3 f(x) \, dx = \int_0^1 2x \, dx + \int_1^3 1 \, dx = x^2 \Big|_0^1 + x \Big|_1^3 = 3.$$

2 解 在 $[1,4]$ 上, $1 \leqslant x^2 + 1 \leqslant 17$,所以由估值定理可知 $3 \leqslant \int_1^4 (x^2+1) \, dx \leqslant 17(4-1) = 51$.

习题 5.1

1.**解** （1）$\int_{-\frac{\pi}{2}}^{\frac{\pi}{2}} \sin x \, dx$ 的值应该等于由 $y=\sin x, x=\frac{\pi}{2}, x=-\frac{\pi}{2}, y=0$ 所围成图形的面积,如图所示,所围成的图形关于原点对称,所以 x 轴上方的面积和 x 轴下方的图形面积相等,所以 $\int_{-\frac{\pi}{2}}^{\frac{\pi}{2}} \sin x \, dx = 0$.（面积等于 x 上方图形面积减去 x 轴下方图形面积）

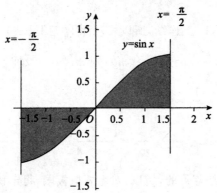

（2）$\int_{0}^{1} \sqrt{1-x^2} \, dx$ 的值应该等于由 $y=\sqrt{1-x^2}, x=0, x=1, y=0$ 所围成的图形的面积,如图所示,围成的图形是以原点为圆心,1 为半径的圆的 $\frac{1}{4}$,

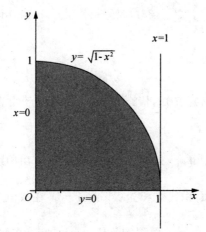

所以面积为 $\frac{\pi}{4}$,故 $\int_{0}^{1} \sqrt{1-x^2} \, dx = \frac{\pi}{4}$.

（3）$\int_{-1}^{1} 5 \, dx$ 的值等于由 $y=5, x=-1, x=1, y=0$ 所围成的图形的面积,如图所示,围成的图形是一个矩形,故 $\int_{-1}^{1} 5 \, dx = 2 \times 5 = 10$.

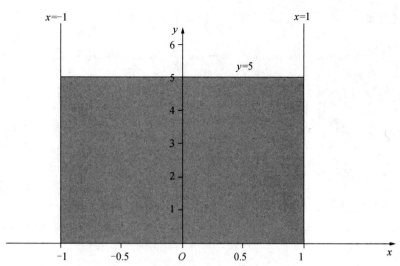

2.解 $y=5x$ 是 $[0,1]$ 的连续函数,故可积,因此为方便计算,可以对 $[0,1]$ n 等分,分点 $x_i=\dfrac{i}{n}, i=1,2,\cdots,n$; ξ_i 取相应小区间的右端点,故 $\sum\limits_{i=1}^{n}f(\xi_i)\Delta x_i = \sum\limits_{i=1}^{n}5\xi_i\Delta x_i = \sum\limits_{i=1}^{n}5\,\dfrac{i}{n}\cdot\dfrac{1}{n} = 5\,\dfrac{1}{n^2}\sum\limits_{i=1}^{n}i = 5\,\dfrac{1}{n^2}(1+2+3+\cdots+n) = 5\,\dfrac{1}{n^2}\dfrac{n(n+1)}{2} = 5\,\dfrac{n+1}{2n} = \dfrac{5n+5}{2n}$.

$\lambda\to 0$ 时(即 $n\to\infty$ 时),由定积分的定义得 $\int_0^1 5x\,\mathrm{d}x = \lim\limits_{\lambda\to 0}\dfrac{5n+5}{2n} = \dfrac{5}{2}$.

3.解 (1) 因为在区间 $[0,1]$ 上,$\sqrt{x}\geqslant x^2$,所以由性质 5 的推论 1,可知 $\int_0^1\sqrt{x}\,\mathrm{d}x \geqslant \int_0^1 x^2\,\mathrm{d}x$.(定积分的保号性)

(2) 因为在区间 $[0,1]$ 上,$\mathrm{e}^x\geqslant x$,所以 $\int_0^1 \mathrm{e}^x\,\mathrm{d}x \geqslant \int_0^1 x\,\mathrm{d}x$.(定积分的保号性)

P119 课中小测验

1. $\dfrac{\mathrm{d}}{\mathrm{d}x}\left(\int_0^x \cos^2 t\,\mathrm{d}t\right) = \cos^2 x$.

2. $\dfrac{\mathrm{d}}{\mathrm{d}x}\left(\int_1^{x^2} \mathrm{e}^t\,\mathrm{d}t\right) = 2x\,\mathrm{e}^{x^2}$.

P120 课中小测验

1. $\int_0^2 |x-1|\,\mathrm{d}x = \int_0^1 (1-x)\,\mathrm{d}x + \int_1^2 (x-1)\,\mathrm{d}x = \left(x-\dfrac{1}{2}x^2\right)\Big|_0^1 + \left(\dfrac{1}{2}x^2-x\right)\Big|_1^2 = 1$.

2. $\int_1^2 \left(x^2+\dfrac{1}{x^4}\right)\mathrm{d}x = \dfrac{1}{3}(x^3-x^{-3})\Big|_1^2 = \dfrac{7}{24}$.

P120 习题 5.2

1.**解** (1) $\int_0^{\frac{\pi}{2}} \sin x \, dx = -\cos x \Big|_0^{\frac{\pi}{2}} = -\cos\frac{\pi}{2} + \cos 0 = 0 + 1 = 1.$

(2) $\int_2^3 x^3 \, dx = \frac{1}{4}x^4 \Big|_2^3 = \frac{1}{4} \times 3^4 - \frac{1}{4} \times 2^4 = \frac{65}{4}.$

(3) $\int_0^3 f(x) \, dx = \int_0^1 (x^2+1) \, dx + \int_1^3 (3-x) \, dx$

$\quad = \left(\frac{1}{3}x^3 + x\right) \Big|_0^1 + \left(3x - \frac{1}{2}x^2\right) \Big|_1^3$

$\quad = \frac{1}{3} + 1 + 9 - \frac{1}{2} \times 9 - 3 + \frac{1}{2}$

$\quad = \frac{10}{3}.$

(4) $\int_{-2}^1 \max\{x, x^2\} \, dx = \int_{-2}^0 x^2 \, dx + \int_0^1 x \, dx$

$\quad = \frac{1}{3}x^3 \Big|_{-2}^0 + \frac{1}{2}x^2 \Big|_0^1$

$\quad = \frac{19}{6}.$

2.**解** 由 $y = x^2, x = 0, x = 1, y = 0$ 所围图形如下图所示.

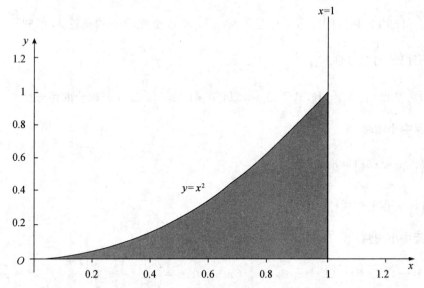

由定积分的几何意义可知,其面积即为 $\int_0^1 x^2 \, dx = \frac{1}{3}x^3 \Big|_0^1 = \frac{1}{3}.$

3.**解** 因为 $y' = \sin x$,所以 $y'(0) = \sin 0 = 0, y'\left(\frac{\pi}{4}\right) = \sin\frac{\pi}{4} = \frac{\sqrt{2}}{2}.$

4.**解** (1) $\lim_{x \to 0} \frac{\int_0^x \cos t^2 \, dt}{x} = \lim_{x \to 0} \frac{\left(\int_0^x \cos t^2 \, dt\right)'}{x'} = \lim_{x \to 0} \cos x^2 = 1.$

(2) $\lim\limits_{x \to 0} \dfrac{\int_0^x \arctan t \, dt}{x^2} = \lim\limits_{x \to 0} \dfrac{\arctan x}{2x} = \dfrac{1}{2} \lim\limits_{x \to 0} \dfrac{1}{1+x^2} = \dfrac{1}{2}.$

P122 课中小测验

1. $\int_{\frac{\pi}{3}}^{\frac{4\pi}{3}} \sin\left(x + \dfrac{\pi}{3}\right) dx = \int_{\frac{2\pi}{3}}^{\frac{4\pi}{3}} \sin t \, dt = (-\cos t) \Big|_{\frac{2\pi}{3}}^{\frac{4\pi}{3}} = 0.$

2. $\int_{-1}^{1} (|x| + \sin x) x^2 \, dx = \int_{-1}^{1} |x| x^2 \, dx = 2\int_0^1 x^3 \, dx = \dfrac{1}{2}.$

P123 课中小测验

$\int_0^1 x e^{-x} \, dx = -\int_0^1 x \, de^{-x} = (-x e^{-x}) \Big|_0^1 + \int_0^1 e^{-x} \, dx = -e^{-1} + (-e^{-x}) \Big|_0^1 = 1 - 2e^{-1}.$

P123 习题 5.3

1. **解** (1) $\int_1^2 x \cos x \, dx = \int_1^2 x \, d(\sin x) = x \sin x \Big|_1^2 - \int_1^2 \sin x \, dx$

$= 2\sin 2 - \sin 1 + \cos x \Big|_1^2 = 2\sin 2 - \sin 1 + \cos 2 - \cos 1.$

(2) $\int_0^1 x e^{-2x} \, dx = -\dfrac{1}{2} \int_0^1 x \, de^{-2x} = -\dfrac{1}{2} x e^{-2x} \Big|_0^1 + \dfrac{1}{2} \int_0^1 e^{-2x} \, dx$

$= -\dfrac{1}{2} e^{-2} - \dfrac{1}{4} e^{-2x} \Big|_0^1 = -\dfrac{3}{4} e^{-2} + \dfrac{1}{4}.$

(3) 令 $\sqrt{x} = t$, 则 $x = t^2$, $dx = 2t \, dt$,

$\int_0^1 e^{-\sqrt{x}} \, dx = \int_0^1 e^{-t} \cdot 2t \, dt = -2\int_0^1 t \, de^{-t} = -2t e^{-t} \Big|_0^1 + 2\int_0^1 e^{-t} \, dt = -2e^{-1} - 2e^{-t} \Big|_0^1 = 2 - \dfrac{4}{e}.$

(4) 因为 $x^4 \sin x$ 为奇函数, 所以 $\int_{-\pi}^{\pi} x^4 \sin x \, dx = 0.$

2. **解** 令 $t = x - 2$, $\int_1^3 f(x-2) \, dx = \int_{-1}^1 f(t) \, dt = \int_{-1}^0 (1 + t^2) \, dt + \int_0^1 e^t \, dt = \left[t + \dfrac{t^3}{3}\right]_{-1}^0 +$

$e^t \Big|_0^1 = \dfrac{4}{3} + e - 1 = \dfrac{1}{3} + e.$

3. **证** $x = a + (b-a)t$, 则 $x = a$ 时, $t = 0$; $x = b$ 时, $t = 1$, $dx = (b-a) dt$.

故 $\int_a^b f(x) \, dx = \int_0^1 (b-a) f[a + (b-a)t] \, dt = (b-a) \int_0^1 f[a + (b-a)x] \, dx.$

P126 课中小测验

解 $A = \int_{-1}^2 (1 + x - x^2 + 1) \, dx = 6 + \dfrac{1}{2}(4-1) - \dfrac{1}{3}(8+1) = \dfrac{9}{2}.$

P128 课中小测验

解 $A = 2 \cdot \dfrac{1}{2} \int_0^{\pi} (1 + \cos \theta)^2 \, d\theta = \int_0^{\pi} (1 + \cos \theta)^2 \, d\theta$

$= 4\int_0^{\pi} \cos^4 \dfrac{\theta}{2} \, d\theta = 8\int_0^{\frac{\pi}{2}} \cos^4 t \, dt = 8 \cdot \dfrac{3}{4} \cdot \dfrac{1}{2} \cdot \dfrac{\pi}{2} = \dfrac{3\pi}{2}.$

P129 课中小测验

解 $V_x = \pi \int_0^2 x^6 \,dx = \frac{128\pi}{7}$.

$V_y = 8\pi \cdot 2^2 - \pi \int_0^8 y^{\frac{2}{3}} \,dy = \frac{64}{5}\pi$, 或 $V_y = 2\pi \int_0^2 x \cdot x^3 \,dx = \frac{64}{5}\pi$.

P130 课中小测验

解 $W = \int_1^3 (x^2 + 2x) \,dx = \frac{26}{3} - 8 = \frac{2}{3}$.

P130 习题 5.4

1. 解 由 $y = -x^2 + 4x - 3$ 得 $y' = -2x + 4$, $y'(0) = 4$, $y'(3) = -2$.

抛物线在点 $(0, -3)$ 处的切线方程为 $y = 4x - 3$;在点 $(3, 0)$ 处的切线方程为 $y = -2x + 6$;两切线的交点坐标为 $\left(\frac{3}{2}, 3\right)$. 故面积

$$A = \int_0^{\frac{3}{2}} [(4x-3) - (-x^2 + 4x - 3)] \,dx + \int_{\frac{3}{2}}^3 [(-2x+6) - (-x^2 + 4x - 3)] \,dx = \frac{9}{4}.$$

2. 解 两曲线的交点由 $\begin{cases} r = 3\cos\theta \\ r = 1 + \cos\theta \end{cases}$, 解得 $\begin{cases} \theta = \frac{\pi}{3} \\ r = \frac{3}{2} \end{cases}$ 及 $\begin{cases} \theta = -\frac{\pi}{3} \\ r = \frac{3}{2} \end{cases}$;

故 $A = 2\left[\int_0^{\frac{\pi}{3}} \frac{1}{2}(1+\cos\theta)^2 \,d\theta + \int_{\frac{\pi}{3}}^{\frac{\pi}{2}} \frac{1}{2}(3\cos\theta)^2 \,d\theta\right]$

$= \int_0^{\frac{\pi}{3}} \left(1 + 2\cos\theta + \frac{1+\cos 2\theta}{2}\right) d\theta + \frac{9}{2} \int_{\frac{\pi}{3}}^{\frac{\pi}{2}} (1+\cos 2\theta) \,d\theta = \frac{5\pi}{4}$.

3. 解 取积分变量为 x, 为求积分区间解方程组为 $\begin{cases} x^2 + y^2 = 2 \\ y = x^2 \end{cases}$,

得圆与抛物线的两个交点为 $\begin{cases} x = 1 \\ y = 1 \end{cases}$, $\begin{cases} x = -1 \\ y = 1 \end{cases}$, 所以积分区间为 $[-1, 1]$.

在区间 $[-1, 1]$ 上任取一小区间 $[x, x+dx]$, 与它对应的薄片体积近似 $[\pi(2-x^2) - \pi x^4] \,dx$, 从而得到体积微元 $dV = \pi[(2-x^2) - x^4] \,dx = \pi(2-x^2-x^4) \,dx$.

故 $V = \pi \int_{-1}^1 (2 - x^2 - x^4) \,dx = \frac{44}{15}\pi$.

4. 解 设铁钉击入木板的深度为 x, 所受阻力 $f = kx$ (k 为比例常数), 铁锤第一次将铁钉击入木板 1 cm, 所做的功为 $W = \int_0^1 kx \,dx = \frac{k}{2}$.

由于第二次锤击铁钉所做的功与第一次相等, 故有 $\int_1^x kt \,dt = \frac{k}{2}$.

其中, $x > 1$ 为两锤共将铁钉击入木板的深度, 即 $\frac{k}{2}(x^2 - 1) = \frac{k}{2}$.

解得 $x=\sqrt{2}$,所以第二锤将铁钉击入木板的深度为$(\sqrt{2}-1)$cm.

5.解 因为 $y=ax^2+bx+c$ 过原点,所以 $0=0+0+c$,即 $c=0$.

又由题知 $S=\int_0^1(ax^2+bx)dx=\frac{1}{3}$,即 $\left(\frac{1}{3}ax^3+\frac{1}{2}bx^2\right)\Big|_0^1=\frac{1}{3}$,

即 $\frac{1}{3}a+\frac{1}{2}b=\frac{1}{3}$ ①,

由旋转体体积计算公式知,

$$V=\pi\int_0^1(ax^2+bx)^2dx$$
$$=\pi\int_0^1(a^2x^4+2abx^3+b^2x^2)dx$$
$$=\pi\left(\frac{a^2}{5}x^5+\frac{2ab}{4}x^4+\frac{b^2}{3}x^3\right)\Big|_0^1$$
$$=\pi\left(\frac{a^2}{5}+\frac{ab}{2}+\frac{b^2}{3}\right) ②.$$

由①式知 $b=\frac{2(1-a)}{3}$,

代入②式得 $V=\pi\left(\frac{2}{135}a^2+\frac{1}{27}a+\frac{4}{27}\right)$,

所以 $V'(a)=\pi\left(\frac{4}{135}a+\frac{1}{27}\right)$.

令 $V'(a)=0$ 得 $a=-\frac{5}{4}$,又因为 $V''(a)=\frac{4\pi}{135}>0$,

即 $a=-\frac{5}{4}$ 是 $V(a)$ 的唯一极小值点,即 $a=-\frac{5}{4}$ 是 $V(a)$ 的最小值点.

代入①式可得 $b=\frac{3}{2}$.

所以 $a=-\frac{5}{4},b=\frac{3}{2},c=0$.

6. 题设中加上注:$e^{0.48}\approx 1.616$.

解 前24个月的总产量为 $P=\int_0^{24}0.0849te^{-0.02t}dt=-50(50+t)e^{-0.02t}\Big|_0^{24}=2500-50(50+24)e^{-0.48}\approx 2500-3700\div 1.616\approx 210.40$(百万立方米).

P133 课中小测验

1.解 $\int_1^{+\infty}\frac{1}{\sqrt{x}}e^{-\sqrt{x}}dx=(-2e^{-\sqrt{x}})\Big|_1^{+\infty}=2e^{-1}$.

2.解 $\int_0^1\frac{1}{x^3}dx=\left(-\frac{1}{2}x^{-2}\right)\Big|_0^1=+\infty$,所以 $\int_0^1\frac{1}{x^3}dx$ 发散.

P134 习题 5.5

1.解 (1) $\int_1^{+\infty}e^{-100x}dx=-\frac{e^{-100x}}{100}\Big|_1^{+\infty}=0-\left(-\frac{e^{-100}}{100}\right)=\frac{1}{100}e^{-100}$;

(2) $\int_{-\infty}^{+\infty} \dfrac{1+x^2}{1+x^4} dx = 2\int_{0}^{+\infty} \dfrac{1+x^2}{1+x^4} dx = 2\int_{0}^{+\infty} \dfrac{\dfrac{1}{x^2}+1}{\dfrac{1}{x^2}+x^2} dx$

$\qquad = 2\int_{0}^{+\infty} \dfrac{1}{\left(x-\dfrac{1}{x}\right)^2+2} d\left(x-\dfrac{1}{x}\right)$

$\qquad = \dfrac{2}{\sqrt{2}}\arctan \dfrac{x-\dfrac{1}{x}}{\sqrt{2}} \Big|_{-\infty}^{+\infty} = \sqrt{2}\pi;$

(3) $\int_{1}^{+\infty} \dfrac{1}{(x+1)^3} dx = -\dfrac{1}{2}(x+1)^{-2} \Big|_{1}^{+\infty} = \dfrac{1}{8};$

(4) $\int_{0}^{6}(x-4)^{-\frac{2}{3}} dx = \int_{4}^{6}(x-4)^{-\frac{2}{3}} dx + \int_{0}^{4}(x-4)^{-\frac{2}{3}} dx$

$\qquad = 3(x-4)^{\frac{1}{3}} \big|_{4}^{6} + 3(x-4)^{\frac{1}{3}} \big|_{0}^{4} = 3\sqrt[3]{2}-0+0-3\sqrt[3]{-4} = 3(\sqrt[3]{2}+\sqrt[3]{4});$

(5) $\int_{0}^{+\infty} e^{-3x} dx = -\dfrac{1}{3} e^{-3x} \Big|_{0}^{+\infty} = \dfrac{1}{3};$

(6) $\int_{e}^{+\infty} \dfrac{1}{x\ln x} dx = \int_{e}^{+\infty} \dfrac{1}{\ln x} d(\ln x) = \ln(\ln x) \big|_{e}^{+\infty} = +\infty.$

2.解 因为 $\lim\limits_{x\to\infty}\left(\dfrac{1+x}{x}\right)^{ax} = \lim\limits_{x\to\infty}\left[\left(\dfrac{1+x}{x}\right)^{x}\right]^{a} = e^{a},$

$\int_{-\infty}^{a} t e^{t} dt = \lim\limits_{b\to -\infty}\int_{b}^{a} t e^{t} dt = \lim\limits_{b\to -\infty}\int_{b}^{a} t d(e^{t}) = \lim\limits_{b\to -\infty}\left(t e^{t}\big|_{b}^{a} - \int_{b}^{a} e^{t} dt\right)$

$\qquad = \lim\limits_{b\to -\infty}(a e^{a} - b e^{b} - e^{t}\big|_{b}^{a}) = \lim\limits_{b\to -\infty}(a e^{a} - b e^{b} - e^{a} + e^{b})$

$\qquad = \lim\limits_{b\to -\infty}[(a-1)e^{a} - e^{b}(b-1)] = \lim\limits_{b\to -\infty}[(a-1)e^{a}] - \lim\limits_{b\to -\infty}[e^{b}(b-1)]$

$\qquad = (a-1)e^{a} - \lim\limits_{b\to -\infty}\dfrac{b-1}{e^{-b}} = (a-1)e^{a}.$

由题知 $e^{a} = (a-1)e^{a},$

所以 $a-1=1,$ 即 $a=2.$

3.解 原式 $= \lim\limits_{a\to +\infty}\int_{1}^{a}\dfrac{dx}{x(x^2+1)} = \lim\limits_{a\to +\infty}\int_{1}^{a}\left(\dfrac{ax+b}{x^2+1}+\dfrac{c}{x}\right)dx.$

由待定系数法可知 $a=-1, b=0, c=1.$

原式 $= \lim\limits_{a\to +\infty}\int_{1}^{a}\left(\dfrac{1}{x}-\dfrac{x}{x^2+1}\right)dx = \lim\limits_{a\to +\infty}\left((\ln x)\big|_{1}^{a} - \dfrac{1}{2}\int_{1}^{a}\dfrac{d(x^2+1)}{x^2+1}\right)$

$\qquad = \lim\limits_{a\to +\infty}\left(\ln a - \dfrac{1}{2}\ln(1+x^2)\Big|_{1}^{a}\right) = \lim\limits_{a\to +\infty}(\ln a - \ln\sqrt{1+a^2} + \ln\sqrt{2})$

$\qquad = \lim\limits_{a\to +\infty}\left(\ln\dfrac{a}{\sqrt{1+a^2}} + \ln\sqrt{2}\right) = \ln\sqrt{2}.$

P137 复习题 5

1.(1)A；(2)C；(3)D；(4)A；(5)B；(6)C.

解 (1) $\int_0^1 f(x)\,dx = \int_{-1}^0 e^x\,dx + \int_0^2 x\,dx = e^x\big|_{-1}^0 + \dfrac{x^2}{2}\big|_0^2 = 1 - e^{-1} + 2 = 3 - e^{-1}$. 故选 A.

注：利用积分区间可加性.

(2) A 选项, $\int_0^1 x\,dx = \dfrac{x^2}{2}\Big|_0^1 = \dfrac{1}{2}$；

B 选项, $\int_0^1 (x+1)\,dx = \left(\dfrac{x^2}{2} + x\right)\Big|_0^1 = \dfrac{3}{2}$；

C 选项, $\int_0^1 1\,dx = x\big|_0^1 = 1$；

D 选项, $\int_0^1 \dfrac{1}{2}\,dx = \dfrac{1}{2}x\Big|_0^1 = \dfrac{1}{2}$. 故选 C.

(3) $S = \int_0^{\frac{\pi}{2}} \cos x\,dx + \left|\int_{\frac{\pi}{2}}^{\frac{3\pi}{2}} \cos x\,dx\right| = \sin x\big|_0^{\frac{\pi}{2}} + \big|\sin x\big|_{\frac{\pi}{2}}^{\frac{3\pi}{2}}\big| = 1 + |-1-1| = 3$. 故选 D.

注：在 $\left[\dfrac{\pi}{2}, \dfrac{3}{2}\pi\right]$ 上 $\cos x$ 位于 x 轴下方，此时积分值为负，图形面积取积分的绝对值.

(4) 因为 $m = e^x\big|_0^1 = e - 1, n = \ln x\big|_1^e = 1$, 所以 $m > n$, 故选 A.

(5) 由积分中值定理知，ξ 应是 $[a,b]$ 中必存在的一点. 故选 B.

(6) 变限积分求导 $F'(x) = \left[\int_0^{x^2} f(t^2)\,dt\right]' = (x^2)' f(x^4) = 2x f(x^4)$. 故选 C.

2.(1) $\dfrac{2}{3}\ln 2$；(2) $(e^2, +\infty)$；(3) a；(4) -1；(5) $y = x$；(6) 1.

解 (1) $\int_2^{+\infty} \dfrac{1}{x^2+x-2}\,dx = \int_2^{+\infty} \dfrac{1}{(x+2)(x-1)}\,dx = \dfrac{1}{3}\int_2^{+\infty}\left(\dfrac{1}{x-1} - \dfrac{1}{x+2}\right)dx =$
$\dfrac{1}{3}(\ln|x-1| - \ln|x+2|)\big|_2^{+\infty} = \dfrac{1}{3}\lim_{x\to+\infty}\ln\left|\dfrac{x-1}{x+2}\right| - \dfrac{1}{3}\ln\dfrac{1}{4} = \dfrac{2}{3}\ln 2$.

(2) 因为 $F'(x) = 1 - \ln\sqrt{x}$, 令 $F'(x) = 1 - \ln\sqrt{x} < 0$, 则 $\ln\sqrt{x} > 1$, 所以 $\sqrt{x} > e$, 故递减区间为 $(e^2, +\infty)$.

(3) $\lim_{x\to+\infty} \int_x^{x+a} f(x)\,dx = \lim_{\xi\to+\infty} a f(\xi) = a\lim_{\xi\to+\infty} f(\xi) = a$.

注：利用积分中值定理知, $\exists \xi \in (x, x+a)$ 使得 $\int_x^{x+a} f(x)\,dx = a f(\xi)$.

(4) $\lim_{x\to 0} \dfrac{\int_x^0 \cos^2 t\,dt}{x} = \lim_{x\to 0} \dfrac{-\int_0^x \cos^2 t\,dt}{x} = -\lim_{x\to 0} \cos^2 x = -1$.

(5) 因为 $y' = f(x)$, 所以 $k_{切} = f(x)\big|_{x=0} = f(0) = 1$, 点斜式 $y - 0 = 1\cdot(x-0) \Rightarrow y = x$.

(6) $\int_0^{+\infty} x e^{-x}\,dx = -\int_0^{+\infty} x\,d(e^{-x}) = -\left(xe^{-x}\big|_0^{+\infty} - \int_0^{+\infty} e^{-x}\,dx\right) = -\lim_{x\to+\infty} xe^{-x} - e^{-x}\big|_0^{+\infty} =$

$-\lim\limits_{x\to+\infty}\dfrac{x}{e^x}-\lim\limits_{x\to+\infty}e^{-x}+1=-\lim\limits_{x\to+\infty}\dfrac{1}{e^x}+1=1.$

3. 解 (1) 令 $u=\sqrt{5-4x}$,则 $u^2=5-4x,x=\dfrac{5-u^2}{4},\mathrm{d}x=-\dfrac{u}{2}\mathrm{d}u$,

$x=-5$ 时,$u=5$;$x=1$ 时,$u=1$,于是原式 $=-\dfrac{1}{2}\displaystyle\int_5^1\dfrac{9-u^2}{4u}u\mathrm{d}u=\dfrac{1}{8}\displaystyle\int_1^5(9-u^2)\mathrm{d}u=-\dfrac{2}{3}.$

(2) 求交点,解方程组 $\begin{cases}y=2-x^2\\ y=x\end{cases}$,得 $(-2,-2),(1,1).$

所围面积 $A=\displaystyle\int_{-2}^1(2-x^2-x)\mathrm{d}x=\left(2x-\dfrac{x^3}{3}-\dfrac{x^2}{2}\right)\bigg|_{-2}^1=\dfrac{7}{6}+\dfrac{10}{3}=\dfrac{9}{2}.$

(3) 设 $t=2x+1$,则 $\mathrm{d}t=2\mathrm{d}x,f(t)=f(2x+1).$

$t=3$ 时,$x=1$;$t=5$ 时,$x=2$,于是 $\displaystyle\int_3^5 f(t)\mathrm{d}t=2\displaystyle\int_1^2 f(2x+1)\mathrm{d}x=2\displaystyle\int_1^2 xe^x\mathrm{d}x=$
$2[e^x(x-1)]_1^2=2e^2.$

(4) 因为 $f(x^2-1)=\ln\dfrac{x^2}{x^2-1}=\ln\dfrac{(x^2-1)+1}{(x^2-1)-1}$,所以 $f(x)=\ln\dfrac{x+1}{x-1}.$

又因为 $f[\varphi(x)]=\ln\dfrac{\varphi(x)+1}{\varphi(x)-1}=\ln x$,所以 $\dfrac{\varphi(x)+1}{\varphi(x)-1}=x$,解得 $\varphi(x)=\dfrac{x+1}{x-1}$,

于是 $\displaystyle\int_2^{e+1}\varphi(x)\mathrm{d}x=\displaystyle\int_2^{e+1}\dfrac{x+1}{x-1}\mathrm{d}x=[x+2\ln(x-1)]\big|_2^{e+1}=e+1.$

(5) $\displaystyle\int_0^2 xf''(x)\mathrm{d}x=\displaystyle\int_0^2 x\mathrm{d}f'(x)=xf'(x)|_0^2-\displaystyle\int_0^2 f'(x)\mathrm{d}x=2-f(x)|_0^2=0.$

(6) 由已知条件,抛物线 $y=ax^2+bx+c$ 通过点 $(0,0)$,可得 $c=0$,抛物线 $y=ax^2+bx+c$ 与直线 $x=1,y=0$ 所围图形的面积为 $S=\displaystyle\int_0^1(ax^2+bx)\mathrm{d}x=\dfrac{a}{3}+\dfrac{b}{2}$,从而得到 $\dfrac{a}{3}+\dfrac{b}{2}=\dfrac{4}{9}$,即 $a=\dfrac{4}{3}-\dfrac{3}{2}b$,该图形绕 x 轴旋转而成的旋转体体积为 $V=\displaystyle\int_0^1\pi(ax^2+bx)^2\mathrm{d}x=\pi\left(\dfrac{a^2}{5}+\dfrac{ab}{2}+\dfrac{b^2}{3}\right)=\dfrac{\pi}{30}(b-2)^2+\dfrac{2}{9}\pi.$

因此当 $b=2$ 时体积为最小,此时 $a=-\dfrac{5}{3}$,抛物线为 $y=-\dfrac{5}{3}x^2+2x=\dfrac{x}{3}(6-5x)$,

在区间 $[0,1]$ 上,此抛物线满足 $y\geqslant 0$,故所求解 $a=-\dfrac{5}{3},b=2,c=0$ 符合题目要求.

第6章 常微分方程

P142 课中小测验

A

P145 习题 6.1

1.(1) 1 阶;(2) 2 阶;(3) 3 阶;(4) 4 阶.

2.(1) 不是；(2) 是.

解 （1）因为 $y'=5$,

且左边 $=x\cdot 5=5x$,右边 $=2\cdot 5x=10x$,左边 $\neq$ 右边,

所以 $y=5x$ 不是 $xy'=2y$ 的解.

(2) 因为 $y'=e^x$,且左边 $=xe^x-e^x\ln e^x=xe^x-e^x x=0=$ 右边,

所以 $y=e^x$ 是 $xy'-y\ln y=0$ 的解.

3.**解** （1）等式两边积分,得 $\int y\,\mathrm{d}y=\int x\,\mathrm{d}x$, $\frac{1}{2}y^2=\frac{1}{2}x^2+\frac{1}{2}C$, 即 $y^2=x^2+C$.

所以,方程的通解为 $y=\pm\sqrt{x^2+C}$.

(2) 方程可化为 $\dfrac{\mathrm{d}y}{\mathrm{d}x}=\dfrac{e^x}{e^y}$.

分离变量,得 $e^y\mathrm{d}y=e^x\mathrm{d}x$.等式两边积分得, $\int e^y\mathrm{d}y=\int e^x\mathrm{d}x$.所以,方程的通解为 $e^y=e^x+C$.

4.**解** （1）因 $p(x)=\dfrac{1}{x}$, $q(x)=x^2$,通解为

$$y=e^{-\int\frac{1}{x}\mathrm{d}x}\left(\int x^2 e^{\int\frac{1}{x}\mathrm{d}x}\mathrm{d}x+C\right)=e^{-\ln x}\left(\int x^2 e^{\ln x}\mathrm{d}x+C\right)=\frac{1}{x}\left(\int x^3\mathrm{d}x+C\right)=\frac{1}{4}x^3+\frac{C}{x}.$$

(2) 因 $p(x)=\dfrac{1}{x}$, $q(x)=\dfrac{\sin x}{x}$,通解为

$$y=e^{-\int\frac{1}{x}\mathrm{d}x}\left(\int\frac{\sin x}{x}e^{\int\frac{1}{x}\mathrm{d}x}\mathrm{d}x+C\right)=e^{-\ln x}\left(\int\frac{\sin x}{x}e^{\ln x}\mathrm{d}x+C\right)=\frac{1}{x}\left(\int\sin x\,\mathrm{d}x+C\right)=$$

$\dfrac{1}{x}(-\cos x+C)$.

5.**解** 因 $p(x)=1$, $q(x)=3x^2$,通解为

$$y=e^{-\int\mathrm{d}x}\left(\int 3x^2 e^{\int\mathrm{d}x}\mathrm{d}x+C\right)=Ce^{-x}+3x^2-6x+6.$$

由 $y(0)=0$,得 $C=-6$,

所以特解为 $y=3(-2e^{-x}+x^2-2x+2)$.

6.**解** 原方程可化为 $\dfrac{\mathrm{d}y}{\mathrm{d}x}-\dfrac{2}{x+1}y=e^x(x+1)^2$,

先求齐次微分方程 $\dfrac{\mathrm{d}y}{\mathrm{d}x}-\dfrac{2}{x+1}y=0$ 的通解,

分离变量,得 $\dfrac{\mathrm{d}y}{y}=\dfrac{2}{x+1}\mathrm{d}x$,

两端积分整理,得齐次微分方程的通解 $y=C(x+1)^2$.

用常数变易法求非齐次微分方程的通解,

令 $y=C(x)(x+1)^2$,两端求导得 $y'=C'(x)(x+1)^2+C(x)2(x+1)$.

将 y 与 y' 代入方程,并整理得 $C'(x)=e^x$,

两端积分,得 $C(x) = e^x + C$,

故原微分方程的通解为 $y = (e^x + C)(x+1)^2$.

P149 习题 6.2

1.解 （1）所给微分方程的特征方程为 $\lambda^2 - 3\lambda + 2 = 0$,

其特征根为 $\lambda_1 = 1, \lambda_2 = 2$,故所求通解为 $y = C_1 e^x + C_2 e^{2x}$.

（2）其对应的齐次方程的特征方程为 $\lambda^2 - 2\lambda - 3 = 0$,

特征根为 $\lambda_1 = -1, \lambda_2 = 3$,所以其对应的齐次方程的通解为 $\tilde{y} = C_1 e^{-x} + C_2 e^{3x}$.

由于 $\alpha = 0$ 与两个特征根都不相等,故取 $k = 0$,则方程有形如

$$y^* = x^k Q(x) e^{\alpha x} = ax + b$$

的特解.将它带入原方程得 $-2ax - 2a - 3b = 3x + 1$,即 $a = -1, b = \dfrac{1}{3}$,

故 $y^* = -x + \dfrac{1}{3}$,由此得通解为 $y = C_1 e^{-x} + C_2 e^{3x} - x + \dfrac{1}{3}$.

（3）其对应的齐次方程的特征方程为 $\lambda^2 - 5\lambda + 6 = 0$,

特征根为 $\lambda_1 = 2, \lambda_2 = 3$,所以其对应的齐次方程的通解为 $\tilde{y} = C_1 e^{2x} + C_2 e^{3x}$.

由于 $\alpha = 2$ 与一个特征根相等,故取 $k = 1$,则方程有形如

$$y^* = x^k Q(x) e^{\alpha x} = x(ax+b) e^{2x}$$

的特解.将它带入原方程得 $-2ax + 2a - b = x$,即 $a = -\dfrac{1}{2}, b = -1$,

故 $y^* = x\left(-\dfrac{1}{2}x - 1\right) e^{2x}$,由此得通解 $y = C_1 e^{2x} + C_2 e^{3x} - \dfrac{1}{2}(x^2 + 2x) e^{2x}$.

2.解 所给微分方程的特征方程为 $4\lambda^2 + 4\lambda + 1 = 0$,

其特征根为 $\lambda_1 = \lambda_2 = -\dfrac{1}{2}$,故所求通解为 $y = (C_1 + C_2 x) e^{-\frac{1}{2}x}$.

将条件 $y|_{x=0} = 2$ 代入通解,得 $C_1 = 2$,对通解两端求导,得

$$y' = C_2 e^{-\frac{1}{2}x} - \dfrac{1}{2}(C_1 + C_2 x) e^{-\frac{1}{2}x},$$

将条件 $y'|_{x=0} = 0$ 代入上式,得 $C_2 = 1$,于是所求特解为 $y = (2+x) e^{-\frac{1}{2}x}$.

3.解 （1）所给微分方程的特征方程为 $\lambda^2 - 2\lambda + 5 = 0$,

所以 $\lambda_{1,2} = \dfrac{2 \pm \sqrt{4-20}}{2} = 1 \pm 2i$,故所求通解为 $y = e^x (C_1 \cos 2x + C_2 \sin 2x)$.

（2）其对应的齐次方程的特征方程为 $\lambda^2 - 2\lambda - 3 = 0$,

特征根为 $\lambda_1 = -1, \lambda_2 = 3$,所以其对应的齐次方程的通解为 $\tilde{y} = C_1 e^{-x} + C_2 e^{3x}$.

由于 $\alpha = 0$ 与两个特征根都不相等,故取 $k = 0$,则方程有形如

$$y^* = x^k Q(x) e^{\alpha x} = ax^2 + bx + C$$

的特解.将它带入原方程得 $-3ax^2 - (4a+3b)x + (2a-2b-3c) = x^2 + 2x + 1$,

比较上式两端 x 同次幂的系数,得 $a = -\dfrac{1}{3}, b = -\dfrac{2}{9}, c = -\dfrac{11}{27}$,

故 $y^* = -\frac{1}{3}x^2 - \frac{2}{9}x - \frac{11}{27}$，由此得通解 $y = C_1 e^{-x} + C_2 e^{3x} - \frac{1}{3}x^2 - \frac{2}{9}x - \frac{11}{27}$.

P150 复习题 6

1.(1)A；(2)D；(3)A；(4)C；(5)D.

解 (1) 特解不含有任意常数 C，所以排除 B、C 选项，再将 A、D 选项代入方程，判断哪一个能使等号成立即可.

(2) $\frac{dy}{dx} = 2y$，整理得 $\frac{dy}{y} = 2dx$，两边积分 $\int \frac{dy}{y} = 2\int dx$，解得 $\ln|y| = 2x$，所以 $y = Ce^{2x}$.

(3) 方程为一阶线性非齐次微分方程，套用通解公式

$y = e^{-\int p(x)dx} \left(\int q(x) e^{\int p(x)dx} dx + C \right)$ 即可求得.

(4) 方程为一阶线性非齐次微分方程，套用通解公式

$y = e^{-\int p(x)dx} \left(\int q(x) e^{\int p(x)dx} dx + C \right)$，即可求得通解. 再将点 $(1,0)$ 代入即可求得.

(5) 所给微分方程的特征方程为 $r^2 + 2\lambda r + \lambda^2 = 0$，解得 $r = -\lambda$，所以由二阶常系数齐次线性微分方程的通解形式得选项为 D.

2.(1) 1；(2) $\frac{dy}{dx} + p(x)y = 0$；(3) $y = x + C$；(4) $\frac{dy}{dx} = f(x)g(y)$；(5) $y = Cx^2$.

解 (1) 未知函数导数的最高阶数为该微分方程的阶.

(2) 依据一阶线性非齐次微分方程的概念.

(3) 方程可化为 $dy = dx$，两边积分为 $\int dy = \int dx$，解得 $y = x + C$.

(4) 可分离变量的微分方程的概念，$\frac{dy}{dx} = f(x)g(y)$.

(5) 方程可化为 $\frac{dy}{dx} = \frac{2y}{x}$，$\frac{dy}{y} = \frac{2}{x}dx$，两边积分得 $\int \frac{dy}{y} = \int \frac{2}{x} dx$，$\ln|y| = \ln x^2 + C_1$，整理得 $y = Cx^2$.

3.**解** $\frac{dy}{y} = -dx$，整理并两边积分得 $\int \frac{1}{y} dy = -\int dx$，解得 $\ln|y| = -x + C_1$，整理得 $y = \pm e^{-x + C_1}$，即 $y = Ce^{-x}$.

4.**解** 整理得 $xdx = -ydy$，两边同时积分 $\int xdx = -\int ydy$，解得 $\frac{1}{2}x^2 = -\frac{1}{2}y^2 + C_1$，整理得 $x^2 + y^2 = C$，将点 $(3,4)$ 代入得特解为 $x^2 + y^2 = 25$.

第7章 向量代数与解析几何

P156 课中小测验

解 设其终点坐标为 (x, y, z)，则 $\begin{cases} x - 2 = -5 \\ y + 1 = 4 \\ z - 3 = 2 \end{cases}$，解得 $\begin{cases} x = -5 \\ y = 3 \\ z = 5 \end{cases}$，故其终点坐标为 $(-3,$

3,5).

习题 7.1

1.**解** A 点在 y 轴上，B 点在 xOy 面上，C 点在第八象限.

2.**解** M 到 x 轴的距离 $d=\sqrt{3^2+(-2)^2}=\sqrt{13}$.

M 到 y 轴的距离 $d=\sqrt{(-1)^2+(-2)^2}=\sqrt{5}$.

M 到 z 轴的距离 $d=\sqrt{3^2+(-1)^2}=\sqrt{10}$.

M 到原点的距离 $d=\sqrt{(-1)^2+3^2+(-2)^2}=\sqrt{14}$.

M 到 xOy 面的距离 $d=2$，M 到 xOz 面的距离 $d=3$，M 到 yOz 面的距离 $d=1$.

3.**解** 设点 $P(1,y,0)$，$|PA|=|PB|$，即 $\sqrt{(1-1)^2+(y+2)^2+(0-2)^2}=\sqrt{(1-2)^2+(y+1)^2+(0-4)^2}$，解得 $y=5$，所以所求点为 $P(1,5,0)$.

4.**解** $2\boldsymbol{a}-\boldsymbol{b}+3\boldsymbol{c}=2(-1,4,2)-(5,-1,4)+3(1,1,4)=(-4,12,12)$，

$|2\boldsymbol{a}-\boldsymbol{b}+3\boldsymbol{c}|=\sqrt{(-4)^2+12^2+12^2}=4\sqrt{19}$.

P158 课中小测验

证 $\boldsymbol{a}\cdot\boldsymbol{b}=3\times1+(-1)\times(-2)+1\times(-5)=0$，所以 $\boldsymbol{a}\perp\boldsymbol{b}$.

P159 课中小测验

解 由 $\boldsymbol{a}\cdot\boldsymbol{b}=|\boldsymbol{a}||\boldsymbol{b}|\cos(\boldsymbol{a},\boldsymbol{b})$，可得 $|\boldsymbol{a}\times\boldsymbol{b}|=||\boldsymbol{a}||\boldsymbol{b}|\sin(\boldsymbol{a},\boldsymbol{b})|=1\times5\times\dfrac{4}{5}=4$.

P160 习题 7.2

1.**解** $\boldsymbol{a}\cdot\boldsymbol{b}|\boldsymbol{a}||\boldsymbol{b}|\cos\theta=3\times1\times\cos\dfrac{\pi}{3}=\dfrac{3}{2}$.

2.**解** $\boldsymbol{a}\cdot\boldsymbol{b}=(2,-1,1)\cdot(1,-2,-5)=2\times1+(-1)\times(-2)+1\times(-5)=-1$，

$2\boldsymbol{a}+3\boldsymbol{b}=2(2,-1,1)+3(1,-2,-5)=(7,-8,-13)$，$\boldsymbol{a}-\boldsymbol{b}=(2,-1,1)-(1,-2,-5)=(1,1,6)$，

$(2\boldsymbol{a}+3\boldsymbol{b})\cdot(\boldsymbol{a}-\boldsymbol{b})=(7,-8,-13)\cdot(1,1,6)=-79$，

$\boldsymbol{a}\times\boldsymbol{b}=\begin{vmatrix} \boldsymbol{i} & \boldsymbol{j} & \boldsymbol{k} \\ 2 & -1 & 1 \\ 1 & -2 & -5 \end{vmatrix}=(7,11,-3)$.

3.**解** 设 $\boldsymbol{b}=(x,y,z)$，则 $\begin{cases}\dfrac{x}{1}=\dfrac{y}{-1}=\dfrac{z}{1} \\ (x,y,z)\cdot(1,-1,1)=9\end{cases}$，解得 $\begin{cases}x=3 \\ y=-3 \\ z=3\end{cases}$，所以 $\boldsymbol{b}=(3,-3,3)$.

4.**解** 设 $\boldsymbol{b}=(x,y,z)$，则 $\begin{cases}\boldsymbol{a}\cdot\boldsymbol{b}=(2,1,1)\cdot(x,y,z)=0 \\ \boldsymbol{i}\cdot\boldsymbol{b}=(1,0,0)\cdot(x,y,z)=0\end{cases}$，即 $\begin{cases}2x+y+z=0 \\ x=0\end{cases}$，$\begin{cases}y+z=0 \\ x=0\end{cases}$，

解得 $\begin{cases}x=0 \\ y=1\text{ 或 }-1 \\ z=-1\text{ 或 }1\end{cases}$，所以 $\boldsymbol{b}=\boldsymbol{j}-\boldsymbol{k}$ 或 $\boldsymbol{k}-\boldsymbol{j}$，故所求的单位向量为 $\boldsymbol{b}=\dfrac{1}{\sqrt{2}}(\boldsymbol{j}-\boldsymbol{k})$ 或 $\dfrac{1}{\sqrt{2}}(\boldsymbol{k}-\boldsymbol{j})$.

5. **解** $\overrightarrow{AB}=(-1,-1,-1),\overrightarrow{AC}=(0,1,0),\overrightarrow{AD}=(-1,0,-1)$,

$S_{四边形ABCD}=S_{\triangle ABC}+S_{\triangle ADC}=\dfrac{1}{2}|\overrightarrow{AB}\times\overrightarrow{AC}|+\dfrac{1}{2}|\overrightarrow{AD}\times\overrightarrow{AC}|$, $\overrightarrow{AB}\times\overrightarrow{AC}=$

$\begin{vmatrix} i & j & k \\ -1 & -1 & -1 \\ 0 & 1 & 0 \end{vmatrix}=(1,0,-1),\overrightarrow{AD}\times\overrightarrow{AC}=\begin{vmatrix} i & j & k \\ -1 & 0 & -1 \\ 0 & 1 & 0 \end{vmatrix}=(1,0,-1),|\overrightarrow{AB}\times\overrightarrow{AC}|=$

$\sqrt{2},|\overrightarrow{AD}\times\overrightarrow{AC}|=\sqrt{2}$,所以 $S_{四边形ABCD}=S_{\triangle ABC}+S_{\triangle ADC}=\sqrt{2}$.

P160 课中小测验

解 向量 a 就是所求平面的一个法向量,由平面的点法式方程,易得 $2(x-1)+(-1)(y-2)+(z-0)=0$,化简,得 $2x-y+z=0$.

P162 课中小测验

解 分别表示 yOz 平面,xOz 平面,xOy 平面.

P163 习题 7.3

1. (1) 平行于 y 轴;(2) 通过 x 轴;(3) 平行于 xOz 面.

2. **解** 先求平面的法向量 n,$\overrightarrow{AB}=(-4,-6,4),\overrightarrow{AC}=(-2,3,0)$,

$n=\overrightarrow{AB}\times\overrightarrow{AC}=\begin{vmatrix} i & j & k \\ -4 & -6 & 4 \\ -2 & 3 & 0 \end{vmatrix}=(-12,-8,-24)$,由平面的点法式方程可得

$-12(x-0)-8(y-6)-24(z-0)=0$,即 $3x+2y+6z-12=0$.

3. **解** 设平面方程为 $By+Cz+D=0$,将 $A(1,2,-1),B(-5,2,7)$ 代入方程可得平面方程为 $y=2$.

4. **解** 设平面方程为 $Ax+By=0$,代入 $M(-3,1,-2)$ 坐标,得平面方程为 $x+3y=0$.

5. **解** 根据公式 $\cos\theta=\dfrac{|\overrightarrow{A_1A_2}+\overrightarrow{B_1B_2}+\overrightarrow{C_1C_2}|}{\sqrt{A_1^2+B_1^2+C_1^2}\sqrt{A_2^2+B_2^2+C_2^2}}=\dfrac{3}{\sqrt{6}\cdot\sqrt{6}}=\dfrac{1}{2}$,所以 $\theta=\dfrac{\pi}{3}$.

6. **解** 由公式 $d=\dfrac{|Ax+By+Cz+D|}{\sqrt{A^2+B^2+C^2}}=\dfrac{|1\times 1+2\times 2+2\times 1-10|}{\sqrt{1+4+4}}=1$.

P164 课中小测验

解 所求直线方程为 $\dfrac{x-1}{2}=\dfrac{y-2}{1}=\dfrac{z-4}{-1}$.

P165 习题 7.4

1. **解** (1) 由直线的点向式方程可知所求直线为 $\dfrac{x-2}{3}=\dfrac{y+1}{-1}=\dfrac{z-4}{2}$;

(2) 直线的方向向量为 $(9,-4,2)$,所求直线方程为 $\dfrac{x-2}{9}=\dfrac{y+3}{-4}=\dfrac{z-5}{2}$;

(3) 直线的方向向量为 $(0,-6,6)$,所求直线方程为 $\dfrac{x-3}{0}=\dfrac{y-4}{-6}=\dfrac{z+4}{6}$.

2.**解** 任取直线上一点,令 $x=0$,得 $y=7,z=8$,直线的方向向量为

$$\boldsymbol{n}=\boldsymbol{n}_1\times\boldsymbol{n}_2=\begin{vmatrix} \boldsymbol{i} & \boldsymbol{j} & \boldsymbol{k} \\ 1 & 2 & -1 \\ 2 & -1 & 1 \end{vmatrix}=(1,-3,-5),\text{所以直线的点向式方程为} \frac{x}{1}=\frac{y-7}{-3}=\frac{z-8}{-5},$$

参数式方程为 $\begin{cases} x=t \\ y=7-3t \\ z=8-5t \end{cases}$.

3.**解** 两直线的方向向量分别为 $(1,-4,1),(2,-2,-1)$,由公式得

$$\cos\theta=\frac{|1\times 2+(-4)\times(-2)+1\times(-1)|}{\sqrt{1^2+(-4)^2+1^2}\sqrt{2^2+(-2)^2+(-1)^2}}=\frac{\sqrt{2}}{2},\text{所以两直线的夹角为}\theta=\frac{\pi}{4}.$$

P166 复习题 7

1.(1)A;(2)B;(3)A;(4)D;(5)A;(6)A.

解 (1)数量积满足交换律,故选择 A.

(2) $\overrightarrow{AB}=(-1,-1,0)$,故方向一致为 B 选项.

(3)直线的方向向量为 $\boldsymbol{l}=(-2,1,3)$,故选择 A.

(4)直线的方向向量为 $\boldsymbol{l}=(-2,1,3)$,平面过直线所以平面的法向量 $\boldsymbol{n}$ 与 $\boldsymbol{l}=(-2,1,3)$ 垂直,又因为平面过原点,故合适的只有 D 选项.

(5)直线的方向向量为 $\boldsymbol{l}=(-2,-7,3)$,平面的法向量 $\boldsymbol{n}=(4,-2,-2)$,两者垂直 $\boldsymbol{n}\perp\boldsymbol{l}$,且直线上的点 $(-3,-4,0)$ 不在平面上,故选 A.

(6)平面 $x+2y+3z=0$ 的法向量 $\boldsymbol{n}_1=(1,2,3)$,平面 $3x+6y+9z=1$ 的法向量 $\boldsymbol{n}_2=(3,6,9)$,这两者平行,平面 $x+2y+3z=0$ 过原点,平面 $3x+6y+z=1$ 不过原点,所以选择 A.

2.**解** (1) $\boldsymbol{a}\cdot\boldsymbol{b}=|\boldsymbol{a}||\boldsymbol{b}|\cos\theta=2\times 3\times\cos\frac{\pi}{3}=3$.

(2) $|\overrightarrow{AB}|=|(-1,1,-\sqrt{2})|=2$.

(3) $\boldsymbol{a}\cdot\boldsymbol{b}=0\Rightarrow -1-4+t=0$,解得 $t=5$.

(4) $\frac{\boldsymbol{a}}{|\boldsymbol{a}|}$.

(5) $\frac{\boldsymbol{a}\cdot\boldsymbol{b}}{|\boldsymbol{b}|}=\frac{1-2-8}{\sqrt{1+4+4}}=-3$.

(6) $\cos\theta=\frac{\boldsymbol{a}\cdot\boldsymbol{b}}{|\boldsymbol{a}||\boldsymbol{b}|}=\frac{2+4+1}{\sqrt{6}\sqrt{9}}=\frac{7}{18}\sqrt{6}$.

(7) $\boldsymbol{n}=(1,1,1)$,点法式方程为 $x+y+z=6$.

3.**解** (1)过点 $(2,-3,0)$,且以 $(1,-2,3)$ 为法线向量的平面方程为 $x-2y+3z-8=0$.

(2)平面 $x-y+2z=6$ 的法向量为 $(1,-1,2)$, $2x+y+z=5$ 的法向量为 $(2,1,1)$,两者夹角 $\cos\theta=\frac{(1,-1,2)\cdot(2,1,1)}{\sqrt{6}\sqrt{6}}=\frac{1}{2}$,所以 $\theta=\frac{\pi}{3}$.

(3) 点 $(1,2,1)$ 到平面 $x+2y+2z=10$ 的距离 $d=\dfrac{|1+2\times2+2-10|}{3}=1$.

(4) 平面 $x+2z=1$ 的法向量为 $(1,0,2)$,平面 $y-3z=2$ 的法向量为 $(0,1,-3)$,因为直线与两个平面平行,故直线的方向向量为 $(-2,3,1)$,又因为过点 $(0,2,4)$ 所以直线方程为 $\dfrac{x}{-2}=\dfrac{y-2}{3}=\dfrac{z-4}{1}$.

第8章 多元函数微积分

P174 习题 8.1

1.**解** $f(1,2)=1^2+1\times2+2^2=7$.

2.**解** $f[xy,f(x,y)]=3(xy)+2f(x,y)=3(xy)+2(3x+2y)=3xy+6x+4y$.

3.**解** $\lim\limits_{\substack{x\to0\\y\to2}}\dfrac{\sin xy}{x}=\lim\limits_{\substack{x\to0\\y\to2}}\dfrac{\sin xy}{xy}\cdot y=\lim\limits_{u\to0}\dfrac{\sin u}{u}\cdot\lim\limits_{y\to2}y=2$.

4.**解** 由 $\begin{cases}4-x^2-y^2\geqslant0\\x^2+y^2-1>0\end{cases}$ 得 $1<x^2+y^2\leqslant4$,故定义域 $D=\{(x,y)\mid 1<x^2+y^2\leqslant4\}$.

如下图所示.

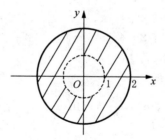

P179 习题 8.2

1.**解** $f_x(x,y)=2$,故 $f_x(1,0)=2$.

2.**解** $f_x(x,y)=3x^2y^8$,$f_y(x,y)=8x^3y^7$,
故 $f_x(1,0)=3\times1^2\times0^8=0$,$f_y(1,1)=8\times1^2\times1^7=8$.

3.**解** 因为 $\dfrac{\partial u}{\partial x}=e^x\sin xy+e^x\cos xy\cdot y=e^x(\sin xy+y\cos xy)$,$\dfrac{\partial u}{\partial y}=e^x\cos xy\cdot x$,
所以 $\dfrac{\partial u}{\partial x}\bigg|_{(0,1)}=e^0(\sin0+\cos0)=1$,$\dfrac{\partial u}{\partial y}\bigg|_{(1,0)}=e(\cos0\times1)=e$.

4.**解** $\dfrac{\partial z}{\partial x}=\cos(x+y^2)$,$\dfrac{\partial z}{\partial y}=2y\cos(x+y^2)$.

5.**解** $\dfrac{\partial z}{\partial x}=\dfrac{1}{xy}\cdot(xy)'_x=\dfrac{1}{xy}\cdot y=\dfrac{1}{x}$,$\dfrac{\partial z}{\partial y}=\dfrac{1}{xy}\cdot(xy)'_y=\dfrac{1}{xy}\cdot x=\dfrac{1}{y}$.

6.**解** $\dfrac{\partial z}{\partial x}=8x^7e^y$,$\dfrac{\partial^2 z}{\partial x^2}=(8x^7e^y)'_x=56x^6e^y$,$\dfrac{\partial z}{\partial y}=x^8e^y$.

7.解 $z_x = \cos(2x+3y) \cdot (2x+3y)'_x = 2\cos(2x+3y)$,

$z_y = \cos(2x+3y) \cdot (2x+3y)'_y = 3\cos(2x+3y)$,

$z_{xx} = [2\cos(2x+3y)]'_x = -4\sin(2x+3y)$,

$z_{yy} = [3\cos(2x+3y)]'_y = -9\sin(2x+3y)$,

$z_{xy} = [2\cos(2x+3y)]'_y = -6\sin(2x+3y)$.

8.解 取对数得 $\ln z = xy\ln(1+x)$,两边对 x 求导,得 $\dfrac{1}{z} \cdot \dfrac{\partial z}{\partial x} = y\ln(1+x) + xy \cdot \dfrac{1}{1+x}$,

所以 $\dfrac{\partial z}{\partial x} = (1+x)^{xy}\left[y\ln(1+x) + \dfrac{xy}{1+x}\right]$, $\dfrac{\partial z}{\partial y} = (1+x)^{xy}(xy)'_y\ln(1+x) = x(1+x)^{xy}\ln(1+x)$.

9.解 $f_x(x,1) = [f(x,1)]'_x = (x)'_x = 1$.

10.解 $\dfrac{\partial z}{\partial x} = (e^{xy})'_x\cos xy + e^{xy}(\cos xy)'_x = ye^{xy}(\cos xy - \sin xy)$,

$\dfrac{\partial z}{\partial y} = (e^{xy})'_y\cos xy + e^{xy}(\cos xy)'_y = xe^{xy}(\cos xy - \sin xy)$.

11.解 $\dfrac{\partial u}{\partial x} = 2(x+2y+3z) \cdot (x+2y+3z)'_x = 2(x+2y+3z)$,

$\dfrac{\partial u}{\partial y} = 2(x+2y+3z) \cdot (x+2y+3z)'_y = 4(x+2y+3z)$,

$\dfrac{\partial u}{\partial z} = 2(x+2y+3z) \cdot (x+2y+3z)'_z = 6(x+2y+3z)$.

P183 习题 8.3

1.解 解法一:因为 $\dfrac{\partial z}{\partial x} = y\ln y$, $\dfrac{\partial z}{\partial y} = x\ln y + xy \cdot \dfrac{1}{y} = x(\ln y + 1)$,

所以 $dz = \dfrac{\partial z}{\partial x}dx + \dfrac{\partial z}{\partial y}dy = y\ln y \cdot dx + x(\ln y + 1)dy$.

解法二: $dz = d(xy\ln y)$
$= y\ln y dx + x d(y\ln y)$
$= y\ln y \cdot dx + x(\ln y \cdot dy + y \cdot d\ln y)$
$= y\ln y dx + x(\ln y + 1)dy$.

2.解 $\Delta z \Big|_{\substack{x=2, y=1 \\ \Delta x=0.1, \Delta y=-0.2}} = \left(\dfrac{y+\Delta y}{x+\Delta x} - \dfrac{y}{x}\right)\Big|_{\substack{x=2, y=1 \\ \Delta x=0.1, \Delta y=-0.2}} = \dfrac{1-0.2}{2+0.1} - \dfrac{1}{2} = -\dfrac{5}{42} \approx -0.119$.

因为 $dz = -\dfrac{y}{x^2}dx + \dfrac{1}{x}dy$,

所以 $dz \Big|_{\substack{x=2, y=1 \\ \Delta x=0.1, \Delta y=-0.2}} = -\dfrac{1}{2^2} \times 0.1 + \dfrac{1}{2} \times (-0.2) = -0.125$.

3.解 $dz = d(xye^{xy}) + d(x^3y^4)$
$= e^{xy}d(xy) + xy de^{xy} + y^4 dx^3 + x^3 dy^4$
$= e^{xy}(1+xy)dxy + 3y^4x^2 dx + 4x^3y^3 dy$

$$= e^{xy}(1+xy)(x\,dy + y\,dx) + 3x^2 y^4 dx + 4x^3 y^3 dy$$

$$= [3x^2 y^4 + (y + xy^2)e^{xy}]dx + [4x^3 y^3 + (x + x^2 y)e^{xy}]dy.$$

4. 解 $du = d\ln(2x + 3y + 4z^2) = \dfrac{1}{2x + 3y + 4z^2} d(2x + 3y + 4z^2)$

$$= \frac{2}{2x+3y+4z^2}dx + \frac{3}{2x+3y+4z^2}dy + \frac{8z}{2x+3y+4z^2}dz.$$

5. 解 令 $f(x,y) = x^y$,则 $f_x(x,y) = y x^{y-1}, f_y(x,y) = x^y \ln x$,

取 $x=1, \Delta x = 0.01, y=3, \Delta y = -0.01$,则

$$(1.01)^{2.99} = f(x + \Delta x, y + \Delta y) \approx f(1 + 0.01, 3 - 0.01)$$

$$\approx f(1,3) + f_x(1,3)(0.01) + f_y(1,3)(-0.01)$$

$$= 1^3 + 3 \times 1^{3-1} \times (0.01) + 1^3 \ln 1 (-0.01) = 1.03.$$

P184 习题 8.4

1. 解 $\dfrac{dz}{dt} = \dfrac{\partial z}{\partial x}\dfrac{dx}{dt} + \dfrac{\partial z}{\partial y}\dfrac{dy}{dt} = e^{x-2y}\cos t + e^{x-2y}\cdot(-2)3t^2 = \cos t \cdot e^{x-2y} - 6t^2 \cdot e^{x-2y}.$

2. 解 $\dfrac{\partial z}{\partial r} = \dfrac{\partial z}{\partial x}\dfrac{\partial x}{\partial r} + \dfrac{\partial z}{\partial y}\dfrac{\partial y}{\partial r} = (2xy - y^2)\cdot \cos\theta + (x^2 - 2xy)\cdot \sin\theta.$

$\dfrac{\partial z}{\partial \theta} = \dfrac{\partial z}{\partial x}\dfrac{\partial x}{\partial \theta} + \dfrac{\partial z}{\partial y}\dfrac{\partial y}{\partial \theta} = (2xy - y^2)\cdot(-r)\sin\theta + (x^2 - 2xy)\cdot r \cos\theta.$

3. 解 设 $F(x,y,z) = f(x+y-z) - z$,则 $F_x = f'(x+y-z), F_y = f'(x+y-z),$
$F_z = f'(x+y-z)(-1) - 1,$

所以 $\dfrac{\partial z}{\partial x} = -\dfrac{F_x}{F_z} = \dfrac{f'(x+y-z)}{1+f'(x+y-z)}, \dfrac{\partial z}{\partial y} = -\dfrac{F_y}{F_z} = \dfrac{f'(x+y-z)}{1+f'(x+y-z)}.$

P192 习题 8.5

1. 解 (1) 由 $\begin{cases} \dfrac{\partial z}{\partial x} = -2x = 0 \\ \dfrac{\partial z}{\partial y} = -2y = 0 \end{cases}$ 得驻点 $(0,0)$,

又因为 $A = \dfrac{\partial^2 z}{\partial x^2} = -2, B = \dfrac{\partial^2 z}{\partial x \partial y} = 0, C = \dfrac{\partial^2 z}{\partial y^2} = -2,$

所以 $B^2 - AC = -4 < 0$,且 $A = -2 < 0$,故 $(0,0)$ 为函数的极大值点,函数的极大值为 $z(0,0) = 1.$

(2) $z = 1 - x^2 - y^2$ 在条件 $y = 2$ 下的极值,即 $z = 1 - x^2 - 2^2 = -x^2 - 3$ 的极值,显然 $z = -x^2 - 3$ 在 $x = 0$ 处取得极大值 -3,故 $z = 1 - x^2 - y^2$ 在条件 $y = 2$ 下,在 $(0,2)$ 处取得极大值 -3.

2. 解 因为 $\sin u$ 在 $u = 2k\pi + \dfrac{\pi}{2}(k \in \mathbf{Z})$ 处取得极大值 1,在 $u = 2k\pi - \dfrac{\pi}{2}(k \in \mathbf{Z})$ 处取

得极小值 -1,故当 $x^2 + y^2 = 2k\pi + \dfrac{\pi}{2}(k$ 为非负整数$)$时,$f(x,y)$ 取得极小值 $-\dfrac{1}{2}$,当 $x^2 +$

$y^2 = 2k\pi - \dfrac{\pi}{2}(k \in \mathbf{Z})$ 时, $f(x,y)$ 取得极大值 $\dfrac{3}{2}$.

3.解 设容器的长、宽、高分别为 x,y,z,则 $xyz = 100$.此题即要求函数 $S = 2xy + 2yz + 2xz$ 在条件 $xyz = 100$ 下的最小值,其中 $x > 0, y > 0, z > 0$,

令 $L(x,y,z,\lambda) = 2xy + 2yz + 2xz + \lambda(xyz - 100)$,

则 $\begin{cases} \dfrac{\partial L}{\partial x} = 2y + 2z + \lambda yz = 0 \\ \dfrac{\partial L}{\partial y} = 2x + 2z + \lambda xz = 0 \\ \dfrac{\partial L}{\partial z} = 2y + 2x + \lambda xy = 0 \\ \dfrac{\partial L}{\partial \lambda} = xyz - 100 = 0 \end{cases}$,

解得 $x = y = z = \sqrt[3]{100}$,故唯一驻点 $(\sqrt[3]{100}, \sqrt[3]{100}, \sqrt[3]{100})$ 也是最小值点,即当容器的长、宽、高均为 $\sqrt[3]{100}$ m 时所用材料最省.

P196 习题 8.6

1.解 $m = \iint\limits_D \mu(x,y)\mathrm{d}\sigma$.

2.解 (1) 在 D 内,$0 \leqslant x+y \leqslant 1$,故 $(x+y)^2 \geqslant (x+y)^3$,$\iint\limits_D (x+y)^2 \mathrm{d}\sigma \geqslant \iint\limits_D (x+y)^3 \mathrm{d}\sigma$.

(2) 在 D 内,$1 \leqslant x+y \leqslant 2$,故 $0 \leqslant \ln(x+y) \leqslant 1$,从而 $\ln(x+y) \geqslant \ln^2(x+y)$,$\iint\limits_D \ln(x+y) \mathrm{d}\sigma \geqslant \iint\limits_D [\ln(x+y)]^2 \mathrm{d}\sigma$.

P200 习题 8.7

1.解 如图,先对 x 后对 y 积分,则

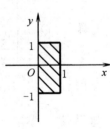

$\iint\limits_D (100 + x + y)\mathrm{d}\sigma = \int_{-1}^{1} \mathrm{d}y \int_0^1 (100 + x + y)\mathrm{d}x$

$= \int_{-1}^{1} \mathrm{d}y \left[(100+y)x + \dfrac{x^2}{2}\right]_0^1$

$= \int_{-1}^{1} \left(y + \dfrac{201}{2}\right)\mathrm{d}y$

$= \int_{-1}^{1} y\mathrm{d}y + \dfrac{201}{2} \times (1+1) = 0 + 201 = 201.$

2.解 如图，$D\begin{cases}-1\leqslant x\leqslant 2\\ 1\leqslant y\leqslant 2\end{cases}$，先对 x 后对 y 积分，得

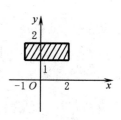

$$\iint_D e^{6x+y}d\sigma = \int_1^2 e^y dy \int_{-1}^2 e^{6x} dx$$

$$= (e^y\Big|_1^2)\left(\frac{e^{6x}}{6}\Big|_{-1}^2\right)$$

$$= \frac{1}{6}(e^{14}-e^{13}-e^{-4}+e^{-5}).$$

P203 习题 8.8

1.解 令 $x=r\cos\theta, y=r\sin\theta$，则 D 可表为 $\begin{cases}0\leqslant r\leqslant 1\\ 0\leqslant\theta\leqslant 2\pi\end{cases}$，

从而 $\iint_D \ln(100+x^2+y^2)d\sigma = \int_0^{2\pi} d\theta \int_0^1 \ln(100+r^2)\cdot r dr$

$$= 2\pi\cdot\frac{1}{2}[(100+r^2)\ln(100+r^2)-r^2]\Big|_0^1$$

$$= (101\ln 101 - 100\ln 100 - 1)\pi.$$

2.解 令 $x=r\cos\theta, y=r\sin\theta$，则 D 可表为 $\begin{cases}1\leqslant r\leqslant 2\pi\\ 0\leqslant\theta\leqslant 2\pi\end{cases}$，

从而 $\iint_D y^2 d\sigma = \int_0^{2\pi} d\theta \int_1^{2\pi} r^2\sin^2\theta\cdot r dr$

$$= \int_0^{2\pi} d\theta\cdot\left(\frac{r^4}{4}\sin^2\theta\right)\Big|_1^{2\pi}$$

$$= \left(4\pi^4-\frac{1}{4}\right)\int_0^{2\pi}\frac{1-\cos 2\theta}{2}d\theta$$

$$= \left(4\pi^4-\frac{1}{4}\right)\cdot\left(\frac{1}{2}\theta-\frac{\sin 2\theta}{4}\right)\Big|_0^{2\pi}$$

$$= 4\pi^5-\frac{\pi}{4}.$$

P205 复习题 8

1.(1)C；(2)D；(3)A.

解 (1) 由题意可知，$\begin{cases}2-x^2-y^2\geqslant 0\\ x^2+y^2-1>0\end{cases}$，即 $1<x^2+y^2\leqslant 2$，

即定义域为 $\{(x,y)\mid 1<x^2+y^2\leqslant 2\}$.

(2) 由题意可知，$\begin{cases}F'_x=3x^2-3y=0\\ F'_y=3y^2-3x=0\end{cases}$，即 $\begin{cases}x_1=0\\ y_1=0\end{cases}$ $\begin{cases}x_2=1\\ y_2=1\end{cases}$，解得 $z=0$ 或 $z=-1$.

故所求的极小值为 -1.

(3) $\dfrac{\partial z}{\partial y}\bigg|_{(1,\frac{\pi}{4})} = x\cos y = 1\times\dfrac{\sqrt{2}}{2} = \dfrac{\sqrt{2}}{2}$.

2.**解** (1) $du = \dfrac{y}{z}x^{\frac{y}{z}-1}dx + \dfrac{1}{z}x^{\frac{y}{z}}\ln x\,dy + x^{\frac{y}{z}}\ln x \cdot \dfrac{-y}{z^2}dz.$

(2) $2x + y\dfrac{\partial z}{\partial x} + \cos(x+2z)\left(1 + 2\dfrac{\partial z}{\partial x}\right) = 0, \dfrac{\partial z}{\partial x} = \dfrac{-2x - \cos(x+2z)}{y + 2\cos(x+2z)}.$

(3) $\dfrac{\partial u}{\partial x} = f_1' \cdot 2xy^2 + f_2' \cdot e^{xy} \cdot y.$

(4) $\dfrac{\partial u}{\partial x} = yx^{y-1}, \dfrac{\partial^2 u}{\partial x \partial y} = x^{y-1} + yx^{y-1}\ln x.$

(5) 原式 $= \displaystyle\int_0^1 dy \int_{\sqrt{y}}^{\sqrt[3]{y}} f(x,y)\,dx.$

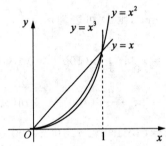

3.**解** (1) $\dfrac{\partial u}{\partial x} = \dfrac{zx^{z-1}}{y^z}, \dfrac{\partial u}{\partial y} = x^z(-z)y^{-z-1} = -\dfrac{zx^z}{y^{z+1}}, \dfrac{\partial u}{\partial z} = \left(\dfrac{x}{y}\right)^z \ln\left(\dfrac{x}{y}\right).$

(2) $\dfrac{\partial u}{\partial x} = \dfrac{-\dfrac{y}{x^2}}{1+\left(\dfrac{y}{x}\right)^2} = -\dfrac{y}{x^2+y^2}, \dfrac{\partial u}{\partial y} = \dfrac{\dfrac{1}{x}}{1+\left(\dfrac{y}{x}\right)^2} = \dfrac{x}{x^2+y^2}, \dfrac{\partial^2 u}{\partial y^2} = \dfrac{-2xy}{(x^2+y^2)^2},$

$\dfrac{\partial^2 u}{\partial x^2} = \dfrac{2xy}{(x^2+y^2)^2}, \dfrac{\partial^2 u}{\partial x \partial y} = \dfrac{\partial^2 u}{\partial y \partial x} = \dfrac{-(x^2+y^2) + y \cdot 2y}{(x^2+y^2)^2} = \dfrac{y^2 - x^2}{(x^2+y^2)^2}.$

(3) $\dfrac{\partial u}{\partial x} = \sin(2x+y) + 2x\cos(2x+y),$

$\dfrac{\partial u}{\partial y} = x\cos(2x+y),$

所以 $du = \dfrac{\partial u}{\partial x}dx + \dfrac{\partial u}{\partial y}dy = [\sin(2x+y) + 2x\cos(2x+y)]dx + x\cos(2x+y)dy.$

(4) $\dfrac{\partial z}{\partial x} = f_1' \cdot 2x + f_2' y.$

$\dfrac{\partial^2 u}{\partial x \partial y} = 2x[f_{11}' \cdot (-2y) + f_{12}' \cdot x + f_2' + yf_{21}'(-2y) + f_{22}'' \cdot x]$

$= -4xyf_{11}'' + 2x^2 f_{12}'' + f_2' - 2y^2 f_{21}'' + xy f_{22}''.$

(5) $\dfrac{\partial z}{\partial x} = f' \cdot 2 + g_1' + g_2' \cdot y.$

$\dfrac{\partial^2 z}{\partial x \partial y} = 2f'' \cdot (-1) + g_{12}'' \cdot x + g_2' + y(g_{22}''x)$

$= -2f'' + xg_{12}'' + g_2' + xyg_{22}''.$

(6) $x = z(\ln z - \ln y)$,

对 x 求偏导：$1 = \frac{\partial z}{\partial x}(\ln z - \ln y) + z\left(\frac{1}{z} \cdot \frac{\partial z}{\partial x} - 0\right)$,

$\frac{\partial z}{\partial x}\left(\ln \frac{z}{y} + 1\right) = 1$，故 $\frac{\partial z}{\partial x} \cdot \left(\frac{x}{z} + 1\right) = 1$，$\frac{\partial z}{\partial x} = \frac{z}{x+z}$.

对 y 求偏导：$0 = \frac{\partial z}{\partial y}\ln \frac{z}{y} + z\left(\frac{1}{z}\frac{\partial z}{\partial y} - \frac{1}{y}\right)$,

$\frac{\partial z}{\partial y}\left(\frac{x}{z} + 1\right) = \frac{z}{y}$，$\frac{\partial z}{\partial y} = \frac{z^2}{y(x+z)}$,

$du = \frac{z}{x+z}dx + \frac{z^2}{y(x+z)}dy$.

(7) 解法一：

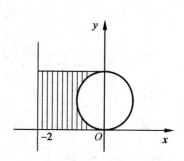

原式 $= \int_0^2 dy \int_{-2}^{-\sqrt{2y-y^2}} y\,dy$

$= \int_0^2 y(-\sqrt{2y-y^2} + 2)dy$

$= \int_0^2 2y\,dy - \frac{1}{2}\int_0^2 \sqrt{1-(1-y)^2}\,d(y-1)$

$= y^2\big|_0^2 - \frac{1}{2}\int_{-1}^1 \sqrt{1-u^2}\,du$

$= 4 - \frac{1}{2}\int_{-\frac{\pi}{2}}^{\frac{\pi}{2}} \cos^2 t\,dt$

$= 4 - \frac{1}{2}\int_{-\frac{\pi}{2}}^{\frac{\pi}{2}} \frac{1+\cos 2t}{2}dt = 4 - \frac{\pi}{2}$.

解法二：

原式 $= \int_{-2}^0 dx \int_0^2 y\,dy - \int_{\frac{\pi}{2}}^{\pi} d\theta \int_0^{2\sin\theta} r\sin\theta \cdot r\,dr$

$= 4 - \frac{8}{3}\int_{\frac{\pi}{2}}^{\pi} \sin^3\theta \sin\theta\,d\theta = 4 - \frac{8}{3} \cdot \frac{3}{4} \cdot \frac{1}{2} \cdot \frac{\pi}{2} = 4 - \frac{\pi}{2}$.

(8) 原式 $= \int_{-\frac{\pi}{2}}^{\frac{\pi}{2}} d\theta \int_0^{\cos\theta} \sqrt{1-r^2}\,r\,dr$

$= \int_{-\frac{\pi}{2}}^{\frac{\pi}{2}} \left[-\frac{1}{2} \cdot \frac{2}{3}(1-r^2)^{\frac{3}{2}}\big|_0^{\cos\theta}\right]d\theta$

$= 2\int_0^{\frac{\pi}{2}} \left(\frac{1}{3} - \frac{1}{3}\sin^3\theta\right)d\theta$

$= \frac{2}{3}\left(\frac{\pi}{2} - \frac{2}{3}\right)$.

(9) 原式 $= \int_0^{\frac{\pi}{2}} \mathrm{d}\theta \int_0^1 r \frac{1-r^2}{1+r^2} \mathrm{d}r$

$= \frac{\pi}{2} \int_0^1 \left(\frac{2r}{1+r^2} - r\right) \mathrm{d}r$

$= \frac{\pi}{2} \left[\ln(1+r^2)\Big|_0^1 - \frac{r^2}{2}\Big|_0^1\right] = \frac{\pi}{2}\left(\ln 2 - \frac{1}{2}\right).$

第 9 章 无穷级数

P213 习题 9.1

1. 解 (1) $\frac{1}{2} + \frac{1\times 3}{2\times 4} + \frac{1\times 3\times 5}{2\times 4\times 6} + \frac{1\times 3\times 5\times 7}{2\times 4\times 6\times 8} + \frac{1\times 3\times 5\times 7\times 9}{2\times 4\times 6\times 8\times 10}$;

(2) $\frac{x^{\frac{n}{2}}}{2\times 4\times 6\times \cdots \times (2n)}$;

(3) $(-1)^{n-1}\frac{a^{n+1}}{2n+1}.$

2. 解 考虑加括号后的级数

$\left(\frac{1}{\sqrt{2}-1} - \frac{1}{\sqrt{2}+1}\right) + \left(\frac{1}{\sqrt{3}-1} - \frac{1}{\sqrt{3}+1}\right) + \left(\frac{1}{\sqrt{4}-1} - \frac{1}{\sqrt{4}+1}\right) + \cdots$

$a_n = \frac{1}{\sqrt{n}-1} - \frac{1}{\sqrt{n}+1} = \frac{2}{n-1}.$

3. 解 $a_n = \frac{1}{(2n-1)\times(2n+1)} = \frac{1}{2}\left(\frac{1}{2n-1} - \frac{1}{2n+1}\right),$

则 $S_n = \frac{1}{1\times 3} + \frac{1}{3\times 5} + \frac{1}{5\times 7} + \cdots + \frac{1}{(2n-1)\times(2n+1)} = \frac{1}{2}\left(1 - \frac{1}{2n+1}\right) = \frac{n}{2n+1};$

故 $S_n = \frac{n}{2n+1}.$

P214 思考

级数的敛散性看前 n 项和在 n 趋向于无穷大时的极限,若极限存在则收敛,反之,发散.

P219 课中小测验

6 种.

P220 习题 9.2

1. 解 (1) $p > 1, p \leqslant 1$;

(2) $\rho < 1, \rho > 1 \left(\text{或} \lim_{n\to\infty} \frac{u_{n+1}}{u_n} = \infty\right), \rho = 1.$

2. 解 (1) $\lim_{n\to\infty} \frac{\frac{1}{3^n - n}}{\frac{1}{3^n}} = \lim_{n\to\infty} \frac{1}{1 - \frac{n}{3^n}} = 1,$

且 $\sum\limits_{n=1}^{\infty}\dfrac{1}{3^n}$ 收敛,故原级数收敛.

$\lim\limits_{n\to\infty}\dfrac{u_{n+1}}{u_n}=\lim\limits_{n\to\infty}\dfrac{(2n-1)\cdot 2n}{(2n+1)\cdot(2n+2)}=1$,

比值审敛法失效,改用比较审敛法.

(2) 因为 $\dfrac{1}{(2n-1)\cdot 2n}<\dfrac{1}{n^2}$,且级数 $\sum\limits_{n=1}^{\infty}\dfrac{1}{n^2}$ 收敛,故级数 $\sum\limits_{n=1}^{\infty}\dfrac{1}{2n\cdot(2n-1)}$ 收敛.

3.解

因为 $\left(\dfrac{\sqrt{x}}{x-1}\right)'=\dfrac{-(1+x)}{2\sqrt{x}\,(x-1)^2}<0(x\geqslant 2)$,

故函数 $\dfrac{\sqrt{x}}{x-1}$ 单调递减,所以 $u_n>u_{n+1}$,

又因为 $\lim\limits_{n\to\infty}u_n=\lim\limits_{n\to\infty}\dfrac{\sqrt{n}}{n-1}=0$ 故原级数收敛.

4.解 (1)绝对收敛;(2)条件收敛;(3)条件收敛.

P223 思考 1

(1) 首先求幂级数的收敛半径 R;

(2) 写收敛区间 $(-R,R)$;

(3) 讨论端点处的收敛性,即讨论 $\sum\limits_{n=0}^{\infty}a_n R^n$, $\sum\limits_{n=0}^{\infty}a_n(-R)^n$ 的收敛性,如果两个都收敛,则幂级数的收敛域为 $[-R,R]$,如果两个都发散,则收敛域为 $(-R,R)$,如果其中一个收敛,一个发散,则收敛域为 $[-R,R)\left(\sum\limits_{n=0}^{\infty}a_n(-R)^n \text{收敛}\right)$, $(-R,R]\left(\sum\limits_{n=0}^{\infty}a_n R^n \text{收敛}\right)$.

P227 思考 2

(1) 直接法.计算函数 f 在 x_0 处的各阶导数 $f^{(n)}(x_0)$,写出它的泰勒级数,然后证明 $\lim\limits_{n\to\infty}R_n(x)=0$.

(2) 间接法.借助某些基本函数的展开式,通过适当变换,四则运算,逐项求导或者逐项求积等方法,求出所求函数的幂级数展开式.

P228 习题 9.3

1.解 (1) 由于 $\rho=\lim\limits_{n\to\infty}\left|\dfrac{a_{n+1}}{a_n}\right|=\lim\limits_{n\to\infty}\dfrac{[(n+1)!\,]^2}{[2(n+1)]!}\cdot\dfrac{(2n)!}{(n!)^2}=\lim\limits_{n\to\infty}\dfrac{(n+1)^2}{(2n+2)(2n+1)}=\dfrac{1}{4}$,因此收敛半径 $R=\dfrac{1}{\rho}=4$,当 $x=\pm 4$ 时,这个级数为 $\sum\dfrac{(n!)^2}{(2n)!}(\pm 4)^n$,通项记为 u_n,则有

$|u_n|=\dfrac{(n!)^2 4^n}{(2n)!}=\dfrac{(n!)^2 2^{2n}}{(2n)!}=\dfrac{2\times 4\times 6\times\cdots\times 2n}{1\times 3\times 5\times\cdots\times(2n-1)}>\sqrt{2n+1}$,

于是 $\lim\limits_{n\to\infty}|u_n|=+\infty$,所以当 $x=\pm 4$ 时级数 $\sum\dfrac{(n!)^2}{(2n)!}x^n$ 发散,从而可知这个级数的收

敛域为$(-4,4)$.

(2) 令$t=x-2$, 则级数$\sum \dfrac{(x-2)^{2n-1}}{(2n-1)!}$ 转化为 $\sum \dfrac{t^{2n-1}}{(2n-1)!}$(缺项幂级数),

下面先求$\sum \dfrac{t^{2n-1}}{(2n-1)!}$的收敛域, 因为$\lim\limits_{n\to\infty}\left|\dfrac{\frac{t^{2n+1}}{(2n+1)!}}{\frac{t^{2n-1}}{(2n-1)!}}\right|=\lim\limits_{n\to\infty}\dfrac{|t|^2}{(2n+1)2n}=0<1$, 即

对任意$t\in(-\infty,+\infty)$, $\sum \dfrac{t^{2n-1}}{(2n-1)!}$ 都收敛, 因此$\sum \dfrac{t^{2n-1}}{(2n-1)!}$ 的收敛域为$(-\infty,+\infty)$, 因此收敛域为$(-\infty,+\infty)$.

2. **解** (1) 将x^2视为一个整体, 由e^x的展开式可知

$$\mathrm{e}^{x^2}=\sum_{n=0}^{\infty}\dfrac{1}{n!}(x^2)^n=\sum_{n=0}^{\infty}\dfrac{1}{n!}x^{2n}(-\infty<x<+\infty).$$

类似地,

$$a^x=\mathrm{e}^{x\ln a}=\sum_{n=0}^{\infty}\dfrac{1}{n!}(x\ln a)^n=\sum_{n=0}^{\infty}\dfrac{(\ln a)^n}{n!}x^n(a>0,a\neq 1)(-\infty<x<+\infty).$$

$$\sin x^2=\sum_{n=0}^{\infty}\dfrac{(-1)^n}{(2n+1)!}(x^2)^{2n+1}=\sum_{n=0}^{\infty}\dfrac{(-1)^n}{(2n+1)!}x^{4n+2}\ (-\infty<x<+\infty).$$

(2) $\dfrac{1}{1-x}=\sum_{n=0}^{\infty}x^n(-1<x<1)\Rightarrow \dfrac{1}{1+x}=\sum_{n=0}^{\infty}(-x)^n(-1<x<1)\Rightarrow$

$$\ln(1+x)=\sum_{n=0}^{\infty}(-1)^n\dfrac{x^{n+1}}{n+1}(-1<x\leqslant 1).$$

$$\ln x=\ln[1+(x-1)]=\sum_{n=0}^{\infty}\dfrac{(-1)^n}{n+1}(x-1)^{n+1}(-1<x-1\leqslant 1, 0<x\leqslant 2).$$

P229 复习题 9

1.(1)C; (2)D; (3)C; (4)C; (5)A.

解 (1) 因为$\sum_{n=1}^{\infty}a_n^2$收敛, 所以$\lim\limits_{n\to\infty}na_n^2=0$,

所以$\lim\limits_{n\to\infty}\overline{n}|a_n|=0$, 记$|u_n|=\dfrac{|a_n|}{\sqrt{n^2+\lambda}}$, $v_n=\dfrac{1}{n^{\frac{3}{2}}}$,

则$\lim\limits_{n\to\infty}\dfrac{|u_n|}{v_n}=\lim\limits_{n\to\infty}\dfrac{n^{\frac{3}{2}}|a_n|}{\sqrt{n^2+\lambda}}=\lim\limits_{n\to\infty}|a_n|=0$.

因为$v_n=\dfrac{1}{n^{\frac{3}{2}}}$是收敛的$p$级数,

所以由比较审敛法可知, $\sum_{n=1}^{\infty}(-1)^n\dfrac{|a_n|}{\sqrt{n^2+\lambda}}$绝对收敛, 故选 C.

(2) 取$a_n=\dfrac{1}{n}$, 则$\sum_{n=1}^{\infty}(-1)^{n-1}a_n$收敛, 但$\sum_{n=1}^{\infty}a_{2n-1}$与$\sum_{n=1}^{\infty}a_{2n}$均发散, 排除 A、B 选项, 且

$\sum_{n=1}^{\infty}(a_{2n-1}+a_{2n})$ 发散,进一步排除 C,故选 D.

(3) $\sum_{n=1}^{\infty}\dfrac{1}{n^2}$ 是收敛级数,$|\sin(na)|\leqslant 1$,所以 $\sum_{n=1}^{\infty}\dfrac{\sin(na)}{n^2}$ 是收敛,而 $\sum_{n=1}^{\infty}\dfrac{1}{n}$ 是发散的,$\dfrac{1}{\sqrt{n}}>\dfrac{1}{n}$,所以 $\sum_{n=1}^{\infty}\dfrac{1}{\sqrt{n}}$ 是发散的,收敛级数与发散级数的和亦是发散级数,所以原级数发散,故选 C.

(4) 因为 $v_n=\ln\left(1+\dfrac{1}{\sqrt{n}}\right)$ 单调递减,且 $\lim\limits_{n\to\infty}v_n=0$,由莱布尼茨判别法知级数 $\sum_{n=1}^{\infty}u_n=\sum_{n=1}^{\infty}(-1)^n v_n$ 收敛,

而 $u_n^2=\ln^2\left(1+\dfrac{1}{\sqrt{n}}\right)\approx\dfrac{1}{n}$,且 $\sum_{n=1}^{\infty}\dfrac{1}{n}$ 发散,因此 $\sum_{n=1}^{\infty}u_n^2$ 也发散,故选 C.

(5) 令 $C_n=\dfrac{a_n^2}{b_n^2}$,则 $\dfrac{C_n}{C_{n-1}}=\left(\dfrac{a_n}{a_{n-1}}\right)^2\cdot\left(\dfrac{b_n}{b_{n-1}}\right)^2$,

由已知条件,$\sum_{n=1}^{\infty}a_n x^n$ 与 $\sum_{n=1}^{\infty}b_n x^n$ 的收敛半径分为 $\dfrac{\sqrt{5}}{3}$ 与 $\dfrac{1}{3}$,

可得 $\lim\limits_{n\to\infty}\left|\dfrac{a_n}{a_{n-1}}\right|=\dfrac{3}{\sqrt{5}}$,$\lim\limits_{n\to\infty}\left|\dfrac{b_n}{b_{n-1}}\right|=3$,

从而 $\lim\limits_{n\to\infty}\left|\dfrac{C_n}{C_{n-1}}\right|=\lim\limits_{n\to\infty}\left(\dfrac{a_n}{a_{n-1}}\right)^2\cdot\left(\dfrac{b_n}{b_{n-1}}\right)^2=\lim\limits_{n\to\infty}\left(\dfrac{a_n}{a_{n-1}}\right)^2\cdot\lim\limits_{n\to\infty}\left(\dfrac{b_n}{b_{n-1}}\right)^2=\left(\dfrac{3}{\sqrt{5}}\right)^2\cdot\left(\dfrac{1}{3}\right)^2=\dfrac{1}{5}$,

故幂级数 $\sum_{n=0}^{\infty}\dfrac{a_n^2}{b_n^2}x^n$ 的收敛半径为 5,故选 A.

2.(1)$(-2,4)$;(2)$(-1,1)$;(3)$\sqrt{3}$;(4)$\dfrac{2}{2-\ln 3}$;(5)4.

解 (1) 幂级数 $\sum_{n=1}^{\infty}na_n(x-1)^{n+1}$ 的收敛区间为 $|x-1|<3$,即 $-2<x<4$,设 $S(x)=\sum_{n=1}^{\infty}a_n x^n$,$|x|<3$. $S'(x)=\sum_{n=1}^{\infty}na_n x^{n-1}$. 于是 $\sum_{n=1}^{\infty}na_n x^{n+1}=(x-1)^2\sum_{n=1}^{\infty}na_n(x-1)^{n-1}$.

故 $\sum_{n=1}^{\infty}na_n(x-1)^{n+1}=(x-1)^2 S'(x-1)$,$-2<x<4$.

(2) 设 $S(x)=\sum_{n=0}^{\infty}(2n+1)x^n$,$a_n=2n+1$.

因为 $\lim\limits_{n\to\infty}\left|\dfrac{a_n}{a_{n-1}}\right|=\lim\limits_{n\to\infty}\dfrac{2n+1}{2n-1}=1$,所以 $S(x)$ 的收敛半径为 1,

① 当 $x=1$ 时,$\sum_{n=0}^{\infty}(2n+1)x^n=\sum_{n=1}^{\infty}(2n+1)$ 发散.

② 当 $x=-1$ 时,$\sum_{n=0}^{\infty}(2n+1)x^n=\sum_{n=0}^{\infty}(-1)^n(2n+1)$ 发散.

所以幂级数 $\sum_{n=0}^{\infty}(2n+1)x^n$ 的收敛域为 $(-1,1)$.

而 $S(x) = \sum_{n=0}^{\infty}(2n+1)x^n = 2\sum_{n=0}^{\infty}nx^n + \sum_{n=0}^{\infty}x^n$,

易知 $\sum_{n=0}^{\infty}x^n = \dfrac{1}{1-x}$,

而 $\sum_{n=0}^{\infty}nx^n = x\sum_{n=0}^{\infty}nx^{n-1} = x\sum_{n=0}^{\infty}(x^n)' = x\left(\sum_{n=0}^{\infty}x^n\right)' = x\left(\dfrac{1}{1-x}\right)' = \dfrac{x}{(1-x)^2}, x \in (-1,1)$,

所以 $S(x) = \sum_{n=0}^{\infty}(2n+1)x^n = \dfrac{2}{1-x} + \dfrac{x}{(1-x)^2} = \dfrac{1+x}{(1-x)^2}, x \in (-1,1)$.

(3) $\lim\limits_{n\to\infty}\left|\dfrac{\dfrac{n+1}{2^{n+1}+(-3)^{n+1}}x^{2n+1}}{\dfrac{n}{2^n+(-3)^n}x^{2n-1}}\right| = \lim\limits_{n\to\infty}\left|\dfrac{2^n+(-3)^n}{2^{n+1}+(-3)^{n+1}}\right|x^2 = \lim\limits_{n\to\infty}\left|\dfrac{2^n+(-3)^n}{2^{n+1}+(-3)^{n+1}}\right|x^2 =$

$\lim\limits_{n\to\infty}\left|\dfrac{\left(-\dfrac{2}{3}\right)^n+1}{2\cdot\left(-\dfrac{2}{3}\right)^n+(-3)}\right|x^2 = \lim\limits_{n\to\infty}\left|\dfrac{\left(-\dfrac{2}{3}\right)^n+1}{2\cdot\left(-\dfrac{2}{3}\right)^n+(-3)}\right|x^2 = \dfrac{1}{3}x^2$.

当 $\dfrac{1}{3}x^2 < 1$,即 $|x| < \sqrt{3}$ 时级数收敛,当 $\dfrac{1}{3}x^2 > 1$,级数发散,从而 $R = \sqrt{3}$.

(4) 原式 $= \sum_{n=1}^{\infty}\left(\dfrac{\ln 3}{2}\right)^n = \dfrac{1}{1-\dfrac{\ln 3}{2}} = \dfrac{2}{2-\ln 3}$.

(5) 4.

3.解 (1) 直接用求收敛半径的公式,先求

$\lim\limits_{n\to+\infty}\sqrt[n]{\dfrac{1}{3^n+(-2)^n}\cdot\dfrac{1}{n}} = \lim\limits_{n\to+\infty}\dfrac{1}{3\left[1+\left(-\dfrac{2}{3}\right)^n\right]^{\frac{1}{n}}}\cdot\dfrac{1}{\sqrt[n]{n}} = \dfrac{1}{3}$.

于是收敛半径 $R = 3$,收敛区间为 $(-3,3)$.

当 $x = 3$ 时是正项级数 $\sum_{n=1}^{\infty}\dfrac{3^n}{3^n+(-2)^n}\cdot\dfrac{1}{n}$.

$\dfrac{3^n}{3^n+(-2)^n}\cdot\dfrac{1}{n} \sim \dfrac{1}{n}(n\to+\infty)$,而 $\sum_{n=1}^{\infty}\dfrac{1}{n}$ 发散,

$\sum_{n=1}^{\infty}\dfrac{3^n}{3^n+(-2)^n}\dfrac{1}{n}$ 发散,即 $x = 3$ 时原幂级数发散.

当 $x = -3$ 时是变号级数,用分解法讨论.

$\dfrac{3^n}{3^n+(-2)^n} \times \dfrac{1}{n} = \dfrac{(-1)^n[3^n+(-2)^n-(-2)^n]}{3^n+(-2)^n} \times \dfrac{1}{n} = \dfrac{(-1)^n}{n} - \dfrac{2^n}{3^n+(-2)^n} \times \dfrac{1}{n}$.

因为 $\lim\limits_{n\to+\infty}\dfrac{\dfrac{2^n}{3^n+(-2)^n}\times\dfrac{1}{n}}{\dfrac{2^n}{3^n}} = \lim\limits_{n\to+\infty}\dfrac{3^n}{3^n+(-2)^n}\times\dfrac{1}{n} = 0$,$\sum_{n=1}^{\infty}\left(\dfrac{2}{3}\right)^n$ 收敛,

$\sum_{n=1}^{\infty} \frac{2^n}{3^n+(-2)^n} \cdot \frac{1}{n}$ 收敛，又因为 $\sum_{n=1}^{\infty} \frac{(-1)^n}{n}$ 收敛 $\Rightarrow \sum_{n=1}^{\infty} \frac{3^n}{3^n+(-2)^n} \frac{1}{n}$ 收敛，即 $x=-3$ 时原幂级数收敛.

(2) 这是缺项幂级数，令 $t=x^2$，考查 $\sum_{n=1}^{\infty} a_n t^n$，其中 $a_n = (-1)^{n-1}\left[1+\frac{1}{n(2n-1)}\right]$.

由 $1 < \sqrt[n]{|a_n|} \leqslant \sqrt[n]{2} \Rightarrow \lim_{n\to+\infty} \sqrt[n]{|a_n|} = 1$，可得

$\sum_{n=1}^{\infty} a_n t^n$ 的收敛半径为 1，所以原幂级数收敛半径为 1，收敛区间为 $(-1,1)$.

(3) $f'(x)$ 容易展开

$$f'(x) = \frac{1}{1+\left(\frac{1+x}{1-x}\right)^2} \cdot \frac{(1-x)-(1+x)\cdot(-1)}{(1-x)^2} = \frac{2}{(1-x)^2+(1+x)^2} =$$

$\frac{1}{1+x^2}$，由 $\frac{1}{1+t} = 1-t+t^2-\cdots+(-1)^n t^n+\cdots = \sum_{n=0}^{\infty}(-1)^n t^n \ (|t|<1)$，得

$f'(x) = \frac{1}{1+x^2} = \sum_{n=0}^{\infty}(-1)^n x^{2n} \ (|x|<1)$. ①

在幂级数的收敛区间内可逐项积分得

$\int_0^x f'(t)dt = \sum_{n=0}^{\infty}(-1)^n \int_0^x t^{2n} dt$,

$f(x) = f(0) + \sum_{n=0}^{\infty} \frac{(-1)^n}{2n+1} x^{2n+1} = \frac{\pi}{4} + \sum_{n=0}^{\infty} \frac{(-1)^n}{2n+1} x^{2n+1}$. ②

且收敛区间不变，当 $x=\pm 1$ 时，② 式右端级数均收敛，而左端 $f(x) = \arctan\frac{1+x}{1-x}$ 在 $x=-1$ 连续，在 $x=1$ 无定义，因此 $\arctan\frac{1+x}{1-x} = \frac{\pi}{4} + \sum_{n=0}^{\infty} \frac{(-1)^n}{2n+1} x^{2n+1}, x \in [-1,1)$.